民國建築工程期刊匯編

MINGUO JIANZHU GONGCHENG QIKAN HUIBIAN

54

《民國建築工程期刊匯編》編寫組 編

广西师范大学出版社
GUANGXI NORMAL UNIVERSITY PRESS
·桂林·

第五十四册目録

土木工程

27021

人傑題

土木工程

國立浙江大學
土木工程學會會刊

本期要目

第二卷 第一期

二十二年三月

國立浙江大學土木工程學會發行

新中工程股份有限公司出品
自來水塔
上海江西路三七八號
出品綱要
柴油引擎
仝提士十四至百五十匹
抽水機
一吋至十二吋
壓氣機
十二立方呎至四百立方呎
鋼鐵建築
水塔橋樑屋頂油池
米機火爐銅鐵
翻砂等

土木工程第二卷第一期目錄

國立浙江大學土木工程學會會員全體攝影

本屆畢業會員攝影

未攝入者：張農祥君　徐世濟君　徐學嘉君

水力實驗室之一部

材料試驗室之一部

測量儀器室之一部

儀器修製工場之一部

灌漑總渠計劃綱要

徐世大

灌漑總渠依灌漑及引水之方法,可分爲下列之三種。

（甲）　自較高之地點,依自然下行之力,以達於灌漑之區域者;此種渠道之進水方法,有以攔水壩蓄水於上游而導水者,有以滾壩或堰增高水位以導水者,有以抽水機升高水頭以導水者。

（乙）　以渠導引河水入離河較遠之地,而還洩於本河,或其他河道者。

（丙）　以渠導引河水入離河較遠之地,而止於灌漑區域之終點,或分渠之終點者。

甲種方法,似最爲普通,其進水處之水位既高,渠道得依地勢而定渠底及水面之傾度。最適當經濟之渠,爲半挖半填之剖面,卽以所挖之土,作爲兩邊堤岸之用,而渠之寬深,則依所取渠底傾度及兩邊坡度而定。其主要之問題爲（一）如何使寬深之比例,成爲最小剖面面積,蓋剖面面積縮小,則工費可以節省。(二)如何使渠道不致淤淺,亦不致冲刷,卽使平均流速受一種限制。(三)如何使滲漏之量成爲最小,卽濕周及水深均爲最小,蓋滲漏之量依此而定也。

半挖半填之渠,因地勢之關係有不可能者,然至少應占全渠之大部份,其有因地勢過高而需要甚深之挖土,或有因地勢過低而需要塡土者,其計劃之目標亦無異於前,而工費之經濟問題尤爲重要。

挖土最甚之處,有時不如以隧道代之,則其計劃尤須顧及隧道之安全,與施工所需之地位,而以經濟問題爲最後解決之理由。

塡土爲渠,滲漏之量大增,有時土方所費亦甚大,尤以沿河而建之渠,須顧及洪水之泛濫與冲刷,故有以橋梁或高架或懸繩增加渠底高度,而以木鉄或鉄筋混凝土爲渠身者,謂之水漕,此項計劃,尤須比較各種材料之工價壽命及管理方法,而取每年所需之利息折舊及管理費用三者總數之最低者;然有時亦爲資本所限,而不得不取建築費之最廉者。至於流水之順利,水頭之保持,及建築物之安全,運用之便利等,自均在注意之列。

如地勢平衍,受水之處,水面常低於灌溉之區,因可以抽水機引水上升至相當高度,而繼以渠道;然如渠道之位置亦在平地,則塡多挖少,滲漏之水,每致附近之土質,因灌溉而變性,故不如挖一渠道通至本河,而渠道之尾閭,則能洩水於較近之處,是爲乙種。

乙種渠道,傾度所限,爲受水處之水位高度,及引水處與洩水處水位高度之差數。其灌溉所需之水,則沿渠以人力或抽水機引至水溝,以達田地,此種渠道,以在江南浙西一帶爲最多,此渠之剖面,因用水之量,甚難估算,其計劃頗爲複雜,以理論言之,自進水口至洩水口,用水量自最高降至最小,如以一固定之傾度爲準則,剖面面積可逐漸縮小,而實際則殊不然,蓋用水之時間,不能一律,且爲經濟計,亦可不必也,如沿渠取水之時間,可以分成若干段,而每段所需水量能預先規定,則此渠計劃,當以一段或數段所需水量最大時爲準,而尤以最後數段爲要,因此之故,此等渠道之剖面,大都係均勻不變的,取水之時,各段水頭略有不同耳。有時因經濟或其他問題,自河流引水至灌溉地,其引水渠不復還接本河,亦不復洩入他河,成一斷港渠,「吾鄉名之曰瀆」,則其計劃又異於乙種,是爲丙種。

丙種渠道與乙種殊異之點,即是乙種渠道之水面傾斜與河底傾斜,可以平行,蓋洩水之路本通也。若丙種渠道應向引水口傾斜,即口低而終點高,則不免淤積之虞,不特田地之水亦藉此下洩也,而引水之時,水面傾斜正與此相反,即在河口之水面,高於灌溉處之水面也。因此之故,若此渠道之剖面一律不變,則剖面面積離河口愈遠愈形縮小,若取水地點沿渠排列甚多者,其變化尚不顯著,若須集中於離河口甚遠之處,則惟有將全河之面積擴大,而在渠口附近或渠之中段取水時,土方所費,甚不經濟矣。故此種渠道最好能沿渠同時取水,剖面面積大致可以均一,若有時需集中在渠之終點,則應將渠之寬度,自渠口逐漸展寬,成一倒漏斗形,以補償深度之損失。

按丙種渠道,在平地引水,其例甚多,而普通開渠者,殊少按上述方法計劃,(1)此種渠道每多短促,(2)即發生困難,亦無人研究其弊也。

上述三種渠道,在水力學可分為(1)勻定流 Uniform Steady Flow, 甲種渠與乙種渠之依最後段用水量計算者屬之,(2) 非勻流 Non-Uniform Flow, 丙種渠之依最終點用水量計算者屬之,(3) 非勻定流 Non-Uniform Steady Flow, 乙丙兩種渠之沿河用者屬之。

計劃鉚釘接合所用之圖表

潘碧年節譯

Mr. Odd Albert 在久長的設計生活裏,因求簡捷起見,製成了不少關於計劃鉚釘接合之圖表。有了這些圖表,就可不必再去引用公式來計算了。

I. 關於剪力(Shear)與載力(Bearing)

設有載重,平均分佈於各鉚釘上。此鉚釘接合之計劃,應使其不有任何鉚釘被剪斷,或任何接合板被撕破。設板厚及釘直徑已定,則從 Fig.1 可看出此接合之計劃,究應根據剪力抑載力

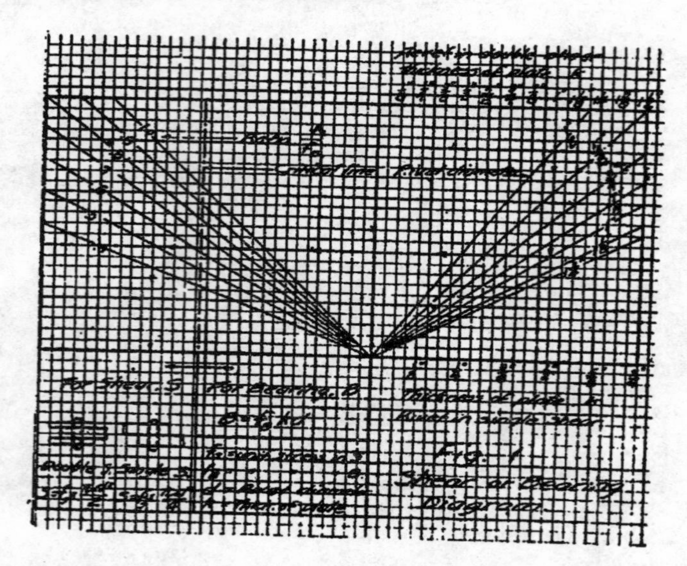

〔例〕 設有一受雙層剪力(Double shear)之鉚釘接合。鉚釘直徑爲1吋,接合板厚亦爲1吋。安全載力爲每方吋20,000磅。安全剪力爲每方吋10,000磅。此接合究應根據剪力抑載力計劃。 $\frac{f_s}{f_B}=\frac{10,000}{20,000}=0.5$

從 Fig.1. 在 k=1吋處順箭頭向下,至直徑爲1吋處折左至與 $\frac{f_s}{f_B}=0.5$ 相交。此最後之相交點係在判定線(Critical line)之左,在剪力部分。故此接合應根據剪力計劃。如 f_s 爲每方吋 14,000 磅, f_B 爲每方吋 20,000 磅即

$\frac{f_s}{f_B}=0.7$. 則最後之相交點卽在判定線之右。此接合卽應根據載力計劃矣。

在某接合之應根據剪力或載力決定後,其次卽爲求得每一鉚釘之安全剪力或載力。

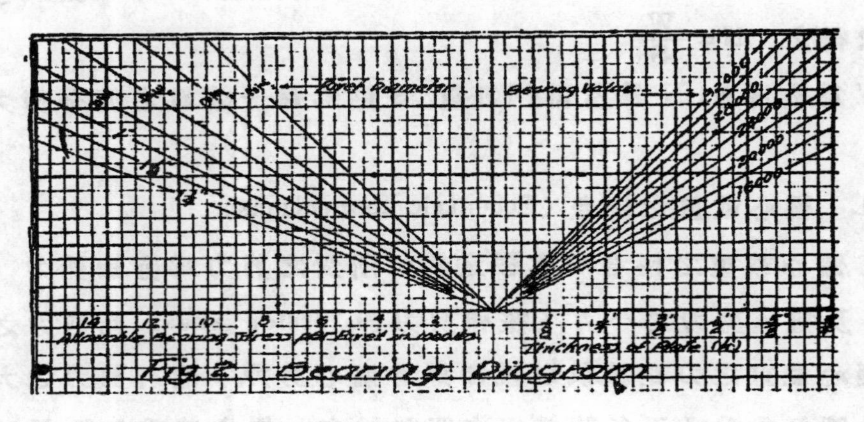

從 Fig.2 可看出每一鉚釘之安全載力,

〔例〕　設有一鉚釘接合,鉚釘直徑爲 $\frac{3}{4}$ 吋, $k=\frac{1}{2}$ 吋。f_B 爲每方吋 20,000 磅。

在 Fig.2 $k=\frac{1}{2}$ 吋處順箭頭向上,至 $f_B=20,000$ 處折左,至與鉚釘直徑爲 $\frac{3}{4}$ 吋相交處折下。讀得 7500 磅。此 7500 磅卽爲每一鉚釘之安全載力。

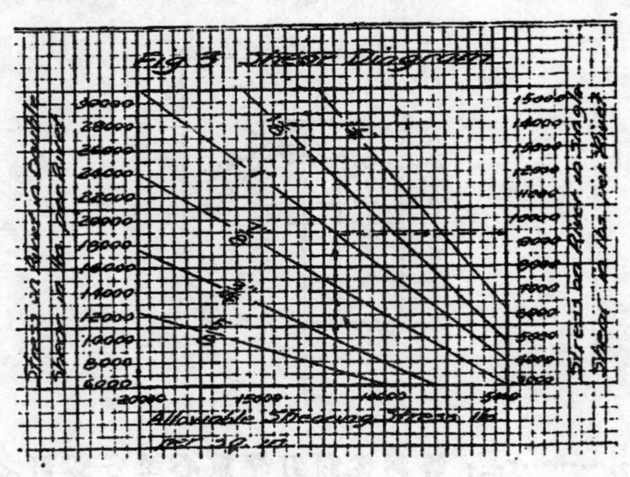

從 Fig.3 則可看出每一鉚釘之安全剪力。

〔例〕　設 f_s 爲每方吋 12,000 磅。鉚釘直徑爲 1 吋,所受者爲單層剪力。

在 Fig.3 順箭頭所指,讀得 9,400 磅。此 9,400 磅卽每一1吋鉚釘之安全單層剪力。

每一鉚釘之安全載力或剪力讀得後,則此接合所需之鉚釘數,卽可就下式求得之。$N=\frac{W}{S}$

W爲全載重。N 爲所需鉚釘數, S 則爲每一鉚釘之安全剪力或載力也。

II. 偏心載重之接合 (Eccentric connections)

在偏心載重之接合中,常假定鉚釘所受之剪力爲直接剪力 (Direct shear) 及扭轉剪力之合力(扭轉剪力卽 torsion shear 此剪力之發生,係由於偏心載重之力距積,故以後卽譯爲偏心剪力。)偏心剪力之大小,則比例於從鉚釘羣重心至各該鉚釘之距離,設有一偏心載重如圖所示,N 爲鉚釘總數,則每一鉚釘中之直接剪力爲

$$S_d=\frac{W}{N} \quad \cdots\cdots (1)$$

Fig. 4.

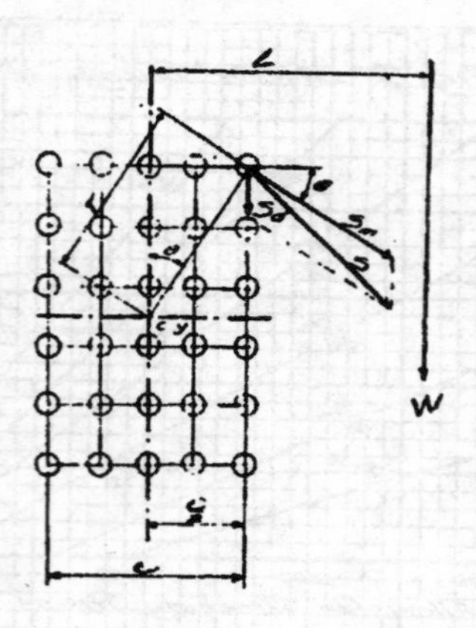

設 r, r_1, r_2,………r_{n-1} 等爲從鉚釘羣重心至各鉚釘之距離。其中 r 爲從釘羣重心至最遠一鉚釘之距離。S_m 爲最遠一鉚釘中之偏心剪力,亦卽該鉚釘羣中最大之偏心剪力,因偏心剪力,比例於至釘羣重心之距離,故各

27036

鉚釘中之偏心剪力爲S_m, $S_m\frac{r_1}{r}$, $S_m\frac{r_2}{r}$, ……$S_m\frac{r_{n-1}}{r}$其方向則各垂直於從鉚釘羣重心引至該鉚釘之直綫。因力距積 (Moment) 必須平衡,故

$$WL=S_m r+\left(S_m\frac{r_1}{r}\right)r_1+\left(S_m\frac{r_2}{r}\right)r_2+\cdots\cdots+\left(S_m\frac{r_{n-1}}{r}\right)r_{n-1}$$

即
$$WLr=S_m(r^2+r_1^2+r_2^2+\cdots\cdots+r^2_{n-1})=S_mI$$

故
$$S_m=\frac{WLr}{I}\quad\cdots\cdots\cdots\cdots\cdots\cdots(2)$$

在上式中 I 即 $r^2+r_1^2+r_2^2+\cdots\cdots r^2_{n-1}$之和,即視作該鉚釘羣之極軸安幾 (Polar moment of inertia)

各鉚釘中偏心剪力之方向,均假定其各垂直於其力距 r, r_1, r_2……… r_{n-1} 等。觀 Fig.4, 可知

$$\sin\theta=\frac{e}{2r}\;;\quad\cos\theta=\frac{\sqrt{4r^2-e^2}}{2r}$$

由上所得各關係式,再參看 Fig.4 可知

$$S=\sqrt{(S_d+S_m.\sin\theta)^2+(S_m.\cos\theta)^2}\quad\cdots\cdots\cdots\cdots(3)$$

S 即釘羣重心最遠一鉚釘中之剪力,亦即該鉚釘羣中之最大鉚釘剪力。將已知各關係式代入(3)則

$$S=\sqrt{(S_d+S_m\sin\theta)^2+(S_m.\cos\theta)^2}$$

$$=\sqrt{\left(\frac{W}{N}+\frac{WLr}{I}\cdot\frac{e}{2r}\right)^2+\left(\frac{WLr}{I}\cdot\frac{\sqrt{4r^2-e^2}}{2r}\right)^2}$$

$$=\frac{W}{N}\sqrt{1+\frac{LNe}{I}+\frac{N^2L^2r^2}{I^2}}=\frac{W}{N}\sqrt{1+A+A^2B}\cdots(4)$$

在上式中 $A=\frac{LNe}{I}$; $B=\frac{r^2}{e^2}$

(4) 即爲偏心載重之鉚釘接合中,求最大鉚釘剪力之公式,因原文中未有證明,故爲之引證如上,以期格外明瞭。

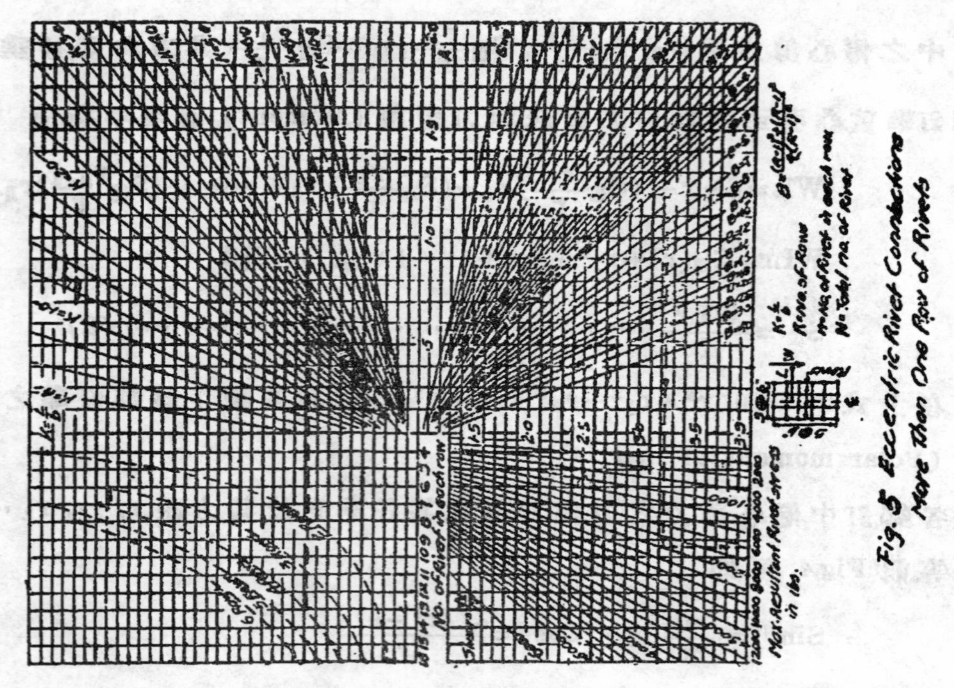

Fig.5 Eccentric Rivet Connections More Than One Row of Rivets

若鉚釘係對稱排列。縱間隔為 a, 橫間隔為 b. 又縱列數為 R, 橫列數為 n. 則

$$A=\frac{12Lb(R-1)}{a^2(n^2-1)+b^2(R^2-1)},$$

$$B=\frac{a^2(n-1)^2+b^2(R-1)^2}{4b^2(R-1)^2}.$$

如遇偏心載重之鉚釘接合,用上各式計算,未免過煩。故亦將其製成一圖,如 Fig.5. 其用法舉例如下。但此圖僅限於縱橫間隔相等時可用。

〔例〕　設有一偏心接合,鉚釘數 $N=52$. 縱列數 $R=4$. 鉚釘之縱橫間隔均為 4 吋。載重 $W=104{,}000$ 磅。偏心距 $L=28$ 吋。橫列數 $n=\frac{N}{R}=\frac{52}{4}=13.$

$K=\frac{L}{b}=\frac{28}{4}=7$

在 Fig.5. 中 $n=13$ 處順箭頭向上,至 $R=4$ 處折右,至與 $K=7$ 相交處,再折下,至 $B=\frac{(n-1)^2+(R-1)^2}{4(R-1)^2}=\frac{(13-1)^2+(4-1)^2}{4\times(4-1)^2}=4.25$ 處折左,至剪力

$S_d=\frac{W}{N}=\frac{104,000}{52}=2,000$ 處折下讀得 6450 磅即爲最大之鉚釘剪力。

III. 受張力之鉚釘接合。

如 Fig.6. 中接合,各鉚釘中卽有張力。各鉚釘所受張力之大小,比例於至轉動中心,即最下一鉚釘,之距離,設每一列鉚釘所負荷之力距積 (Moment) 爲 M. 則

$$M=S_T(n-1)a+S_T\frac{n-2}{n-1}a+\cdots\cdots+S_T\frac{1}{n-1}a$$

或 $$(n-1)M=S_Ta[(n-1)^2+(n-2)^2+\cdots\cdots1^2]$$

$$=S_Ta\frac{n.(n-1)(2n-1)}{6}$$

故 $$S_T=\frac{6M}{n(2n-1)a}$$

S_T 卽鉚釘中之最大張力 (Tension),

n 爲每一列之鉚釘數,

a 爲鉚釘之間隔 (Spacing)。

此種鉚釘接合之計劃,用公式計算固不繁,但用圖表則更形便利。舉例如下:

〔例〕 M=260,000 吋磅,鉚釘列數爲 2,每列 8 鉚釘,間隔爲 $2\frac{1}{2}$ 吋,每列鉚釘所受之 M 爲 130,000 吋磅。

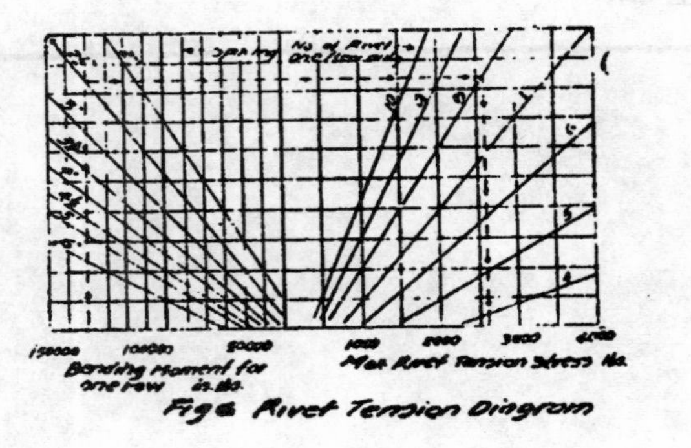

Fig.6 Rivet Tension Diagram

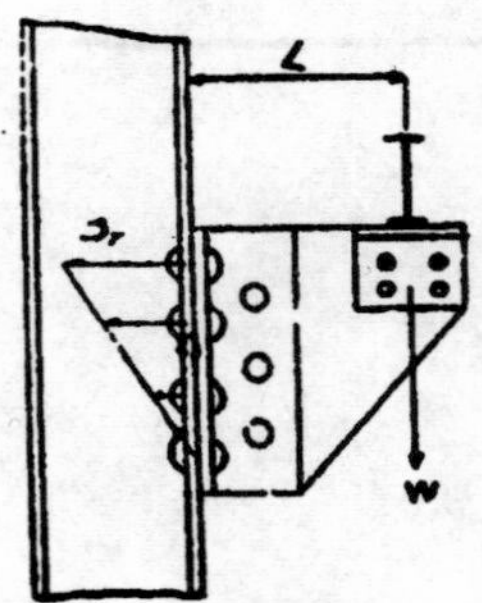

在 Fig.6. 中之 M=130,000 时磅處順箭頭向上,折右,折下讀得 2,600 磅,即最大之鉚釘張力也。

工程問題之解决,當求其簡而不略.此文頗能當之.鋼結構工程之損壞,常爲鉚釘接合之不勝其任,其所以不能勝任者,則因計劃時之求簡便,常假定各鉚釘負荷平均,而忽略偏心載重等情形也。

浙江省工業教育二十週紀念塔建築近訊

民國二十年六月,本院舉行浙江省工業教育二十週紀念會,暨工業展覽會時,校友會所捐建之紀念塔,早已設計就緒,因塔頂立一勞働之神,彫刻費時,故未能早日興築,聞彫刻現已竣事,故已勘址本院大講堂前曠地,于去冬興築混凝土基礎,其後因天寒暫停,諒于暑假前當可觀成.該塔以鋼筋混凝土爲骨架,金山石作石級,四周敷以意大利石,中嵌碑文,頂立神像,設計與彫刻,均爲校友義務之作,聞工料一項,需費五千金以上云。

五十年來橋梁工程之進展

趙祖康節譯

本篇譯自 D. B. Steinman 所著『五十年橋梁工程之進步』係一九二九年在美國鋼鐵建築會所發原文甚長玆不揣簡陋節譯數段以當全豹之一斑讀者其諒之。

引言

余今爲諸君述橋梁,不欲論學理,談構造,而願於其富于冒險性的富于戲劇性的種種,作一動聽之敘述,以導諸君入勝境,使知造橋之親切有味,一如讀戲劇傳奇與詩詞,余願敘述幾許人的夢想,和他們的毅力,他們的奮鬥,他們的悲慘的結局,和他們的光榮的勝利,使曉然於溯橋梁之往跡,是一部歷史,記載着人類的理想和勇氣,希望和失望,可歌可泣的奮鬥,和足以嚮往的成功,覩乎橋梁跨度之逐漸增長,知先哲之與自然爭者固自有在,絕非按步就班的進步而已,是故一橋之成,不徒資利便之用,其建築之偉大,至足發人深省,蓋一橋之成,不僅鉄與石而已,實人類之腦力,心力,手足胼胝之具體表現,實人類之創造慾所以征服自然,使臻美化之表現,是故橋乃人類夢想與渴望之結晶,有志者之紀功碑也。

勃羅克麟橋 (The brooklyn Bridge)

五十年前,勃橋正在建築中,是橋之成,羅皮麟氏(John A, Roebling)之功也。羅氏嘗運用其心智果敢,得創架空綫引索法,并建懸橋甚多;如尼加拉(Niagara) 新新納締 (Cincinnati) 等之長橋是也乃進而造勃橋,竟以身殉,方氏以架懸橋經東河 (East River) 之計劃公諸世也,人多挾偏見陋識,比嗤以鼻,氏則諄諄曉諭,不慢不懈,卒得築橋之權,舉一切障碍而掃除之,宜其得享盛名,惜乎。開建第一年,氏忽以辛勤謝世,未覩全功,羅氏之子,克紹箕裘,得竟其志,然犧牲亦至大,當沉橋基時,木櫃之內,驟告失火,小羅氏奮身不顧,站立高量之空氣壓力下,達二十四小時,橋基雖告無恙,氏則成殘廢矣,後該橋行落成典禮時,參與盛典之大隊,經羅氏之門以示敬,偉哉羅氏父子!

一八八三年,勃橋告成,舉世驚嘆,詫為偉蹟,實則以橋梁之全部歷史言,是橋之成,猶方在襁褓中也,最粗淺之懸橋解析法,於時尙未發明。是橋結構,不甚堅固,但負重已超過當時規定者至二三倍,橋身雖弱,似宜更換,至塔與懸索與橋椿,猶可經數百年而勿替也。

五十年來之進展

過去五十年間,橋梁工程,實有空前之進展,現所採用之建築法,幷勃橋而過之,茲將橋梁設計及建築之進步錄於下端。

(一)新材料之發明——以鋼鉄造橋,始於一八七四年完成之意芝橋。(Eads)(在聖魯意)(St louis)於是木料熟鉄,均盡被代替矣,更因合金之發明,橋梁之材料更得進步,如門哈頓(Manhatten)寬司琶落(Queensboro)寬倍克(Quebec)密却帕里司(Metropolis)與費拉特費亞(Philadelphia)橋,均用鎳鋼建造之,然硅鋼則更為經濟,如用於費拉特費亞(Philadelphia)喀寬施(Carquinez)夢脫霍潑(Mt hope)地却特(Detroit)聖約翰(St Johns)與赫得蓀(Hudson)橋所用材料是也。

其後鍛鋼之術更精,鋼鉄中不復滲其他金屬物,惟用特殊鍛法,使鍛成之鋼,負重可增至尋常鋼鉄三倍以上。一九二六年,巴西(Brazil)完成之福洛連拿破立司(Florianpolis)橋,卽以此建造。此種鋼鉄,因其負重力之大,用以建築長跨度橋梁至為合宜。

(二)築橋基法之進步——自勃橋與意芝橋首用氣壓櫃以造橋基,後做橋基法大為進步,其深度亦增加不少,如近今喀立福尼亞地(California)所完成之喀寬施橋之基礎,雖在急流中,竟能下達九十英呎,距水面則至一百三十五英呎。海爾蓋脫(Hell-Gate)橋基造時,發現河底基石,有大裂罅,乃跨裂罅於水面七十呎下,造一混凝土拱,以承橋基。橋基建築方面之進步如是,橋梁之設計因亦得百尺竿頭更進一步焉。

（三）橋梁設計理論之進步——年來橋梁之分析與設計之數學理論,愈益精進,橋梁各部之大小配置,亦可以最新方法分析,以求經濟。一磅之鉄,必盡其用,橋之載重能量,亦據解析以計算,不復若往昔之賴經驗以猜定矣。用料既省,式樣美觀,橋體復固。如福祿連拿破立司橋之堅挺架。Stiffening Truss 以科學法設計者,較之舊法,用料祇占三分之二而堅固程度竟大四倍。

（四）構造法——現今所用之構造法,對效率安全與速率方面,大有進步,如勃橋之完成,費時逹十年以上,以今計之,同樣之橋,或更大者,四年足矣。如短時間內可造大懸橋之錨索,是進步之一例。舊于勃橋懸索造時,每索不過九百噸鋼絲,須時二十一月,威廉堡格橋 (Willamsburg) 每索千一百噸,須時祇七月;門哈頓橋每索千六百噸,費時四月;費爾特爾費亞橋之每索三千三百噸,僅費時五閱月而已。

（五）橋梁之美化——今日之橋梁已注重於美化矣。昔者鋼橋之建,專重於用,不計其式,更有如福施橋 (Forth) 者,是直蠻力之表現而已。然橋梁一物,足示斯世之文明進化程度,計劃時理應注意美觀,不然則吾人職有未盡,功尚有虧,謂爲今時產物胥覺不稱,有於通都大邑建紀念橋者,建築上之美麗需要尤甚焉。

鋼橋之式樣

現今橋梁因其進展式樣之用於長跨度者,已有五種。即普通橋架,連式橋,鋼造拱橋,臂梁橋,及懸橋是也。

（一）普通橋架——普通橋架中跨度之最長者,即橫越沃哈沃河 (Ohio) 之密却帕立司橋,其跨度之長爲七百二十呎。

（二）連式橋梁——此項橋梁之最大者,首推橫越沃哈沃河之蕭吐維爾橋,(Sciotoville) 該橋完成於一九一七年,跨度爲千五百五十呎,橋柱有三。

（三）鋼拱橋——鋼拱本以海爾蓋脫橋為最大，每兩支端之跨度為九百七十七呎半，卽兩橋礅面之距離一千零十六呎，最近復有二橋，其跨度之長，實超越之。一為雪得尼港拱（Sydney Harbor）橋，其跨度為千六百十呎；一為凱爾凡古爾（Kill-van Kull）之拱橋，該橋位於紐約之施推噸島（Staten）與倍庸（Bayonne）之間，跨度為千六百七十五呎，現此兩橋均在建築中。

（四）臂梁橋——福施橋本為此式橋中之最大者，有兩跨度皆長千七百呎。殆一九一七年，寬倍克橋成而讓位焉。寬倍克橋經兩次失敗而完成，其跨度為千八百呎，占臂梁橋之世界紀錄。

（五）懸橋——勃橋之跨度為千五百九十五呎半，本為懸橋中之最大者。待一九〇三年而威廉堡格橋成，跨度為千六百呎，遂為最長之懸橋。其後復有一九二四年完成之比爾山橋，（Bear-Mountain）跨度為千六百三十二呎，一九二六年完成之費拉特費亞喀門敦橋，（Philadelphia-Camden）跨度為千七百五十呎，與一九二九年於地却特（Detroit）完成之安倍薩杜（Ambassador）橋，其跨度達千八百五十呎，則超越前古矣。上述諸橋，均屬鋼索橋，稱最長之 Eye-Bar 懸橋，卽布達配司脫（Budapest）地橫越丹奴倍（Danube）河之伊立莎伯（Elizabeth）橋，此橋完成於一九〇三年，跨度為九百五十一呎，至一九二六年，較巴西（Brazil）地完成之福洛連拿破立司橋，其跨度為千一百十四呎又遜色矣。然以上諸橋之跨長，較之新成或仍在計劃中各懸橋，則仍有遜色，如在紐約五十七街橫越赫特遜河之橋梁，其跨度為三千二百四十呎，該橋係林登塔爾（Lindenthals）所設計；又如紐約一百七十八街越赫特遜河之橋梁，其跨度為三千五百呎，現此橋正在建造中。又如羅賓遜（Robinson）與施坦門（Steinman's）設計之自由（Liberty）橋，其跨度為四千五百呎，該橋橫越勃羅克鱗與施推噸島之最狹處。

歐芝橋 (Eads)

歐芝橋一如勃橋足資紀念,因創造者乃剛毅而多能之建造家也。此橋係開必丹傑姆司 (Captain-James) 所設計,在聖魯意地方橫越密西西比 (Mississippi)河,當氏設計時;人皆目爲癡狂。然氏則毅然不顧,犧牲一已,卒於一八七四年完成該橋。雖已過半世紀之久,至今猶能載負巨重之火車汽車及電車。歐芝橋實當時最偉大之拱橋也。創用新法,爲數十年來橋梁造法之嚆矢,因其首用巨量之鋼鐵;首用氣壓沉櫃法作橋基;首用釘合之管形弦材,弦材爲鉻鋼(Chrome-Steel)管,直徑十七吋,橋爲無樞兩端固定式。(Hingeless, fixed-ended)凡應用數學以分析各桿間受力及構造時之較準;是橋皆曾顧慮及之今之工程師,不能專美矣。因美觀關係,歐氏堅持橋之中部跨度應較兩旁爲長,故其設計,在兩旁者之長爲五百零二呎,中間爲爲五百二十呎。不意當兩半環接合時,始知其間間隙尙短四吋,不能合龍。氏時已操勞過甚,又爲要幹逗遛英國,接得該項報告時。卽回電曰:「以冰圍橋,合時見告」。冰圍兩環,環縮而間隙增長,橋遂得合。

寬倍克橋 (Quebec)

世界上最長之杆臂橋,卽橫越聖勞侖斯 (St Lawrence) 河之寬倍克橋也。最初之決定,乃以杆臂法建造跨梁.其法先搭架以造錨臂, (Anchor Span) 然後由兩岸向河心建造杆臂 (Cantilever Arm) 與懸梁, (Suspended Span) 俟兩半相接時,再以樞交節接合之。不意一九〇七年八月二十九日,南半將造到河心時,因一底弦錯置失宜,致全橋倒坍,死傷者八十二人。世間最痛心之事,孰有如大功將成忽告毀壞者乎!時古巴氏 (Theodore Cooper) 爲總工程師,古氏曾貢其一生於橋梁工程,亦當時有名之橋梁家也。事前曾急電橋工,着速全體離橋,惜電到已遲,致橋工不能免矣。自此禍發生後;氏乃退隱,失望之餘,未數年卽抑鬱以死。悲哉!究其失敗原因,實由受壓力之弦材未能結好 (Lacing) 乃致毀壞;經數年之研究與審問,始從新設計,較前益固,式樣亦改,惟載重前後雖同,所用之鋼較前則多兩倍有半,并決定不用杆臂法建造掛橋。(Suspended Sapn) 而創升舉法。其法以大力水力起重機將掛橋由撥船弔起,可升至一百五十呎高,不意當掛橋方弔起至十二呎時,弔起具忽然損壞,致掛橋驟墜入河,十三人死焉。翌年,新掛橋始完成,先用撥船撥到河心,再以水力機慢慢弔起,經四日之升舉,乃得安然接成矣。寬倍克橋雖遭兩次慘禍,其有益於工程學識則不少,該橋亦至足紀念也。世界橋梁跨度最長之紀錄,亦因此由千七百呎增至千八百呎矣。

喀寬施峽橋 (Carquinez Strait)

一九二七年五月二十一日,乃加利福尼亞 (Catlifornia) 地喀寬施峽橋舉行落成典禮之日也。自加拿大至墨西哥,道經太平洋沿岸,此橋實總其成,是橋乃加利福尼亞商人漢福 (Aven J. Hanford) 所創議,既竭心力為橋籌款開築,然不幸先半年而死,不克睹其成焉。當此橋設計與構造時,困難百出,而天工人代,卒抵于成。該峽水流甚急,潮長又高,水深九十呎,水底泥土淤積,再下四十五呎,始及堅石,于堅石上築橋墩凡六,均認為於世上最深之橋墩焉。橋梁設計,注意防範及地震者,首推喀寬施橋,於伸縮之關節處,有六個水力緩衝機以制振動。關於緩衝機之計劃,則依各種地震力之記載以定其大小及吃力之多少。喀寬施橋用三種不同之鋼,即普通結構用之鋼鐵,受引力各材用之鍛鋼,及受壓力用之硅鋼也。採用硅鋼則可省六十萬元之費用。喀寬施橋本身長度為三千三百五十呎,分兩主要跨間,各長一千一百呎。此兩跨間之塔,祇長一百五十呎。在每主要跨間中段,有一四百三十三呎之空間,所以裝置掛橋也。裝時用升舉法以上升之。至於此橋所用升舉法,亦頗新奇,不以水力扛重機,而用大力之鋼索及沙箱,於掛橋之四角端,置沙箱以取平衡,每箱容沙五火車。需時九十六小時,始將掛橋升至一百五十呎。十年之後,屢經改良,該橋兩段之掛橋,僅費三十五分即升達同等之高度。於掛橋之升舉也,兩岸佇立而觀者達萬人,爭欲一睹新奇,或存隔岸觀火之心,欲一見

27046

其敗者;吾知其必失望而歸矣。然凡關心是橋者,當得安抵於成之電訊時,心頭必覺如釋重負也。

鋼之美觀

有一點余正欲告於各地設計橋梁工程師者,即余欲傳佈「鋼之美觀」之效也。蓋鋼鉄之爲物,具有至高之美點。質言之,美觀與力量,用鋼都能有和協的表現。今所稱美的鋼之建築物,實未盡鋼之美也。在鋼鉄降臨之前,高大橋塔,當然皆用磚石,經百數年來之應用,石料建築物胥達美的境界,而最初用鋼之人,不知其美的可能性與需要故所建之鋼塔及橋梁等,但求實用,其後始漸加裝潢,以求華麗。今則已達用鋼之第三期,於鋼之美的可能性,應能深識,不宜專務裝潢,更應進而求材料式樣之改善,使具美觀於單純之中。或有建築家因受石工建築之影響,或因先期建築者之痼見,而就鋼之建築物,如大鋼橋橋塔等,更加以混凝土或石面,以飾觀瞻,依余之見,乃粉飾而非美的建築。真的美,非塗飾之謂也。夫鋼鉄乃主要材料,余實不願其湮沒於不必要之材料中,而無所顯。余信真實之美,祇能於鋼鉄得之,莊嚴之鋼塔,以及長大之橋穹均當使具有驚人與恃久之美,設計者可使之成各種美的姿式:如壯麗和優雅的線條;如匀稱和協調的比例;皆爲鋼所獨具,故吾輩不宜固於成見,不應徒務非飾,當盡其固有之美,固有之美爲何?即鋼之堅強有力與壯麗也。倘鋼與磚石能善爲利用,任何大橋必能壯觀瞻而無碍於橋之美。

結　論

五十年來橋梁之建築已如上述,然尚有一點當表而出之者,即計劃必經二步;(一)想像,(二)努力使想像實現,先哲工程師既邁其想像,復以其身體,其心力,或終其一身,盡瘁於其所夢想,以得志竟功成,生今之世,吾人克紹前業,復從而光大之,後之人將摭拾吾人之業,亦期其更進而擴展焉。由此觀之,橋梁者人類進化之簡史耳;吾人于昔人創造之忠忱,固宜繼承而勿失,亦當身圖力行,使此精神傳之後世而不替,則今後之年,將猶以往之日,能化夢想爲實境,由實境更生夢想,以成更偉大之功。

鋼筋混凝土樑設計的簡便法

王同熙 王之炘 譯著

在鋼筋混疑土的設計中，(Reinforced Concrete Beam Design) 有很多的簡便法，用簡單的公式表或圖表都可以使計算便利。

在這個簡便法裏，只講到長方形的鋼筋混凝土樑:—

(1) 只用受張力的鋼筋之樑，(Tension Steel)。

(2) 用受張力和壓應力兩種鋼筋的樑 (Tension & Compression Steel)

(3) 鋼筋混凝土板的設計 (Reinforced Concrete Slab)

I. 只用受張力的鋼筋之樑

我們從任何鋼筋凝土學書中，可以得到下面的公式。

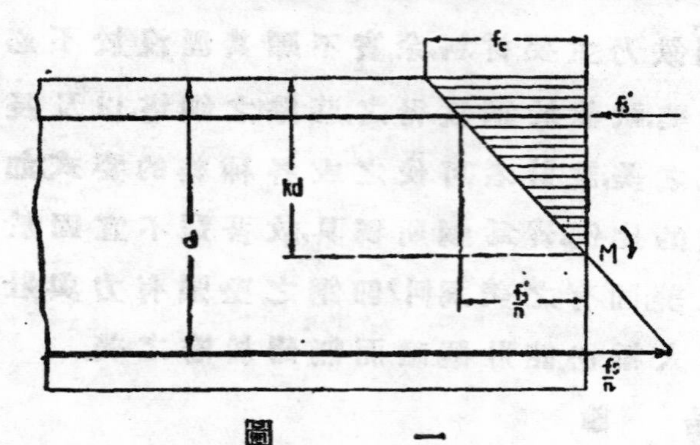

圖 一

$$f_c = \frac{2M'}{jkbd^2} \cdots\cdots(1)$$

$$f_s = \frac{M'}{A_s jd} \cdots\cdots(2)$$

$$k = \frac{1}{1+m} \cdots\cdots(3)$$

$$j = 1 - \frac{k}{3} = \frac{3m+2}{3(1+m)} \cdots\cdots(4)$$

公式中 A_s = 鋼筋之橫段面積 (Cross-sectional area of steel)。

b = 樑之闊 (Width of beam)。

d = 樑之有效深度 (Effective depth of beam)。

f_c = 混凝土之單位壓應力 (Unit comp. stress in concrete)。

f_s = 鋼筋之單位張力 (Unit tens. stress in steel)。

27048

j　＝抵抗偶力距與有效樑深之比數 (Ratio of arm of resisting couple to depth)

k　＝中和軸距與有效樑深之比數 (Ratio of neutral axis to depth)

$m = \frac{f_s}{nf_c}$.

M'＝彎曲距重,單位爲吋－磅 (Bending moment in in-lbs.)

M　＝彎曲距重,單位爲呎－磅 (Bending moment in ft-lbs.)

$n = \frac{E_s}{E_c}$

E_s＝鋼筋之彈性率(Modulus of elasticity of steel)

E_c＝混凝土之彈性率(Modulus of elasticity of concrete)

以公式 (1) 中 M' 改爲呎－磅,則

$$d^2 = \frac{24M}{f_c jkd} \cdots\cdots\cdots\cdots (5)$$

公式 (3) 乘 (4),得

$$jk = \frac{2+3m}{3(1+m)^2} \cdots\cdots\cdots\cdots\cdots\cdots (6)$$

以 (6) 代入 (5),得

$$d^2 = \frac{72M(1+m)^2}{f_c(2+3m)b} \cdots\cdots\cdots\cdots\cdots (7)$$

以 K_1 代$(1+m)\sqrt{\frac{72}{f_c(2+3m)}}$,代入公式 (7),得

$$d = K_1\sqrt{\frac{M}{b}} \cdots\cdots\cdots\cdots\cdots\cdots (8)$$

同時以 K_2 代 $\frac{jf_s}{12}$,代入公式 (2),得

$$A_s = \frac{M}{K_2 d} \cdots\cdots\cdots\cdots\cdots\cdots(9)$$

由以上公式,我們可以造一表如"表(一)"

表(一)　(n=15)

f_c(磅/方吋)	f_s=16,000 磅/方吋			f_s=18,000 磅/方吋		
	K_1	K_2	$^*K_3$	K_1	K_2	$^*K_3$
650	0.334	1,165	0.096	0.345	1,325	0.099
700	0.315	1,157	0.091	0.326	1,317	0.094
750	0.300	1,150	0.086	0.309	1,309	0.089
800	0.286	1,143	0.083	0.294	1,302	0.0 5

有了公式(8),(9)和表(一),我們便可很簡便的計算了。

〔例〕 設一樑闊16吋,所受的彎曲距重爲14,000 呎－磅。

試求此樑之深?($n=15$; $f_s=18,000$ 磅/方吋; $f_c=750$ 磅/方吋)

用公式(8)得 $d=.309\sqrt{\frac{14,000}{16}}=28.9$ 吋

用公式(9)得 $A_s=\frac{14,000}{1309\times 28.9}=3.70$ 方吋

我們再可由以上公式,造圖表(一)。于是樑之深可直接從圖表(一)得到,卽前題用虛線表示于圖表中。

先在 $f_s=18,000$ 處之頂起向下,在 $n=15$ 處轉向橫方,然後在 $f_c=750$ 處向下,得 $K_1=0.309$, 繼續向下,遇 $M=14,000$ 處,轉向橫方,遇 $b=16$ 吋,又轉向下,則得 $d=28.9$ 吋,

$^*K_3$ 是從末段鋼筋混凝土板之設計得來。

II. 用受張力和壓應力二種鋼筋之樑

假使我們的樑之深闊已有了限止,那末或者要用受壓應力的鋼筋時,我們也可用同樣的方法得到公式,表和圖表如下,

$$k=\frac{1}{1+m}\cdots\cdots\cdots\cdots(3)$$

$$A_s=\frac{M}{K_2d}\cdots\cdots\cdots\cdots(9)$$

$$f'_s=nf_c\left(\frac{k-\frac{d'}{d}}{k}\right)\cdots\cdots\cdots\cdots(10)$$

由圖,一　$M=A_sf_sjd=\frac{1}{2}f_cbkd(d-\frac{kd}{3})+f'_sA'_s(d-d')\cdots\cdots(11)$

公式中　f'_s = 鋼筋之單位壓應力 (Unit comp. stress in steel)

d' = 受壓力之鋼筋和受壓力這邊的樑面之距離 (The distance from compressive face of the beam to the plane of the compressive reinforcement)

A'_s = 受壓應力之鋼筋之橫毁面積

(Cross-sectional area of compressive reinforcement)

由公式 (10) (11) 以 p 代 $\frac{f_ck}{2f_s}$; K_4 代 $\frac{f_s}{f'_s}\left(\frac{j}{1-\frac{d'}{d}}\right)$. 便得

$$A'_s=K_4(A_s-Pbd)\cdots\cdots\cdots\cdots(12)$$

由以上公式我們可以造表和圖表 (如表(二); 圖表(二))

表　(二)

$\frac{d'}{d}$	K_4 (f_s 18,000磅/方吋; n=15)			
	f_c=650磅/方吋	f_c=700磅/方吋	f_c=750磅/方吋	f_c=800磅/方吋
0.20	4.74	4.11	3.64	3.06
0.18	4.08	3.59	3.19	2.71
0.16	3.56	3.17	2.84	2.43
0.14	3.15	2.77	2.55	2.19
0.12	2.81	2.53	2.30	1.99
0.10	2.54	2.29	2.10	1.81
0.08	2.30	2.09	1.91	1.66
0.06	2.10	1.91	1.76	1.53
p	0.0063	0.0072	0.0080	0.0089

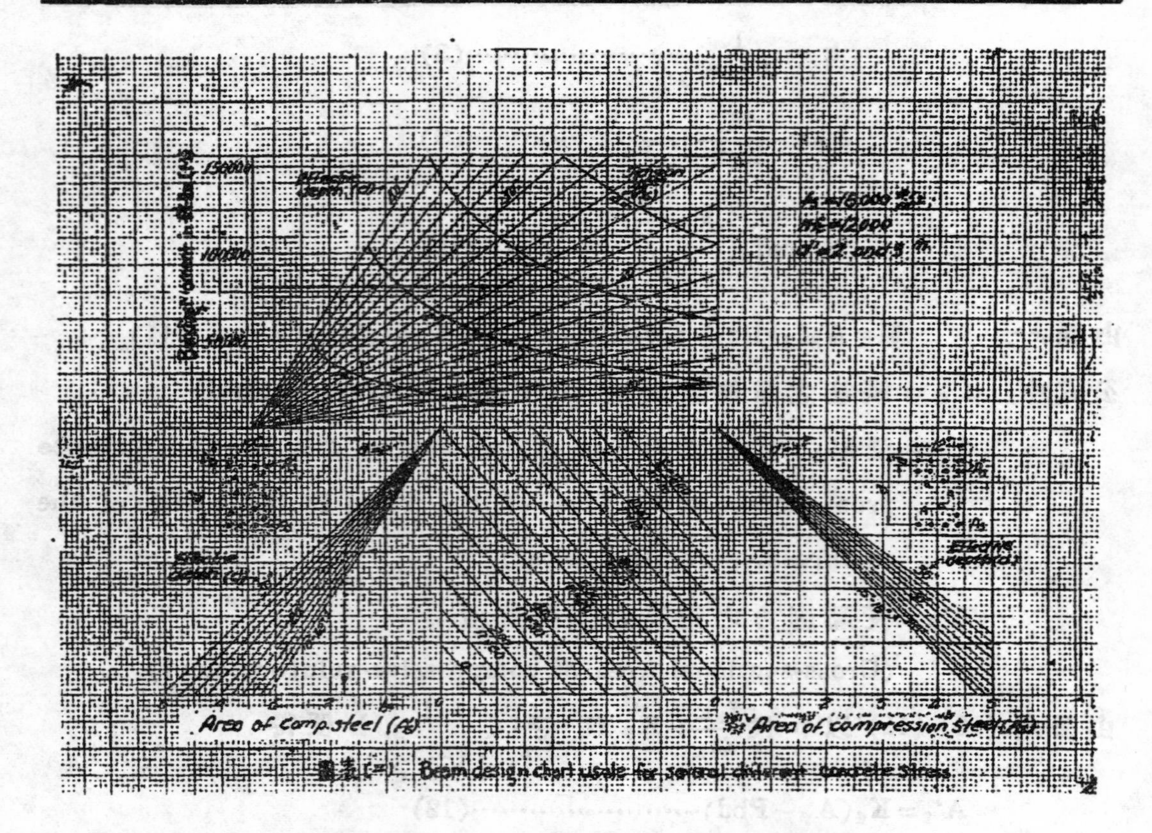

圖表(二) Beam design chart usale for several different concrete Stress

〔例〕 設一樑為12吋×22吋，所受之彎曲距重為80,000呎一磅。

試求應用之鋼筋？($n=15$; $f_s=18,000$ 磅/方吋; $f_c=800$ 磅/方吋)

(1) 用公式(8)，得

$$d=0.294\sqrt{\frac{80.000}{12}}=24\text{ 吋。}$$

但此樑之深已被限止(20吋)，故須用受壓力之鋼筋，(凡深度不夠時，須用受壓力之鋼筋)。

用公式(9)，得

$$A_s=\frac{80,000}{1,302\times 20}=3.1\text{方吋}$$

再由表(二)和公式(12)，得

$$A'_s=1.81(3.1-0.0089\times 12\times 20)=1.75\text{方吋。}$$

27052

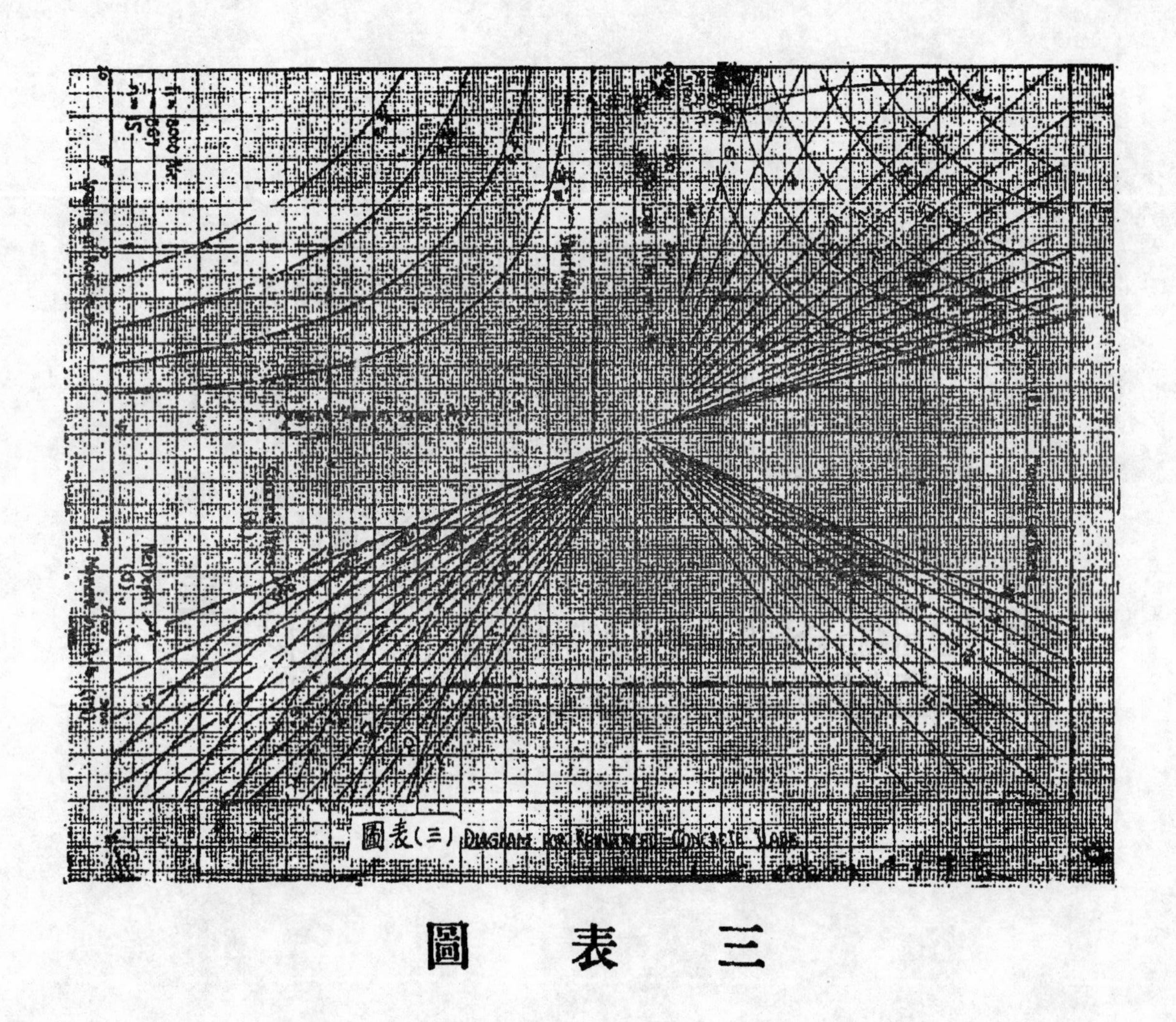

圖表三

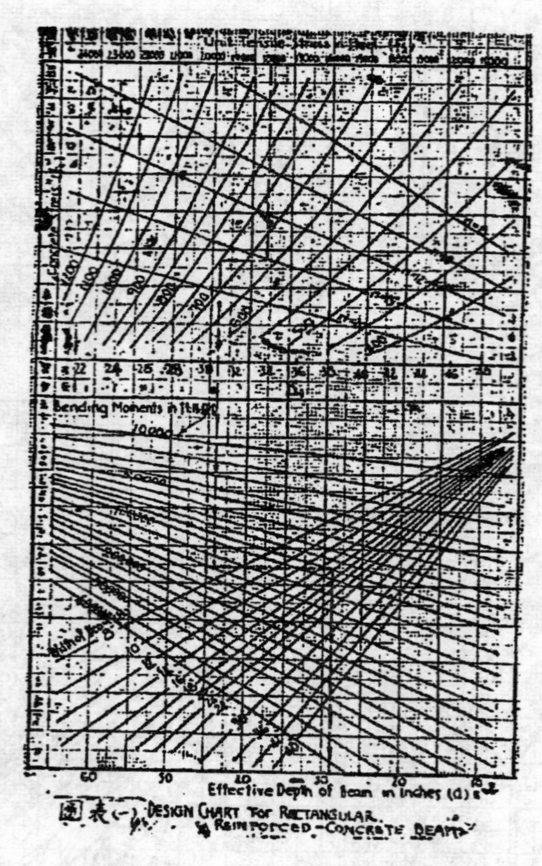

圖表(一) DESIGN CHART for RECTANGULAR REINFORCED-CONCRETE BEAMS

圖表一

(2) 再上題可由圖表(二),得 A_s 和 A'_s。如圖表中之虛線,自上圖左邊 $M=80,000$ 處向右,遇 $d=20$ 吋時(得 $A_s=3.1$)轉向下遇 $f_c=800$; $n=15$ 時,轉向左(如 $d'=3''$,則轉向右)遇 $d=20$ 吋時又轉向下,得 $A'_s=1.75$ 方吋

此圖表(二)維因有限止,($f_s=18,000$ 磅/方吋; $nf_c=12,000$; $d'=2$ 或 3吋)故如 $f_s=16,000$ 時,或 nfc 另一數時,必須另造圖表。

再者,如 b 不等于12吋時,我們可以改此樑所受之彎曲距重,然後按法再讀,譬如一樑爲24吋×30吋,所受 M 爲200,000呎-磅,我們就可改 M 爲 $\frac{12}{24}\times 200,000=100,000$ 呎-磅然後按圖查得之 A_s 和 A'_s,卽此樑所需之鋼筋也。

III. 鋼筋混凝土板的設計

公式(8)和(9)可以用于設計鋼筋混凝土板。

設 $b=12$吋,則公式(8)變爲

$$d=K_3\sqrt{M}\cdots\cdots\cdots\cdots(13)\qquad \left(K_3=K_2\sqrt{\frac{1}{12}}\right)$$

所須鋼筋之橫段面積,可以用公式(9),$-A_s=\frac{M}{K_2 d}$。

〔例〕 設一塊 10 呎的連續板,上面所載的重量是每方呎內 240 磅,自己的重量是每方呎內 90 磅,(每方呎共載重 330 磅), $f_c=600$ 磅/方吋; $f_s=18,000$ 磅/方吋。

圖表(三)之虛線,由 330 處向上,遇10呎處轉向右,同時,可知每方吋之剪力(Shearing strees)爲40磅時的最小 $d=4.0$吋。在距重之係數(Moment Coefficient) $=\frac{1}{12}$ 處,轉向下,遇 $d=6$ 吋時,轉向左方,同時得 $M=2750$ 呎-磅,及 $A_s=.35$ 方吋,再于 $5/8''\phi$ 處又向下得二根鋼筋間之距離(Spacing of reinforcement)爲 10.5 吋。

6 吋板所受之剪力爲 $\frac{3.9}{6}\times 40=26$ 磅/方吋。

倘使用公式計算,則

$$d=.106\sqrt{2,750}=5.56\text{ 吋。(最小深度)}$$

$A_s=\frac{2750}{1334\times6}=.393$ 方吋。（相當于 $d=5.56$吋 時所須之鋼筋橫段面積）

此圖表（三）亦有限止，(1) $f_s=18,000$ 磅/方吋。

(2) $j=.867$。

(3) $n=15$。

在 $j=.867$ 時，$f_c=800$磅/方吋，故 f_c 較小時，用此圖表更爲安全。

浙建廳籌建錢塘江大橋

培

錢塘劃全省爲東西二部，江面遼闊，河床變易無定，久爲浙省交通之障礙，雖當時政府久有跨江建橋之意，但因經費與設計上之困難，及時局之影響，迄未實現，近年浙省交通事業，各方均有特殊之進展，如杭江路之建造，公路網之完成，此橋之興築，益感亟需，閘建廳已着手進行，鑽探工程已告蕆事，其橋址大概在閘口六和塔附近，跨度約一公里以上，橋面暫擬設火車道一，汽車道二，行人道一，若將來運輸增加及經濟充裕時尙可放寬，橋架之式樣，不外爲 Pettit 式或臂梁式，其長度與橋墩之數目，俟水文及鑽探之結果而定，故詳細計劃尙未擬就，經費約需二百五十萬元，由中央担任四成，其餘六成，由地方籌集云。

圓弧及切線之捲尺測法

惲新安譯著

圓弧及切線之捲尺測設法,係普渡大學教授華闌氏 (Howland) 所發明,載於 Civil Engineering (A. S. C. E.) No.1, 1932 據氏云:此法根據奈端氏微分 (A Treatise of the Method of Fluxious and Infinite Series by Sir Isaac Newton 1737) 中之一例題,但此書已罕見,無從考證。因是法于圓弧及切線之測設,頗為簡便,故節譯是文并略加證明于後。

(A)圓弧之測法

凡某點P與二已知點C及I之距離之比為常數 k 時,則此點 P 之軌跡為一圓。(如圖二)此常數 k,為所求圓上之任何點P,至任何弦 TT' 之中點 C 之距;與 P 點至該弦兩端 T 及 T' 所作切線之交點 I 之距之比,即 $k=\frac{PC}{PI}=\cos^{\alpha}$,如以 $\frac{k}{1-k^2}$ 乘二已知點之距 (CI=E) 即得所求圓之半徑R,以 k 除半徑R則得圓心至圓外定點之距離 OI,

根據以上原理弧線之測設至為簡易,無須應用表及經緯儀即可,如弧線不甚長者,僅需捲尺二支,T與T' 均為已知之點。(如圖一) I 亦可由切線引長相交而得。量出二分之一之弦長,及切線之長,則得k值,因 $k=\frac{\overline{TT'}}{2}\div\overline{TI}$ 或 $=\frac{\overline{TT'}}{2}\div\overline{T'I}$, 作 $\overline{PC}=\frac{4}{5}\overline{TC},\frac{3}{5}\overline{TC},\frac{2}{5}\overline{TC}$……等值,$\overline{PI}=\frac{4}{5k}\overline{TC},\frac{3}{5k}\overline{TC},\frac{2}{5k}\overline{TC}$,……等值,以二捲尺之各端套于I及C之椿頂,以上值用交點法而得 P_1, P_2, P_3, P_4,……等圓弧上所需之各點

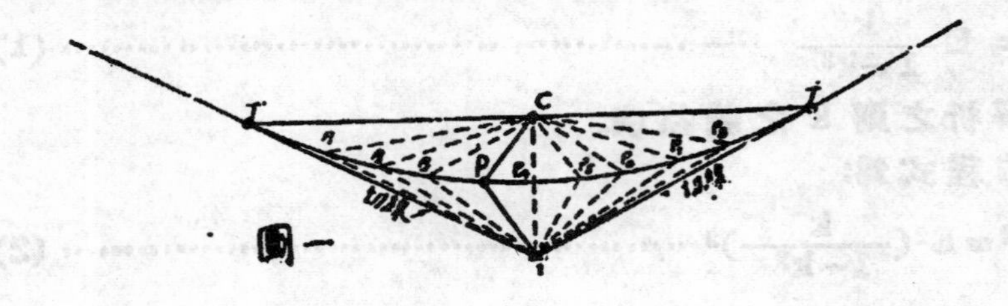

圖一

27057

如圓弧過大,捲尺長度不敷應用時,則分爲兩部或數部,如分爲兩部,由 $CT'' = \dfrac{CI}{1+\dfrac{1}{k}}$ (註一)而作平行於弦TT'之 $I_1 I_2$ 線,依前法求k而作弧上各點,視圖二卽可瞭然,以理論言,此法作弧,並無限制,但于實際分作二部份以上,已不易眞確,普通以弦長二百尺左右,卽最長之 $\overline{PI}$ 不滿一百呎者(一捲尺長)最爲適宜,

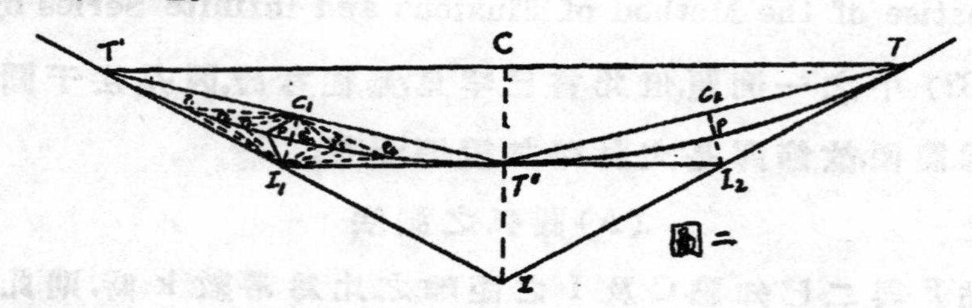

圖二

幾何上之證明 設O爲所求之圓過 $\overline{CI}$ 作X軸作線 $\overline{TO} \perp \overline{TI}$,與 $\overline{OX}$ 交於O則O爲所求圓之圓心。$\overline{OY} \perp \overline{OX}$ 相交于O點,OY爲Y軸。

圖三, P, I, 及C三點之座標爲 $P(x,y)$, $I(-\dfrac{R}{k}, O)$, 及 $C(-kR, O)$

P原爲圓上之任何點,當P與T合時,

則 $R = \overline{TI}\cot\theta$

$\overline{TI} = E\csc\theta$

$$R = E\,\mathrm{cso}\,\theta\,\cot\theta$$

$$= E\csc\theta\frac{\cos\theta}{\sin\theta}$$

$$= E\frac{\cos\theta}{\sin^2\theta}$$

$$= E\frac{\cos\theta}{1-\cos^2\theta}$$

$$= E\frac{k}{1-k^2} \quad \cdots\cdots\cdots\cdots\cdots\cdots\cdots\cdots (1)$$

圖三

現以座標解析之則k之義益明。

所求圓之方程式爲:

$$x^2+y^2 = E^2\left(\frac{k}{1-k^2}\right)^2 \cdots\cdots\cdots\cdots\cdots\cdots\cdots\cdots (2)$$

$$k=\frac{\overline{PC}}{\overline{PI}}$$

$$\frac{\overline{PC^2}}{\overline{PI^2}}=\frac{(x+kR)^2+y^2}{(x+\frac{R}{k})^2+y^2}=\frac{x^2+y^2+2kRx+k^2R^2}{x^2+y^2+2\frac{R}{k}x+\frac{R^2}{k^2}}$$

$$=\frac{E^2\ (\frac{k}{1-k^2})^2+2kRx+R^2k^2}{E^2\ (\frac{k}{1-k^2})^2+2\frac{R}{k}x+\frac{R^2}{k^2}}$$

$$=\frac{k^2E^2+2kRx(1-k^2)^2+k^2R^2(1-k^2)^2}{k^2E^2+2\frac{Rx}{k}(1-k^2)^2+\frac{R^2}{k^2}(1-k^2)^2}$$

$$=\frac{k^4E^2+2k^3Rx(1-k^2)^2+k^4R^2(1-k^2)^2}{k^4E^2+2kRx(1-k^2)^2+R^2(1-k^2)^2}$$

（此處 $E^2=R^2\ (\frac{1-k^2}{k}{}^2)$）

$$=\frac{k^2R^2(1-k^2)^2+2k^3Rx(1-k^2)^2+k^4R^2(1-k^2)^2}{k^2R^2(1-k^2)^2+2kRx(1-k^2)^2+R^2)1-k^2)^2}$$

$$=\frac{k^2[R^2(1-k^2)^2(1+k^2)+2kR(1-k^2)^2x]}{R^2(1-k^2)^2(1+k^2)+2kR(1-k^2)^2x}$$

$$=k^2$$

$$\therefore\ \frac{\overline{PC}}{\overline{PI}}=k$$

於比可見任何點與二已知定點之距離之比確爲一常數k時其軌迹爲圓無疑

(B)切線之測法

如在上述所測圓上之任何點 P，須作一切線，則連接 P 與二定點 C 及I，得線 $\overline{PC}$ 與 $\overline{PI}$ 如於點 C 及 I 各作垂直線于其連接之 PC 及 PI 得交點Q，接連 P 與 Q. 則線 PQ 卽爲所求之切線（如圖四）

幾何上之證明　設 P(x,y) 爲任何切點（視圖四）

$\overline{CQ}\perp\overline{PC}$

$\overline{IQ}\perp\overline{PI}$

$\overline{CQ}$之斜度爲$-\dfrac{(x+kR)}{y}$

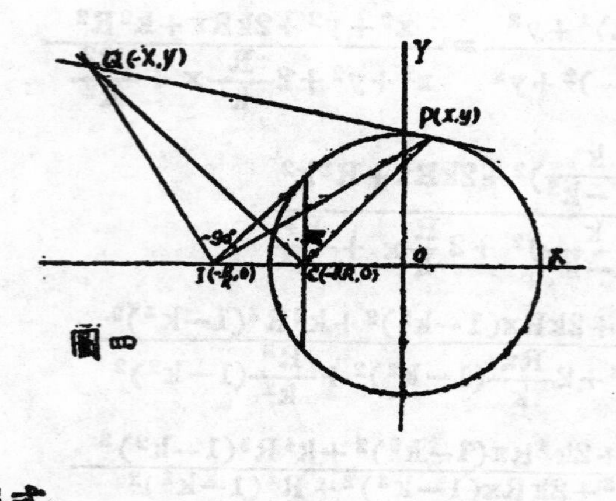

圖四

則$\overline{CQ}$線方程式

$$Y=\frac{-(x+kR)}{y}(X+kR)\cdots\cdots(3)$$

$\overline{IQ}$之斜度爲$-\dfrac{-(x+\frac{R}{k})}{y}$

則$\overline{IQ}$線之方程式爲

$$Y=\frac{-(x+\frac{R}{k})}{y}(X+\frac{R}{k})4\cdots\cdots(4)$$

從(3)(4)得

$$X=-\frac{R(1+k^2)+kx}{k}$$

$$Y=\frac{(x+kR)(kx+R)}{ky}$$

$\overline{PQ}$之斜度$=\dfrac{Y-y}{X-x}$

$$=\frac{\frac{(x+kR)(kx+R)}{ky}-y}{-(\frac{R(1+k^2)+kx}{k}+x}$$

$$= -\frac{[(x+kR)(kx+R)-ky^2]}{y[R(1+k^2)+kx+kx]}$$

$$= -\frac{kx^2+k^2Rx+Rx+kR^2-ky^2}{y(kx+R+Rk^2+kx)}$$

$$= -\frac{k(x^2-y^2+R^2)+Rx(1+k^2)}{y[2kx+R(1+k^2)]}$$

$$= -\frac{2kx^2+Rx(1+k^2)}{y[2kx+R(1+k^2)]}$$

$$= -\frac{x}{y}$$

卽 $\overline{QP} \perp \overline{OP}$.

於是 $\overline{QP}$ 卽爲所求之切線矣　　（完）

（註一）$\frac{\overline{CT''}}{\overline{T''I}} = k, \quad \overline{T''I} = \overline{CI} - \overline{CT''}$

$$\overline{CT''} = k(\overline{CI} - \overline{CT''})$$

$$\therefore \overline{CT''} = \frac{\overline{CI}}{1+\frac{1}{k}}$$

丹麥未來之大橋　　綱

丹麥政府將在馬斯納都島 (islands of Masnedo) 及福爾斯脫 (Falster) 之間擬築一大橋倘建築完成之後則該橋將爲歐洲最長之橋橋長凡一萬零六百三十十呎闊凡十八呎需建築費一千萬金元該橋須在 1939—40 年方可完成云

ANALYSIS OF CONTINUOUS PRISMATIC BEAMS BY THE METHOD OF MOMENT DISTRIBUTION

by Chung Huang (黃中)

I Introduction

In the Year of 1930, Prof. Hardy Cross of the University of Illinois, U. S. A., Published his analysis of "Continuous Frames by Distributing Fixed-end Moments"* Possibly he made the greatest single contribution to the theory of stress analysis of redundant structures in a generation. Now, a theoretically exact solution of many statically indeterminate structures can be made with almost no mathematical drudgery. Moreover, the engineer can easily visulize the action of the structure while the solution is unfolding and can thus develop a sense of continuity which is seldom aquired in the application of any other methods.

The general method of moment distribution, as Prof. Cross hinted in his concluding words, is applicable to endless number of specific problems. The pages which follow will be devoted only to a discussion of moment distribution method in determining negative bending moments at supports of continuous prismatic beams.

*The paper by Hardy Cross, M. Am. Soc. C. E. was published in Proceedings. Am. Society of Civil Engineers, May 1930. Discussions of the paper have appeared in proceedings as follows: Sept., 1930; Oct,. 1930; Nov., 1930; Feb., 1931; March, 1931; May. 1931; Nov., 1931; Jan., 1932; March, 1932; April, 1932.

II. The General Principle of Moment Distribution

An attempt will be made to give a general outline of the steps taken in the analysis of continuous beams by Cross' Method. First take a continuous beam consider all joints locked against rotation. Then, allow any joint to move until equilibrium is set up at that joint while the other joints being held rigid, then the unbalanced moment at that joint will be distributed among the members there connected in proportion to their values of $\frac{I}{L}$. Each joint of the beam in succession can thus be allowed to rotate while all other joints being temporarily locked. Multiply the moment distributed to each member at a joint by $\frac{1}{2}$* (Carry over factor) and carry over to the far end with opposite sign. The procedure, of course, will unbalance joints which are already balanced. The process of distribution must be repeated until all joints are balanced. Add all moments at each end of the member to obtain the actual negative moment at each end.

Cross' Method is, then, one of successive distribution of unbalanced moments. The final result may be found with any degree of precision

*Consider a fixed beam of uniform section subjected to a unit rotation at one end. This rotation is equivalent to an angle.

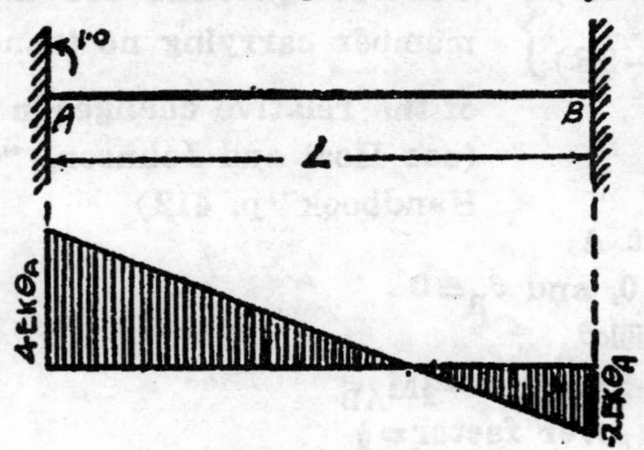

27063

desired. Therefore, Cross' method is not an approximate one. No matter how complicate the loading and structure are, there is no need of general formulas or graphical constructions; attention is only centered on the laws of statics. How simple the method is!

III. Illustrations

A. A continuous Beam with Ends Simply Supported.

Constant I and E. The relative value of $\frac{I}{L}$ are indicated in Parenthesis.

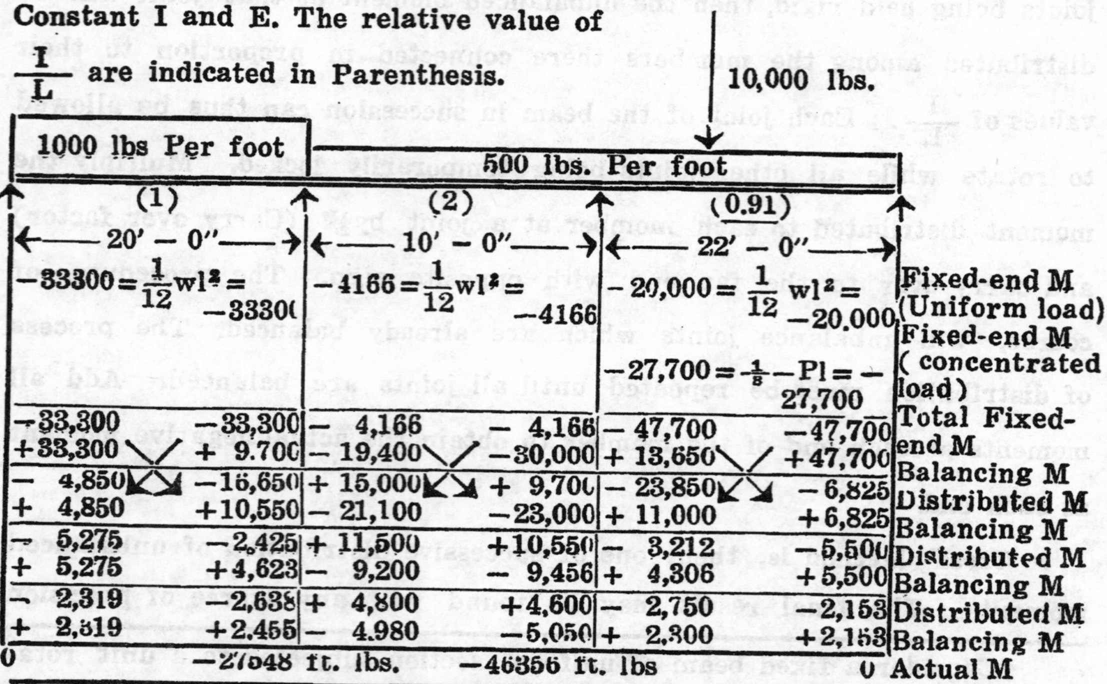

$$M_{AB} = 2Ek(2\theta_A + \theta_B - 3R)$$
$$M_{BA} = 2Ek(2\theta_B + \theta_A - 3R)$$

General equations for moments at ends of a member carrying no transverse load in terms of the relative changes in position of the ends. (see Hool and Johnson, "Concrete Engineers' Handbook" p. 412)

For unit rotation at A,

$$R = 0, \text{ and } \theta_B = 0$$
$$M_{AB} = 4Ek\theta_A$$
$$M_{BA} = -2Ek\theta_A = -\tfrac{1}{2}M_{AB}$$

$\therefore$ Carry over factor $= \frac{1}{2}$

Fig. I. Three Spans. Ends Free.

The fixed-end moments* are first computed considering each span separately as a simple fixed-ended span, and joints considered locked with these moments. Continuity is thus preserved but the moments at the joints are unbalanced. Unlock the joints in any order and distribute the unbalanced moment: Beginning at the left, −33,300 released throws +33,300 into this end of the beam as there is no other member at the joint. At the second joint the unbalanced moment (the difference between the fixed-end moments on each side of the joint) is likewise −29,134 (33,300−4,166=29,134). When this is released the relative value of $\frac{I}{L}$ of the first and second spans being 1 and 2 respectively, it will divide +9,700 $(29{,}134\times\frac{1}{1+2})$ on the left end and −19,400 $(29{,}134\times\frac{2}{1+2})$ on the right, the signs being determined by the required static balance. At the 3rd joint the unbalanced moment is −43,534(47,700−4,166). The relative values of $\frac{I}{L}$ of the 2nd & 3rd spans being 2 and 0.91 respectively, it will divide −33,300 $(-43{,}534\times\frac{2}{2+0.91})$ on the left and +13,650 $(-43{,}534\times\frac{0.91}{2+0.91})$ on the right. At the right end of the beam −47,700 released throws +47,700 into the beam.

The joints having been unlocked, it will be noticed that the joints are now balanced and the net result at each joint would give us the actual

*Equations of fixed-end moments are given in Table I.

moments except for the portion carried over to the other end of the beam in each case of unlocking. In the 1st. span when +33,300 was released at the left end, one-half of its opposite sign or −16650 was carried over to the other end. When the right end received a moment of +9700, one-half of its opposite sign or -4850 was carried over to the left end. Similarly considering each joint in turn we get the 3rd. line of distributed moments which become the new unbalanced moments. These need to be released, balancing the joints, and distributed as before. The series converges rapidly and may be continued until there is nothing further to distribute, if desired, Each column of figures is added to obtain the negative moment at the end. Obviously, for the intermediate joint the adding on only one side is necessary.

B. A Continuous Beam with Fixed Ends.

Fig.2 illustrates a general problem of this kind. The ends are fixed. They may be locked and unlocked as before. But the work will be found simpler, if they remain locked. The difference between the final moment at the second joint −583.45 and the fixed-ended moment in the first span −1250 is +666.55. One-half of this value of opposite sign or −333.25 will then need be added to the moment at the left fixed end. The numerical work at the right fixed end is the same.

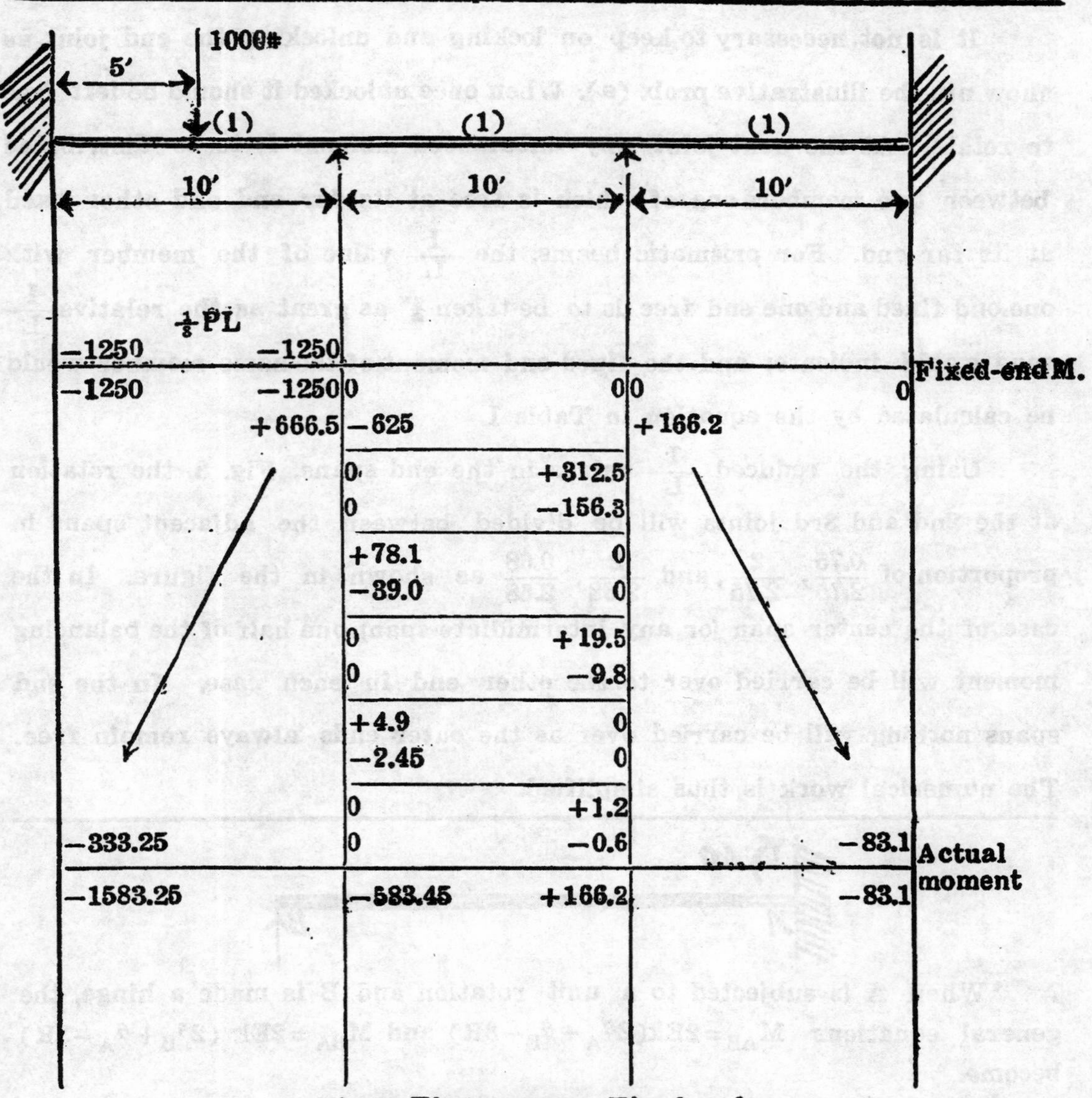

Fig.2 Three spans—Fixed ends.

Assuming constant I and E.

The relative values of $\frac{I}{L}$ are indicated in paranthesis

IV. Modification of general method

for beams with ends simply supported

27067

It is not necessary to keep on locking and unlocking the end joint as show nin the illustrative prob. (a). When once unlocked it should be left free to rotate. At the next joint, any unbalanced moment is to be distributed between two members one of which is free at its far end and other fixed at its far end. For prismatic beams, the $\frac{I}{L}$ value of the member with one end fixed and one end free is to be taken ¾* as great as the relative $\frac{I}{L}$ vaue would indicate; and the fixed-end moment of the same member would be calculated by the equation in Table I.

Using the reduced $\frac{I}{L}$ values in the end spans, Fig. 3, the rotation at the 2nd and 3rd joints will be divided between the adjacent spans in proportion of $\frac{0.75}{2.75}$, $\frac{2}{2.75}$, and $\frac{2}{2.68}$, $\frac{0.68}{2.68}$ as shown in the figure. In the case of the center span (or any intermidiate span) one half of the balancing moment will be carried over to the other end in each case. In the end spans nothing will be carried over as the outer ends always remain free. The numerical work is thus simplified.

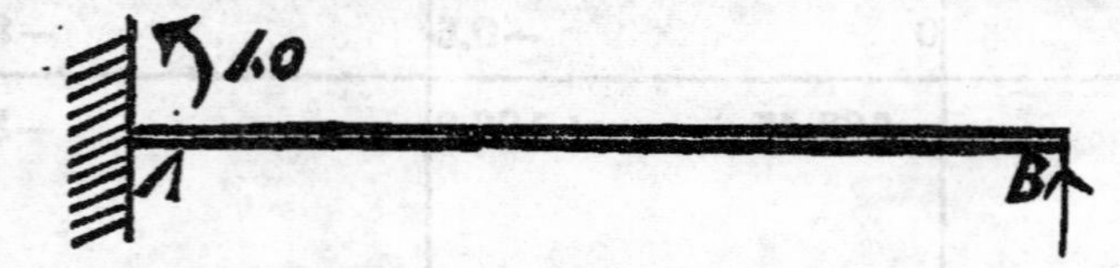

* When A is subjected to a unit rotation and B is made a hinge, the general equations $M_{AB}=2Ek(2\theta_A+\theta_B-3R)$ and $M_{BA}=2Ek(2\theta_B+\theta_A-3R)$ become.

$$M_{AB}=2Ek(2\theta_A+\theta_B)$$
$$O=2Ek(2\theta_B+\theta_A)$$

Combining these two equations to eliminate θ_B gives

$$M_{AB}=3Ek\theta_A.$$

This shows that a beam hinged at one end is ¾ as stiff as a beam fixed at both ends.

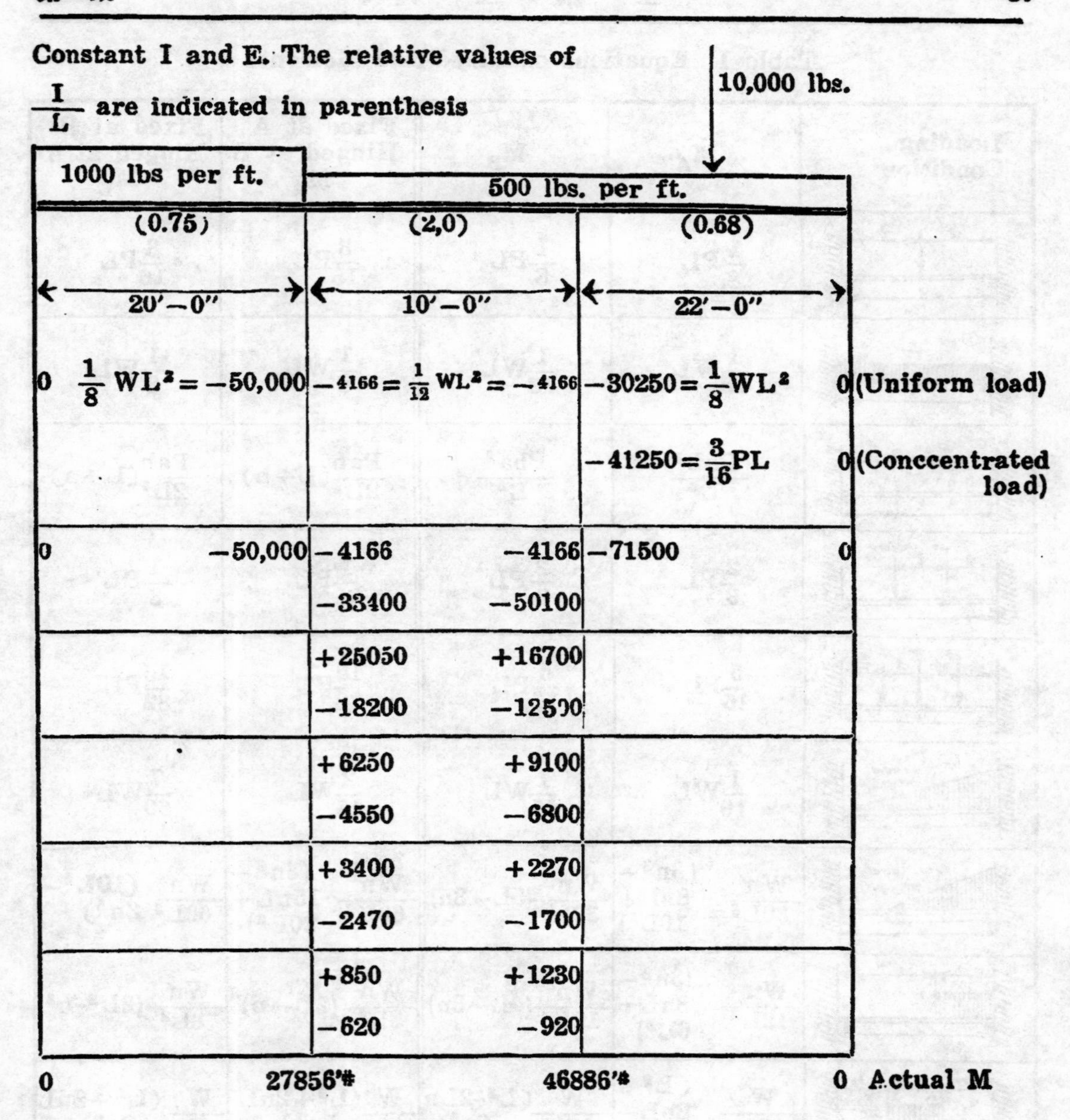

Fig.3 Three spans. Ends free

27069

Table I Equations of Fixed-End Moments

Loading Condition	M_A	M_B	Fixed at A Hinged at B M_A	Fixed at B Hinged at A M_B
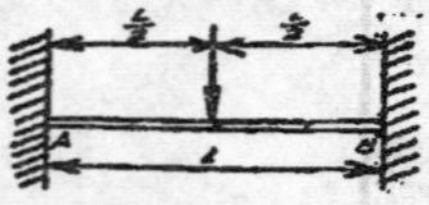	$\frac{1}{8}PL$	$\frac{1}{8}PL$	$\frac{3}{16}PL$	$\frac{3}{16}PL$
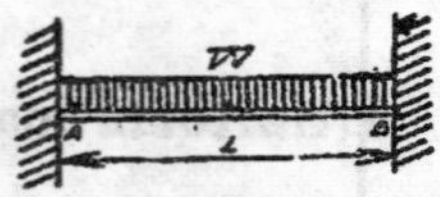	$\frac{1}{12}WL$	$\frac{1}{12}WL$	$\frac{1}{8}WL$	$\frac{1}{8}WL$
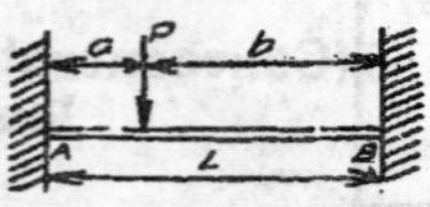	$\frac{Pab^2}{L^2}$	$\frac{Pba^2}{L^2}$	$\frac{Pab}{2L^2}(L+b)$	$\frac{Pab}{2L^2}(L+a)$
	$\frac{2}{9}PL$	$\frac{2}{9}PL$	$\frac{1}{3}PL$	$\frac{1}{3}PL$
	$\frac{5}{16}PL$	$\frac{5}{16}PL$	$\frac{15}{32}PL$	$\frac{15}{32}PL$
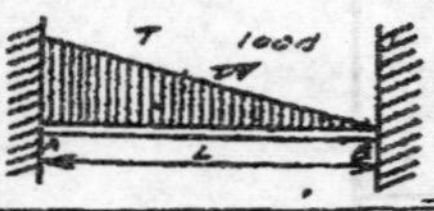	$\frac{1}{10}WL$	$\frac{1}{15}WL$	$\frac{2}{15}WL$	$\frac{7}{60}WL$
	$\frac{Wn}{30L^2}(3n^2-8nL+10L^2)$	$\frac{Wn}{30L^2}(5L-3n)$	$\frac{Wn}{60L^2}(3n^2-15nL+20L^2)$	$\frac{Wn}{60L^2}(10L^2-3n^2)$
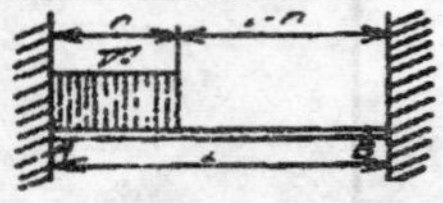	$\frac{Wu}{12L^2}(3n^2-8nL-6L^2)$	$\frac{Wn}{12L^2}(4L-3n)$	$\frac{Wn}{8L^2}(2L-n)^2$	$\frac{Wn}{8L^2}(2L^2-n^2)$
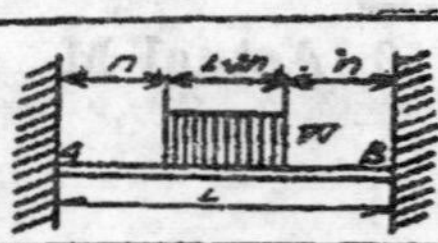	$\frac{W}{12L}(L^2+2nL-2n^2)$	$\frac{W}{12L}(L^2+2Ln-2n^2)$	$\frac{W}{8L}(L^2+2nL-2n^2)$	$\frac{W}{8L}(L^2+2nL-2n^2)$
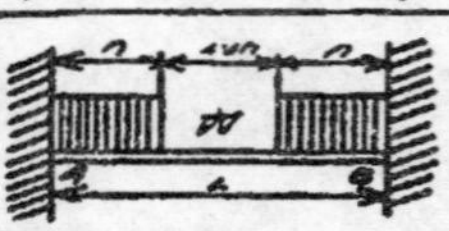	$\frac{Wn}{12L}(3L-2n)$	$\frac{Wn}{12L}(3L-2n)$	$\frac{Wn}{8L}(3L-2n)$	$\frac{Wn}{8L}(3L-2n)$

混凝土柱子新公式的需要

金學洪　李宗網　譯述

原著: Herbert J. Gilkey and Warren Reader From Civil Engineering volume 1, Number 10 July 1931

用鋼筋混凝土來做柱子, 在這十五年來, 有二點已經引起了一般工程家特別的注意: 第一點, 是乾後之收縮 (Shrinkage, when drying); 第二點是受載重後形體之改變 (flow Under Sustained load) 這二點經過了利哈大學與伊利諾大學續漸的試驗, 加以美國混凝土學會的保證使解決這二點, 已有一線曙光, 關於這兩點對於柱子內的鋼條應力, 其影響如何, 近年來亦已得了不少的報告。

格拉夫氏 (Otto Graf) 於 1921 年, 曾在德國工程學會會刊第五十六卷,發表他六年中所試驗的混凝土與鋼筋混凝土, 收縮不同的結果, 格氏所試驗的樣品, 爲二十公分見方, 一公尺長, 經六年的觀察, 格氏謂混凝土所做成的, 一共縮去 0.512 公厘, 倘用 3.16 平方公分的鋼條放入時, 則僅縮 0.225 公厘, 這是很顯著的, 是因爲有了鋼條的緣故. 這種現象, 是能使鋼條支受壓力, 混凝土承受拉力, 且所構成的總壓力和總拉力, 係互成平衡。

伊利諾大學在 1921 年, 發表他們所研究的鋼筋混凝土, 因收縮而生應力的結果, 該校曾做了三種含鋼不同成分的 6″×6″×24″ 柱子, 以作試驗. 其中混凝土之成分爲 1:2:4, 而含鋼則爲:(1) $4-\frac{1}{4}''\phi$ 卽 p=0.5% (2) $4-\frac{3}{8}''\phi$ 卽 p=1.23% (3)$4-\frac{1}{2}''\phi$ 卽 p2.18% 此等試驗品, 在九十九天之內, 其濕度乃從 40% 到 80%, 在該時期間, 鋼之抗壓力, 與混凝土之抗壓力, 同時增加, 他們得到的結果, 含鋼成分最少的, 鋼的應力每平方吋竟達 18000 磅, 而鋼的成分最多的, 混凝土所受的拉力每平方吋爲250 磅。

從這樣看來，僅爲了混凝土的收縮，鋼已超出了所計劃的應力，若將載重加上，則鋼條所受的壓力要增加，而混凝土所受的拉力，反見減少。至於其中的關係，要視鋼條成分之多寡而定，鋼愈多，牠所受的應力愈小，鋼愈少，牠所受的應力愈大。

形體之改變，也能增加鋼條在柱子內的壓力，

近來丹氏（R. E. Davis 和 H. E. Davis）在美國混凝土學會1931年三月份的會刊上發表：混凝土與鋼筋混凝土，對於收縮和形體改變的影響，這個試驗歷十八月之久，所有結果如下：

應力	磅/平方寸
關於載重的	5,700
關於形體改變的	11,400
關於收縮的	13,200
合計	30,300

照以上情形，關於後面二種的應力，要比由載重而發生的應力大四倍，差不多等於生損點的四分之三，或是超過所計劃的可允應力的二倍。

形體改變與收縮，在鋼筋混凝土柱子內所造成的結果。使外來的載重，都壓在鋼條上，我們曉得鋼未到生損點的時候，其變形，有一定的比例，就是 $\frac{\text{應力}}{\text{强性係數}}$，但是混凝土有移形的關係，情形就有不同了，所以當載重加上的時候，混凝土便瞬息不停的會發生變形，此時混凝土雖未續加重量，但已足使牠逐漸的損壞下去，因此，由於鋼尚在健全，而混凝土漸次損壞，遂使鋼所受的力，絡續增加：直至鋼條也到了生損點的時候。則鋼條也起移形的變化，不過假使鋼的移形變率大而混凝土的變率小時，則鋼遂不再負担此時所增加的力，至於混凝土雖已不受載重，但至此情形，亦不得不受其一部份之壓力。

照上面的種種現像看來，就引起了許多問題：

(1) 假使鋼已到生損點之後，柱子所能承受的載重，究有多少？

(2) 柱內的鋼，已到生損點，鋼條是否就要損壞？或是另有別種情形，使柱子不能安全。

(3) 是否混凝土或混凝土與纏鐵的硬度，能夠支撑已過生損點的鋼條，使柱子得能安全。

(4) 我們普通所用的柱子公式爲：$p=f_cA[1-(n-1)p]$ 這個公式是根據鋼與混凝土所受力爲 n 比之假設而來，在柱子沒有受到收縮和形體改變的時候，尙能符合，但是當柱子完成之後，此種現像，立卽發生，而使混凝土的應力減少，鋼的應力增大，牠們所受的力爲 n 比之原則，乃不能存在，我們當用怎樣一個公式，纔適合于此種情形呢？

因此種種難題，使大家去注意和硏究，作者由湯沫氏(W. H. Thoman)之幫助，曾做成了三種大小不同的試驗品：

(1) 6″×12″ 圓柱，其中有些圓柱，是放有一條 ½″ 方的鉄條，在柱之中心，（一部份係加用纏鉄）有些是放有六條 ½″ 方的鉄條，在柱的周圍，並以纏鉄纏固之，

(2) 3″×6″ 圓柱，其中有用一條半吋方的鋼條者二種，一爲加用纏鉄，另一則否；又同一大小的柱，有用六條 ½″ 圓鋼條 (p=8%)，亦有用十二條 ½″ 圓鋼條 (p=4%) 二者均以纏鉄纏固之。

(3) 3″×24″ 圓柱，所放鋼條，與(2)同

鋼條的兩端，都磨光。其中除了 6″×12″ 圓柱試驗品，其鋼條與混凝土底平外，其餘的，柱內鋼條，都比柱子本身要長，有些鋼條上面塗了油，或用油紙包裹，藉以阻止牠們中間的黏力，有些試驗品，則僅爲混凝土，有些則加用纏鉄。

他們試驗時，係分三個時期觀察：(1) 當鋼到了生損點的時期，(2) 當

試驗品到了生損點的時期,(3)破壞以後。

現在且把他的結果敍述一下:

(1) 當鋼條的應力到了生損點的時候,凡有纏鉄的試驗品,仍是一點也沒有毛病,就是把凸出在外面的鋼條壓入,破裂也很少。不過6"×12"圓柱,則到了損壞的時候,其周圍是有些裂痕,至於合於柱子實際情形的3"×24"圓柱,那是一點也沒有裂痕發現。

(2) 關于6"×12"圓柱,其鋼條曾經塗油而兩端平的柱子,當牠到了破壞的時候,也並無裂痕發現。這種現像,或者是由於混凝土受不到凸出在外的鋼壓入于混凝土中影響,故所有同類的圓柱,卽鋼條曾經塗油,總比沒有塗油的,要能多承受一點的載重。

(3) 在3"×24"試驗品中,加有4%的縱鋼筋與1.4%的纏鉄圓柱(根據美國混凝土學會的公式,能載重11600磅)經試驗結果,其生損點達13000磅,而最大强度,一爲37,400磅.一爲40,800磅,這種數值,差不多要大于3"×24"混凝土柱的最大强度加上鋼的生損點强度,且其周圍並無裂痕發生。

(4) 沒有用纏鉄的試驗品,當鋼一到生損點的時候,圓柱就會發生縱長的裂痕。

這許多試驗所得的結果,可知道除了柱內加有適當的纏鉄外,只要鋼一到生損點,柱子立刻就發現破裂,其裂痕,至少也有三吋多,且任何柱子,均有此種破裂之情形,卽簡單箍鉄柱,亦是如此

因此,倘放有適當纏鉄的柱子,卽使鋼已到了生損點,可是仍沒有危險;關於3"×24"圓柱,其直徑與長之比爲1:8,柱內放有4%縱鋼筋及1.4%纏鉄,其載重雖加到鋼的生損點,但與其最大載重較之,祇及三分之一,故載重就是到了生損點時,而柱子的安全保數仍有三。

從上面的試驗,可知纏鉄爲柱子內的重要要素.纏鉄可以保護混凝

土的硬度，不使鋼條屈曲；同時亦能使混凝土自己，不會發生多大的裂痕，即使發生，則混凝土亦不至于倒壞。

從上面所說，關于收縮和形體改變的現像，我們可以明瞭，以前所依照鋼條與混凝土的應力比爲n，而得的公式，已覺沒有理由。在柱子初成時，此公式，或能適合，不過倘使受了收縮和移形影響以後，則n乃不能成立，因爲在混凝土移形的時候，我們沒有方法，可以决定n之値，在收縮的時候，其所受的應力，一爲拉力，一爲壓力，又不能一樣。故在試驗品中，將鋼條塗油，使兩種物質，所受的作用，無連帶的關係，而能明白的顯示出來，這種現像，又似乎是兩者間，無黏力，而各自受力的作用時，其最後結果反優。

現在我們需要一個根據理論而又合實際情形的公式，這個公式，其二者，有效强度，須無連帶關係，可是混凝土與鋼條，須由纏鉄而定之，有適當的纏鉄，在發現破裂前，可以達到其有效强度；且其最大强度，大概是鋼的生損點强度與混凝土的最大强度之和。

結構工程家，大家都承認，最近將有最新的公式，那個公式一定與鋼的生損點强度及混凝土的最大强度，有極大的關係，至于纏鉄與縱鋼筋應成什麽比例，在這幾個試驗中，尙未注意到

試驗中所得到的重要幾點：

(1) 簡單箍鐵柱，只要鋼到生損點時，就要裂開。

(2) 有適當纏鐵的柱子，鋼到生損點時，仍無危險。

(3) 假使鋼的兩端，無損壞時，則在纏固柱中，其鋼條與混凝土的黏力，不大重要。

(4) 在鋼筋混凝土柱中的彈性係數，n，完全無用。

中英文對照

tied column 簡單箍鉄柱　　　yield point 生損點

Spiral column 纏箍柱
shrinkage 收縮
longitudinal reinforcement 縱鋼筋
spiral reinforcement 纏鉄筋
bond 黏力
Modulus of elasticity 彈性係數
effective strength 有效强度
stiffening 硬度
flow 移形
factor of safety 安全係數
utimate strength 最大强度

世界最大之水力發電廠

綱

現今世界水力發電廠之最大者爲俄國之尼坡水力發電廠(Dnieper Hydro-electric Plant), 該廠已於去年竣工, 並於七月間開始發電, 其發電力爲756,000馬力, 係利用尼坡河之水力以混凝土築成之, 拱式重力堰堤, 可得最大落差37.5公尺, 其堰堤之長達750公尺, 所用水車有九座, 均係美國G. E. Co. 出品, 每機可出92,000馬力。(日本電氣學會年報)

先非而特城之給水工程

——愛或籐山谷中之新工程——

(The Engineer, page 124, Jan., 31, 1930.1)

翁天麟譯

緒言

鮑落姆海特[1]與麻阿好而[2]之二蓄水池,及先非而特[3]公社給水部在愛或籐[4]山谷中經營數年之各種工程,至去年十月十一日始由衛生部長[5]正式付於實用.在 1888 年先非而特給水公司歸公社所直轄,在是年之二十年前此公司得國會之許可,其建築之工程如下:

(1)建築愛或籐山谷中之鮑落姆海特及麻阿好而二蓄水池.——位于勞克斯雷[6]山谷之北。

(2)潍特斯雷之預備蓄水池[7]

此項工程開工甚早,而至去年始竣工.其遲延之原因有四:

a. 在 1870 年,制定用水規則,以妨濫用,經政府之力助,結果用水過度者可得檢查而取締之.因此欲減少費用水量之故,致水池之建造因之而展延。

b. 歷數年後,水源仍能供給域市之需,如最初購地時相等,因之建堤之工程復加遲延。

c. 因 1895 年朋斯雷[8]公社上書國會要求管轄立得而堂[9]水域[10],但先非而特城視此區域屬于自已範圍,並可應擴充之需求,故準備提出抗議.是時朋斯雷已得上議院之通過,方下議院接收此案時,國會已

1. Broomhead.
2. More Hall.
3. Sheffield.
4. Ewden Vally.
5. Rt. Hon. Arhur Greenwood.
6. Loxley Valley.
7. Service reservoir at Wadsley.
8. Barnsley.
9. Little Don.
10. Watershed.

解散。在第二次會議中,先非而特城提出辯駁,結果明斯需得收容海辯[1]溪中之水量,而先非而特得管轄立得而堂山谷水域之權,並得于彼處建造來恩珊脫[2]及恩特爿恩克[3]二蓄水池。同時先非而特公社須自來恩珊脫蓄水池,供給落實哈姆[4],與堂開斯脫[5]二公社每日2,600,000 加倫之水量。所以立得而堂山谷種種工作之必先經營,因之飽落姆海特及廡阿好而二蓄水池之工程遂又擱置。

d. 又數年後,有建造給水工程于特溫脫[6]與哀曉潑[7]山谷中之提議。在1899 年,經國會長時間之討論以及先非而特給水部總管[8]亦頗熱烈贊助,於是特溫脫山谷給水會成立矣。是會爲特備[9]府之飽落州[10],立雪斯脫[11],腦汀海姆[12],先非而特各城及特備府之州議會各代表所組織。1899 年經特溫脫山谷給水會之第八十九次工程會議,須開始建造特溫脫山谷之給水裝置,每日至少須能供給一千二百萬加倫之水量,但先非而特城無論用水與否,須負担總費之百分之二十五。此外先非而特城又須負担隧道之建築費——立佛冷[13]隧道,計長四又三分之一哩——以完成此區域給水之工程,因欲避免二費之並用及公費之浪廢,所以愛或縢山谷之工程又經遷延。

雖然,爲應發展之需要,在 1913 年,飽落姆海特及廡阿好而二蓄水池終于開始建造,斯時戰爭開始,不獨工作爲之延遲,即物價亦因之提高。給水董事會决定由駐監工程師監視僱工開始工作,此工程師對于設計及建築須負完全責任,再有一顧問工程師,其責任在審查各種設計及計劃,並視察工

---

1. Hagg Brook.
2. Langsett.
3. Underbank.
4. Rotherham.
5. Doncaster.
6. Derwent Valley.
7. Ashop Valley.
8. William Terry.
9. Derbyshire.
10. Borough County.
11. Leicester.
12. Nottinghom.
13. Rivelin.

作之進行,及指導報告等事,此二蓄水池爲考林克來掰[1]所設計,當建築時彼並監視工作,惜彼未目睹工程之完竣,已去世于去年九月十一日,而新建設不久卽已供諸實用也。顧問工程師爲回四脫密納斯脫[2]城之梯海或克斯雷[3]君與西海或克斯雷[4]君所任,此項工程共用人四百至五百,爲時共十年。

二蓄水池之工程及其情形

先非而特城給水水源之二新蓄水池以及另外之積水區域,其位置所

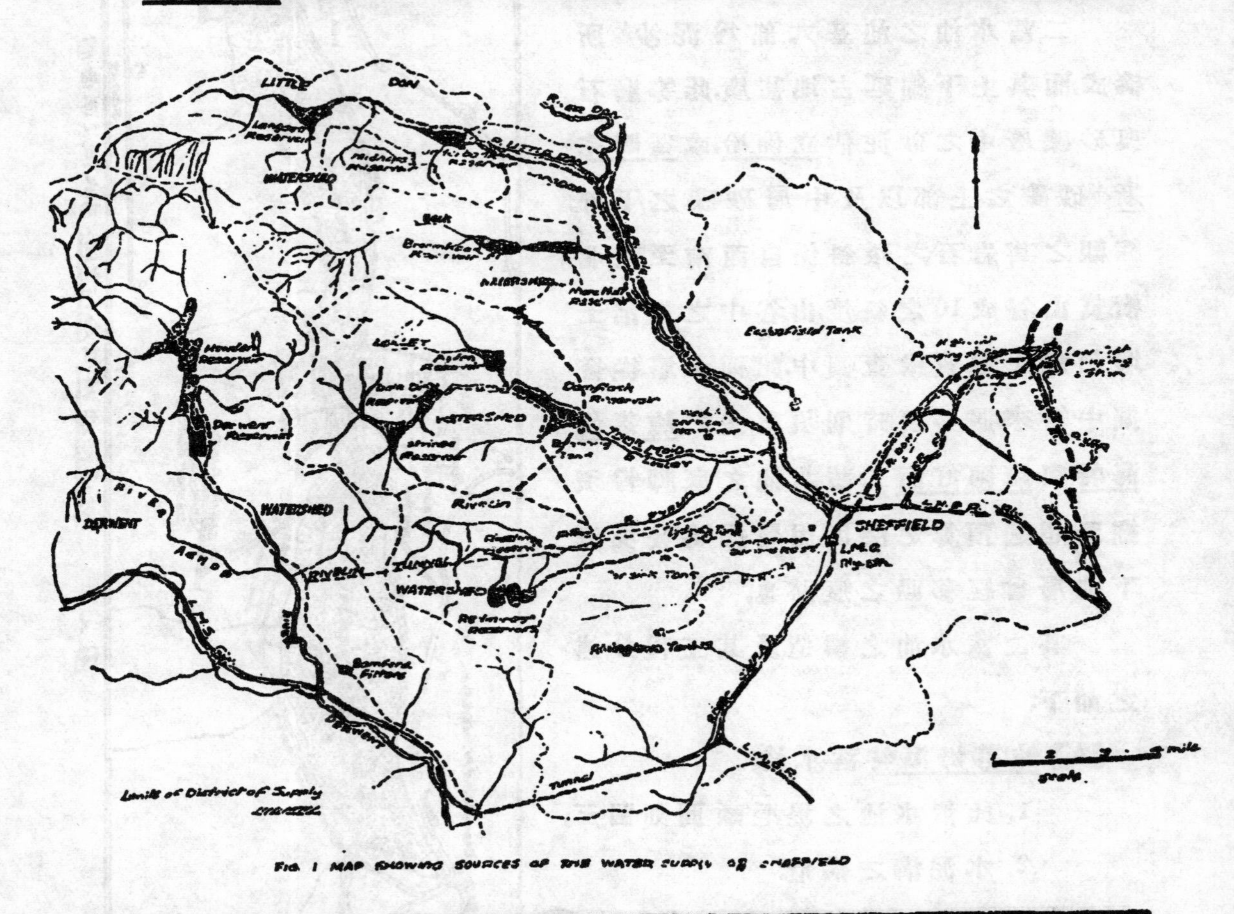

FIG. I MAP SHOWING SOURCES OF THE WATER SUPPLY OF SHEFFIELD

1. Mr. Colin Clegg M. Inst. C. E.
2. Wesrminster.
3. T. Howksley.
4. C. Hawksley.

在可參觀前頁之附圖一。而二新蓄水池之相互位置如圖二所示,其容納之流水量集諸六千四百九十六畝之瀉水面[1],每日平均可得用水 7,249,536 加侖,但除每天 2,629,373 加侖之水量作爲賠補愛或騰小川[2]外,其餘每日 4,620,000 加侖之水量作爲城內及此區域內之用。

二蓄水池之池基大部爲泥沙[3]所構成,而其上下綿延占地甚廣,此等磨石與砂礫層中之砂泥佔立佛冷,或雀四完斯[4]砂礫之上部以及中層砂礫之下部。綜觀之其岩石之傾斜係自西南至東北橫貫山谷成10°之斜度,山谷中之崩陷土壤記載于地質檢查圖中,此種土壤從發掘中得來,遇必要時則須移去之。鮑落姆海特與麻阿好而二蓄水池之底脚皆須掘至超過預算之深度,因發掘時發現底下地層曾經移動之痕跡也。

其二蓄水池之構造及其工程分述之如下:

【A】鮑落姆海特蓄水池。

1. 此蓄水池之堤堰斷面如圖三。

2. 水泥溝之構造。

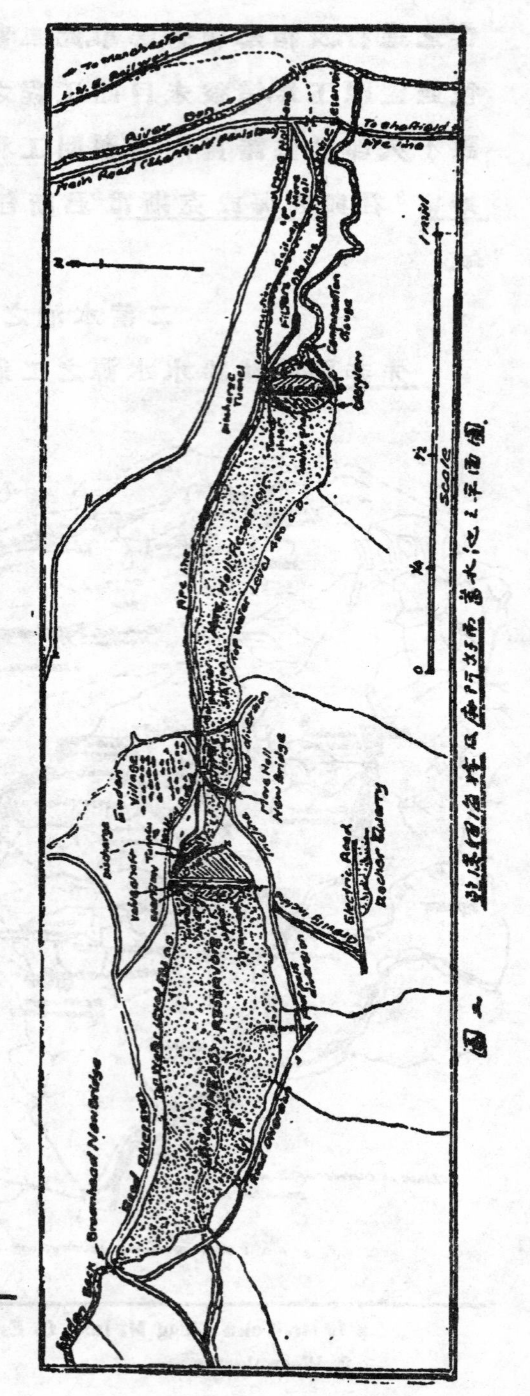

圖二 鮑落姆海特及麻阿好而蓄水池之平面圖

1. Drainage area. 2. Ewden Beck. 3. Shales. 4. ChatsWorth.

a. 溝長一千一百四十八呎。

b. 最大深度爲一百五十八呎。

c. 平均深度爲一百二十呎.

d. 溝底闊六呎.(下部同闊)

e. 溝頂闊一十二呎.(上部同闊)

f. 溝中實以三萬三千立方碼混泥土。

3. 在掘發時,常有多量之水流入,每日約 2,500,000 咖崙,必須用抽水機打去之。

4. 泥土牆之構造:

a. 牆底寬二十四呎。

b. 牆頂寬六呎。

c. 全牆所用泥土須四萬一千立方碼。

d. 牆基低于地面數尺,建于水泥之溝頂上。

e. 須建至堤堰之頂部,作爲不透水之堤心。

f. 其堤心牆,牆面之斜度爲一三之比例[1]。

5. 尖形牆[2]之構造及其功用.

a. 其功用爲保護堤心牆。

b. 牆身之材料須用擇物料[3]。

c. 外牆面之斜度爲一四之比例[4]。

6. 上流[5]部之堤身構造。

a. 堤脚端砌以碎石,寬七十呎.

b. 堤身上流部斜度爲三比一。

c. 全部自頂至脚皆護于碎石。

1. 1 To 3.
2. Tapering Wall
3. Selected Filling
4. 1 To 4.
5. upper Stream.

7. 下流[1]部之堤身構造。

a. 堤脚端砌二十五呎之碎石。

b. 中建二道垂直之瀉水牆,下接于底部之總排水管。

c. 此牆之功用卽能分全身之斜面爲三級,使瀉水不致自頂至末,冲損堤身。

d. 每級之斜度爲1比 $2\frac{1}{2}$,比之自頂直下之斜度爲平,因之水流之加速度亦減低不少。

8. 堤頂之設置.

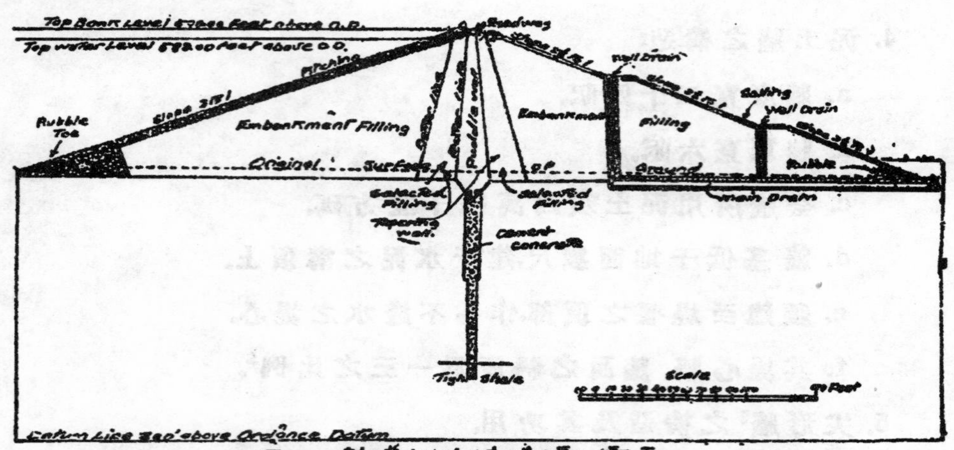

圖三 鮑塔椎倫特堤堰之斷面

a. 頂上平行堤身築一十五呎寬之道路,以利交通。

b. 傍蓄水池之路邊建一短牆,一防池水浸入,二增加安全。

9. 隧道之建築.

a. 此隧道穿掘于南面山邊之岩石中。

b. 此隧道用以導水至池外,而在建築時則用以導河水。

c. 道身全長爲一千一百呎。

d. 斷面爲馬蹄形,寬十二呎,高 10 呎,

1. down stream.

e. 用人工開掘,全身皆以混凝土填塞,道面砌磚。

f. 在上流處接一塞門井[1],此塞門卽一混凝土之水閘也,長十七呎有半,而在下流面則鑲有呎半之鑄鉄板以護之。

g. 經此塞則接于一 54 吋至 36 吋之尖形出水管。

10. 塞門井之設置.

a. 此井深穿于山邊,約在導水隧道之中部,曾經長時之發掘,粉拭,以及蔭架之工程。

b. 井深一百呎,直徑爲二十呎,

c. 全井砌磚。

11. 瀉水道[2]之位置.

瀉水道築于蓄水池之南端水頂線[3]上,全長二百呎.專供放瀉洪水之用。此道之水下瀉入支水道[3]。

12. 支水道.[3]

支水道係四十八級澥石弧所成,寬五十呎,用一小橋近接于瀉水道。

13. 堤身之建築.

a. 堤全長一千呎,底寬五百九十四呎,高一百零四呎。

b. 全身須土工 686,000 立方碼,碎石 230,000 立方呎。

鮑落姆海特水池共占瀉水面五千四百二十七噉.如滿時池水面積爲一百二十三噉,容量爲 1,142,000,000 咖喻.頂水面高于 O. D.[5] 五百八十三呎,堤頂高于 O. D. 五百九十呎,蓄水池最深處爲九十三呎。

【B】麻阿好而蓄水池

1. Valve shaft
2. Spill way
3. Top water line
4. Bye wash.
5. Ordnance Datum,

1. 此蓄水池堤堰之斷面如下圖.

2. 水泥溝之構造.

   a. 溝長一千零二十九呎,寬自頂至脚皆六呎,最大深度爲一百零三呎,平均深度爲八十呎.

   b. 全溝實以水泥,共費一萬九千立方碼.

3. 泥土牆之構造.

   全牆皆上狹下寬,底寬十七呎,頂寬六呎,共須泥土二萬零五百立方碼.

4. 上流部之堤身與鮑落姆海特堤同.

5. 下流部之堤身共分二級,間以二垂直之瀉水墻.

   第一級斜度爲$2\frac{1}{2}$比1,第二級則爲$2\frac{3}{4}$比1,堤脚端築一較寬之碎石趾,用以堅固底脚.

6. 隧道之構造與鮑落姆海特相同,惟下斜度較大,道身直穿山谷南方之岩石.道長七百六十一呎,斷面積爲(12'×10')一百廿方呎.

7. 塞門井深八十呎.直徑十四呎,以混凝土築成,全井分五層,各層以扶梯連通之.

8. 瀉水道長二百六十呎餘與鮑落姆海特同.

9. 支水道長七百呎,寬五十八呎.

10. 堤身全長八百二十呎,底寬四百六十二呎,堤頂高出河面八十呎,共需材料354,000立方碼,碎石176,000立方呎.

麻阿好而蓄水池共占瀉水面一千零六十九畮,全池水滿時占面積六五畮,容量爲476,000,000咖�,頂水面高于O. D. 四百八十呎,最深處爲七三呎.此池之下流堤脚下又建一水蕩,用以積蓄賠補及洪水之水量,然後再送入河道.

因欲知放下之賠補水量,所以在堤脚外置一自轉之測量器此器爲一長方刻度之量器,水流經過此器能自動記載。

濾水器之構造及其裝置.

鮑落姆海特蓄水池之出水須經一 140 呎長及 71 呎闊之石屋,此屋爲裴得生建築公司[1]所造,屋內光線皆由頂面穿入,內部則裝有一排三十二個壓力濾水器,每個濾水器直徑爲八呎,濾水面一百六十方呎,此種設置每日能濾清 4,000,000 咖崙,但此屋頗廣足能添置濾水器二十四座,因此每日最高量能濾 7,000,000 咖崙。其他又有一種裝置,全賴蓄水池來水之流動力,帶動水車輪,使之發動配合化學物之抽水機,與藥箱內之攪拌器。

其抽水機能注入相當量之凝結物 (Coagulant), 于未製之水中.此機裝在未製水水管與濾水器石屋之中途。此種工作是用水輪所發動之突進抽水機,而在總管內又設一凡缺立測器[2]使其繼續記載經過濾水器之流量。其濾水之設置之程序如下圖。

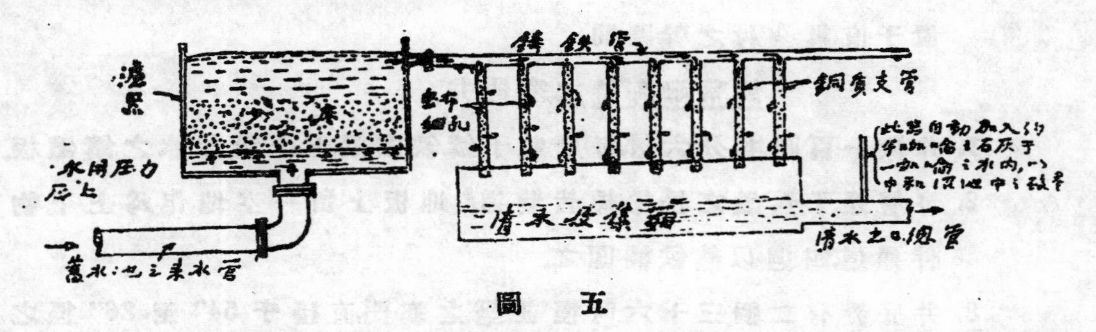

圖　五

濾清之水以36吋徑之幹管導出,管長七哩半,一部份則注入蒙與預備蓄水池[3],另一部則導入魏特斯雷[4]蓄水池,此項工程亦新近所成者也。然後再從此三池導至較底之區域。

輸運與石料

1. Paterson Engineering Company, Ltd.
2. Venturimeter.
3. Moonshine Service Reservoir
4. Wadsley
5. North-Eastern Railiway.

因輸運之須要,特建一標準軌之鉄道,在倫敦與東北線"中間之黃根克立夫森林[1],全路長二哩又半。

石料皆用于砌工及混凝中,取之于山谷南之落雀[2]鑿石區,其輸運方法皆利用斜度及地吸力。

模範村之建設

1. 房屋——全村之房屋共分二種,一種供給有家室之人,內分坐落室一間,爐房一間,臥室三間。一種供給寄宿者之用,每宅住十三人,內分臥室十三間,中央總飯廳一間,坐落室一間以及門房與其眷屬之臥室一間,外有花園,全屋皆裝電燈,並備有洗澡室及廁所等。
2. 發電所——全村之用電皆賴于發電所,內裝有440/500伏脫之直流機,此機爲一汽機所發動。
3. 另種建設——禮拜堂一幢,作公共用之大屋 85'×28' 一座,病院一座,酒樓一間及販賣場一所。極完美之救火隊管理防火機,此機置于直貫全村之幹路間。

鮑落姆海特之塞門井

1. 井深一百呎,共分六層,每層載于鑄鉄之梁上,上蓋透水之鑄鐵板。
2. 每層連于熟鉄之扶梯,梯皆雙道[3],地板上留一空地作爲上下物件通道,四週以熟鉄欄圍之。
3. 井底置有二個三十六吋徑並竪之塞門,直接于 54" 至 36" 徑之尖形管上(如前述)經一開則通至蓄水池之出水溝,第二個 36" 徑塞門之外緣釘於一伸縮節頭之丁字管,此便於拆換及脩理塞門之用也。
4. 此伸縮之節頭中實以砲銅(90%銅與10%錫之合金)鑲任塡充箱之底以及砲銅之覆蓋上。

1. Wharncliffe Woods. 2. Rocher. 3. double rungs.

5. 如外面二 36" 之塞門完全關閉,則節頭上之底壓力皆爲安全螺釘所負載。

6. 在丁字管之另端則連于第三個並竪之 36" 塞門,在需要時其水流得能直接通過三個塞門,經放水隧道瀉至麻阿好而蓄水池。

7. 假設如此放出,則水必經一 36" 徑之消散管,此管釘于第三個 36" 塞門之外緣上,此管有一作用能消失水力,使其流入隧道內成爲小枝,不致損及鑲嵌以及粉拭之物質。

8. 丁字管另端接一 30" 竪立之塞門E,外再接一直直灣之 30" 管 F,此管通濾水器,中有自動活塞。

9. 在丁字管之頂端置一 12" 之彈簧負重之開放塞門[1],其功用假使在出水管塞門忽然關閉時,則因水流之冲擊發生一極强之壓力,可頂起彈簧而瀉入隧道內。

10. 在彈簧開放塞門之下部裝一 12" 之水塞,流水必先經此塞,則功用在當彈簧塞門經修理時,得閉其水塞,不致有害工作。

以上所述皆低于水面 91' 之井底裝置工程,下面再述一二端關于高 60' 之裝置。

11. 此處用一 30" 之塞門釘 (G) 釘于一尖斜管 (T) 上,後端接于磚砌之長方水道通于蓄水池。塞門之另端接一灣管,在灣上連一上向約高于池水面之通風管,灣管再下接于 33" 經之直立管 H, H管直至井底,用一 30" 之活塞接至

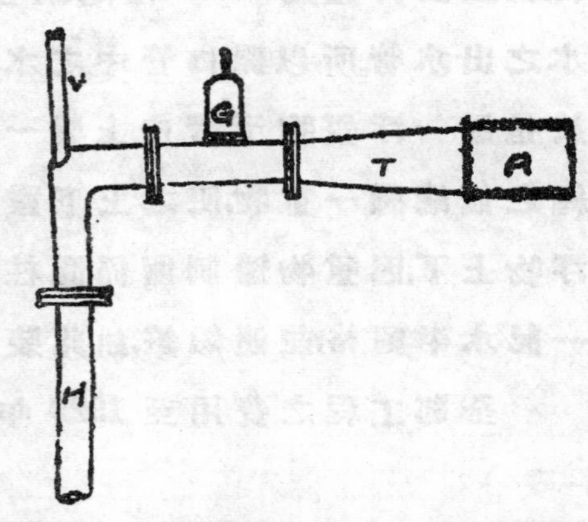

1. Spring-loaded relief Valve.

30" 徑之下管通至濾水器。

以上種種導管及各個塞門,皆得隨意啓閉,其通道如:

(1) 井底設置之通道.

a. 瀉水直接或間接經水道而入麻阿好而蓄水池。

b. 放水至濾水器。

c. 同時流隧道及濾水器。

(2) 60' 處設置之通道.

a. 瀉至隧道或濾水器,或同時並流。

塞門之構造.

塞門皆用平行面式1,其靑銅滑動塞連于鋼質之起塞桿.塞門之啓閉皆賴井頂層之各個絞盤,絞盤輪爲砲銅所製,上置木柄以轉之,頂層全部重量載于二 20"×$7\frac{1}{2}$" 之桁及鑄鐵之橫梁上。板用 1" 厚之透光物質所製成。

水平記戴器之構造

此器每圖能記戴七日之數字,準確度爲 $\frac{1''}{8}$, 記戴數以一格表 1 呎。此器構造一部如鐘表,用一㩳縱機,及木柄倒懸一極重之鐘擺以記時,另一部爲記池水高下之用,以一 12" 徑之開口管,直立至井底用一 1" 徑之銅管接于 36" 之塞門適于池水之出水管。所以開口管中之水面,卽等于池水之水平面。於是置一浮質物于管內上繫一繩圍于一可轉之圓柱上,繩之他端懸一重物,使之上下靈便也。所以池水之乾滿,使浮物上下,因重物牽制關係,圓柱亦因之而轉動,而柱面包一記水平圖格,並連鉛筆,如此裝置,則時數得同時並記也,

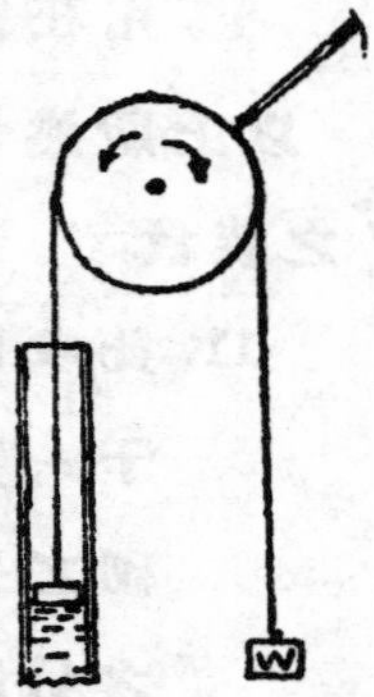

全部工程之費用至 1929 年三月三十一日止共 1,750,365 金磅

1. Parallel Faced Type.

解三四次方程式

王德光譯

(By F. T. Llewellyn, Engineering News' Record, August 14, 1930)

三四次方程式於結構設計中,不常見之。但遇此等方程式時,務須正確解之,不可以貿然視之也。一般工程師,僉謂實際上三四次方程式之根,以摸索法 trial method 求之,較任何直接法direct method 為便利,然此節之目的,為表明直接法,更可寫成一尤切實用之形式。

晚近作者解該種方程式,嘗感應用一般式之困苦,然亦覺通常摸索法之不適用,便將困難所在之原因分析之,然後改變其形式,定出規例 academic rule, 就作者個人之經驗,是項規例,大有利于應用。結構問題中所遇之方程式,其係數甚為錯綜,往往不能以學校例題相應付。矧各教本所舉之普通方法,係根據卡屯氏之二項消去,因其列成式子,徒示最初淵源,而不涉及直接應用,遂嫌簡而不明。其他關于直接方法,應用上之缺點,卽未能確定逐步正確,而使其所得結果,一如所需要者。再則摸索法,每有揣測失當之慨,例如作者近來設計旋轉橋梁之機件時,輒相需解四次方程式,用摸索法,曾得一極近適于實用之單一值,而應用教本內方法,可獲兩個正實根 positive real roots, 一根近於摸索值 trial value, 而他根為摸索值二十分之一, 以兩根相差如許之大,工程師可本過去之經驗,顯知此題擇小值摸索為不合理,摸索法可無問題,但若在未嘗經驗而無線索之題目,或兩根相近之題目中,卽含糊莫審,在此情形一似適當而非適當之值,容或卽以摸索法求得之值,其設計之結果,必太弱或太強,除非以他法校對之。

實際需要,並非欲一部分數學家作更進一步之探討,而為一簡單直接應用之方法,凡有基本數學之健全知識與習用表格者,卽可得極正確之數值,作者欲本此旨,業已蒐集普通最適用之公式,整理其係數及正負號,排成一組規例,能於極經濟時間,得以運用,凡推源端倪,與本題無關者,概行從略,此處所舉各規例,已使用於許多習題,計算時既可免選擇適當方法之猶豫,復可屏除解公式之疑難,其便利非他法足以比擬也。

實用於結構題目中之解三四次方程式規例

Rules for the solution of cubic and quartic equations arranged for practical use in structural poblems.

A. 三次方程式

步驟 (steps)

1. 寫方程式為一般形如次: $y^3+3Ay^2+3By+C=O$
2. 將A, B及C, 用題目中一般形之係數,列成一表。
3. 用題目中一般形之係數,定q與r之值,即

$$q=(B-A^2) \text{ 及 } r=(\tfrac{3}{2}AB-\tfrac{1}{2}C-A^3)$$

4. 計算q與r之數值,分別命為+Q與+R, 不顧實在符號。
5. 依第七步,擇其可應用之Ⅰ, Ⅱ, Ⅲ, 三種情形。
6. 依第八步計算u值,然後依第九步計算z值。

7. 可應用情形	Ⅰ	Ⅱ	Ⅲ
倘q為	負	負	正
及 $Q^{\frac{3}{2}}$ 為	$>R$	$<R$	兩者(any)
8. $R\div Q^{\frac{3}{2}}=$	$\cos u$	$\cosh u$	$\sinh u$
9. $z=\frac{r}{R}Q^{\frac{1}{2}}$ 乘以	$2\cos(\frac{1}{3u})$	$2\cosh(\frac{1}{3u})$	$2\sinh(\frac{1}{3u})$

10. 從次式求第一步方程式內y之三根

$$y_1=Z-A;\ y_2 \text{ 或 } y_3=-\tfrac{1}{2}(3A+y_1)\pm\sqrt{\frac{c}{y_1}+\tfrac{1}{4}(3A+y_1)^2}$$

11. 校對: $y_1(y_2+y_3)+y_2y_3=3B.$

B. 四次方程式

步驟

1. 寫方程式爲一般形如次: $x^4+ax^3+bx^2+cx+d=o$

2. 將 a, b, c 及 d 等值,用題目中一般形之係數,列成表格。

3. 計算 $\frac{1}{2}a$, $\frac{1}{4}a^2-b$, $\frac{1}{3}b$ 及 d 之數值,類符號。

4. 用題目中一般形之係數,定 q 與 r 之值,卽

$$q=\frac{1}{3}ac-\frac{1}{9}b^2-\frac{4}{3}d \text{ 及 } r=(\frac{1}{2}a^2d-\frac{1}{6}abc+\frac{1}{27}b^3-\frac{4}{3}bd+\frac{1}{2}c^2)$$

5. 如三次式之第四至第九步,蟬聯而下,於是 $y=z+\frac{1}{3}b$

6. 從次式求第一步方程式中 x 之四根。

$$x^2+x\left(\frac{a}{2}\mp\sqrt{\frac{1}{4}a^2-b+y}\right)=-\frac{1}{2}y\mp\sqrt{\frac{1}{4}y^2-d}$$

當 $\frac{1}{2}ay-c$ 爲負時,用同根號

$\frac{1}{2}ay-c$ 爲正時,用異符號

7, 校對 $x_1x_2x_3x_4=d$

注意: 符號差誤最易發現於三次式之第一至第三步;及四次式之第一至第四步。關於該處,必須重行校對,實際上四次式須先將各項通分母,使 q 與 r 化爲極簡。

以上規例中各步驟,不必逐步援用。例如有一羣三次方程式,其中有一不求可得之根 self-evident, 在此情形,需求根顯然能以三次式之第十步,立卽求出,而無須經第一至第九各步也。

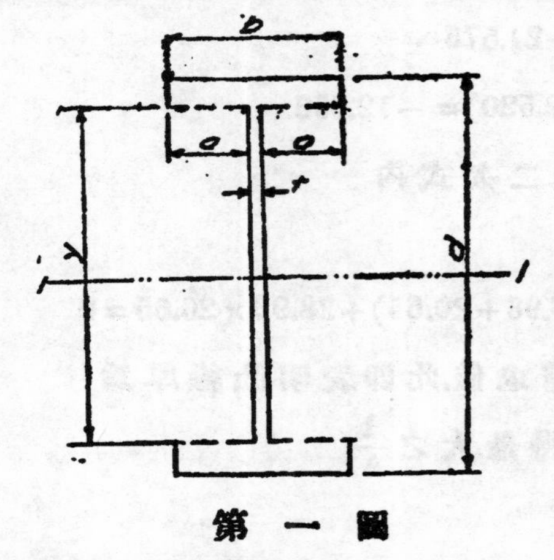

第一圖

例題

1. 解無已知根之三次方程式

第一圖卽說明解無已知根之三次方程式

欲求一梁斷面(第一圖)$\frac{I}{A}$爲最大之凸緣厚 thickness of the flange, 其餘已知尺寸如圖所示之 b, d 及 t.

此處需求之凸緣厚 $=\frac{1}{2}(d-y)$ 命 $2a=b-t$ 則全面積 $A=db-2ya$

$I_{1-1}=\frac{1}{12}(d^3b-2y^3a)$ $\frac{I_{1-1}}{A}=\frac{d^3b-2y^2a}{12bd-24ya}$

當 $\frac{d}{dy}\left(\frac{I_{1-1}}{A}\right)=0$ 則 $\frac{I}{A}$ 爲極大

即 $$y^3-\frac{3dby^2}{4a}+\frac{d^3b}{4a}=0$$

應用三次式之規例，

$$A=-\frac{db}{4a},\ B=0,\ C=\frac{d^3b}{4a}$$

$$q=-\frac{d^2b^2}{16a^2}\text{……負},\ r=\frac{d^3b^3}{64a^3}-\frac{d^3b}{8a}$$

若斷面之 $d=24,\ b=9.75,\ t=.405,\ 2a=9.315$

$$\frac{r}{R}=-1,\ Q^{\frac{1}{2}}=\frac{db}{4a}=12.52$$

$$A=-12.52,\quad c=7,211.52$$

$$R\div Q^{\frac{3}{2}}=\frac{8a^2}{b^2}-1=.8373<1$$

故應用I情形即 $Q^{\frac{3}{2}}>R$

$0.8373=\cos u$ $\therefore u=0.579$ radians

$\frac{1}{3u}=.193$ radians $\therefore \cos\left(\frac{1}{3u}\right)=.98143$

$$z=-1(12.52)(1.96286)=-24.576$$

$$y_1=z-A=-24.576-(-12.520)=-12.056$$

以此數代入三次式規例之第十步之二次式內

得 $y_2=28.96,\quad y_3=20.65$

並以第十一步校對之爲 $-12.056\ (28.96+20.65)+28.96\times20.65=0$

或 $-599+599=0.$ y_3 當爲需求值，此即表明凸緣厚爲

$\frac{1}{2}(24-20.65)=1.675$ 者，能得最大之 $\frac{1}{A}$.

2. 解有已知根三次方程式:

第二圖說明解有已知根之三次方程式

27092

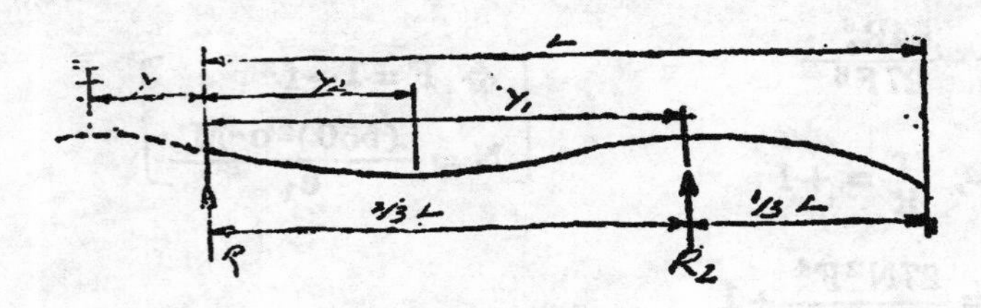

第 二 圖

一梁其長爲L及二支柱爲 R_1 與 R_2 如圖所示,荷有均匀載重 uniform load,任何點之彎曲量,均位於從 R,至其切點之距離 y,此例之公式爲

$$y^3-\frac{3}{4}Ly^2+\frac{1}{27}L=o$$

此可以三次式解之,但已知有一切點位於 R_2,則步驟可省多矣。

即 $y_1=\frac{2}{3}L$

代此式於三次式之第十步 $\left[A=-\frac{1}{3}L,\ B=O \quad C=\frac{1}{27}L^3\right]$

得 $y_2=\frac{1}{24}(1+\sqrt{33})=.281L$

$$y_3=\frac{L}{24}(1-\sqrt{33})=-.1982L$$

以三次式之第十一步校對之

$$\frac{2}{3}L\left[\frac{L}{24}(1+\sqrt{33}+1-\sqrt{33})\right]+\frac{L^2}{576}(1-33)=o$$

y之三值,一在 R_2,一在距 R_1 右 .231 L 一點,又點距 R_1 左 .198 L一點,第三值不適于該題目,$y_2=.281$ L 當爲需求值。

3. 解四次方程式:

求在最短時間內.開啓一跨度 span,齒輪上之力 rack force. 該題引自 Hoveys' Book on "Movable Bridge" 第二卷第二章問題 B_2,其式爲

$$x^4-\frac{4fR_1}{F}x^3-\frac{2(1-3f^2)R_1^2}{F^2}x^2-\left(\frac{2N}{F}-\frac{4fR_1^3}{F^2}\right)+\left(\frac{R_1^4}{F^2}+\frac{2fRN}{F^2}\right)=o \cdots (7A)$$

此處 $q=\frac{-16R_1^4}{9F^4}\left(\frac{3}{2}\ \frac{fNF^2}{R_1^3}-3f^2F+\frac{1-6f^2+9f^4}{4}+\frac{3F^2}{4}+\frac{3fNF^2}{2R_1^3}\right)$

$$r=\frac{2N}{F^2}+-\frac{64R_1^6}{27F^6}$$

$$\therefore Q^{\frac{1}{2}}=\frac{4R_1{}^2}{3F^2},\quad \frac{r}{R}=+1$$

$$\left[\begin{array}{l}令\ F=1-f^2\\ N=\frac{(550)^2p^2M}{c_1}\end{array}\right]$$

$$R\div Q^{\frac{3}{2}}=\frac{27N^2F^4}{32R_1^6}+1$$

故可應用情形為Ⅱ

設 $R_1=12,590,\quad N=820.523,\quad C_1=29.335$

$P=119,\quad f=.25$

$$\therefore\quad \frac{1}{2}a=-\frac{8R_1}{15}=-6,714.7$$

$$\frac{1}{4}a^2-b=\frac{32R_1{}^2}{15}=338,150,600$$

$$\frac{1}{3}b=-97,687,950$$

$$d=\frac{128}{225}(.2R_1^4+N)=8,867,643\times 10''$$

$R\div Q^{\frac{3}{2}}=2,350.59=\cosh u$ $\qquad\therefore u=8.45557$

$\frac{1}{3u}=2.81852$ $\qquad\therefore 2\cosh\left(\frac{1}{3u}\right)=16,8118$

$Q^{\frac{1}{2}}=240\times 10_6\qquad z=4,042,606,500$

$y=3,944,918,600$

$$\sqrt{\tfrac{1}{4}a^2-b+y}=65,445.1$$

$$\sqrt{\tfrac{1}{4}y^2-d}=1,733,156,500$$

因 $\frac{1}{2}ay-c$ 為正,故用異符號

$$x^2+x(-6,714.7\mp 65,445.1)=+(-1,972,459\pm 1,733,156)\times 10^3$$

用上面兩符號

$$(x-36,079.9)^2=(-239,303+1,301,760=1,062,457\times 10^3)$$

$$x=36,079.9\pm 32,595.35$$

$x_1=68,675.25=$ 在最短時間內,啓跨度所需力

27094

x_2=3,484.55=在最長時間,啓跨度所需力。

用下面兩符號

x_3及x_4=−29,665.2±53,322.5$\sqrt{-1}$

校對:

$x_1\ x_2\ x_3\ x_4$ =8,867,618 ×10''=d 準確在 .0003% 內。

規例中之步驟,有二要點必須注意:第一點,四次式之第四步之運算,似甚繁複,但實際上,作者以爲先以數字代入,未有一般方程式,而不可使 q 與 r 化爲一項或至多兩項者。職是之故,計算之工夫既可減省而準確率又可增加矣。第二點之須注意者,即關于四次式第六步左右兩邊方根之交變符號,教本中若示一邊上下兩根號各與他邊上下兩根號同,作者以爲規例。殊乏普遍性,在旋轉橋梁方程式中則不適用,於是在規例中,配成符號爲偶,復推演爲一簡單之基本原理。

*世界鐵道綫之最近統計

1929 之統計世界各國鐵道總長爲 1,258,279 公里可繞赤道31週其中以美國爲最多,幾佔全世界鐵道總長三分之一;以比國爲最密,每百方公里佔 36,5 公里;中國鐵道密度每百方公里僅佔 .1 公里。

「鐵路協會月刊第四卷第十期」

SOME SLIDE RULE SHORT CUTS FOR DESIGNING RECTANGULAR REINFORCED CONCRETE BEAMS

By Tsung-Sung Suh (粟宗嵩)

Owing to the expediency in computation, slide rules are nowadays widely used among the engineers. However, in certain type of computation frequently made, with a propular arrangement of the figures involved and a propular setting of the cursor the process may be further simplified. In this article the writer presents some slide-rule short cuts for designing rectangular reinforced concrete beams. Charts and tables are commonly used for this work, but in the design of hundreds of such beams the work could be done much quicker with slide rule alone by the methods discribed hereafter.

In Civil Eng., March, 1932, a method was given by Chesley J. Posey. But its application subjects to certain conditions; and besides introducing a corresponding error, it requires marking different temporary marks on the icursor, inconveiency prevails again. The methods here given are all free from such troubles, and considerable amount of time may be saved in practical wark.

Formulas:

$$bd^2 = \frac{M}{pf_s j} \qquad (1)$$

27096

$$bd^2=\frac{M}{\frac{f_c kj}{2}} \quad (2)$$

$$A_s=\frac{M}{f_s jd} \quad (3)$$

$$u=\frac{V}{\sum ojd} \quad (4)$$

$$v=\frac{V}{bjd} \quad (5)$$

The first step in the design is to determine the proper size of the beam by either eq (1) or (2) For specified values of n, f_s and f_c, $pf_s j = \frac{f_c kj}{2}$ = constant, denoted by K, then eq. (1) or (2) may be reduced to

$$bd^2=\frac{M}{K} \text{ (M in ft. lbs.)} \quad (6)$$

To express M in in. lbs., multiply eq. (6) by 12,

$$bd^2=\frac{M}{K}\times 12=\frac{12}{K}xM \quad (7)$$

Th value of k may be obtained either from tables or by direct computation.

Now, set the value of K on the B scale opposite the value of 12 on the A scale (both on the left portion of the slide rule). Place the line of the cursor at M on the B scale. Without disturbing the cursor, set 1 on the B scale opposite an assumed value of b on the A scale, the corresponding value of d is found under the cursor line on the C scale; or, alternately, set the assumed value of b on the B scale opposite the cursor line, read the corresponding value of d on the D scale opposite the left end of the C scale.

Illustrative problem: Design a simply supported rectangular reinforced concrete beam of 20-ft. span, carrying a total load (live plus dead) of 1,800-lb. per ft., using f_s=18,000 lb/in.^{2} f_c=700 lb/in.^{2} and n=15.

27097

Here, $M=\frac{1}{8}WL^2=\frac{1}{8}\times 1,800\times 20^2 = 90,000$ ft, lbs. For the specified values of f_s, f_c, and n, K is found to be 113.1.

Set K=113.1 on the B scale opposite 12 on the A scale, place the cursor line at M (M=90,000) on the B scale, then read $\frac{12}{K}\times M=9,540=bd^2$ on the A scale. Now, if set b=16 in. on the B scale opposite the cursor line, read d=24.4 in on the D scale, use $24\frac{1}{2}$ in. If, alternately, set the left end of the B scale opposite b=16 in. on the A scale, d is found on the C scale. similarly, when b=14 in., d=26.1 in., use $26\frac{1}{4}$ in.; and when b=12 in., d=28.2 in., use $28\frac{1}{4}$ in.

The method is applicable no matter the value of K is greater than 120 or less than 100. In the latter case use the value of 12 at the middle portion of the A scale. Thus, in the above problem, if using f_c as 800 lb./in.², K becomes 138.7; by simirlar procedure we get $bd^2=7,810$; and when b=14 in., d=23.6 in., use $23\frac{5}{8}$ in. Similarly, if $f_c=600$ lb./in.², K=88.9, and $bd^2=12,400$; when b=14 in., d=29.4 in.

On a given job the same values of n, f_s, and f_c may be used throughout, hence to mark down on the B scale those values of K mostly used would be of great advantage in computations.

Amount of tensile steel is determined by

$$A_s=\frac{M}{f_s jd} \qquad (3)$$

Multiplying M by 12 to reduce it to in-lbs. and use the approximate value $\frac{7}{8}$ for j, eq. (3) becomes,

$$A_s=\frac{M\times 12}{\frac{7}{8}\times f_s d}=\frac{96}{7}\times\frac{M}{f_s d}=13.7\frac{M}{f_s d} \qquad (8)$$

Set f_s on the C scale opposite 13.7 on the D scale and place the cursor

27098

line at M on the C scale, then the value of $\frac{M}{f_s}$ appears under the cursor line on the D scale. without disturbing the cursor, set the value of d on the C scale opposite the cursor line, then either the left end or the right end of the C scale opposite A_s on the D scale. In a design only by setting the slide for different values of d the corresponding amount of steel is obtained.

Now, having known the value of A_s and without shifting the slide, set the cursor line opposite the cross sectional area "a" of any size of bars selected on the D scale, then the number of the bars required appears under the cursor line on the reciprocal scale. By setting the cursor at different values of "a" the number and size of bars required found at once. If bar spacings for a slab is desired, divide A_s by b (b=12), leaving the left end of the C scale opposite $\frac{A_s}{12}$ on the D scale, the bar spacings are then found on the C scale opposite areas on the D scale. This method may also be used for checking the value of b for placing the selected bars.

Numerical example: In the above illustrative proplem, M=90,000 ft. lbs., f_s=18,000 lb./in.^{2}, following the specified procedure the value of 13.7 $\times \frac{M}{f_s}$ is found to be 68.6, If set d=23 $\frac{3}{4}$ in. on the C scale opposite the cursor line, read A_s=2.89 in.^{2} on the D scale opposite the left end of the C scale (when d=28 $\frac{1}{4}$ in., A_s=2.43 in^2). The cross sectional areas of $\frac{7}{8}$-in. round bars and $\frac{1}{2}$-in. square bars are 0.601 and 0.25 in.^{2} respectively. Now set the cursor line opposite the former on the D scale, read number of $\frac{7}{8}$-in. round bars required as 4.82 on the reciprocal scale. Similarly, 11.55 of $\frac{1}{2}$-in. square bars are required, or use 12 at two layers. If a slab, it requires to provide either $\frac{7}{8}$-in. round bars at 2 $\frac{1}{2}$ in., A $\frac{1}{2}$-in. square bars at 1 in., 1-in. round bars (cross sectional area=0.785) at 3 ¼ in., or 1-in. square bars at 4.15, or 4 in.,......etc.

The coefficient 13.7 may be permenantly marked on the D scale and denoted by any sign. The cross sectional areas of those bars mostly used also may be marked on both C and D scales; (e. g. mark the 0.601 and 0.25 points on the two scales with the notation ⅞"ϕ and ½" ϕ respectively, ...etc.) They serve the purposes of selecting the number and size of bars as well as for figuring bond stress which will be shown latter.

If it is desired to find A_s and number and size of bars for another value of d as d', then set the cursor at the original value of d on the C scale opposite d' on the C scale. The value of A_s appears on the D scale. The number and size of bars can be obtained in the same manner.

Numerical example. If instead of 23 ¾ in., d taken as 28 ¼ in. Set the cursor at 23 ¾ in. on the C scale, opposite d'=28 ¼ in. on the same scale, A_s is found to be 2.43 in.² And 4.05, or 4, ⅞-in. round bars will be required; or 5.52, ¾-in. round bars are necessary, use 6.

The principle of utilizing the reciprocal scale to select number and size of bars may be illustrated as follows:

Let A_s = total amount of tensile steel required.

a = cross section area of any size of bar to be used.

m = number of bars required.

Then. $m=\frac{A_s}{a}=\frac{1}{\frac{a}{A_s}}=\frac{1}{a\times\frac{1}{A_s}}$

Place the left end of the C scale opposite the value of A_s on the D scale and read the value of $\frac{1}{A_s}$ on the C scale opposite the right end of

27100

the D scale. Set the cursor line at the value of a on the D scale, $a\times\frac{1}{A_s}$ will be under the cursor line on the C scale and that on the reciprocal scale will be $\frac{1}{a\times\frac{1}{A_s}}$, or m.

This method is applicable to those slide rules with reciprocal scale only, otherwise one may make such a scale himself (only the integal figures are needed); or, read the value of m ($m=A_s\times\frac{1}{a}$) directly on the D scale opposite the sign of the bar marked on the C scale at the point of $\frac{1}{a}$. Thus, in the above example, (for $A_s=2,89$ in.^{2}), the $\frac{7}{8}$" ϕ mark at the point 1.665 ($\frac{1}{0.601}=1.665$) on the C scale opposite m=4. 2 on the scale, ..etc.

Determination of bond stress

$$u=\frac{V}{\sum ojd} \quad (4)$$

since, $V=W\times\frac{L}{2}=\frac{WL}{2}$ (for uniform load only) and use the approximate volue $\frac{7}{8}$ forj, eq. (4) can be written as:

$$u=\frac{WL}{2}\times\frac{1}{\sum 0\times\frac{7}{8}\times d}=\frac{4WL}{7d}\times\frac{1}{\sum 0} \quad (9)$$

Now, let D = Diameter of the bar to be used

P = eight times the diameter $=8\times D$

a = cross area of the bar used

m = number of bars used

If round are to be used,

$$\sum o=m\times\pi D=m\times\left(\frac{\pi D^2}{4}\right)\times\frac{4}{D}=\left(m\times a\times\frac{4}{D}\right)\times\frac{8}{8}=\frac{32ma}{P}$$

If square bars are are to be used,

$$\sum O=m\times 4D=\left(m\times D^2\times\frac{4}{D}\right)=\left(m\times a\times\frac{4}{D}\right)\times\frac{8}{8}=\frac{32ma}{P}$$

In either case, eq (8) can be written as:

$$u=\frac{4WL}{7d}\times\frac{1}{\frac{37ma}{P}}=\frac{WL}{56d}\times\frac{P}{a}\times\frac{1}{m}$$

First, place the cursor line opposite the value of $\frac{WL}{56d}$ (calculated) on the D scale, then set the mark of "a" of the bar used on the C scale opposite the cursor line; move the cursor line to P (P may be calculated mentally) on the C scale, the total bond stress will be found on the D scale. set m on the C scale opposite to it we get the unit bond stress on the D scale opposite the end of the C scale. If set the allowable unit bond stress on the C scale opposite the total bond stress on the D scale, the least number (m') of required bars to be provided for bond is found on the D scale, whence (m-m') gives the excess bars that may be bent up for web reinforcement (m being greater than m' in this case, otherwise, deformed bars should be used or special anchorage should be provided).

Numerical example. Let L=20 ft, w=1,800 lb./ft., and d=23 ½ in. Set the cursor line at $\frac{WL}{56d}=27.1$ on the D scale. If five $\frac{7}{8}$-in. round bars are used, set the mark of $\frac{7}{8}$" ϕ on the C scale (at the point of 0.601) opposite the former, read $\frac{WL}{56d}\times\frac{1}{a}=45.2$ on the D scale opposite the left end of the C scale; and move the cursor line to $P=8\times\frac{7}{8}=7$ on the scale the total bond stress=316 lbs. on the D scale. If allows 80 lb./in.^{2} for 2000-lb. concrete, 4 bars should be provided at the end of the beam and (5-4=1) 1 bar may be bent up as web reinforcement if needed. If allow u=120 lb./in^2., for cases with special anchorage, 3 bars are required, and 2 bors may be bant up. If all of the bars go straight to the end of the beam, the unit bond stress is about 63 lb./in.^{2} which is on the safe side.

27102

Simirarly, if twelve $\frac{1}{2}$-in. square bars are used, total bond stress for this size of bars would be 434 lbs. and m' would be 6 (allowing u=30 lb./in.²). Then 6 bars may be bent up. If all bars extend to the end, the unit bond stress is around 36 lb./in.² which is under its allowable value.

In checking a design with V known only, replace $\frac{WL}{2}$ for V in eq. (10), then.

$$u=\frac{WL}{2}\times\frac{1}{28d}\times\frac{P}{a}\times\frac{1}{m}=\frac{V}{28d}\times\frac{P}{a}\times\frac{1}{m} \quad (11)$$

This equation applies to beams carrying uniform, or concentrated loads, or the combination of the m For in, these cases,

$$u=\frac{V}{jd}\times\frac{1}{\sum o}=\frac{V}{\frac{7}{8}d}\times\frac{1}{\frac{32ma}{p}}=\frac{V}{28d}\times\frac{P}{a}\times\frac{1}{m}$$

which is identical with eq. (11)

The formula for unit shear is

$$v=\frac{V}{bjd} \quad (5)$$

Substituting $V=\frac{WL}{2}$ (for uniform load) and $j=\frac{7}{8}$

$$v=\frac{WL}{2}\times\frac{1}{\frac{7}{8}bd}=\frac{4WL}{28d}\times\frac{8}{8}=\frac{WL}{56d}\times\frac{32}{b} \quad (12)$$

Having placed the cursor line at the value of $\frac{WL}{56d}$ on the D scale during the computation of u, now, only set the value of b on the C scale opposite to it, v is found on the D scale opposite 32 on the C scale. Marking the 32 point on the C scale by any sign, v can be found very conveniently.

Numerical example. Adopt the design of 14" × 23 $\frac{1}{2}$" (for f_c=800 lb./in.²) in the above problem. Set b=14 in. on the C scale opposite $\frac{WL}{56d}$ =27.1 on the D scale; move the cursor to 32 on the C scale v=62 lb./in.² on the D scale

For beams with concentrated loads, eq. (5) may be used in the form of

$$v=\frac{V}{jbd}=\frac{8V}{76d}\times\frac{32}{32}=\frac{V}{28d}\times\frac{32}{b} \quad (13)$$

Note that bd^2 is a constant and the values of b and d are cor-relative to each other. With a different value of d we have different values of $\frac{WL}{56d}$ and b, and also u, m' and v.

If stirrups are necessary, the following method suggested by Chesley gives results that are always on the safe side and a great amount of time can be saved in computation. He suggested that if we have a beam of 11 in by 12 in. (net) on a 20-ft. span, carrying a total uniform load of 2,200 lb./ft. (the end shear=2,2000 lbs.), one-fourth of 22,000 lbs. must be taken for design at the center of the span. With a decrease of 1,650 lb./ft. the spacing of stirrups will be determined as:

$$\text{Stirrups spacing}=\frac{jd\times(\text{total allowable stress on one stirrup})}{(\text{shear to be carried by stirrups})} \quad (14)$$

The product of jd and the total allowable stress on one stirrup are constant as long as the depth is constant. If $\frac{3}{8}$-in. round bar U-stirrups are used in the above example this quantity of (jd × total allowable stress on one stirrup) is $\frac{7}{8}\times 220.\times 0.22\times 16{,}000=67{,}800$.

If set the end of the C scale to opposite the above value, the stirrup spacing required will be found on the D scale opposite the shear to be carried by stirrups on the C scale. The computation takes the following form which is self-explanatory:

Total shear at end = 22,000 lbs.

Total shear carried by the concrete, at 50 lbs./in.^{2} $=V=v\times jbd=50\times\frac{7}{8}\times 11\times 22=10{,}600$ lbs.

That to be carried by stirrups = 22,000 − 10,600 = 11,400 lbs.; hence, it requires $\frac{67,800}{11,400}$ = 5.96 in. spacing, use 1 at 3 in.

At the section of 3 in. from the end of the beam the decrease of shear $= 3\times\frac{1650}{12} = 410$ lbs., hence total shear to be carried by stirrups = 11,400-410 = 10,990 lbs.; requires 6.18 in. spacing; use 3 at 6 in.

At a section 21" (3+3×6=21 in.) from the end, the decrease of shear $= 18\times\frac{1650}{12}$ = 2,475 lbs., and total shear to be carried by stirrups = 10,990-2,475 = 8,515 lbs.; the beam requires 8 in. spacing, use 2 at 8 in.

Similarly at a section 37" (21+2×8=37 in.) from the end, we have another decrease of shear $= 16\times\frac{1650}{12}$ = 2,200 and V = 8,515-2,200 = 6,315 lbs., hence the beam requires 10.75 in spacing.

Since 11 in. is the maximum spacing allowable in this case, use 11 in. spaces for the remainder of the distance over which stirrups are required. The number required will be

$$\left(\frac{\text{total shear to be carried by stirrups}}{\text{shear carried by one stirrup at maximum spacing}}\right) = \frac{6,315}{11\times\frac{1650}{12}} = 4.2, \text{use } 4.$$

Hence the stirrups for the above beam ($\frac{3}{8}$-in. round bars U-stirrups) have the following spacings: 1 at 3 in., 3 at 6 in., 2 at 8 in. and 4 at 11 in. The computation takes its convenient form as follows:

Total end shear	22,000 lbs.	
Total shear carred by concrete	10,600 / 11,400	requires 5.96 in. spacing
use 1 at 3 in.,	$3\times\frac{1650}{12}=$ 410 / 10,990	requires 6.18 in. spacing,
use 3 at 6 in.,	$18\times\frac{1650}{12}=$ 2,475 / 8,515	requires 8 in. spacing

use 2 at 8 in., $16\times\frac{1650}{12}=\frac{2,200}{\dfrac{6,315}{11\times\frac{1,650}{12}\Big)\ 4.2}}$ requires 11 in. spacing (max. spacing allowable)

use 4 at 11 in.

To check the actual working stress of steel and concrete of a beam already designed, it is necessary to locate the position of the neutral axis. For a rectangular beam without compressive steel, use the relation $k=\sqrt{2pn+(pn)^2}-pn$, whence

$$\frac{k^2}{1-k}=2pn \qquad (15)$$

Set the left ent of the B scale opposite 2pn on the A scale, finding a reading on the D scale opposite a value on the left half of the B scale such that the two values add up to be 1.00. The reading on the D scale is the desired value of k. The reason is that the value of k on the D scale falls on the value of its square on the A scale; set (1-k) on the B scale opposite the latter, then $2\ pn=\frac{k^2}{1-k}$ appears on the A scale opposite the left end of the B scale, and reversely. To find $j=1-\frac{k}{3}$, set 3 on the C scale opposite k on the D scale, read j on the D scale backward.

Numerical example. Assuming a beam of 14" × $23\frac{3}{4}$" (net); and $A_s=2.89$ in.^{2}, using five-$\frac{7}{8}$" ϕ. Now, $p=\frac{A_s}{bd}=\frac{2.88}{14\times22.75}=0.8\text{-}9\%$, $2\ pn=2\times869\times15=2602$ numerically. Following the procedure mentioned above, found $k=0.396$ and $j=0.868$. Then check f_s and f_c by the following formula:

$$f_s=\frac{M}{A_sjd}=\frac{90,000\times12}{3\times0.868\times23.75}=17,450\ \text{lb./in.}^2$$

and $$f_c=\frac{2f_sp}{k}=\frac{2\times17,450\times0.869}{0.396\times100}=764\ \text{lb./in.}^2$$

For convenience in designing a rectangular beam with methods discribed in this articale, the reduced formulas may, be restatcd as follows

$$bd^2 = \frac{12}{K} \times M \text{ (M in ft. lbs.)} \tag{1}$$

$$A_s = 13.7 \times \frac{M}{f_s d} \text{(M in ft. lbs.)} \tag{2}$$

$$m = \frac{1}{ax\frac{1}{A_s}} \tag{3}$$

$$u = \frac{WL}{56d} \times \frac{P}{a} \times \frac{1}{m} \text{(for uniform load only)} \tag{4}$$

$$n = \frac{V}{28d} \times \frac{P}{a} \times \frac{1}{m} \tag{5}$$

$$v = \frac{WL}{56d} \times \frac{32}{b} \text{(for uniform load only)} \tag{6}$$

$$v = \frac{V}{28d} \times \frac{32}{b} \tag{7}$$

$$\text{stirrup spacing} = \frac{jd \times \text{(total allowable stress on one stirrup)}}{\text{(shear to be carried by stirrups)}} \tag{8}$$

$$\frac{k^2}{1-k} = 2pn \tag{9}$$

$$f_s = \frac{M}{A_s jd} \tag{10}$$

$$f_c = \frac{2f_s p}{k} \tag{11}$$

THE PRINCIPLE AND METHOD FOR CONSTRUCTING THE NOMOGRAPHIC CHART OF HAZEN & WILLIAMS FORMULA FOR HEAD LOST IN PIPES

By Shelden S. Lee (李紹憲)

I. INTRODUCTORY REMARKS

The necessity of simplicity, speed, and accuracy in the computation or design work of different branches of engineering, makes certain charts or diagrams of utmost importance and value. Such charts or diagrams are seen inserted so often in standard books or current papars. There is no doubt that most of the upper classes know how to use these for their respective work. But I do doubt that many of them do not know how some of the charts or diagrams are constructed.

The purpose of this article is, therefore, to explain with illustrations the principle and method for constructing one of that type of chart known as Nomographic or Alignment chart as used in water works. We know, of course, we can chart equations on Rectangular Co-ordinates as the simplest form of chart for the computation of a large number of problems. This simple charting has, however, certain disadvantages:

1. The labor involved in the construction is great, especially when the representing curves are not straight lines;
2. The interpolation must largely be made between curves rather than along a scale, and thus accuracy is sacrificed;

3. The final charts appear very complex, especially if the methods extended to equations involving more than three variables.

The method to be soon given, on the other hand, has certain advantages over the former:

1. The chart uses very few lines, and is thus easily read;
2. The interpolation is made along a scale rather than between curves, with a corresponding gain in accuracy;
3. The labor of construction is very small, thus saving time and energy;
4. The chart allows us to note instantly the change in one of the variables due to change in the other variables.

The above disadvantages and advantages, quoted from late Porf. J. Lipka of M. I. T. are so simple yet striking that one is instantly induced to like the Nomographic type, the construction of which is, nevertheless, little known to many.

II. FUNDAMENTAL PRINCIPLE

Before I actually take up the method for constructing such a chart for the given conditions as included in the title of this article, let me first make clear, here, the underlying principle together with the construction of scale and the form of equation.

(a) Principle stated

As stated by late Prof. J. Lipka, the fundamental principle involved in the construction of Nomographic or Alignment charts consists in the representation of an equation connecting three variables $f(u,v,w)=0$, by means of three scales along three curves (usually using straight lines) in such a manner that a straight line (known as index line) cuts the three scales in values of u, v, and w, satisfying the equation. From this statement we see, at once that the items primarily involved are (1) the equation of the variables; and (2) the construction of the scales, which, I think, deserve some explanation here.

(b) Scale Construction

The fundamental equation of scale is expressed as, $x=mf(u)$, where, x is the distance from origin or end point along the scale, m is the scale modulus or length unit in linear measure, and f(u) is the function represented by the scale readings. As the most common and convenient scale used is of the logarithmic nature, we have, then, for the logarithmic scale, $f(u)=\log u$. In Fig. 1, $x=m\log u$, where the length m arbitrarily

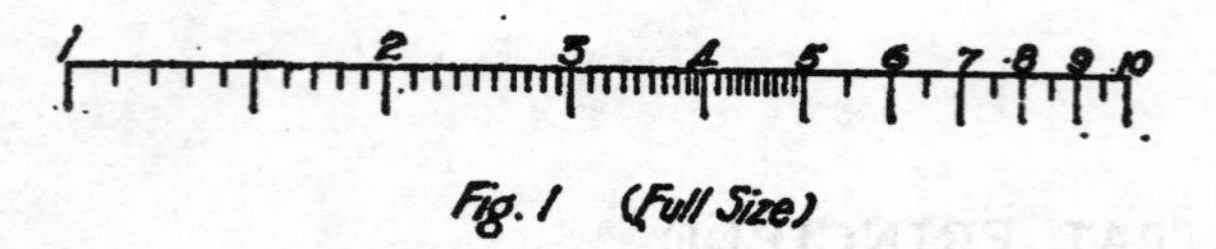

Fig. 1 (Full Size)

chosen to represent the unit segment used in laying off the values of f(u) equals to 4 inches. It is interesting to note that in the case of logarithmic scales the segment representing the interval from $u=1$ to $u=10$ is of the same length as the segment representing the interval from $u=10$ to $u=100$, which fact makes the plotting of such scales very easy and convenient as we will later realize.

The simplest arrangement of the scales—one scale for one variable, of course, is usually of three parallel axes laid off at equal or unequal distance apart, and with origin or end point at same or different level as deemed convenient in regard to pre-supposed or pre-determined conditions. For the construction of say three logarithmic scales in represention of an equation of three variables, we must, therefore, first decide

(1) the three scales to have same or different range;

(2) the scale modulus of each to be same or otherwise;

(3) the distance between scale axes to be equal or otherwise.

All these are governed by the size of the chart to be made and by the ranges of the values of the variables as needed for practical use. They are therefore all to be assigned and tested when actual construction is made. In most case they are all necessarily different in practice.

(c) Equation Form

The following geometric relations illustrate very well the underlying principle of such construction for on equation of three variables usually with three parallel logarithmic scales. The equation is in the form

$$f_1(u)+f_2(v)=f_3(w) \quad \text{or} \quad f_1(u).f_2(v)=f_3(w)$$

The second form can be easily brought into the first form by taking logarithms of both members; thus,

$$\log f_1(u)+\log f_2(v)=\log f_3(w)$$

where u, v, and w, are the variables. And this process, as we will later see, is usually so done as to facilitate the construction on logarithmic basis.

In Fig. 2a, let AX, BY, CZ be three parallel axes with A B C as the base line. Draw any index line cutting the axes in the points u, v, w respectively, so that A u=x, B v=y, C w=z. We can at once see the

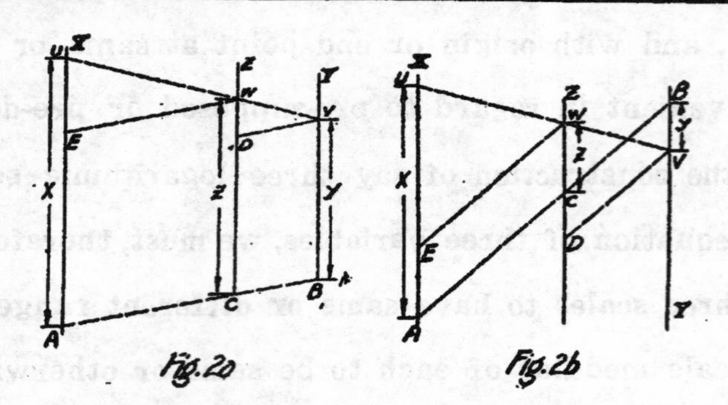

Fig.2a Fig.2b

geometric relation, as $AC:CB=m_1:m_2$; and if through v and w we draw lines parallel to A B, then in the similar triangles u E w and w D v, $uE:wD=wE:vD=AC:CB.$ or $x-z:z-y=m_1:m_2$

$$\therefore m_2x+m_1y=(m_1+m_2)z \quad \text{or} \quad \frac{x}{m_1}+\frac{y}{m_2}=\frac{z}{\frac{m_1m_2}{m_1+m_2}}=\frac{z}{m_3}$$

where $m_3=\frac{m_1m_2}{m_1+m_2}$. Now if AX, BY, CZ carry the scales $x=m_1f_1(u)$, $y=m_2f_2(v)$, $z=m_3f_3(w)$, respectively, the last equation becomes $f_1(u)+f_2(v)=f_3(w)$, and any index line will cut the axis in three points whose corresponding values u, v, w satisfy this equation. It is also to be noted that for the equation $f_1(u)-f_2(v)=f_3(w)$, the scales $x=m_1f_1(u)$ and $y=-m_2f_2(v)$ are constructed in opposite directions, as in Fig 2b.

The relation of the distances between the axes is also clearly shown in Fig. 2a or Fig. 2b. We know, at a glance, that $\frac{c}{e}=\frac{m_1}{m_2}$ or $\frac{e}{c}=\frac{m_2}{m_1}$. Adding $\frac{c}{c}=\frac{m_1}{m_1}$ to this, we have $\frac{e}{c}+\frac{c}{c}=\frac{m_2}{m_1}+\frac{m_1}{m_1}$ or $\frac{e+c}{c}=\frac{m_1+m_2}{m_1}$. Therefore $\frac{c}{d}=\frac{m_1}{m_1+m_2}$, as $d=e+c$, all being horizontal distances in same units. Conversely, we can also get the same result, as $\frac{c}{d-c}=\frac{m_1}{m_2}$ or $cm_2=dm_1-cm_1$, therefore, $\frac{c}{d}=\frac{m_1}{m_1+m_2}$. From this we can very easily find the proper distance between any two axes with sufficient given or assumed data.

(d) Charting Rules

With all the above principles and relations clear in mind, we can now start constructing a Nomographic Chart in logarithmic scale in representation of an equation of three variables, by the following rules:—

1. Draw two parallel axes (x--and y—axes) at certain (given) distance (d) apart, and on these construct the scales $x=m_1 \log u$ and $y=m_2 \log v$ where m_1 and m_2 are arbitrary scale moduli (usually given). The graduation of the u—and v—scales starting at any point on th axes between any convenient point can be simply made by setting a slide rule against the axis in such a manner that the slide rule graduations then projected by parallel lines on to the axis are correspondingly true;
2. Draw a third line (z—axis) parallel to x—and y—axes, such that (distance from x—axis to z—axis=c):(distance from z—axis to y—axis=e) $=m_1:m_2$. As the distance between x—and y—axes is usually given, it is, then, only necessary to find the distance from x—axis to z—axis by the relation $\frac{c}{d}=\frac{m_1}{m_1+m_2}$.
3. Determine the starting point for the graduation of the w-scale, by solution of the basis equation $f_1(u)+f_2(v)=f_3(w)$ after assigning a pair of values one of which must be on the w—axis. If the range of scales and the starting points on the three axes are all different, as it is usually the case, "cut and try" compulations must be made, so as to get a good value.
4. From the starting point for graduating the w—scales between any convenient point a slide rule may be similarly used such that

$$z = m_3 \log w = \frac{m_1 m_2}{m_1 + m_2} \log w.$$

But before actual construction begins bring the given formula into the standard form, making the constant term and co-efficient, if any, standing out. The given or computed m_1, m_2, and m_3 with their co-efficient, if any, in their respective equation combined by multiplication will give the practical scale moduli M_1 M_2 and M_3 actually employed in the construction in question. All these will now be illustrated by the example in the following.

III. ILLUSTRATIVE CONSTRUCTION

The construction of the Nomographic chart for Head Loss as used in Water Works, with illustrations of detail computations and actual plotting here, is based on the

(1) Basic Discharge Formula $Q = \frac{\pi d^2}{4} V$ **(d = diameter in ft.)**

(2) Hazen & Williams Formula $V = CR^{0.63} S^{0.54} 0.001^{-0.04}$ **(C = 100 assumed)**

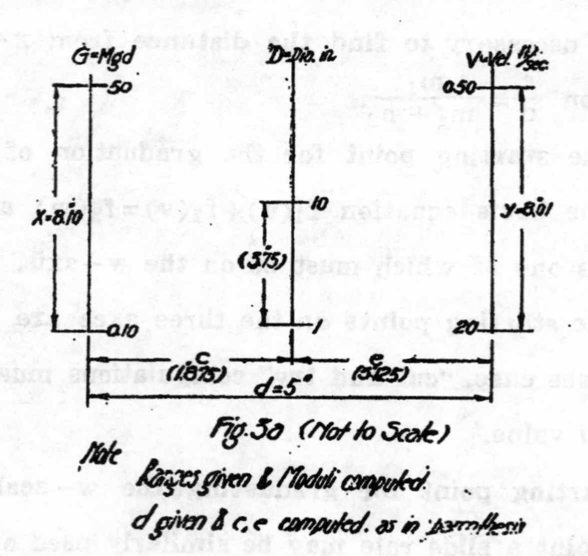

Fig. 30 (Not to Scale)

Note
Ranges given & Moduli computed.
d given & c, e computed. as in parenthesis

with the other necessary data as given in Fig. 3a Fig. 3b. For convenience, these two formulas must be first simplified and then constructed dependently though separately, such that the combination chart (Fig. 4 or 5) will show truly the relation of the variables G, D, V, and h_L, and if any two of these are known, the other two may be instantly determined on the index line cutting through the known points. Note that the scale used here is logarithmic, and the nomenclature of the terms are the customary ones in practice.

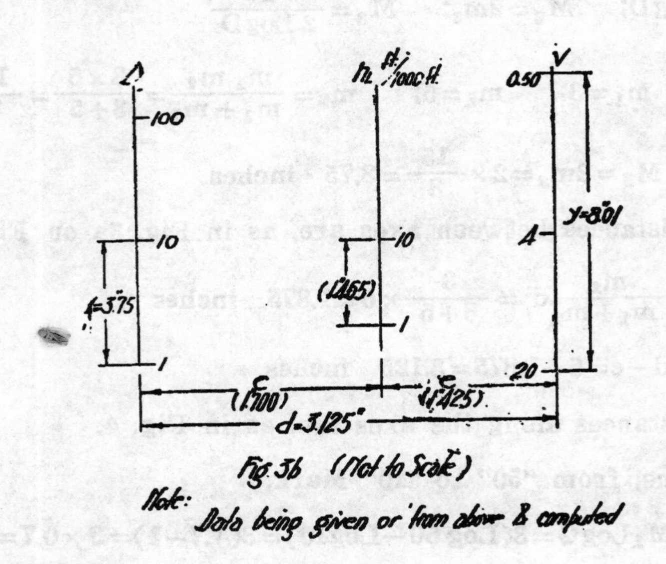

Fig. 3b (Not to Scale)

Note: Data being given or from above & computed

(a) Computation & Construction for Equation (1)

$$G=Mgd=KQ=K\frac{\pi d^2}{4}V \qquad \text{(K being a constant in conversion)}$$

$$\text{or } G=\frac{7.48\times60\times60\times24}{1,000,000}\times\frac{3.14D^2}{4\times144}V=\frac{D^2}{283.5}V \qquad \text{(D is now diam. in inches)}$$

The simplified form of equation (1) is therefore, $283.5G=D^2V$ Putting in logarithmic form, $\text{Log }283.5+\text{Log}G=2\text{Log}D+\text{Log}V$

or as $K=\text{Log}283.5$, $\text{Log }G-\text{Log }V=2\text{Log}D-K$

Then, the equations of scale for values of G, V and D, as from Fig. 3a,

$x=m_1 \text{Log} G;\quad M_1=m_1;\quad M_1=\frac{x}{\text{Log} G}$

$\therefore\ M_1=\frac{8.10}{\text{Log}50-\text{Log}0.10}=\frac{8.10}{1.7-(-1)}=\frac{8.10}{2.7}=3$ inches

$y=m_2 \text{Log} V;\quad M_2=m_2;\quad M_2=\frac{y}{\text{Log} V}$

$\therefore\ M_2=\frac{8.01}{\text{Log}0.50-\text{Log}20}=\frac{8.01}{0.3-(-1.3)}=\frac{8.01}{1.6}=5$ inches

$z=m_3 2\text{Log} D;\quad M_3=2m_3;\quad M_3=\frac{z}{2\,\text{Log} D}$

But $m_1=3;\quad m_2=5;\quad m_3=\frac{m_1 m_2}{m_1+m_2}=\frac{3\times5}{3+5}=\frac{15}{8}$

$\therefore\ M_3=2m_3=2\times\frac{15}{8}=3.75$ inches.

Again, the distances between axes are, as in Fig. 3a or Fig. 4,

$c=\frac{m_1}{m_1+m_2}d=\frac{3}{3+5}\times5=1.875$ inches

And $e=d-c=5-1.875=3.125$ inches

Then, the distances along the axes are, as in Fig. 4,

On G–Line, from "50" to "10" Mark,

$x=M_1\text{Log}G=3(\text{Log }50-\text{Log}10)=3(1.7-1)=3\times0.7=2.1$ inches

On V–Line, from "0.50" to "1" Mark,

$y=M_2\text{Log}V=5(\text{Log}0.50-\text{Log}1)=5(0.3-0)=5\times0.3=1.5$ inches.

Finally, the starting point on the third axis as D–Line, is by

$V=\frac{283.5\times2}{10\times.10}=5.67$ (mark)

if assuming G=2 Mgd and D=10 inches

With the above detail computations, the critical points on the axes for graduation of finer scales between, can be easily done by a slide rule as explained before. Such should be true as the distance between any

27116

two axes has been correctly established in accordance with the existing relations and the given data.

(b) Computation & Construction for Equation (2)

Since, $R=\frac{D}{4}$; $S=\frac{h_L}{L}$ or $S=\frac{h_L}{1000}$ if $L=1000$ ft; $C=100$ as asssumed.

Then, $V=100\frac{D^{0.63}}{48^{0.63}}\times\frac{h_L^{0.54}}{1000^{0.54}}\times 0.001^{-0.04}$ (D = diam. in inches)

Also $\text{Log}V=\text{Log}100+(0.04)\text{Log}0.001-(0.63)\text{Log}48-(0.54)\text{Log}1000$

$+0.63\text{Log}D+0.54\text{Log}h_L$

If k representing the constant, $\text{Log}k=2+(0.12)-1.06-1.62=-0.56$ or 1.44

Then, $\text{Log}V=0.63\text{Log}D+0.54\text{Log}h_L-0.56$

or $\text{Log}h_L=\frac{\text{Log}V-0.63\text{Log}D+0.56}{0.54}=\frac{\text{Log}V}{0.54}-\frac{0.63\text{Log}D}{0.54}+\frac{0.56}{0.54}$

$\text{Log}h_L=1.850\text{Log}V-1.167\text{Log}D+1.037$

The simplified form of equation (2) is therefore, $h_L=10.85\frac{V^{1.850}}{D^{1.167}}$

Or $1.167\text{Log}D-1.850\text{Log}V=k-\text{Log}h_L$ (k = 1.037)

Then, the equations of scale, for values of D, V, and h_L, as from Fig. 3b,

$x=m_1 1.167\text{Log}D$; $y=m_2\text{Log}V$; $z=m_3\text{Log}h_L$

And as $M_1=3.750$ and $M_2=5$ from above,

$M_1=1.167m_1$ $\therefore m_1=\frac{3.750}{1.167}=3.215$ inches

$M_2=1.850m_2$ $\therefore m_2=\frac{5}{1.850}=2.700$ inches

Since $m_3=\frac{m_1 m_2}{m_1+m_2}=\frac{3.215\times 2.700}{3.215+1.700}=\frac{8.680}{5.915}=1.465$ $\therefore M_3=m_3=1.465$ inches.

Again, the distances between axes, are, as in Fig. 3b or Fig. 4,

$c=\frac{m_1}{m_1+m_2}d=\frac{3.215}{3.215+2.700}\times 3.125=\frac{10.50}{5.915}=1.700$ inches

And $e=d-c=3.125-1.700=1.425$ inches.

Then, the distances along the V-Line from the "20" mark as in Fig. 4 for instance, for locating "5.67" mark, $y = M_2 \text{Log} V = 5(\text{Log}20 - \text{Log}5.67) = 5(1.301 - 0.754)$

$$\therefore \quad y = 5 \times 0.547 = 2.735 \quad \text{inches}$$

for location "4.08" mark, $y = M_2 \text{Log} V = 5(\text{Log}20 - \text{Log}4.08) = 5(1.301 - 0.610)$

$$\therefore \quad y = 5 \times 0.691 = 3.460 \quad \text{inches.}$$

Finally, the starting point on the third axis as h_L—Line is by

Fig.4 (True Scale)

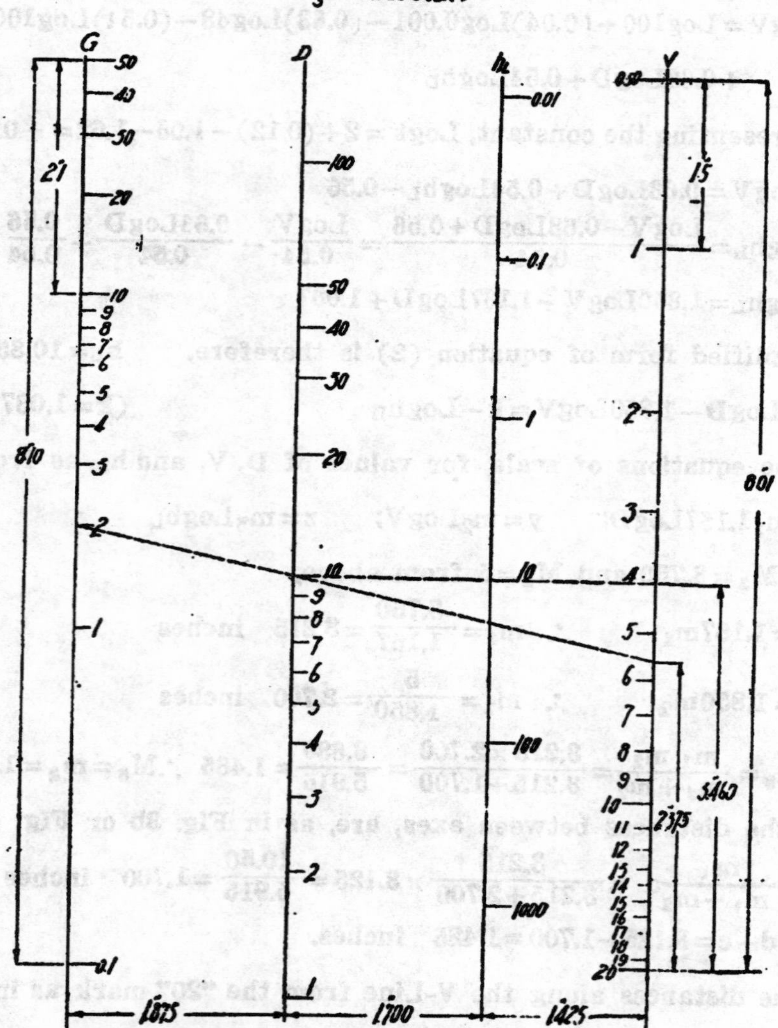

$$1.85\mathrm{Log}V = \mathrm{Log}10 + 1.167\mathrm{Log}10 - \mathrm{Log}10.85 \text{ or } \mathrm{Log}V = \frac{1+1.167-1.037}{1.85} = 0.610$$

$\therefore$ $V = 4.08$(mark) if assuming $D = 10$ inches, and $h_L = 10$ft. per1000ft.

The detail graduations may be similarly constructed, and combined as in Fig. 4. or Fig. 5.

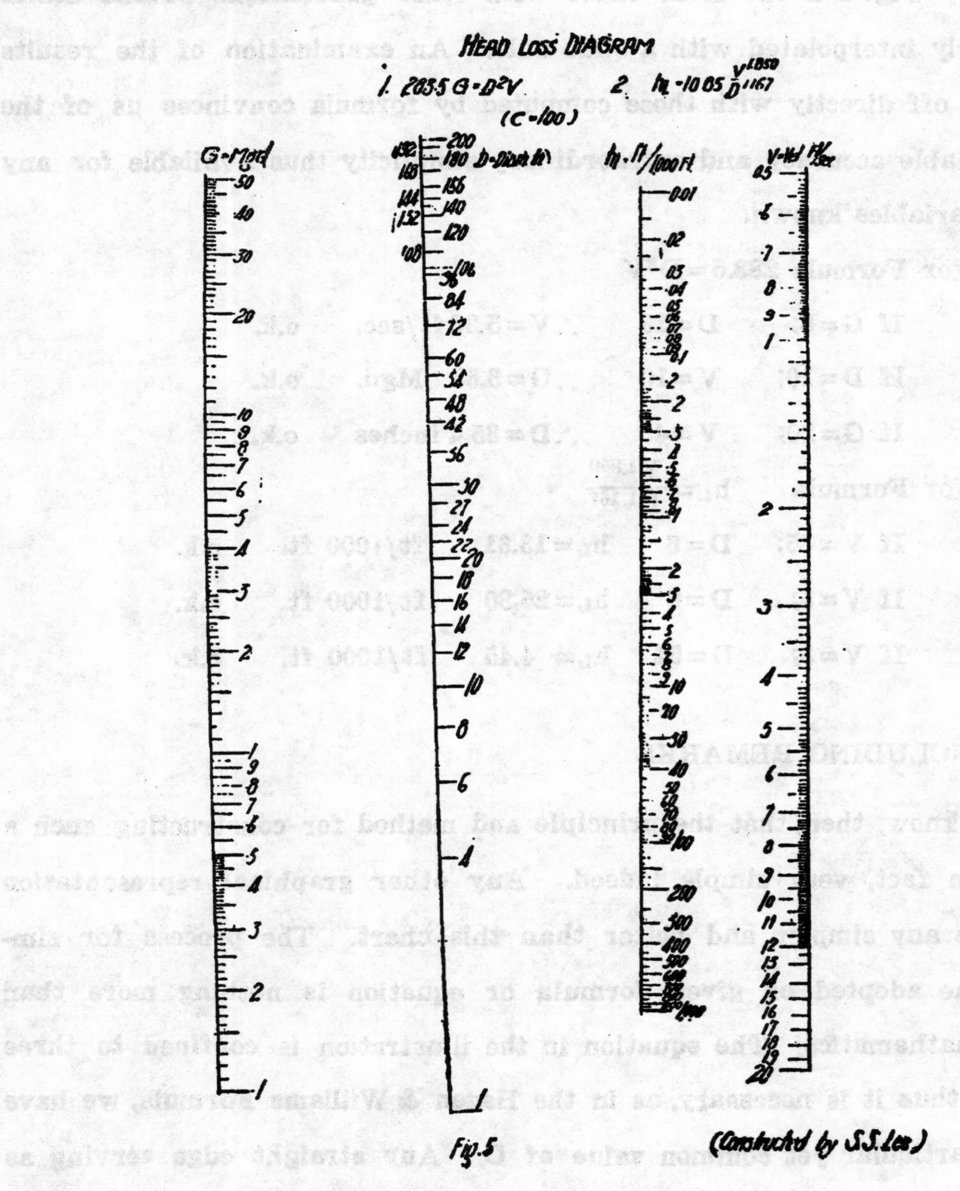

Fig.5

(Constructed by S.S.Lee)

(c) Comparison of Computation & Diagram Results

Fig. 4 shows the skeleton of the Nomographic Chart or Diagram with the relative positions and critical points of the axes determined as above. Fig. 5 is the final chart with finer graduations of the scales properly interpolated with a slide rule. An examination of the results scaled off directly with those computed by formula convinces us of the reasonable accuracy and extraordinary simplicity thus available for any two variables known.

For Formula $283.5 = D^2V$

If G=5; D=16 ∴V=5.33 ft/sec. o.k.

If D=10; V=10 ∴G=3.53 Mgd. o.k.

If G=20; V=45 ∴D=35.4 inches o.k.

For Formula $h_L = \frac{V^{1.850}}{D^{1.167}}$

If V=35; D=6 h_L=13.61 ft/1000 ft. o.k.

If V=5; D=6 h_L=25.90 ft/1000 ft. o.k.

If V=S; D=54 h_L= 4.45 ft/1000 ft. o.k.

IV. CONCLUDING REMARKS

We know, then, that the principle and method for constructing such a chart is, in fact, very simple indeed. Any other graphical representation can not be any simpler and better than this chart. The process for simplifying the adopted or given formula or equation is nothing more than common mathematics. The equation in the illustration is confined to three variables, thus it is necessary, as in the Hazen & Williams Formula, we have taken a particular yet common value of C. Any straight edge serving as the index line may be used for determining the required values intersected on respective axes if laid through any two known ones on the diagram.

For equation of four or more variables, the method is naturally more complex although the principle is mainly the same. The applications to many other fields of engineering may be extended with ease as above. Those who have special interest in this subject, may read "Graphical and Mechanical Computation" by Prof J. Lipka, and "The Construction of Graphical Charts" by Prof. J. B. Peddle, both being available in our library.

杭州新電廠廠基之特殊地質

杭州新電廠,建于閘口錢塘江濱,廠基由淺灘塡築而成,伸入江中者有 100 公尺以上.是處木行林立,沿江一帶,向爲各行停儲木筏之所,凡木材甫由上江運到閘口,距斧伐之期當無多日,故其表皮,均未脫去,迨經多時之浸蝕與潮力之激盪,漸次零落,沉于水底,故每停留一次新木材,必增一層木皮之沉澱,加以水中挾沙之沉澱,卽成木皮與沙土之積層,如是者近百年,故此積層厚度在一丈以上,此次電廠建築,遇此情形,頗爲困難,因木皮混于沙土中,非特使沙土鬆疏,且腐爛發熱而生氣體,因之時有氣泡上冲,曾有一尺厚尙未凝固之混凝土,爲此氣泡冲破,後以加厚混凝土或挖深基礎補救之,故增加建築費用不少,我國沿江都市有類似情形者甚多,我工程界人士頗堪注意焉.　編者

杭州市自來水工程改進問題

周鎮綸先生演講　　　　劉　楷記錄

今天本來想將浙江省水利局所築海塘情形與諸位談談,但是因爲時間局促,沒有相當的預備,所以現在祇好拿大家感覺到較有興趣的杭州市自來水的現狀和改進問題與諸位研究一下.前鄙人曾在中央大學,演講此題,費時甚久,今日因時間關係,恐不能一一詳盡。

現在我祇可以分開兩點來講:

Ⅰ. 自來水的水源和水質.

Ⅱ. 設計,建築工程和管理問題.

茲分別一一加以研究。

(Ⅰ) 自來水的水源和水質　創辦自來水的目的,無非欲使市民得有良好的飲料,免除不少的疾病,便利市民取給.所以水質關係民衆的衛生和工廠中燗爐所受的影響很大,非得加以詳細精密的試驗探討不可.現在自來水廠的水源,是貼沙河,水質很是不好.這是出乎我意料之外,與我前在杭州市自來水籌備會供職時所認定的永源完全兩樣,就將現在貼沙河的水質來研究一下,大概可以分三點來講:

(1) 從物理方面觀察.

(2) 從化學方面觀察.

(3) 從生物方面觀察.

(1) 從物理方面觀察:　物理現像係包括人目所能見的東西和鼻所能感覺到的氣味等等,我們現在就貼沙河的實際情形來加以分析.

(a) 在貼沙河的上游,望江門與南星橋的中間一段,湧金橋沿城河至望江門一段,所有陰溝的污水,都流注入河.據勘查結果報告,在這二段河中,陰溝的總數共有三百五十一處之多;所以貼沙河的水源.就根本不清潔.

(b) 貼沙河兩旁的土地,大都向貼沙河傾斜,兩旁的土地多數種植蔬菜之類,所以當施用肥料的時候,一部分的糞質,可以滲透到河中去;假如一旦遇雨,那麽所有的肥料,就完全衝到河裏去了。

(c) 在日裏,河裏有魚船來往捕魚,吐垢納污極爲恆見;在夜裏,糞船來往很多,船身如有滲漏,即不免污及河水。

(d) 在自來水總廠附近,有好幾個皮革廠。他們廠中所放出的污水和不潔的東西流入河中,極易使河水發生臭氣。

(e) 貼沙河兩旁居民,都在此河洗刷衣物糞桶等類,有碍水質,莫此爲甚。

(2) 從化學方面觀察: 當鄙人在自來水籌備會供職時,曾經費了不少的時候去探尋水源,其中以徐村與梵村兩處的水質爲最好,彼時政府當局和杭市諸紳都很贊同,自後鄙人赴美,自來水的水源也就變更了。依浙江省衛生試驗所所檢定,貼沙河的水質大略如下:

類別	每百萬分水中含有數
總殘渣	372
灼熱殘渣	217
固定殘渣	155
鐵	2.3
氯化物	89.1
錏中氮	2.0
蛋白錏中氮	0.25
亞硝酸化合物中氮	1.5
硝酸化合物中氮	17.0
耗氯量	4.2
鹼度	10

我們從試驗的結果看來,貼沙河水的耗氯量是很大,這個雖然無大妨礙,但是水中空氣或氯氣的缺少,是影響到水的味道,所以現在廠中設法將礬水與混水和合後,成瀑布狀冲入沉澱池上之擱板,以增加養化的面積。

(3) 從生物方面觀察: 水中的微菌,是我們人目所不能見,微菌的繁殖和生存,全視天時,氣候,溫度的轉變而定。依照浙江省衞生試驗所所檢定貼沙河水的微菌數,每立方糎 (c.c.) 約有 3,750。這微菌數不能算為很大,因為細菌有一種自相殘殺的性質 (Antigonism) 故也。

以上所講的,皆就現在貼沙河的水源水質而言,在實際上貼沙河的水質不佳,是不可諱言的。但是現在所以採用貼沙河為水源者,據前杭州市自來水籌備會根據之理由有四:

(a) 水源就在總廠的旁邊,建築省時,可以提早供水。

(b) 當初預算全部工程,須要二百五十萬,採用貼沙河為水源,可減少到一百五十萬經費,容易籌劃,工程不致於中斷。

(c) 將來永久水源決定後,總廠無須變更,現在的計劃,而貼沙河河水,仍可以準備在不測的時候應用。

(d) 現在的設計是一個範圍較小的水廠,將來用水量增加時,可以逐步擴充,經費也可以陸續籌集,這是比較經濟.

由上面看起來,現在所以採用貼沙河為水源的原因,無非在初創時節省經費而已,但貼沙河的河水,因為質地不佳,非加以特別的濾製,不能就這樣的供作飲料,這筆濾製經費,確實也不小,濾製出來的水,仍舊不能得如所期望的結果,所以我覺得反而有點不經濟。

II. 設計,建築工程和管理問題: 水廠內的出水程序,是先從貼沙河的進水口 (Intake) 用三十六吋三和土進水管導入進水機間,用低壓打水機,送到混凝槽 (Mixingchamber),同時將礬水加下,然後依次流入沉澱池,沙濾池,加氯之後,再由清水流水滯及十六吋生鐵管送到清水池,末了到出水機間用高壓打水機將水送出去使用,於是廠中所應有濾製工作就此完畢。就大部分而言,自來水廠的設計,建築工程和管理方面,有許多地方,應當設法加以改良。

(1) 由調節間至清水池其間清水流水溝與十六吋生鐵管交接處,沒有設置一個進入洞 (Manhole),這是該廠設計上的最大缺點,因為溝中日久淤積起來,洗淨非常困難,若要洗淨,非將清水池一同掃洗不可,此種辦法,未免太不經濟,如用了進人洞那麼污水就可以從這洞放去,手續就便當得多了。

(2) 大陰井無出水口,這也是設計時忽略的地方,凡是廠中的洗刷水管的水和污水,一統流入大陰井內,所以井內淤積不堪,現在聽說水廠已將12吋洋灰管接入貼沙河中,但井底污泥非用抽水機仍舊不能取出的!

(3) 沙濾池的墻基很不好,因為沒有打基樁,這是建築方面不對的地方,池內的水位有十呎高,影響到池的上部的建築很大,依現在的情形看來,有一部分已經有了變動,因墻外地下24吋不閉塞接頭之洋灰洩水管將墻底細泥隨流帶出之故也,應當設法加以補救。

(4) 杭州市內的供水管網的建築,亦有很大的錯誤;就是單行管太多,結果弄得死頭 (Dead Ends) 太多。我們曉得死頭一端的水,終日流動的機會很少,而且微生蟲都團集在這一頭,此處的水質越變越壞,對於衛生方面是有妨礙的,這種死頭在自來水初築成時,雖不能絕對避免,但應設法減至最少限度。

(5) 混凝槽的建築和管理方面,似很適當,混凝槽內水的速度,從 1.8 ft./sec.,到 2.0ft./sec.,自加入礬水後,有二十分鐘的時間混凝,亦很相當,可惜第末槽的水流入沉澱池的時候,如瀑布一樣,不免將已結成的凝塊 floe 衝碎,使不能沉落在沉澱池中,竟帶到沙濾池中去淤積在沙面上,大碍沙濾的工作,就是廠中每日所加的明礬,亦不是依照水之PH Value而定的,並且有一件事體是我們所引爲最痛心的,就是中國礬的効力,祇及洋礬之半。所以我們希望中國礬的製造,應當大加改良,才可以與泊來品相競爭。

(6) 調劑蓄水池 (Regulating Reservior) 是建築在紫陽山上,施工時比較困難一點,依照外國的情形,蓄水池的底面,應當裏面高外面低,但是紫陽山上的蓄水池則反是。並且池內無凹槽 (Gutter),洗刷的時候非但不便當,而且很費時間。我們知道一旦蓄水池停止供水時,則水廠中完全依賴抽水機打水以供給,因爲今年抽水機不是連續不息的二十四小時工作。所以蓄水池的洗刷工作,應當特別迅速,否則如有火災,就有斷絕供水的危險。

(7) 沙濾池內的沙石不大好,再加之貼沙河的水加礬後不易凝成塊狀,在沉澱池中仍不能停下;因之就隨水帶到沙濾池,大部都停留在沙裏面,所以隔了相當的時期,沙濾池裏上面的汚沙,應當調換洗刷。可惜當初水廠不知這樣辦法,祇知扒動汚沙增加濾水的速率,所以弄到後來,汚泥攢入沙石的中間,以致洗刷不易,濾下的水,發生惡烈的臭味。

(9) 貼沙河河水中有不少的微細生物,如海藻 (Algεe) 之類,雖經製濾之後,但是一旦見了日光,仍有繁殖的可能。所以清水蓄水池上面,應當有遮蓋,免得使水見日光,令此種微菌繁殖。這種海藻能分秘出一種臭氣,於水質很有妨礙,普通可用胆礬(硫酸銅 $cuso_4$)除殺之,胆礬因有毒性,故不能加入多量。上海各自來水廠中之水,亦有此種之微生物,但無杭市如此之多者。

現在杭州自來廠的營業,尙沒有到發展的地步,大部民衆仍舊喜歡用井水,以致水廠的現況很不好,每月需支出電費約1,000元,一切工程及經常費約5,000元,而收入方面,祇有每月營業所得約2,000元和市政府撥借3,500元,收支兩方仍不能相抵。但是一件新創事業,這種情形,是不可免的。雖然現在境況不好,將來能漸漸改進,前途一定有希望的。

改進杭州市自來水廠的方法共有兩種,卽消極整理和積極整理是也。此種方法,已在鄙人所著的整理杭州市自來水工程計劃書中詳細論述,不久就要出版,現在時間不早恐怕不能多談了。

總之,一個自來水廠雖然管理和使用起來都很容易,但是水廠的初步計劃和施工,却很艱難,因爲鄙人曾參與水廠的初步一切工作,所對於水廠各處都比較的明悉,今天所講的不過拿所見到的研究一下,其餘極須改進的地方尚多,將來如有機會,鄙人願與諸位再談。

美國胡佛水壩

世界近代最大工程之一

胡佛水壩,建于 Arizona, Nevada 兩省間之 Black Canyon 深峽,跨關係上下游七省水利之 Clorada 河,于 1930 年9月19日舉行開工典禮,預定于 1937 年8月1日全部完工,估價美金 165,000,000 元,材料由公家供給,工作由六大著名建築公司聯合承包,包價約美金 50,000,000 元,此壩有防洪,灌溉,航行,水力發電,調節流量及供給自來水等六大效用。底厚 198 公尺,頂寬 137 公尺,高 223 公尺,爲世界最高大之壩。上下游有攔水壩各一道,又有17公尺直經之引水隧道四。共長 4880 公尺。

壩址四周均甚荒凉,距最近之城市有48公里,因建壩築鐵道94.5公里,經山洞五座,(最長者有 335 公尺),築汽車道40公里,電力輸送線 362 公里,復于隙地造壩工 5000 戶之住宅,商店,學校,自來水廠,影戲院,運動場等,于此可見工程浩大之一班。

杭江鐵路之計劃完成與其前途發展之希望

杜鎮遠先生演講　　劉楷 吳錦安 記錄

鄙人辱承寵邀,早想來此和諸位談談,只因公務繁冗,未克抽暇。今天居然能到此地,與諸君相晤一堂,無任欣幸!現在所要講的是:「杭江鐵路之計劃完成與其將來發展之希望」。

這幾年來,我們中國外而暴日侵凌,內而共匪猖獗,農村破產,百業衰落,政治經濟的不景氣,社會生活的不安定,全國同陷於恐怖之中,是無可諱言的。何以浙江能在這樣風雨飄搖的時候,從容計劃完成牠的鉅大建築——杭江鐵路呢?當然也不是毫無原因偶然倖致的。浙江雖是幅員最狹小的省分,因其地勢僻處東南海濱,又有山脈環繞,據之不可以控制四方,退亦不足以閉關自守,向在我國軍事上,被視為非關重要的地位,所以在從前的頻年內亂,都能倖免破壞。等到民國十六年,國民革命軍勘定東南各省,張靜江先生來主浙政,認清民生需要,致力建設事業,尤以發展交通為大前提。當時計劃造成全省公路網,並謀建築貫通蘇皖贛閩四省的鐵路,曾經前建設廳長程振鈞先生委派徐世大先生,先往勘測浙皖浙贛兩綫,擬有輕便鐵路工程計劃報告,載在建設廳月刊。後來因為築路經費未有着落,暫時擱置不辦。到了十七年底,張先生感覺到浙西的杭嘉湖三屬,交通便利,社會亦較繁盛;反觀上游的金衢嚴一帶,交通困難,風氣閉塞;這種畸形的狀態,實非全省共同的福利,要想救濟這樣不均衡的缺陷,只有興築通上江的鐵路一法。然從杭州錢塘江上游各縣經過金衢一帶以達江西省境的一綫,在浙省視之,雖頗重要;但在鐵道部所擬全國鐵路綫網分期建築計劃書中,則列在第三期,若欲待其實現,尚須多歷歲月,所以决由浙省自力經營。鄙人受命踏勘該路,當即組織踏勘隊,由杭州閘口起點,溯富陽桐廬而上,以達江山;沿途察勘地勢,調查物產,所得結果,甚為滿意,覺得此線築成鐵路,將來必有發展的希望,當時擬築造標準鐵道,俾與滬杭路聯運,直達上海。返命之後,復經張先生提出省府委員會議議決:通過採用標準制度,定名「杭江鐵路」,即委鄙人承之本路籌備處主任,此爲本路發軔之始。

當時浙省的建設,眞所謂經緯萬端,百廢俱興,但是一個褊小的省分,資力究屬薄弱,焉能同時舉辦這許多偉大的事業?因爲受着經濟的限制,雖具整個計劃,事實上不得不隨時勢而變更,所以現在的杭江鐵路所經的路線,以及工程上一切設計,比較最初的計劃,自然是大有變遷的了。

鐵路的種類甚多:講軌距,有寬狹之別;講動力,有汽電之分。如美國講「大車之經濟」(Economics of Large Cars),不以每車載重五十噸七十噸爲已足;英國則仍墨守陳規,利用小車;牠們固有不同的情形,所以各有各的打算,絕不相侔。我人考察所及,多見則多得審擇的機會,擇其適于國情地勢及善者而從之。這是就工程方面而論;但是整個鐵路計劃尙須顧及經濟方面,依一定之公式,有數字之比較,以爲最後選擇之標準。雖然國營鐵路固不僅以自身牟利爲目的,但是我國國家經濟,艱困至於斯極,不採營業方式,進行更多棘手。故目前經營鐵路,必須顧及經濟,以百分率利益(Percentage of Profit)爲前提:第一要建築費最省;第二要每年收入最大,第三要每年支出最小。在經濟學上的公式,爲$\frac{R-E}{C}=P$(R=總收入,E=總支出,C=總資本,P=總利率)此項公式不僅適用于鐵路,任何工商事業,都可適用。現在我國國有鐵路,類多舉借外債而成,資本頗大,在無戰事破壞的時候,歲入頗豐,但其歲出亦大,以致利潤微薄,不足以償本身債務。如能一方面切實改良客貨運,以冀歲入的增加,一方面竭力樽節開支,以謀歲出的減少:是則各路所欠內外債,就也不難還清了。

杭江鉄路所以要由浙江省自辦,及我國現時自辦的鉄路所以要顧到經濟力和利潤,都在前面說過了。至於路綫的變遷,計劃的更張,也就因爲一省的財力有限,不得不如此遷就。大致情形,鄙人巳在時事新報發行的建設特刊—— 新浙江號發表過,諸位諒多曉得:現在的杭江鉄路所經各縣不全是最初所定的路綫;他的建築方式,也不是最初的工程設計;僅僅是一條寬軌的輕便鐵路罷了。

鐵路費用的大小,率以軌距寬狹軌條輕重爲轉移。普通以60#/碼以上者爲重軌,適用於標準軌距;(即4′-8½″軌距)以下者爲輕軌,常用于狹軌距。惟杭江鉄路獨以36#/碼的輕軌,採用標準軌距,實開各國之先例,據我們的調查,36#/碼以上的鋼軌,因有鋼軌托辣司,各國時價統一,不得自由競賣;自此以下,各廠商便可競以廉價發售;本路所以採用35#/碼的鋼軌,就是這個緣故。又根據計算35#/碼鋼軌的載重,每軸可用8.5噸,所以本路製造機車客貨車等,均用此重載爲設計之根據。凡建築有永久性者,仍照國有鉄路標準載重設計,以便將來更換重軌。至於狹軌,素爲鄙人所反對;蓋以一經採用,將來無法改造,勢必全部廢棄,所以爲本路他日發展計,一定要用標準軌距。然以輕軌設施於標準軌距之上,雖無前車可鑒,但是,江邊至蘭谿全段通車將近一年,行駛安穩毫無危險,也就可解工程界之惑了。

以上所講大都是關於一般的說明,現在再講專門的技術:

(1) 鋼軌之橫斷面　美國鐵路工程學會(A. R. E. A.)無此輕軌斷面,惟美國土木工程學會(A. S. C. E.)有之;但所有者爲支點啣接法,(Supporting Joint)魚尾板(Fish Plate)長僅十六吋;本路雖爲輕軌而每軸之重爲八噸半,若用支點啣接法,將來結果,必致支點低陷,(Low Joint)而起懸樑作用(Cantilever action)的弊病,所以要改用懸點啣接法,(Suspension Joint)不能整個採用美國土木工程學會之規定,而須改良設計。

(2) 枕木　枕木佔建築費用甚巨,規定尺寸,頗費躊躇。國有各路普通用6″×9″×8′=3立方英尺本路現用6″×6″×8′=2立方英尺。爲將來改用重軌時不致全部廢棄計,六吋厚度,不能減少,只可在闊的方面加以節省。至枕闊,則隨道釘所佔地位而定,本路全綫現既限期竣工,通車玉山以後,營業發達,自在意料,一旦改用重軌,倘因枕木過小,而須全數更換,且將損失不貲。抑在軌道下尙有可應用之枕木,一經取出,便不能再用,此爲稍具經驗者所皆知;今爲改用重軌時載重及道釘握力(Holding Power)等設想,均不可不用此厚度;是亦本路經濟設計之一端,故特舉而出之。

(3) 軌長　美國普通軌長33呎至39呎,本路定爲30呎,依學理論,自當以長軌爲經濟,因可減少啣接;但就實地觀察,此項輕軌似以30呎長度爲最合宜。輕軌過長,易于灣曲,溫度高下,易使軌條長縮,養路頗爲不易。

(4) 啣接　歐美近代都用互錯啣接,(Stagger Joints) 本路則仍用舊式之相對啣接。(Square Joints) 蓋緣歐美路基堅實,爲減少震動力求顧客舒適計,自當採用互錯啣接;本路採用輕軌,路基新築,不免沉陷,倘用互錯啣接,則必致相對兩軌之面成爲複雜波浪式,反不如相對啣接之穩妥。

(5) 道碴　本路採取道碴,亦以力求經濟爲前提,所用碴料,大都採自沿線附近。如開山鑿石,每英方工價運費共須八元以外,然選擇沿綫溪河之多卵石者,設一臨時支綫,伸至岸邊,運取卵石,每方所費不過一元二角而已;就地取材爲工程經濟之原則,不可忽也。

(6) 道基　鐵道部規定道基闊度須20呎,本路減窄至13呎,卽每邊縮小3.5呎,有許多人都不以此爲然。但鄙人亦爲經濟設想,不得不爾;因在美國時曾見同等寬度之路基,此固減省土方工程不少。將來收入有餘,有增加寬度之必要時,再爲改正,亦無不可。

(7) 弧度　本路規定最小弧度半徑爲300公尺,惟在蕭山附近有250公尺半徑之弧,此爲應付特殊情形,將來當設法改正。

(8) 坡度　本路最大坡度爲百分之一,爲數不多,亦不甚長。

(9) 信號　美國鐵道所用的信號,在主要軌道 (Main track) 上,大都爲自動式分段信號; (Automatic Block Signal) 在鐵道交叉處,用互相控制信號,(Interlocking Signal)現在我國國有鐵路,多用人工分段信號 (Manual

Block Signal)其式樣概爲Semaphore.本路則因經費關係,如本國Semaphore式之信號,尚不能設,更無論其他之自動式。目前客貨運均未發達,故暫用簡單之旗式信號,(Flag Signal)尚無不便。下半年江蘭段擬添置進站遠近揚旗,可以增加行車速度,及其安全。

(10)車站機廠 鐵路之車站房屋,站台,堆棧,水塔機廠,車庫等,亦佔資本支出之一大部分。本路開辦伊始,經費頗感不足,所以各項設備,只得因陋就簡,或借附近廟宇,或築臨時車站,以資辦公。現在已將重要車站之貨物站台及貨棧碼頭等,次第興築,以便商旅。各站給水,在未建正式水塔以前,暫以枕木高架木桶代用,見者或將貸爲笑談。但在我國前有某路,釘道材料尚未辦楚,已先將各處車站房屋建築完竣,巍巍大廈,固極美觀,卒因經費不繼,致陷停頓,房屋雖美,只得廢棄,以此例彼,緩急自判。至於本路機廠,雖在西興江邊已建一小工廠及機車庫,但其地位狹隘,只能裝置少數小機器,以備另星修理之用,將來通車玉山,卽當設法擴充。

上述種種,雖只本路之一班,總而言之:本路之一切設計,均因財力有限,不得不用最經濟的方法來謀減輕資本。况且本路既爲全國省辦鐵路之嚆矢,其成敗,實爲中外人士所注目,成則各省知所效尤,敗則國人益將視此爲畏途,故當不憚困艱,竭其全力,以底于成。現在商辦之蕪乍鐵路,及江西省政府籌辦之贛浙鐵路,(路綫:已擬定由南昌經進賢,臨川,東鄉,餘江,餘干,貴溪,弋陽,鉛山,上饒,至玉山,長約三百二十公里。)均擬仿照本路成法修築。此後繼起築路者,既有前規可蹈,勢必勃然而興。

現時本路江蘭段路綫,因有水路競爭,故貨運較少,每月收入約十萬元;其中貨運,如鹽,茶,米,腿等,僅佔全部收入百分之二十;客運約佔百分之八十。惟鐵路業務,當以貨運爲主要;本路亦因創辦之初,經濟困難,所定貨物運價,比較國有各路,或嫌稍高;但實不得已之舉,刻正調查研究沿綫各地物產之市價,擬在可能範圍內,力謀減低運費,以裕民生。又凡交通事業,在初創的時候,每因特殊情形,難期事事週密,俟過相當時期,獲得種種經驗,自可漸臻完善。我國各鐵路客貨運統計,如不受時局影響,大約每過四年可增一倍;但此爲自然之增加。本路通車玉山以後,對於客貨運,均當積極改良,以迅速,安全,舒適,清潔,爲目的,預料日後貨運,亦必陡增。如江西省再能於短期內造成贛浙鐵路,與本路接軌,則本路將來的使命,豈僅開發上江富源,溝通浙贛文化而已哉!

浙省海塘工程

張自立先生講　吳錦安記錄

今天的題目是浙省海塘工程,諸位中本省的人很多,大概都很明白,外省的同學,那未必知道,所以兄弟約略的講講,海塘的名稱,專門指禦海的塘工說的,不過浙江的海塘工程,因為錢塘江口和黃海的界限不很清楚,所以是包括一部份江塘在內,普通杭州灣南北兩岸的叫海塘,杭州灣以上便叫江塘,現在塘工:則自浦陽江口以至杭州灣止,都包括在內。

講塘工以前,先要講潮,錢塘潮是世界有名大潮之一,每月有兩次大潮,錢塘潮所以這麼利害,現在還沒有一定的解釋,普通都認為因揚子江口沙礫淤積,錢塘江上游亦挾沙而下,故自乍浦以至尖山一帶,沙灘很多,江漕極不規則,因為這不規則的淤積和不規則的江漕,潮到尖山附近,激成潮頭。初露時僅一線水花,高一二尺,至海甯則由五六尺而至一丈,因為潮力向海岸的衝擊力量很大,所以特地有塘工的設施。潮頭分為二路,沿岸而來的叫東潮,力量比較小些,自南岸反射過來的叫南潮,衝擊海塘為害較大,普通海甯看潮所見的,大半是東潮,要能看到南潮與東潮撞擊很不容易,兩潮相激,所以形勢格外的汹湧,有時竟有二丈多高的潮花。

據歷史上考察所得,在越國的時候,塘工即已開始建築,以一斛之土,作錢千文,故名錢塘,宋後(909 年)建築方法略有進步,把竹籠納巨石後,加土成塘,與現時用鋼絲籠罩石之堵築方法同一作用,1708 年改用柴塘,至石塘始于 1044 年紹興湯尹,嗣後凡土塘出險,逐漸都改石塘,現在有石塘約 132公里,土塘85公里。民二民四間,曾築混凝土塘 2 公里,近幾年,把舊塘改作斜坡式的約有 1 公里,石塘的裏面都有土備塘作出險後萬一的補救,杭州至海甯,有土備塘約 111 公里,這是指北岸的塘工而言,南岸潮力很弱,所以無需土備塘.土塘石塘土備塘等共計有 331 公里,舊石塘大概:舊石塘都是重心式 (Gravity Type) 坡度自1:10至1:15,塘基闊約一丈,密佈梅花樁,樁距約10寸至20寸不等,塘身是5尺長2尺寬1尺厚的巨石,丁順相間,疊砌而成,逐級向上收狹,到塘頂寬約4尺許,塘背填土,舊塘的建築方法當然不甚經濟,不過在從前科學未昌明的時代能夠造成如此偉大的建築,確是難能可貴,塘身很堅固,基面也很節省,祇是于基脚樁一層,因為從前,沒有什麼研究,不甚完善,缺點頗多,現在海塘出險,大半由于基礎不固的原故,海甯一帶的地質,曾用鑽探機試驗過,到地下160呎,還都是沙土而不見石礫,所以塘基的建造非常困難,塘身之外再打樁,一排或兩排,叫做護塘樁,保護塘基,護塘樁之外,再造坦水,坦水是緊貼在塘基之前,以條石豎砌或斜砌或平砌而成,以片石為坦基,坦坡約$\frac{1}{10}$,坦水外再打坦水樁,樁深約15呎,倘然一排坦水還不夠,便用二排以至三排,其名為頭坦二坦三坦等,以能保護樁基為度。

修理方法:現在為經濟所限制,不能把舊塘完全改造,要完全拆去舊塘改良塘基,也不經濟,故為維持現狀只有把舊塘設法保護,所以修理坦水的工作很多,其次便是理砌石塘工程,把原有石塘拆開,重行整理就是了,民十九二十年間,海甯附近出險五處,修葺時有四處改建光面斜坡塘,其塘面即以舊塘石豎砌坡面前部,復打 6"×12"×25'-0" 陰陽縫洋松板樁一排,使塘基前後隔絕,泥土不致外流,但若干時後,斜坡塘面仍略有衝損,故今年修建時,又加改良,以平鋪塘面改作階級塘面,即以矩形塘石,垂直置之,得階級式之斜坡塘,如是使退潮時落水較為和緩,減少鬆動塘石之力。

新舊塘之比較:舊塘之弊,因昔日無水泥等膠結材料,石塊間僅以鐵鋦互連,歷時過久,縫隙滲漏,致塘背泥土,時為潮水浸蝕,且南潮來時,潮浪甚高,每越塘頂而倒灌塘背,潮退之後,即由空隙挾土流出,塘背塘基逐漸空虛,故塘身有前仆外傾之象,新斜坡塘之利,則因塘面有坡度,潮水衝激之力頓減,下有板樁,泥土外流之弊遂絕,確較舊塘可靠,歲修方面,舊塘坦水,二三年須一修,新塘則無需巨修,但因建造未久,有何弱點尚難察出,故一時不能斷言,現有斜坡塘 829 公尺,建造銀 248,000 元,每公尺僅費銀 298 元,較之新造豎立式之石塘,尚爲便宜。

整理計劃:整理有治本治標之分,治本之計,須長期研究,始可定奪,水利局成立迄今,僅三四年,預備工作,如水文測量,地形測量,及杭州灣之水深測量,均須明年六月始可結束,現于閘口西興試作挑水壩不少,但因時間過短,未能得確切之結果,壩與河漕之角度,從前係向上游成105°,之角度,現在改用 90°, 因爲錢塘江有潮水的關係,水流方向,時上時下,所以理想上的角度,當然以 90° 爲最宜,壩的高度,係分頭建築先築至低水位,次築至中水位以後再築高,西興上游約一公里處之第 105 號壩,係中水位壩,結果尚好,本年六七月山洪暴發時,上游的淤積很多,八月大潮汎時,則下游的淤積很多,將來可希望淤成與壩同高之平地,錢塘江因爲缺乏人工管理,沒有固定整齊的河漕,所以兩岸時有此坍彼漲的現象。現在的岸線,和十年以前大不相同若不加以整理,則十年後,當更不堪設想,現在爲財力所限制,治本計劃,勢難實現,祗能從事于治標工作,治標的辦法,祗有一面,把原有的石塘保持常態,使勿衝毀;一面就財力所及,進行整理基礎之工作;以期逐漸將塘基鞏固。

整理計劃,與中外工程專家都討論過,大家認爲修葺舊塘,比完全改造爲經濟,且浙省塘工爲我國古代偉大工程之一,現在固然要求經濟和堅固,也應顧到古蹟的保存,所以整理舊塘是最妥善的方法,前述的斜坡塘,不過是在已經冲毀的地方,重築時不得已之舉。

舊塘大約分爲三部分,基脚部分要用板樁,并將板樁上部與塘身用混凝土塊聯絡,塘身部分,空隙處用機器以40lb./□"－50lb./□"的壓力,把水泥灰漿灌入塘頂部分要有相當的傾斜,使雨水及越頂之潮浪可以流淨不至浸潤塘身,現時需要整理的海塘在杭海段約5400公尺,工款約 1,070,000 元,每公尺單價約 200 元,鹽平段約需工款五十餘萬元。

至于現在歲修工程費用,每年約100,000——150,000 元之譜,如照上述計劃加以整理,預計約需 1,600,000 元,整理後歲修費用當然可節省不少,不過現在省庫支絀,整理經費無法籌措,計劃之實現,不得不待諸來日耳。

陝西考察之經過

徐南騶先生講　　　　吳錦安記錄

隴海鐵路為西北諸省交通之樞鈕,人皆知之,自靈寶越潼關而增築至西安,益臻重要;國人于西北之今後,亦因以注意焉。西北問題,茲事體大,非空言所能辦,非旦夕所能及;需費之鉅,需才之衆,人所共知;然于計劃前之詳細調查,以作計劃之根據者,尤為重要。是故隴海路局有陝西考察團之組織,是團之組織也;聘國內大學教授,及實業經濟等團體數十人,分農林,工商,水利,礦產,特產,電力等六組,本校之被聘者有朱瑞節陳慶堂二先生,時余尙在中央大學,故由中大名義參加之,團分二組;一至陝南,一至陝北,余隸陝北組每組又分前述之六門,每門又分若干項,使人各專其司。于二十一年八月五日自浦口出發,十五日至西安,遂開始工作,迨十月一日始返,前後計約二月。

今試以災況述之,民十八,陝患旱,被災之重,諸君當于報紙上見之矣,時賑災會曾攝影片至各埠映演,見者每以其宣傳性質,未敢全信,不料于三年後而至是處者,猶感演映之非虛構,經某縣時,我儕于夾窩中外望,見白骨一大堆聞係牛骨也,陝人耕種,全恃牛力,故均敬愛而鮮有宰之者,但民十八時,因食品斷絕,不顧一切而宰之以充饑,堆積其遺骸不忍遽棄,而此情之悲慘,可想見矣。沿途村鎭,皆呈衰象,居屋頹廢,雞犬不聞,蓋陝人苦天災于前,遭苛政于後,農田生息,不足以償捐稅,致出售田產,無人願購,卽贈人亦誰能受之,故皆以田單黏于門,棄家而逸,由此可知天災人禍之重,已不能以言語形容矣,抵潼關時,丐者麕集,羣來求乞,余適無銅幣,卽以車中因袋破所遺之米指之,言未發而爭者十餘人矣,我儕食梨時,所去之皮尙未墮地,圍而候之者已有人矣,時疫癘頗盛,我儕食白饅亦去皮,圍而候之者更衆,半由饅皮之較為充饑,半由白饅之爲罕見也,予曾參觀一小學,詢之敎員薪水,答以年俸銀二十餘元,比以江浙之奴婢不如也。夫陝之所以至此者,我不曰天災而曰人禍,蓋苟天災後而能挽之以人力,不至于此也,我謂人禍而不責之以苛捐,蓋苟苛捐而以之實用,亦不至于此也,陝之長官,藉種植罌粟,爲歲收之大宗,因之罌粟遍地,棉穀無收,今糧食之所以告缺,半由于此,誰知西北同胞之陷于水深火熱而至于此耶?

陝人性忠厚,甘貧苦,雖窮迫,甯餓死而鮮作竊盜者,但好安逸,不事生產,生活簡單,不知歲月.渾噩一生,惟日出而起,日入而息而已,鮮燃燈燭,固無需而亦無力也,普通居民無房屋而宿于土窰,窰長二三丈,挖拱頂,支以梁柱,可容十餘人,我儕嘗宿數次,確有冬暖夏涼之妙,惟多蝨蚤.商業操于晉人之手,農人則來自川魯,交通利器,陸上惟驢馬及夾窩,夾窩日行約七十里,需費五元,水道僅數處可行舟楫,西安市上外省貨物,因運輸困難,昂貴不堪,汽水每瓶需八角,煤則每噸須五六十元.此次考察二月,僅達其半,途行四五日而不見人煙,乃爲常事.可見荒涼之一斑也!

陝田有三,在高原者曰原田,位于斜坡者曰坡田,處于低窪者曰川田.川田最貴,原田最劣,其灌漑法,以井渠爲源,據十九年之調查,陝北十七縣有井三萬八千強,灌地二十九萬畝,平均每井僅七畝餘,每渠一里,平均可灌田一百零七畝,每畝需灌漑水3.3寸,井深普通爲三四十丈,深者五六十丈取水之法,以盤車汲之,于需水時,終日汲水入田,備形勞苦,但所獲尙難糊口,原田因水分不足,其收獲不及川田之半,嘗見所產覩香粟,相去二倍奇.淸初,有韓城縣縣令某,廉潔愛民,倡築渠以灌田,渠深大,頂有石蓋,至今尙存,凡沿渠被灌之田,價殊昂貴,每畝約需九十元,與無渠之田,不可同語也,可知陝田非劣,僅須渠道以濟灌漑而已,據陝南組云,漢中縣氣候溫和,出產豐富,勝于江南,白木耳即產于是,米每石價値三元,重三百磅,二十一年尤豐,有餘糧,惜老河口時告匪患,商旅裹足陝南北豐歉懸殊,僅因秦嶺之隔,雨量不同,此乃地理使然也。

大同大荔等處,民務畜牧,產毛革,惜不知利用科學方法,致出品無進步,且時患疫癘,牛羊之死者,每千百計,嘗聞北平協和醫院獸醫西人某,擬至該處辦理防疫事務,就商于當局,當局以爲有利可圖,需索留難,因此而罷,殊可惋惜!毛毯及毛衣帽,爲此地之手工業製品,行銷國內外,果產亦豐,柿棗蘋果等,沿途均產之,倘能水利興修,則農產當更臻富有也。

河流有七,曰黃河,曰渭河,曰洛河,曰涇河,曰沮水,曰漆水,曰延河,黃河之經陝者二處,一爲龍王 ,即大禹治水處,因河床峻峭,水花四濺,故名。一爲龍門亦名禹門,河闊僅五十餘公尺,水流湍急卽倡建水力發電處也,但我儕不能貿然卽言水力發電,當熟思下列四點,是處最低之水頭與流量各若干?足以發生電力否?此其一也。既發生巨量電力,于相當距離之內,有巨量之應用否?此其二也。鄰近煤產頗富,以水力發電,是否經濟?此其三也。且龍門位于晉陝之間,設無適宜之組織與應付,應用此天然動力,定多糾紛,此其四也。綜上數端,可知短期間尙難實現。黃河之水非黃,徒因兩岸黃土,沿途剝蝕,混于水中,至中游始呈黃色,暨屆記載,其最大含沙量,有百分之四十重,又以河牀時時改道,此二點與修治河者以莫大之困難。據民十八之調查黃河運貨,歲入有二十四萬元之譜,渭河則舟楫更便,據十九年之調查,歲入有六十萬元之巨輸出貨物有棉蔴藥材菸葉等。

陝省惟一之困難在「水」,今更有一例說明之,西安之雞價元可五六頭,而鴨則每頭三四元,魚則每尾二元,此于水陸難易之情形明矣。故欲開發陝西,以解決「水」之問題爲首要,欲解決一「水」之問題,須以已往水文記載爲根據,陝省九十二縣中,有水量之記載者,共五十二縣,爲李儀祉先生長建廳時所設,故歷史未深,目前計劃亦殊困難,全省雨量缺乏,有數縣亦嫌雨量過多,反有冲刷田地之害,苟能調濟得宜,不難利用貧瘠之地,一躍而爲富饒之區也。

灌溉設施,當由省辦,但省庫支絀,無暇及此,曾建議辦法數端,因時局不靖無從着手,其法如由鄉省負責或代辦之,其本息則逐年分還,如招商承租立約若干年,年納租金若干,甚至如荒地出售,全由商人經營,由是則非僅荒蕪盡闢,民食解决,其米麥棉菓之運銷于外者,更不可計矣,但不及時而作救陝之謀,而任其自趨滅絕則縱有忠厚之美德而能永保其不蹈鄂贛之覆轍者難矣,蓋因衣食足而後知榮辱,今連年災禍,不善其後,逼其挺而走險,誰能責之,余固爲陝人危,亦卽爲國人危也,深盼政府諸公,有以思之,與其譽來日成千累萬之剿匪軍費而僅得砲火燬損民命民財之果,何不及時以千百萬而建設作惠民安邦之施哉!

我國無處不患飢荒,卽江浙二省,倘無暹米美麥之進口,亦將無以維持民食,推原其因,固由種植方法之不善,天災人禍之頻呈,而以荒蕪之不事開發爲主要之原因,試觀工廠之借外債以苟延,銀行之以紙券相搪塞,國內經濟之危狀,實有旦不保夕之虞,要皆由生產之不足以自給,衣食均仰給于外人,而以僅存膏血涓滴外輸所致,故欲挽危爲安,惟有全國國民從事生產之一法,諸君研習工程,致力土木,應以開發生產事業之責自負,一旦離校,毋以謀蠹國害民之一官半職以爲榮,應以實際生產爲職責,生存一日,當以塗塞一分漏卮爲至要,尤以西北諸省,亟需開發希諸君共起而圖之。

葛鏡橋

綱

檜萃黔囊(小方壺齋輿地叢鈔第七帙本):—『平越之東,五里許,兩山側塞,岸高澗深,下通麻哈江,昔人鑿石通道,懸絙以渡,稱艱阻焉。里人葛鏡乃發鴻願,伐石爲之,工程浩大,旋建旋圮,垂三十年而產幾盡矣,而其氣不衰,復收餘燼,鳩聚羣材,於是齋百日,率妻子刑牲江上,而誓曰:「橋之不成,有如此水」,情詞慷慨,般倕感涕,奮力就工,晝夜無間,水殺其勢,不敢暴漲,而橋以成,因字之葛鏡。』按葛鏡爲明嘉靖天啓間人,能糜金巨萬,悉罄家貲以造橋,而利行旅,且百折不足消滅其氣,其志意可謂偉矣。

鋼筋磚土工程概況

湯辰壽譯

原載 Engineering News-Record

1. 鋼筋之和砌於磚土內,使增加其拉引力(Tensile stress)。

2. 有缺口 (notch) 之磚,其砌法仍與尋常磚同。

3. 理論,設計,計算之可能。

鋼筋混凝土工程,於近代建築上,己佔極重要之地位,以其有耐久,便利,價廉幾種特點,已成爲近世建築上唯一之材料,惜其中仍有不能免之缺點,故最近又有所謂鋼筋磚土工程(Reinforced Brickwork)出現,其目的無非欲補鋼筋混凝土之缺點,此種工程,日本現已採用,如最近一部分新造之房屋,涵洞,牆,皆已在試用中,卽美國於海港工程及道路建築上,亦有時試用之,當十年前,有日人名 Dr. Shigeyuki Kanamori 者,得日本內務省及美國之內務部之許可試建,而據 Dr. Kanamori 研究試建之結果,此種工程內磚石,質料上可與普通尋常的同,形式上亦是大同小異,長,闊,厚,亦相同,所不同的,祇用於鋼筋磚土的,多一個砌鋼筋的缺口,此種磚土,因中部開一缺口凌,製造上手續較繁,故價格較尋常磚略貴,且運輸受震動更易碎裂,因此損失亦較大,最近將其形式上稍事改良,損失較小,變更後形式,將缺口改爲圓孔,用時則將圓孔打碎,使成爲一自然的缺口。如圖所示

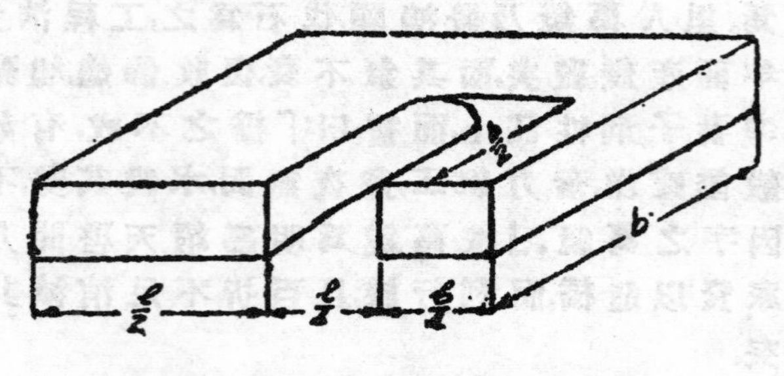

未改良前,有缺口磚土之形式。

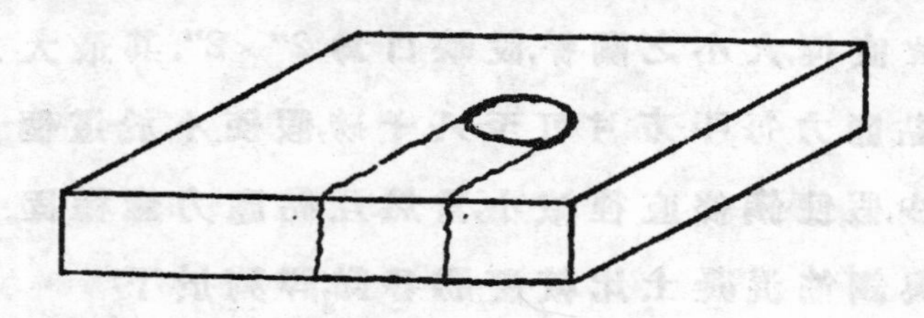

變改後之形式,有曲綫之處,卽爲用時應打碎之處,

此種建築之砌法,與普通磚亦同,就 English 或 Flemish 砌法亦都能應用於這種磚土,在日本,關於用這種磚砌牆速度,已有幾次試驗,比較,結果,所費之時間與工資,並未較普通磚所費有差別,此種有缺口磚土砌法,先將鋼條位置及空距 (spacing) 放妥,鋼條與鋼條之間,並用細鋼絲縛定,以維持一定空距,且此種鋼絲之位置,須留意勿與磚相交,應將細鋼絲恰置於磚與磚之灰漿內,若築牆,更先應將鋼條放於牆脚內,並做成一堅固之混凝土牆脚,務使所放下的鋼條位置固定,勿使搖動,以免損及鋼條與灰漿之黏應力。

此種磚土之理論,完全根據于鋼筋混凝土之理論,所以計算方法也很類似,根本上就是磚或混凝土,都是承受壓力 (compression),鋼條承受拉引力。Dr. Konamori 規定普通常用於設計中的工作應力據實驗所得:

鋼 =16000 磅 / 平方吋,

磚 =700 磅 / 平方吋,

磚之剪力 = 60 磅 / 平方吋,

鋼與水泥灰漿黏應力 = 80 磅 / 平方吋,

以上所列 "n" 之數値,須以磚之質量而定,好似混凝土之 "n" 是 15 或 12 一樣,所以用較好的磚,"n" 可以由 25 減爲 20,確實之數目,須得試驗後才能决定,致於鋼條與混凝土之互黏應力,已可見於一般之鋼筋混凝土設計中,而磚與灰土漿之互黏應力,可由試驗而得,總之,該兩種互黏應力,總得平衡,其實,鋼條與灰土漿之互應黏力,亦可以按照缺口大小而定之,不過嚴格地說,該兩種之互黏應力都不能明白確定 Dr. Kanamori 曾做過一種試驗關於缺口大小與鋼條直徑,大小之關係,設缺口為 2"×2",其最大之直徑,不得超過一英寸,則互黏應力每平方吋可至八十磅,假使小於這個比例,其互應黏力之值亦須減少,假使鋼條直徑減小,當然互黏應力愈穩固。

鋼筋磚土與鋼筋混凝土比較優勝各點,詳列於下:

1.建築手續簡單及價廉　鋼筋混凝土之建築,無論那種形式,必先做一木板之模型,然後將混凝土倒入,使其凝結,而鋼筋磚土之建築,則祇須用少數木板支持磚的重量已夠,如造牆等工程,就是少許的木板,也是不需要,因此可以省許多時間和經濟,並且在鋼筋磚土上修飾工作,又能節省許多。

2.建築時間之不限定　鋼筋混凝土建築時,最好為春季,設在夏季或冬季,受氣候溫度之限定,往往要減少其應力,而鋼筋磚土,影響則少得多。

3.地震影響較少　鋼筋混凝土受地震後,很容易決裂而坍破,而據在日本鋼筋磚土工程之經驗,則影響較好,即使因地震而決裂,修理亦較便利。

4.修理費用之減少　鋼筋磚土需要修理時,祇須將該修理部份修理之,並不致妨碍全部,尤其許多重要工程,能得其便利,故修理費用可減少。

5.造成後可隨意鑿孔　鋼筋磚土本身是用磚塊合成,倘需要洞孔為通電流,水流,蒸汽及污水,煤氣引入的時候,祇須將少數磚塊拿開,不若鋼筋混凝土鑿孔或事前顧慮之麻煩。

6.抗熱力與耐火力强　這點是磚土之特性,為混凝土所不及。

鋼筋磚土及鋼筋混凝土各點,亦詳列於下。

1.磚塊本身之缺點　普通磚塊成分不均勻,往往因製造上的疏忽,而後應力減少。

2.互黏應力之不能確定及計算時困難　關於互黏應力在鋼筋磚土工程,先應做實驗,方能決定,而鋼筋混凝土內所用 j, k, p, 等數,因 n 不能確定,所以也很難隨便決定,計算上很感困難。

3.橫鋼絲放置之困難　鋼絲之安置,往往易與磚相交,此點於施工前特別注意,而鋼筋混凝土並無此困難。

致於施工時所應注意各點,關於磚土方面的,須注意接榫,大致與土石結構同,所不同者,鋼條得絕對固定,其他得注意者,爲缺口內務須滿置灰土漿,否則,鋼條與灰土漿的互黏應力,必因灰土漿之不滿而減少。

Bond stress 互黏應力

mortar 灰土漿

joint 接榫

ratio of moduli of elasticity 彈性率比

雙曲綫路冠

應用雙曲綫路冠之計算

1. 對稱路斷面　　2. 不對稱路斷面

王同熙譯

路冠(street-crown)問題,巳受市政工程師(Municipal engineer)之注意,他們在想發現一種簡單而使所有道路能一致採用,本文所論甚屬有趣,同時亦較有用。

普通造路,用拋物綫爲切面,尙可適用,但中部太平坦,流水不易,亦爲缺點,故近時道路設計,有增加道路切面中部坡度(Slope)之傾向,而使流水較易。

據研究所得,橢圓切面,適宜於乾燥地帶,以其不須有較大之坡度也。其他雨水較多之處,則以雙曲綫形最爲適宜,蓋雙曲綫中部之坡度較大,流水甚易也。且此曲綫之測定手續,亦頗簡單,裝置 curb 及 gutter 時,亦無甚困難,至此曲綫切面之如何實施,下當詳言之。

(1) 對稱街道之切面(normal street section)

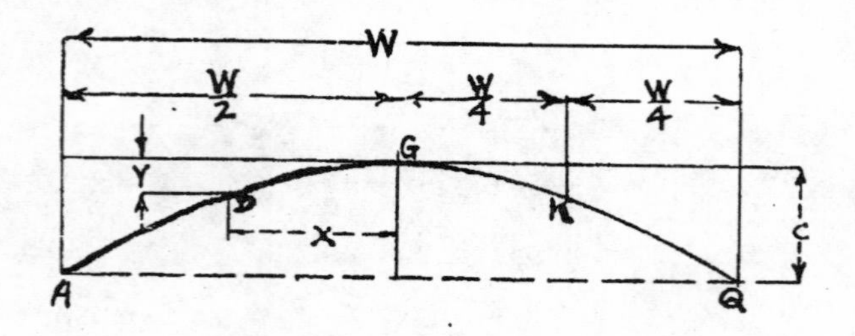

Conic 切面之方程式,須通過 A, D, G, K, Q 諸點。A, D, K, Q 之坐標以 G 爲原點,而以 c(路冠之高)爲單位,代表坐標之遠近。路面之闊爲 W。D, K, 居 $\frac{1}{4}$W 處(自 A, Q 算起)。至 Conic 切面之樞轉關鍵,全視係數 m 而定。例如 y 在 D 點必爲一定數(設此曲綫爲雙曲綫時)$y=\frac{1}{3}c$ 則 m 必爲3, $y=.375c$, m=2.666等是也。設m=2,則切面必為兩直綫 [圖: 12 4 2.1] m=4,則必為拋物綫,m小於2或大於4時,為橢圓形綫。故Conic切面之方程式,乃自直綫變為雙曲綫,再變為拋物綫,更變為橢圓形也。

設m=3,則※y之變化如下:

$$\left.\begin{array}{ll} x=0, & y=0 \\ x=\frac{w}{2}\times\frac{1}{4}, & y=0.095c \\ x=\frac{w}{2}\times\frac{1}{2}, & y=0.333c \\ x=\frac{w}{2}\times\frac{3}{4}, & y=0.648c \\ x=\frac{w}{2}\times 1, & y=1.0c \end{array}\right\} \cdots\cdots\quad\cdots\cdots\cdots\cdots\cdots, (1)$$

※至此雙曲綫之方程式為,

$$y=\frac{ab^2-\sqrt{a^2b^4-ab^2x^2}}{2b^2}$$

y在x距離(自ϕ算起)時為,

$$y=\frac{c}{6}\left[-5+\sqrt{25+\frac{384x^2}{w^2}}\right]\cdots\cdots\cdots\cdots\cdots\cdots\cdots\cdots (2)$$

m=8,y在x距離時為,

$$y=\frac{c}{16}\left[15-\sqrt{225-\frac{896x^2}{w^2}}\right.\cdots\cdots\cdots\cdots\cdots\cdots\cdots (3)$$

而路冠 $c=\frac{w}{2000}(25-p)$ ……………………………… (4)

此為Rrof. E. R. Cary所發明。

式中之p為路之縱面坡度用%表之也。

27145

表1爲計算$\frac{w}{4}$處之路冠 drop 係數之用,由此表可知此種雙曲綫之切面,亦有不同之變化也。

表 1

Coefficients of Determine the Crown-drop

Crown Section index, m	Coefficients for Position From Crown center					Remarks
	crown pt.	$x=\frac{w}{8}$	$x=\frac{w}{4}$	$x=\frac{3}{8}w$	$x=\frac{w}{2}$	
2	0	0.2500	0.5000	0.7500	1	Tangents
2.666	0	0.1180	0.3750	0.6788	1	Hyperbola
3	0	0.0946	0.3333	0.6480	1	,,
4	0	0.0625	0.2500	0.5625	1	Parabola
8	0	0.0296	0.1250	0.3156	1	Ellipse

(2) 不對稱之切面

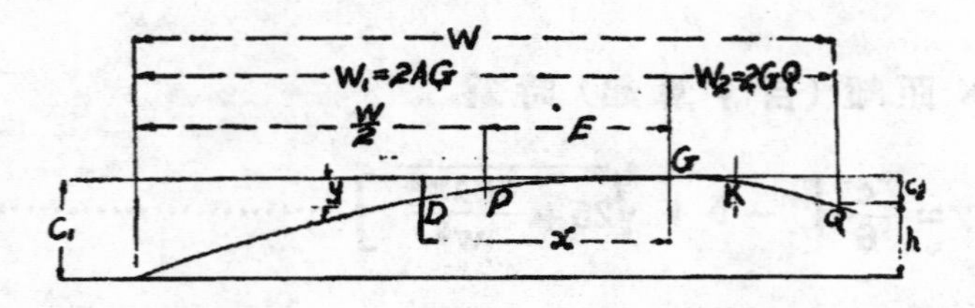

前述之原理亦可應用於不對稱之切面,惟須用方程式(2)及 $m=3$ 爲基礎。今先定兩種假設如下,(1)切面曲綫之坡度自 G 起分向至兩邊之溝(Gutter)爲止,(identical 恆等數。)如此情形此曲綫實爲一複弧(compound arc)所形成。(2)切面曲綫爲一連續的通過G點之雙曲綫。第二法通常不大用到,因不易得一足夠之坡度而降至高溝也(high gutter)。

設 S 爲平均橫坡度(% of AG & QG)依 F.S. Besson 在"City pavement"

上之說法A至G之升高度為Q至G之升高度加以"h"(h卽兩溝相差之高度)A至G之水平距離為Q至G之水平距離加$\frac{100h}{s}$故

$$W=\frac{100h}{s}+GQ+AG+GQ \cdots\cdots (5)$$

S,W,尋常為已知數,GQ之水平距離可先預定。則h可以計算得之,或先預定h,再算GQ水平距離亦可。GQ須為$\frac{w}{4}$故由公式(4)可得

$$s=.10\,(25-p) \cdots\cdots (6)$$

$$E=PG=\frac{w}{2}-GQ \cdots\cdots (7)$$

$$h=\frac{2Es}{100} \cdots\cdots (8)$$

在路闊為W時,h之最大值為2c,例如 W=80' P=0% 由(6)得s=2.5。預定GQ=16'由(5)及(7),得h=1.2'及E=24'以(8)複驗乞h=1.2'.

$$C\ [w=80'時]=\frac{80\times25}{2000}=1.00'$$

$$C_2[w^2=32'時]=\frac{32\times25}{2000}=0.4$$

$$C_1[w_1=128'時]=\frac{128\times25}{2000}=1.6'$$

最大 h=2c=2×1=2.0=0.4+1.6=2.0'。路冠在K處之降低度(卽在G右邊8'處為$C2/3=\frac{.4}{3}=.13$,在G左邊8'處降低度為.04。

此法於普通應用頗為適宜,上述之例,乃就上表index 3而言也。

設上述之切面曲綫為一通過AG之拋物綫。則h=1.5'。則GQ之垂直距離僅為1.6−1.5=.1'。照前之假設(2),設為連續之雙曲綫,則h=1.45' GQ之垂直距離為1.6−1.45=.15'。而照(1)假設,GQ之垂直距離為1.6−1.2=.4 排水更不容易耶。故普通不用之。

鋼筋混凝土之原理

王德光　粟宗嵩譯

The Principle of Reinforced Concrete

譯自 Surveyor Dec., 12, 1930

丅形樑 (Tee beams)

慣用符號

B = 凸緣 (Flange) 闊度

b_1 = 樑身 (Stem) 闊度——樑身或譯作樑腰

V = 總剪力 (Total shear)

v = 單位剪力 (unit shear)

t = 凸緣深度

設計丅形樑時,第一步必須求中和軸 (neutral axis) 位置,通常該軸位在梁凸緣之下,但亦有因板梁 (slab) 深與梁深之比過厚,而位在板梁中者,(譯者按:此處之板梁,卽丅形梁之凸緣)則可用矩形梁(rectangular beams)之公式,但以丅形梁之深度爲矩形梁深,以其凸緣之闊度爲矩形梁闊。至所用凸緣闊度,應如何决擇,姑待後述,第一圖卽表示在此情形下丅形梁之斷面。

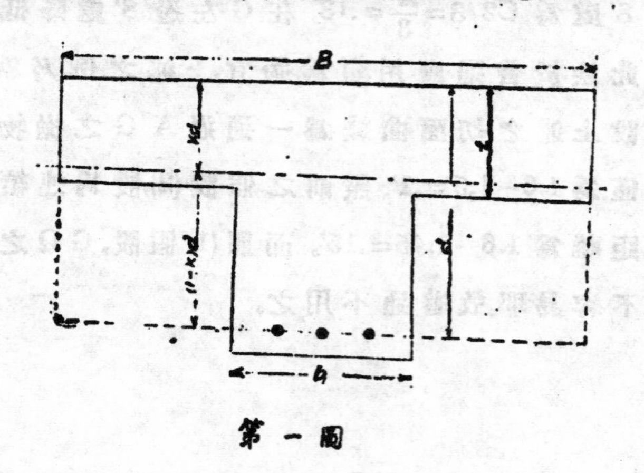

第一圖

當中和軸位在凸緣下時,梁腰間些小之壓縮面,(卽中和軸與凸緣間之面積),可以不計,其情形則簡而不繁矣,此易設計而無差誤,其方法於此節中討論之。第二圖卽表示中和軸在凸緣下之情形,壓縮力可以圖代表之（若梁腰間之壓縮力可以不計）

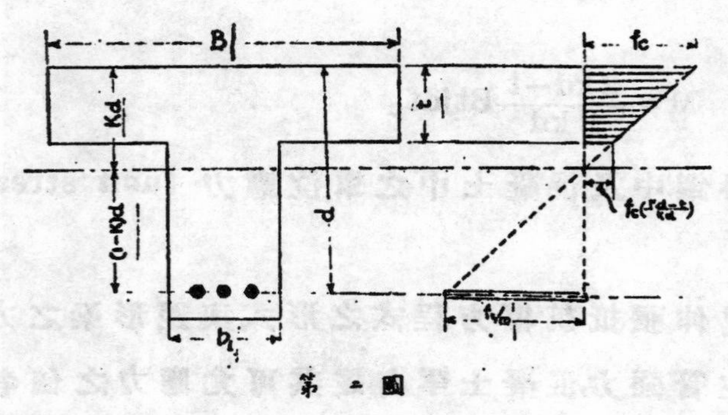

第二圖

圖中梯形之平形邊爲f_c及$f_c(\frac{kd-t}{kd})$,其間之距離爲t,其平均壓力之值爲$\frac{f_c+f_c(\frac{kd-t}{kd})}{2}=\frac{f_c kd+f_c kd-f_c t}{2kd}=\frac{2kd-t}{2kd}$ f_c 此值乘此壓力所施面 Bt（B＝凸緣之闊並非梁腰闊),則得總壓縮力之值。

$$總壓縮力=\frac{2kd-t}{2kd}Btf_c \tag{1}$$

一如前述總伸張力爲A_sf_t,故

$$A_sf_t=\frac{2kd-t}{2kd}Btf_c \tag{2}$$

與矩形同樣,中和軸之深亦表明之如

$$k=\frac{1}{1+\frac{f_t}{nf_c}} \tag{3}$$

從方程式(1)與(2),並消去f_c及f_t,得中和軸之位置爲

$$kd=\frac{2ndA_s+Bt^2}{2nA_s+2Bt} \tag{4}$$

從板梁頂至壓縮部中心之距離,卽至梯形重心之距離爲

$$x=\frac{3kd-2t}{2kd-t}\times\frac{t}{3} \tag{5}$$

力距 jd=d−x, 於是伸張抵抗權 (tensional. mom. of resist.) 爲

$$M = A_s jdf_t \quad (6)$$

壓縮抵抗權爲

$$M = \frac{2kd-t}{2kd} Btjdf_c \quad (7)$$

從上二式,可求得鋼中及混凝土中之單位應力 (unit stress), 及所需鋼骨筋之横斷面。

吾人知上述伸張抵抗權方程式之形式與距形梁之方程式同樣.惟在丁形梁中,鋼筋主管强力,混凝土罕有達其可允應力之值者。

設計丁形梁,首須設計板梁,然後凸緣之深度乃定。

當以板梁若干闊,爲丁形梁之凸緣之問題,則有規例可以解决之,美國與英國之規例,微有迥異,現今美國所用之規例卽 Londen County Council 的規例,玆姑列之如下:

(1) 有効跨度 (effective span) 四分之一

(2) 梁與梁中之間隙 (spacing between beams)

(3) 十二倍於凸緣厚 (twelve times the flange thickness)

就上規例,所求最小尺寸 (dimension) 採用之,且堪應受 (subject) 於所供給之相當縱鋼筋。

設計丁形梁之步驟如下:

(1) 在板梁已設計就緒時,凸緣之闊度,卽可依上列之規例而決定之。

(2) 假定梁之一相當深度,此深度通常$\frac{1}{20}$跨度於輕的載重 (load), $\frac{1}{8}$至$\frac{1}{10}$跨度,用於重的載重,如公路上之橋梁是也。梁腰之闊度普通從 $\frac{1}{3}$ 到 $\frac{1}{2}$ 梁深,而此深度,必須有限制;卽當此值,代入公式 (7) 時, f_c 不超過其可允值,換言之,卽混凝土不受過膽之應力也。

若梁深不大於四倍板梁厚,則一準確之校核 (check), 可用矩形梁

之公式 $d=\sqrt{\frac{M}{KB}}$。當應力可用時,則 K 值爲通常所用之值。故 $f_c=600$ 及 $f_t=16,000$ 時, $d=\sqrt{\frac{M}{95B}}$, 此處 d 爲可避免混凝土受過度應力之最小深度,B 卽如前述之爲凸緣闊度。

(3) 假定一梁腰闊度 b,並用 $v=\frac{V}{b_r(d-\frac{t}{2})}$ 校核之,視值 v 是否不超過 $180^{\#}/in.^2$, V 爲梁端總剪力,而 v 爲其單位剪力,該公式之推演,在剪力節中有所討論。優等 (1:2:4) 混凝土中,v 值決不得超過 $180^{\#}/in.^2$, 卽使梁中有相當爲剪力而用之鋼筋,亦不得超過此值。$(d-\frac{t}{2})$用以代 jd, 通常設計,此近似值法實已通用。

(4) 求應需鋼筋之量

用 $A_s=\frac{M}{jdf_t}$ 公式時,必須假定 j 值,或用公式 (5) 計算之。不然用第三圖亦夠準確,以$(d-\frac{t}{2})$之簡單方法,亦得穩妥之結果。

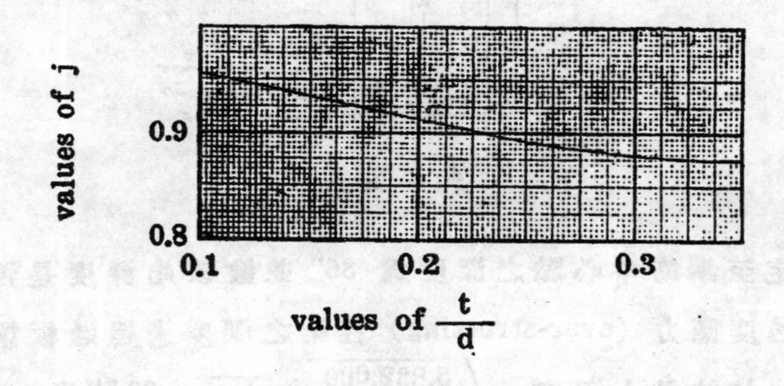

第三圖

(5) 用公式 (4) 求中和軸之位置,若該軸位在板梁中者,則依普通設計,否則,可用該節公式,求混凝土之壓應力。

(6) 設計剪力鋼筋 (shear reinforcement), 在支柱 (support) 處,一繼續丁形梁,變而爲複鋼筋 (double reinforcement) 矩形梁,尤其是橋,梁之該部需要常可核定梁腰之闊度與深度,此皆不可藐然視之。

今姑作一例題,以說明各公式之用法。

設計一丁形梁,其灣曲權(Bending Moment)含有固定載重(dead load)爲5,832,000 in. lbs., 梁端剪力 (end shear) 爲 70,000#, 板梁總深度 (from the requirement of the floor load) 爲 8 in., 梁之有效跨度爲 28 in, 梁與梁之間隙爲 5 ft. 6 in. 參看第四圖,應力用 16000#/in.² 及 600#/in.² 知

(1) 梁之凸緣闊度必需爲下列三數中之最小者

(a) $\frac{28}{4}=7'$, (b) 5'6", (c) $12\times8=8'0''$,

故凸緣之闊度爲5'6"

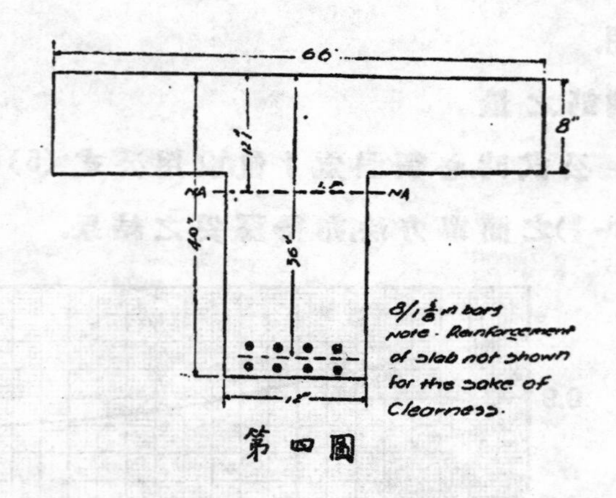

第四圖

(2) 假定至鋼筋中心點之深度爲 36",並檢核此深度是否足夠使混凝土不致受過度應力 (over-stressing) 若梁之深度適超過板梁深度之四倍,則可用近似值法,最小深度 $=\sqrt{\frac{5,832,000}{95\times66}}=\sqrt{930}=30.5''$ 適小於31",故深度而爲 36" 則此梁之强度視鋼筋爲轉移。

(3) 假定樑身闊度 $b_1=\frac{1}{3}d=12$ in 檢核梁端剪力得 $v=\frac{V}{b\times(d-\frac{t}{2})}=\frac{70,000}{12\times32}=181$ lb. 此值超過180 lbs.之數至微,故可認爲無慮。

(4) 求應需鋼筋之量

$A_s=\frac{M}{f_t jd}$,因 $\frac{t}{d}=\frac{8}{36}=0.22$,由第三圖得 j 值爲0.9 故 $A_s=\frac{5,832,000}{0.9\times36\times16000}=11.22$ sq. in.

用8—1⅛"圓形鋼骨,分兩行排列,A_s 之值可有 11.83 sq. in. (注意因有兩行

鋼骨再加梁之底部，(cover at the bottom) 梁深需增爲 40″，梁之有効深度，則量至兩行鋼骨垂直距離之中點)。

(5) 用公式 (4) 求中和軸之深度，而後用 (7) 核核對 f_c

$$kd=\frac{2ndA_s+Bt^2}{2An_s+2Bt}=\frac{2\times15\times36\times11.88+66\times8^2}{2\times15\times11.88+2\times66\times8}=\frac{12,830.4+4,224}{356.4+1,056}$$

$$=\frac{17,054.4}{1,412.4}=12.1\text{in.}$$

故中和軸位在凸緣之下。

由公式(5)，$x=\frac{3kd-2t}{2kd-t}\times\frac{t}{3}=\frac{3\times12.1-2\times8}{2\times12.1-8}\times\frac{8}{3}=\frac{36.3-16}{24.2-8}\times\frac{8}{3}=\frac{20.3}{16.2}\times\frac{8}{3}$

$=3.34$ in.

$jd=d-x=36-3.34=32.66$ ins.

用前述之各近似値法由第 3 圖得 jd 之値爲 32.4 in. $(d-\frac{t}{2})$ 則爲 32 in. 兩數相差極有限。

$$\text{由(7)式}\ f_c=\frac{M\times2kd}{(2kd-t)\times Btjd}=\frac{5,832,000\times24.2}{(2\times12.1-8)\times66\times8\times32.66}=\frac{5,832,000\times24.2}{16.2\times66\times8\times32.66}$$

$=505\ \text{lb./in}^2$.

有經驗後則此檢核可不需要，惟缺乏經驗之設計者，則必需常爲之。

用 (6) 式檢核 f_t

$$f_t=\frac{M}{A_sjd}=\frac{5,832,000}{11.88\times32.66}=15,100\ \text{lb./in.}^2\text{。}$$

(6) 剪力鋼筋之設計可包括於步驟 (4) 之中

T形梁極少有需用壓縮鋼筋 (compression reinforcement) 者。苟遇有需用者，則第 (2) 節所述之簡法可資應用。換言之，卽就已定之各種應力限度內求得T形梁所負荷之灣曲權，並定在此種情况下，所應需之伸張鋼筋量，於是照矩形梁之設計，平衡 (Balance) 溢餘之伸張鋼筋與壓縮鋼筋，

第五圖可用於設計T形梁之應力定為600lb./in.^{2}及16,000lb./in.^{2}者,已知板梁之厚度(Thickness),再選定梁之深度,則$\frac{t}{d}$之值可以求得,在圖中之此值處,沿縱座標(ordinate)直上,至與R曲綫相交點,再由此點沿橫座標向左,求得R之值,此時在$R=\frac{M}{bd^2}$式中之不知數,僅一b值,解之得b為凸緣之最小闊度——f_c限為600lb者。——苟選定之b值大於此值,則f_c之值小於600lb.,而梁之強度則以鋼筋為轉移。其次更沿前之縱座標直上,至與r曲綫相交處$r=\frac{A_s}{bd}$之值卽可由圖之右緣讀出。惟須注意者,則此式中之b值,須用其理論值(Theoretical value),而非用前述任意法所求得之B值。

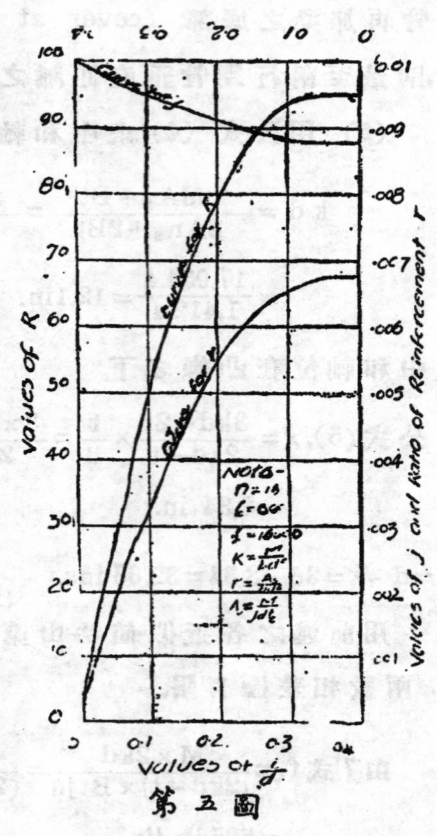

第五圖

在本例題中,$\frac{t}{d}=\frac{8}{36}=0.22$,由第五圖,沿此值之縱座標直上,至與R及r兩曲綫相交,在圖之左緣得R為83,在右緣得r為0.00575,在圖之上部得j值為091。由$R=\frac{M}{bd^2}$,得$b=\frac{5,832,000}{83\times36\times36}=54$ in. 但由前列諸規例則b值實有66in.故此梁之強度,以鋼筋為轉移。鋼筋之面積$A_s=rbd$(注意b值須用54 in.)$=0.00575\times54\times36=11.2$ sq. in. 或$A_s=\frac{M}{jdf_t}=\frac{5,832,000}{.91\times36\times16,000}=11.2$ sq. in.

查對通常之T形梁K值可用其略值$\frac{1}{3}$,f_c之略值則為

$$\frac{M}{(1-\frac{5}{9}\times\frac{t}{d})dtb} \tag{8}$$

試以此式檢核上例,得$f_c=\frac{5,832,000}{(1-\frac{5}{9}\times0.22)66\times8\times36}=480$ lb./in.^{2}

用前述較準確之法則得505 lb./in.^{2}相差殊有限也。

27154

北寧路山海關工廠實習記（續）

羅　元　謙

釘鉚釘法（Riveting）——橋梁及各種鋼鐵建築各部份之互相連接,乃用鉚釘爲之。故鉚釘數量之設計,與建築物本身幹部（Member）之設計並重。鉚釘一有鬆脫或歪斜,建築物即具有危險性。以是鉚釘原料之選擇,燒熱之限度,及釘鉚法之愼密,均爲橋梁之重要原素。今請詳述釘鉚法,鉚釘由鉄工房製造,狀如短圓棒,一端成半球帽頭式,他端則否。鉚釘燒熱,係用氣燒鉚釘炭爐,（Cool fired rivet furnace）具四脚,上架炭爐旁置管,以接連機器房之空氣壓縮機,管旁有揑柄一,搖之鼓氣燒炭,置釘其中。釘之長度,須視釘之直徑,及所連接鋼件之總厚而異,釘鉚法有三（一）壓氣鎚法（Pneumatic hammer method）氣鎚狀如手鎗如圖甲鎚柄（A）以鉄管連接壓縮空氣

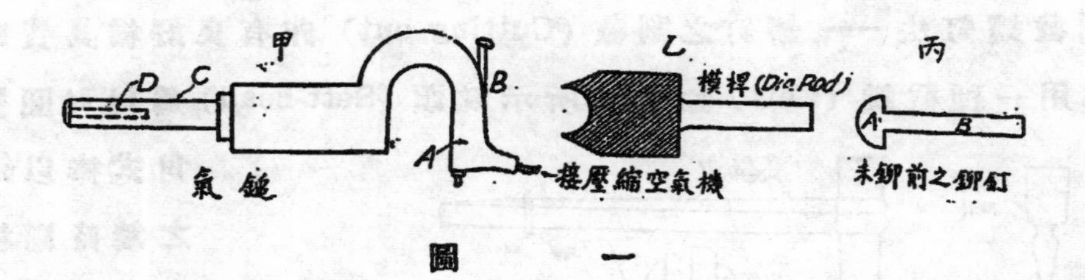

圖　一

機柄有揑柄（B, Tigger）工人手執鎚柄鎚頭向下壓下揑柄則壓氣推動鎚桿（C）內小鋼鎚頭使之上下運動極速而猛擊鎚內之鉚釘器（D, Riveting tool）發聲甚烈震耳欲聾將兩鋼件已鑽孔而拼合無差者用螺旋（bolt）間隔連接之一工人將一燒熱之鉚釘置一孔內一工人以模桿（die rod）上製就如鉚釘頭大小之凹面（見乙圖）緊頂鉚釘之球端（見丙圖）另一工人取氣鎚口對準直端壓下揑柄則於大響之中直端已成半球形矣如是將各孔先後穿入鉚釘再拆下螺栓亦實以鉚釘則此兩鋼件連綴完竣矣第二法爲水力釘鉚機（hydraulic riveting machine）機如下圖法已於上段述

之矣第三法爲手工法鋼件連綴亦空間有限或時間急迫未帶釘鉚機時則手工之法尚矣法于熾熱鉚釘置入孔後一工人將A頭敲擊使釘塞緊釘孔次將B敲擊使粗具半球形終則乘鎚取一杯狀之衝模(die)置其上一工人用鎚重擊則得一整齊之釘頭矣。

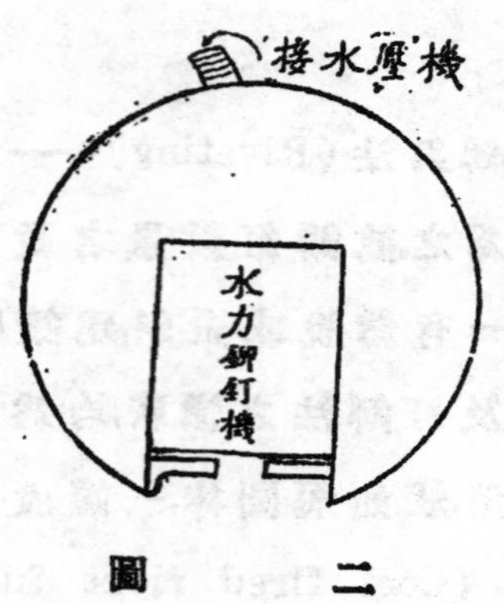

圖　二

檢驗鉚釘健全法——

各種製品釘鉚後應逐一檢驗以證鉚釘之健全(Soundness)法用一小鎚重約四兩前尖後平執鎚以尖對鉚釘軸約成六十度角輕擊釘頂細聆之下則知鉚釘之健全若何矣非鎚能檢驗鉚釘全在乎聰者之經驗耳。

剷截鉚釘法—— 鉚釘之剷截 (Cutting out) 非有良好機具費時甚鉅普通都用一種截鎚 (Cett) 如下圖所示鎚頭 (Sett-head) 爲$1\frac{1}{2}$吋圓棒或八角式棒以鑄鋼爲之鑄時應極謹慎長約七吋鎚尖應極堅硬然不宜脆

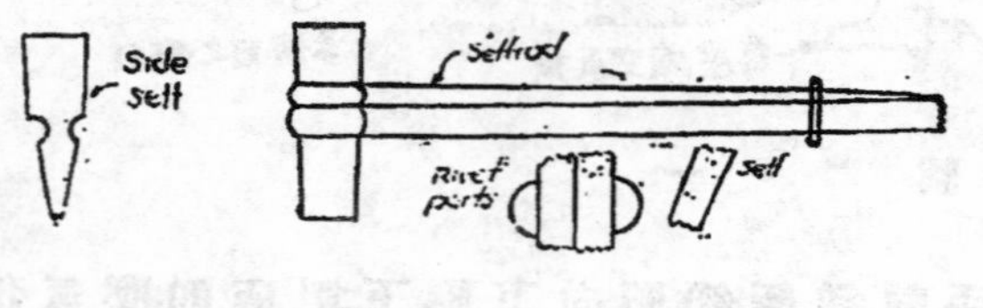

圖　三

擊應用重十七磅當鉚釘爲$\frac{1}{2}$吋時若爲1吋時應用十磅重之擊鎚

2. 機器房 (Machine Shop)

(1)　面積—— 95′×50′約440平方公尺

(2)　建築—— 平房三角式磚墻木架白鉄瓦稜屋頂

(3)　工人數—— 約60人

(4)　工作—— 製造及修理各種鉄路工程用品及刨鑪挫磨等事項

(5)　機器——

機　名	架數
鏇螺機 Nut tapping machine	1
段用鑽機 Bench drilling	1
鑽機 Drilling machine	2
鏇機 Lathe	19
螺絲機 Screwing machine	1
臥式迴轉削機 Horizontal milling machine	1
裝柱鑽機 Pillar drilling machine	2
豎鉋機 Vertical slotting machine	1
磨砥機 Grinder	3
成形機 Shaper	2

鏇機爲一種機械挾持金屬物件而旋轉之置一鋼旋刀于其旁適觸及之物件旋轉時前後移動鏇刀削去外層而成預定形式機式種類甚多視用途而異其相同之點卽皆具一鏇座(lathe bed)及一級輪座(head stock)鏇座爲鐵製長架其上面及邊緣皆極平直級輪座置於鏇座左端有一橫軸支于軸承上與鏇座之中心線平行能旋轉自如又有諸滑輪以爲引帶(belt)轉動之用又有一螺絲尾端以承挾持物件之用形式種類不能盡述此種鏇機無論何種工程機廠皆有之乃普通工作必需之機械也豎鉋機所異於普通鉋機(普通鉋機於道岔內詳述之)之處爲其鉋刀上下移動而物件固定且僅用以刨削小件或凹槽缺口處而罕於刨成平面也磨砥機係用以磨平鋼鉄物件之粗糙部分(多用於翻鑄物件)機具堅石輪一中承以軸石輪旋轉時取粗面鐵件緊抵輪沿則於火星迸飛之中粗面漸磨平矣。

3.配機房(Machine Fitting shop)

(1) 面積—— 120′×50′約 560 平方公尺

(2) 建築—— 平房三角式磚牆木架白鉄瓦稜屋頂

(3) 工人數——約 123 人

(4) 工作——製造臥式及立式水泵 (water pump) 並配製及修理各種機器。

(5) 機器

機名	架數
鏇機 Lathe	6
螺旋機 (Screwing Machine)	3
旋轉鑽機 (Wall radial drilling Machine)	1
轉削切斷扭搓混用機 (Combined Milling, cutting and Twisting machine)	1

4. 鍋爐房 (Boiler Room)

(1) 面積——主要鍋爐房爲 65'×50' 約 300 平方公尺西鍋爐房約 200 平方公尺南鍋爐房設於橋梁房後約占 150 平方公尺

(2) 建築——主要及西鍋爐房爲平房三角式磚牆木架白鉄瓦稜屋頂南鍋爐房僅用瓦稜屋頂蔽護而已

(3) 工人數——約20人

(4) 工作——燒爍鍋爐發生蒸氣轉動汽機機房之蒸汽機全廠原動力之發生處也

(5) 機器:——甲.主要鍋爐房

臥鍋機 (Lancashire horizontal boiler)	二座
給水機 (Feed water pump)	二座

乙.西鍋房

臥鍋爐 (Horizontal tubular boiler)	一座
立鍋爐 (Vertical cross-tube boiler)	一座
給水機 (Feed water pump)	四座

風扇 (blower) 三座

丙.甯鍋爐房

立鍋爐 (Vertical cross-tube boiler) 六座

外尙有立鍋爐三座在動力室後尙未應用

(6) 其他種種:

水源——鍋爐用水來自石河用抽水機打入塔內再用給水機打入鍋爐房各鍋爐

用煤量——卧鍋爐每日約九噸立鍋爐每日約五噸工作之繁閑氣節之寒暖用量因之而異。

洗淨及檢查——每隔十四日數工人進入洞(Manhole)內將鍋爐內渣滓除去將清冷水放入並檢查各部安是否安全

鍋爐房毘隣汽機房主要鍋爐汽機及氣管之裝置於汽機房內詳述之。

5. 汽機房 Engine room

(1) 面積——65'×50'約300平方公尺

(2) 建築——平房三角式磚墻木架白鉄瓦稜屋頂

(3) 工人數——約4人

(4) 工作——毘隣之鍋爐房所發生之蒸氣由地下氣管傳入汽機房內各蒸汽機以傳動全廠機器及供給橋梁房氣鉚機及水鉚機內氣壓或水壓力.

(5) 機器:——

機名	架數
蒸汽機 Steam engine	3
單式壓縮空氣機 Single air compressar	1
雙管抽水機 Duplex water pump	2

蒸汽機計 400-H.p. Compound steam engine, 75-H.p. Single steam

engine 及 60-H.p. double cylinder steam engine 共三架水壓機計10噸及8噸者各一架

(6) 其他——鍋爐房及汽機房之機械裝置如下圖所示圖中之(1)爲雙式蒸汽機(2)爲單式壓縮空氣機(3)爲8噸水壓機(4)爲十噸水壓機(5)爲抽水機(6)爲臥式鍋爐(7)爲大烟囱

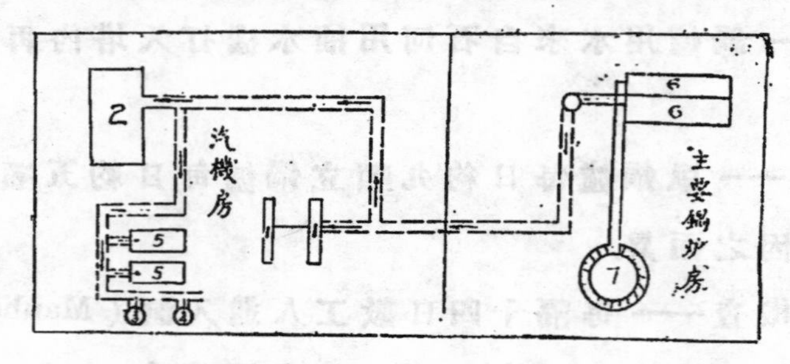

圖 四

又圖中虛線表示汽管埋置地下爲傳送蒸汽之用箭頭指示蒸汽到達方向雙式蒸汽機爲轉動全廠機械之用其餘二架尚未應用壓縮空氣機壓力爲 100磅/方寸供橋梁房氣鉚機之用水壓機壓力爲1,500磅/方吋供橋梁房水鉚機之用

6. 道岔房 Pointing and crossing shop

(1) 面積—— 180'×60' 約 1,000 平方公尺

(2) 建築—— 平房三角式磚墻木架白鉄瓦稜屋頂

(3) 工人數—— 約36人

(4) 工作—— 製造及修理各種道岔及道尖及一切刨平事項

(5) 機器:——

機 名	架 數
成形機 Shaper	4
螺旋機 Screwing machine	1
鉋機 Planer	5

鉋機係用以刨平各種鋼件或刨削成尖端道岔及道夫之製造及修理用之最多機具一極長之鉄台其面其平有形如倒置丁字槽縫多條所以備置入螺栓而擊定鉋削物件之用也鉋削鋼鉄不若刨木之易雖有極銳鉋刀亦僅能每次刨去一線而已鉋刀每次所鉋者與前次略隔一線而相平行故鋼鉄物面得以完全刨削而成平面如所要爲最後之光滑面則所刨之線須淺密方能得之其需時也甚久。

(6) 其他:——

道岔通常有兩種V式及K式是也道岔視岔之闊長而異其名如下圖所示即以W等一呎 l 等於若干而定通常W比 l 爲1比6,1比7,1比8,

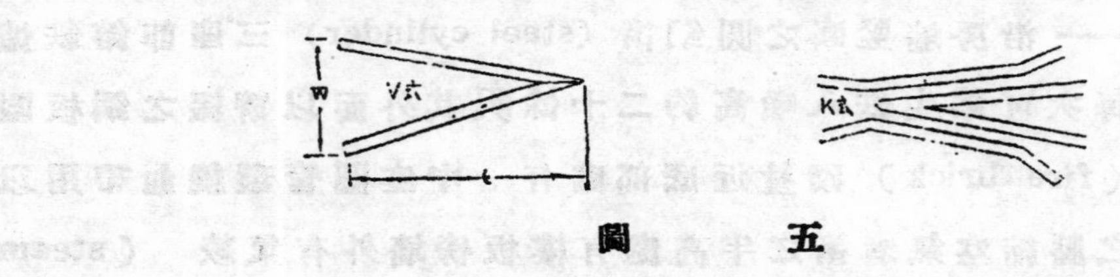

圖　五

1比10最大爲1比12也K式不過於V式外加兩條鋼軌也道岔通常用65磅及80磅兩種鋼軌爲之出品量以36人每日十小時工作計之每月可出V式道岔20副。

7. 鑄鉄房 Foundry shop

(1) 面積—— 200'×50' 約920平方公尺附屬烤心型室爲20'×65,及60'×50' 共約390平方公尺,

(2) 建築—— 平房鋸齒式磚墻鋼架白鉄瓦稜瓦屋頂

(3) 工人數—— 約87人

(4) 工作—— 鑄造水管門及各種機器鑄鉄零件

(5) 機器—— 該房祇具鎔鉄爐 (cupola) 三座外有翻沙手工器具甚多鎔鉄爐每次可鎔鉄八噸烤心型室有烘型爐 (core oven) 五變。

27161

(6) 其他——鑄鐵房計分兩大部翻沙及鎔鐵是也

甲翻沙間——滿地鋪製型黑沙 (mold sand)(除該房用舖沙外其他各房均係土地)黑沙常與鎔融之鐵接觸故並無害於衛生工人分羣而蹲以製上下型各種鑄鐵由繪圖房描繪圖樣交模樣房製造再交此處製型型具上下二部併合之成一全型並無其他機具祗上下模型 (pattem) 各一無底鐵型箱 (molding box) 一重鎚一及其他瑣細手具數件而已置型箱內以沙掩蓋用鎚重擊使沙壓緊模型將上下型先後小心取去於沙中用刀穿孔畫糟以備灌入鎔鐵其製型方法與在學校所實習者無異然其動作熟練爲事似甚易耳

乙鎔鐵爐—— 沿房墻竪直之圓鋼箭 (steel cylinder) 三座即鎔鐵爐也直經約五呎每次可鎔生鐵八噸高約二十餘呎其外面以鉚綴之鋼板圍之內部用火磚 (fire brick) 砌壁近底部處有一中空圓管環繞如帶用以傳送汽機房內之壓縮空氣者箭之半高處有樓板傍墻外有氣絞 (steam winch) 一用以絞載進炭與鐵塊也離樓板約三呎處箭開一孔鐵炭由此放下不可混堆應一層進炭一層生鐵層次放置爐之一端立於地層而閉塞上端高聳而開口若鐵炭已與中段開口處齊則應將該處以火磚砌塞再將炭鐵由上端投入火餤不藉爐條一類之物乃起自密實之底部而取給氯氣於吹入之空氣也火餤不熄者數晝夜熟練工人於適當時間後加以觀察乃將爐底部小孔所塞之粘土塊取去旋見白熱之鐵流出如線入于承受之鐵桶桶用鋼板鉚綴而成內敷沙漿灰層用火烘乾後使之堅硬始可應用此種沙層須逐日更新也鐵桶內承滿後再傾入已製就之沙型內傾就後埋入沙內該房工作三日一換卽一日製型三日鎔鐵相間而行也。

8. 鐵工房 (Smith-shop)

(1) 面積—— 435′×25′ 約 970 平方公尺

(2) 建築—— 平房三角式磚墻木架白鐵瓦稜屋頂

(3) 工人——數約112人

(4) 工作——製造及修理螺絲(screw)道釘(dog-spikes)鉚釘(rivets)螺栓(bolts)螺帽(nut)以及各種熱鐵零件

(5) 機器

機名	架數
螺栓鉚釘機 Bolts and rivets forging machine	2
氣鎚 Steam hammer (10 cut and 700 lbs.)	2

外有手工器具多種如大小手鎚鐵鉗等三四工人一組各有風爐一具以燒熾各熱鐵物件

螺栓鉚釘機者爲製造螺栓鉚之機較手製多六七倍

9. 木作房(Carpenter shop)——木作油漆模樣三房在一處茲依次序述之

(1) 面積——120'×50'約560平方公尺

(2) 建築——平房三角式磚墻鋼架白鐵瓦稜屋頂

(3) 工人——數約36人

(4) 工作——製造及修理椅架行李車木具及各種鋸鉋鑿筍打眼等事項

(5) 機器——除立式鋸機一架能鋸20吋木料外餘均爲手工傢具

10. 油漆房(Painting shop)

(1) 面積——60'×50'約280平方公尺

(2) 建築——平房三角式磚墻鋼架白鉄瓦稜屋頂

(3) 工人——約35人

(4) 工作——油漆各種出品

11. 模樣房(Pattern and mold shop)

(1) 面積——60'×50'約280平方公尺附屬之模樣存儲室同大

(2) 建築——均為平房三角式磚墻鋼架白鐵瓦稜屋頂

(3) 工人——約25人

(4) 工作——製造及修理一切木模事項翻沙間所用之模型由繪圖室交與圖樣依樣製造模型製造似屬輕易然苟非心細敏捷者不克勝任

(5) 設備——均係手工器具無需機器

(6) 其他——

木型——凡機械中諸金屬部分全由鑄造或鍛冶而成鑄造部分應先照圖樣造成模型模型計分石膏型金屬型木型三種石膏型係用于工藝及美術上之精細物品于機械工業上絕鮮用者木料最易成形除製造爐板及其他極薄鑄造物木型不能用外工業上泰半用木型

木型加大量——金屬熱漲冷縮故製型時尺寸應照圖樣酌量加大以防鑄物冷後收縮加大量多寡視各種金屬而異參看下表

金屬種類	鑄 鉄	黄 銅	砲 銅	鋼	可鍛鑄鐵	鋘
每尺加大量	$\frac{1}{16}''-\frac{1}{8}''$	$\frac{1}{8}''-\frac{5}{32}''$	$\frac{1}{6}''$	$\frac{3}{16}''-\frac{5}{16}''$	$\frac{3}{16}''$	$\frac{1}{4}''$

鑄物有須精製者在木型加大量外仍須酌加若干以備物品精削後與圖樣尺寸符合

精削加大量表

種 類	黄 銅	鑄 鉄	鑄 鋼
精削加大尺寸	$\frac{1}{10}''$	$\frac{1}{8}''$	$\frac{1}{8}''$

12. 號燈房 (Lame-fitting shop)

27164

(1) 面積——25′×35′約82平方公尺

(2) 建築——平房三角式磚墻木架白鐵瓦稜屋頂

(3) 工人——約25人

(4) 工作——製造號誌燈守車燈三色燈車站柱燈及修理一切號燈事項

(5) 玻離及鉛皮剪削成形用手工配合再送油漆房油漆之外國新式號燈俱能做造效用更作所費底三四倍

13. 號誌房(Signal-fitting shop)

(1) 面積——100′×50′約470平方公尺

(2) 建築——平房三角式磚墻木架白鐵瓦稜屋頂

(3) 工人——約44人

(4) 工作——製造各種號誌近揚旗(home-signal)遠揚旗(distant-signal)及出站揚旗(advanced-signal)並修理一切號誌

14. 建橋隊(Electer)——建橋隊之工作甚雜約略分配如下

(1) 按裝及拆卸橋梁房架搭梁起重事宜

(2) 鐵料搬運出品裝車材料收卸事宜

(3) 運煤清除消防及泥瓦工作等

D 廠外設備

(一) 醫院——醫院附屬于北寧路凡該路路員各廠中員工皆可持證就醫不取醫費

(二) 工人夜校——工人除受高級職員隨時指導外並設工人夜校教授普通常識入夜校者減少一小時工作

(三) 扶輪學校——校爲路局所辦凡在關路員之子弟皆得免費入學非專爲該廠而設也

(四) 工人福利設施——工人每月准予休息二日如照常工作者可得

雙薪每年准予例假十四日不扣工資每年准給眷屬往返本路免費車劵各一次年終給予獎金若干成若有工作優異者亦給獎賞每月給半價煤一噸如有因公致病或死亡者路局給予免費治療或撫卹金服務逾若干年後年老力衰者路局予養老金若干成

（五）員工住宅—— 高級職員由路局給以住房底級職員及工人無住房。

（六）其餘—— 娛樂及衛生等設備皆未舉辦

標準造出量及獎金表

1. 釘鉚 (riveting)

(a) 水力—— 八人共一架每日釘六百多釘一釘加銀一分

(b) 風鉚—— 四人共一架者每日釘 250 多釘四釘加銀一分

五人共一架者日釘 310 多釘五釘加銀一分

六人共一架者日釘 383 多釘六釘加銀一分

2. 鑽孔 (driling)—— $\frac{7}{8}$ 吋徑

(a) 鑽鉄鈑 (plates):——

鈑厚 $1\frac{1}{4}$" 者每日每人鑽 80 孔多鑽二孔加銀一分

鈑厚 1" 者每日每人鑽 90 孔多鑽二孔加銀一分

鈑厚 $\frac{7}{8}$" 者每日每人鑽 100 孔多鑽二孔加銀一分

鈑厚 $\frac{3}{4}$" 者每日每人鑽 130 孔多鑽二孔加銀一分

鈑厚 $\frac{5}{8}$" 者每日每人鑽 160 孔多鑽二孔加銀一分

鈑厚 $\frac{1}{2}$" 者每日每人鑽 180 孔多鑽二孔加銀一分

鈑厚 $\frac{3}{8}$" 者每日每人鑽 220 孔多鑽二孔加銀一分

鈑厚 $\frac{1}{4}$" 者每日每人鑽 250 孔多鑽二孔加銀一分

(b) 鑽角鐵 (angles) 及槽鐵 (channels):——

厚 1" 者每日每人鑽 90 孔多鑽三孔加銀一分

厚 $\frac{7}{8}$" 者每日每人鑽 100 孔多鑽三孔加銀一分

厚 $\frac{3}{4}$" 者每日每人鑽 120 孔多鑽三孔加銀一分

厚 $\frac{5}{8}$" 者每日每人鑽 150 孔多鑽三孔加銀一分

厚 $\frac{1}{2}$" 者每日每人鑽 160 孔多鑽三孔加銀一分

厚 $\frac{3}{8}$" 者每日每人鑽 170 孔多鑽三孔加銀一分

厚 $\frac{1}{4}$" 者每日每人鑽 180 孔多鑽三孔加銀一分

3. 衝子 (punching)——孔徑 $\frac{7}{8}$" 鈑厚 $\frac{5}{8}$" 者二人每日衝 600 孔多衝十孔加銀一分

4. 鏨角鐵緣 (angle-edge cutting)——每人每日鏨60吋多鏨一吋加銀一分

5. 製魚尾螺栓 (fish bolts) 道釘 (dog-spikes) 鉚釘 (rivets) 螺栓釘 (bolts) 釘帽 (nut)——

(a) 機製者——

三人一組每日製 60-lb 或80-lb魚尾螺尾栓 400 介多做一百加銀五角

三人一組每日製60-lb 或 85-lb 道釘 400 個多做一百加銀五角

三人一組每日製螺栓 400 個多做一百加銀五角

三人一組每日製鉚釘 400 個多做一百加銀五角

三人一組每日製釘帽 450 個多做一百加銀五角

(b) 手製者:——

二人一組每日製螺栓道釘60個多做一個加銀二分

二人一組每日製80-lb道釘45個多做一個加銀二分

出品一覽

除去各種橋梁屋架爲主要出品外其餘次要者略舉之如鑄鉄水管附各零件生鐵水管嗐唬及水龍頭生鐵汽門及截水門機車上水管水櫃兩輪三輪及四輪行李車各式道岔 (V式或K式60-lb或85-lb者) 軌道鈎頭及魚尾螺栓道釘各式道尖 (60-lb, 85-lb, 及 90-lb 者,普通者或保險者) 路口十字門,三色號燈,站台廊架,候車室房架,天車架,煤氣燈架,各式鍋爐,鎔鐵爐,轉盤附各零件,煖氣爐,火爐椿托,椿架,屋頂通風管,機車房烟囱,機車上煤機,及各式號誌等,不勝枚舉,其有外界設計者,亦能依照圖樣製造。

民二三級土木科暑期測量實習記

姚　寶　仁

校則規定土木科第二學年結束後,例須舉行暑期測量實習一月,其目的在使學者將平日所學測量上各種零星方法作一有計劃有系統之整個應用,俾他日服務社會,在測一指定地面之先,已胸有成竹,則通盤計劃,不難決定也。我校實習之方法與其他大學逈異,工作分配,採用輪流制,卽將參加人數,酌分若干組,每組均須練習各種不同之工作,例如甲組今日測基線,明日測水準,後日測平面角,……,務使各個人對于各種方法有實習之機會,因此所測地面,必經若干組重覆測量,費時既多,而面積亦不便過大也。去歲參觀某校土木科同學來杭實習之情形,見其工作之分配,完全採用分工制,例如測水準者專測水準,測平面角者專測平面角,測基線者專測基線,測地形者專測地形,……。此種方法乃實行測量職務,殊失學生實習之意義也。讀者明乎此,庶不以下文所述實習情形爲奇異焉。

我級同學共廿九人除伍君根深患精神病未參加外,尙有民二二級補習者六人,共卅人。計分五組如下:

第一組: 盛祖同,(組長)鄧才名,馬梓南,繆炯豫,郭仲常,姚寶仁。

第二組: 屠　達,(組長)徐治時,呂　任,賈樹梅,路榮華,謝繼安。

第三組: 粟宗嵩,(組長)李洧增,張毓佟,吳學遜,趙　璞,魏紹禹。

第四組: 周和卿,(組長)吳覲鈺,邵本惇,鄭愼植,袁桂官,張允朋。

第五組: 葛洛儒,(組長)袁則孟,陳德華,項景煩,許志修,單家彥。

本屆測量實習地點,事先由吳沭之王同熙兩助教擇定之江大學西七八里之徐村梵村間此地崗巒起伏錢江環繞其下論其地勢頗可供作各種測量實習之所風景清幽猶其餘事吾人爲免露營種種不便起見故借住之江大學之東齋至於實習之程序預先由李紹德教授規定如下:

Important Topics on Topographic and Hydrographic Surveying of camp

1. Test instrnment assigned.
2. Selecting and marking triangulation stations and B. M. S.
3. Base line measurement and corrections.
4. Measurement of angles (Horizontal and Vertical).
5. Establishing B. M. S.
6. Astronomical determination of Base line between triangular stations.
7. Connecting traverse with triangulation.
8. Adjustment of triangulation.
9. Plotting triangulations.
10. Filling in topographic details.
11. Hydaographic surveying.
12. Mapping.
13. Testing instrument to be handed in.

七月七日爲本屆實習開始之日。午後一時,同學三十人皆站立求是橋畔,守候專車及三時始至三時半啓行既達,本科助教吳王二先生出而相迎,全隊借住東齋宿舍,舍前綠蔭蒼翠,淸泉映帶其右,背山臨江,風景殊幽靜,移時落日西沉,各備寢事。

八日:上午校正儀器,下午由吳沐之先生率領出發踏勘地形,適遇大雨,避于村中,多時,道路濡滑,匯難于行,同學均甚奮發,結果勘定梵村附近之道冠,紅廟,陣家諸山爲地形測量地點,錢塘江支流爲水文測量地點,幷決定三角站十,水準標誌七,

九日,各組開始工作,第一,五兩組測基線,卽用第一第二,兩三角站間之

距離,基線之選擇,須地面頗平坦,故我輩採用已築成之富杭公路,該路係碎石鋪成,測量時,敲釘木樁,殊非易事,且每百尺間須決定一整齊之坡度(grade),木樁之上下移動,極感困難,幸各同學甚努力,重覆測量,六次結果均甚相符,測基線之前,曾架三角架二。第二,三,四,三組測水準,以沿途岡巒起伏費時極多。

十日,第一,四,五組測水準,第一組測自第一標誌至第七標誌間之高度差(Cifference in Elevation)用普通水準方法來往共測兩次,所得結果,兩次相差僅百分之三英呎。第三組量基線,並測其子午線。量基線之工作,已係第二次,第一次測量時之木樁痕跡,不難覓獲,依跡釘樁,毫不費力,工作甚速,既畢,時近午,太陽之直面角太大,經緯儀無從應用,故以Observation for Meridian by a single Alfitude of the sun 方法定子午線之舉,不能進行,今日機會不佳,祇可待諸他日。第二組在三角站讀平面角及直面角共佔六站,測三十餘角。用複角儀原理,每讀一角,須正視六次,倒視六次,共十二次,頗費時間,平均廿分鐘讀一角,卅餘角,非十二時以上不能完結,且日至晌午,山間瘴氣瀰漫空氣折光亦甚太,讀角極感困難,工作殊甚遲緩,是以黎明出發,事畢歸來,已金烏西墮矣。

十一日,第一組讀三角網之平面角及直面角,佔站六,測角四十餘,該組鑒于昨日第二組讀角甚遲緩,遂分一組爲兩小組,各佔三站,分工進行,加以技能較純熟,故午後二時即全部完成,並補測前日以時間關係未測之基綫的子午線,時太陽之直面角約四十餘度,易于觀察,未幾即成。第二,四組量基綫及安置 T_9, T_{10} 兩站三角架,第三組水文測量,及在 T_7, T_8, 兩站讀角,第五組續測水準。

十二日,第一,五,兩組同測梵村附近錢塘江岸綫,河深及河牀之形狀等所得結果,最深處不過六呎,河牀甚平坦,係一規則斜面,(Uniform slop),測量方法,大致如下:分參加者爲乘船及登陸二隊,乘船者來往兩岸之間,約每分鐘用鉛錘線(Lead line)沉至河底以測河深,鳴笛及揮紅綠兩旗以示標記,記錄人隨即記下河深,旗色及時間,在岸上之一隊,攜經緯儀二,分置于相鄰之二三角站上,一聞船上之笛聲,即讀船之位角,以定測深處之位置。每站有記錄一人,司記角度,旗色,及時間之責,俾工作完畢後,三方記錄可相互校對也,第二,三組測水準,第四組續測三角網之平面角及直面角。

十三日,第一組續測水準,第五組續測三角網,第二組測基綫及其子午綫,第二,四兩組水文測量,並用平板儀測河岸附近地形,推以天氣炎烈,汗流浹背,圖紙盡濕,圖跡模糊,成績不佳。

十四日,實習至今日已一週矣,此一週間,日出而作,日入而息,飲食起居均失常態,且氣候炎熱,難免疲勞,故停工一日,以資休息。

十五日,第一,二兩組測導綫(Conneting traverse with triangulation)第一組所測導綫 a 須與 T_1 T_2 相閉塞,第二組所測導綫 b 須與 T_2 T_3 相閉塞,測量時極注意導綫站之選擇,其方法以地面之大小,地形之變化,儀器之能力而定,並須顧及附近地勢樹林及房屋等之完全測得者爲佳,用經緯儀及水準標桿,以照距法(Stadia Method)測導綫邊長讀眞方角(Azimuth)以便計算各邊之縱橫距(Latitude and Departure),爲繪圖之準備,兩組所測區域,地形複雜,樹木叢疊,障碍極多,且草深沒脛,蛇蝎雜處,攜帶儀器,上下其間殊非易易。第三,四,五,三組續測水準。

十六日,第一,二兩組測水準,第三,四,五三組導綫 c, d, e。區域較小,地形整齊,故少困難。

十七日,上午爲室內工作,計算三角網,校正,計算邊長,及四邊形校準練習。平面角校正,分測點校正(station adjustment)及圖形校正(Figrue Adjustment)兩種,前者係察每站各角之和是否爲四直角,不符之數,平均分配于諸角內,後者係察三角形三角之和是否等於兩直角,如有錯誤亦平均分配之,唯第一次校正結果,必不能適合此兩條件,須循環推算,則差誤遞減,卒至于零,我等校正多則七次,少則四次,卽可使差誤減至十分之一抄,已適合實用上之準確程度,校正旣畢,開始計算邊長。下午繪三角網,用坐標法(Coordinates Method)

十八日,各組完成導綫。

十九日,室內工作爲計算導線及繪圖,先算邊長,卽兩導綫站間之距離,次算各邊之縱橫距,唯結果均不甚佳,其連合差(Error of Closure)之大者近五百分之一,小者近千分之一,超過差誤之限制,所測導綫均不準確,必行重測,其差誤過大之原因,殆緣邊距過長儀器能力不足應用之故歟。

廿日,各組重測導綫。

廿一日,第一,三,五,三組重測水準,第二四兩組繪測深河岸圖。

廿二日,上午記算導綫,所得結果,較前次爲佳,連合差在千分之一以下,合于規定之限制,導綫工作,乃告完成,下午繪圖,連導綫三角網于一紙用坐標法。

廿三日起,測量地形,各組就其導綫區域內位置之,均用經緯儀及照距標尺取點,凡地形複雜,山嶺重疊之處,取點較多,平坦之處,取點頗少,總之以足供繪圖爲原則。

廿六七兩日,測斷面及流速,地點在之江大學前錢塘江畔,兩組同時工作,分登陸及乘船兩隊,船之行駛,依照一標準直綫之方向,(Range Line)測斷面方法,與上述水文測量相同,茲不贅述,流速測量,係用 price current Meter,採一點測流速法(single point Method)卽在一直面上僅測一點,求該處之平均流速(Mean Velocity),照普通情形,河流每斷之平均速度,約等于該斷水面下十分之六深度處之流速,故我等在測每處流速之先,必測該處之河深,然後計算十分之六深度爲若干,而下沉流速計于該點,如此每次往返兩岸共測十餘點,則該斷面之平均流速自知矣。工作時,方潮水高漲後,水流頗緩,所得結果,尙稱準確。

廿八日後,野外工作告一結束,遂開始繪地形圖填于前繪成之三角網及導綫圖紙上,比例長度為一千二百分之一,地勢高低,用等高綫表明,每十呎一綫,最高者約四百呎,河流最深處在四十呎以上,因地形複雜,等高綫之連結,頗費時間,底圖既竣復集全圖于複印紙上(Tracing-paper)以便翻印,工作至此遂告竣事。

本屆實習,時期雖短,但天氣炎熱,數倍疇昔,且時疫流行,各存戒心,幸寓所背山臨江,風景幽美,每當夕陽西下,徘徊江邊,或相偕游泳,不啻溽暑中之唯一淸凉劑也。八月二日,繪圖工作大體完成,卽作歸計,複印圖未了處,由盛祖同君單獨留杭一手繪好,盛君不辭辛勞,殊堪欽佩。因附誌數語,聊表個人敬意。

民二四級赴諸暨璜山附近地質考察記

趙琇孫　　吳沈釔

古人遺告我們:"欲窮千里目,更上一層樓",在本處的見聞終是有限的。我們也深知道:"秀才不出門,能知天下事,"的一句話已絕不能應合於現在的潮流了。因此我們常常在找機會,想作外埠的旅行;不但是增廣見聞開拓胸襟,而對於天天面對着英文字,手拉着計算尺的生活,也必得到個莫大的調劑。

這個學期裏,我們讀的地質學一科向例,有一次實地的考察,再加新任地質學教授劉崇漢先生也大以"教室裏的智識無論如何是極有限的"為然,這樣我們便決定了行意。

其次,擇妥目的地,到諸暨璜山去;因為那裏既是山明水秀之區,亦非普通常到之地,而且路程不遠,所費無多。但是,為了學校經費拮据,不能照我們預算撥給的緣故,我們全班同去的原議,未告實踐。結果呢,十一月十九日,我們大多數成行。

任何一處的地質,決非一天兩天所能考察詳細,而尤其是我們祇學得一點普通的地質學識者。可是次日的諸暨國民新聞上竟這樣載着:

「國立浙江大學,自程天放氏長校以來,整頓不遺餘力,對於學生功課方面,尤注重于校外實地練習;雖在經費異常竭蹶之際,仍時遣學生赴外埠作考察參觀之舉,藉以增廣見聞。茲悉該校工學院土木工程系地質考察團,由教授劉崇漢先生等領導,于昨日來暨,今晨將赴璜山考察。該山包藏各岩甚豐,而劉教授又極富于地質經驗,想該團此行之研究探討,定有良好成績,足資吾邑發展礦業之借鏡。昨日斜風細雨,而該團精神勃勃,不為稍減,尤足令人欽佩也。」

那麽雖然我們此行大半目的還在增廣見聞,調劑生活,而關于工作方面,也理當分外努力一下,才不負了他們的話了。

所以下一天清晨出發璜山後,竭我們的智,盡我們的力,再參加了劉先生的輔助,得到下面四項小結果,工作完畢自然已是日落山後的辰光,精疲力盡的模樣,黄昏時候,但見一行燈籠光在崇山峻嶺間,飛流急湍旁,徐徐回到諸暨城畔。

二十一日上午,便遊西子廟,浣沙溪,拜仰遺跡,感歎之餘,誰都會為現代的一般中國人抱愧!這天晚上歸杭後,整理了這些些的報告:

一.地質史　璜山附近的地質,可從岩石分布的狀况,和牠的層次上看出來;在前古生代的時候,實是一個火山活動時期,後來緊接着地殼變動,所以寒武記的岩層,都成不整合的狀態,寒武紀以下,即下古生代的地層,因覆在流紋岩的下面,不易發見,所以不敢斷定,在古生代終了的時候,侵削和地殼變動又大大的活動起來,到中生代將末的時候,有大量的岩漿噴出,但是一方面仍舊受局部的侵削作用,成為虎頭山的凝灰岩,和礫岩等類;以後接着地殼變動,而璜山附近的大岩基,就在這個時候侵入。同時鋅鉛等礦床便也這個時候告成了。

二.地形　諸暨附近的地形,是一個離海面九百多尺的高原,後因河流的侵溶,漸漸的成為各分水嶺及走向山脈。在諸暨的西面,是浦陽江及其支源的流域。上流多有從西南流向東北的河流,區內岩石的構造,簡單的講來,可以說是一種背斜層,其軸線走向東北西南;浦陽江則沿其一斷層所成的山谷而流入曹娥江。

三.岩石概況

甲.火成岩　璜山附近發見的火成岩共二種。

1. 流紋岩　流紋岩為璜山和璜山附近諸山的基本岩石,分佈的區域可稱最廣。在富陽蕭山諸暨一帶,除去極少數的變質岩和水成

岩的露頭之外　多被此種岩石所覆沒.岩石狀況雖是各地不一,不過牠的層次大約是:

底部	凝灰岩角礫岩	二百公尺
中部	流紋岩流紋斑岩	三百五十公尺
面部	礫岩沙岩	二百五十公尺

礫岩和沙岩的露頭,可在虎頭山找出,岩層傾斜南七十五度,西傾角大約十五度,這種岩石的最上部是礫岩,其次是沙岩,再下又是礫岩,但這層岩的礫石漸小,並且時現綠色.

流紋岩和流紋斑岩的分佈最廣,牠們的性質和形狀雖不一律,大致是一紫色的濳晶;至似玻質的透長石,石英斜長石等的斑晶岩基,大概是流狀結構,有時也有球粒狀結構,並常在流紋岩中能發現綠色的凝灰岩.

角礫岩中的碎裂物,大致是流紋岩和流紋岩的風化生成物,其間礦物大致是長英質結構,並且是一種淺色的濳晶體.

2. 偉晶岩　偉晶岩是火成岩中最普通的一種,其中主要礦物是石英,和正長石,往往是文象連晶結構.此岩脈中含有淺色的細粒圓塊,晶粒雖小,而礦物的成份,實和偉晶岩相同.

乙.變質岩　在開化溪一帶,可以發見變質岩的露頭,牠的附近往往可以發見雲母片岩和石英片岩.變質岩裏最主要的有下列兩種:

1. 片麻岩　片麻岩在魯村附近可以找到,大半是角閃石片麻岩,其中黑白帶狀結構相間而生,帶的寬度各地不同,大致爲一二公分.淺色帶爲石英石長石,深色帶則爲綠色角閃石所成.綠簾石,綠泥石,及褐鐵礦時能於其中發見.其成因乃變質的結果.

2. 閃長岩　閃長岩的露頭,發現在許村附近,成層狀的長條,閃長岩和流紋岩相接的地方,往往成小谷,在洞岩山的西北方,同流紋岩成了一個斷層接觸,其間礦物大致爲石英閃長岩等類.

四.礦產　璜山附近的礦產極多,主要的有銀,鉛,鋅,鐵,銅,等礦.不過此等礦床多合生一處,現在把牠們的產地各別的寫在下面.

甲.塘裏塢　塘裏塢離璜山約十里,在璜山之南,該地礦石大都生在石灰岩中,成一至一公尺半的礦脈,礦脈中的礦物有粗晶粒的石英閃鋅礦,方鉛礦,黃鐵礦和黃銅礦.當地人士很想開採,民國十八年冬季,曾經組織過一個公司,試行採採,可是在最近已停頓了.

乙.高塢坑　高塢坑礦床爲一不規則的礦脈,和交換的扁豆形體,有白雲母錯鐵礦脈,和大理石化的灰岩,所可採的礦乃是閃鋅礦,同少數方鉛礦.其餘因產量較少,不值得去開採.

丙.銀坑大尖　銀坑大尖在璜山西南約二十里,礦石中有多量的鋅礦和少數方鉛礦合生一處,黃鐵礦和黃銅礦不常見.閃鋅礦多沿透渾石的解理,或石榴子石,燐灰石及綠簾石的邊椽,因起交代作用而生.方鉛礦雖也可以發見,但因產量太少不值得注意.

丁.洞岩山　洞岩山在璜山東北廿里,成一高出海面三百五十尺的小山,礦床成一不規則的帶狀形,生在再結晶的石灰岩裏.礦床大都是半面晶體的閃鋅礦,小晶體的黃鐵礦,及少許方鉛礦.黃鐵礦和閃鋅礦常互交成帶形,在礦脈裏面方解石是主要的蠻石,成長帶狀,夾在閃鋅礦或黃鐵礦的帶裏面.有時閃鋅礦黃鐵礦和方解石混合而生,沒有以前說的那種分離的現象.洞岩山裏面,以前大豐公司在那裏開採,可是現在却停頓了.

總之璜山附近的礦產很可注意,不可儘牠埋沒着,但至於開採問題,必須採礦專家大規模的探測,決非我們學土木的人,費了很少的時間便可知其究竟.本篇之作,僅起礦業家與採礦家對于璜山之注意而已.

雜錄數則

羅元謙

課餘之暇,輒赴圖書館翻閱新到雜誌擇其易懂而有趣者摘譯數則此外並有此次東北考察各工廠參觀略記稍事整理以實土木工程云。

I. 調合時間對於混凝土碎力之應響:——美國最近從40種不同之公路建築,於實地野外情況下,作3,000以上之單獨試驗。意在求調合時間,如何應響混凝土之碎力。圖一卽表示此次大規模試驗之結果,從圖可知新式舖道於良好情形之下,45秒鍾爲最大碎力混凝土之調合時間。

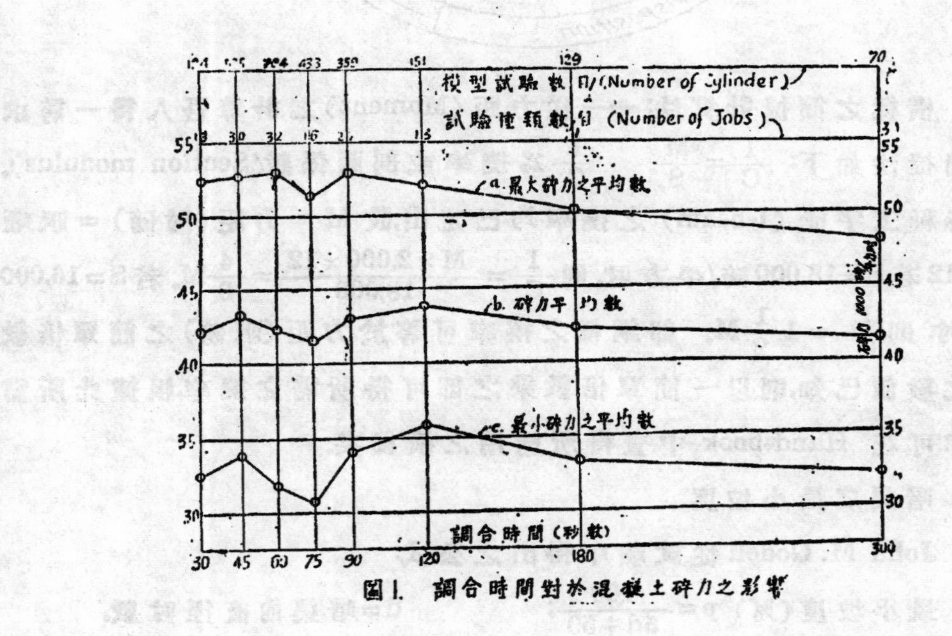

圖1. 調合時間對於混凝土碎力之影響

II, 水文周道圖 (Hydrologic-cycle)

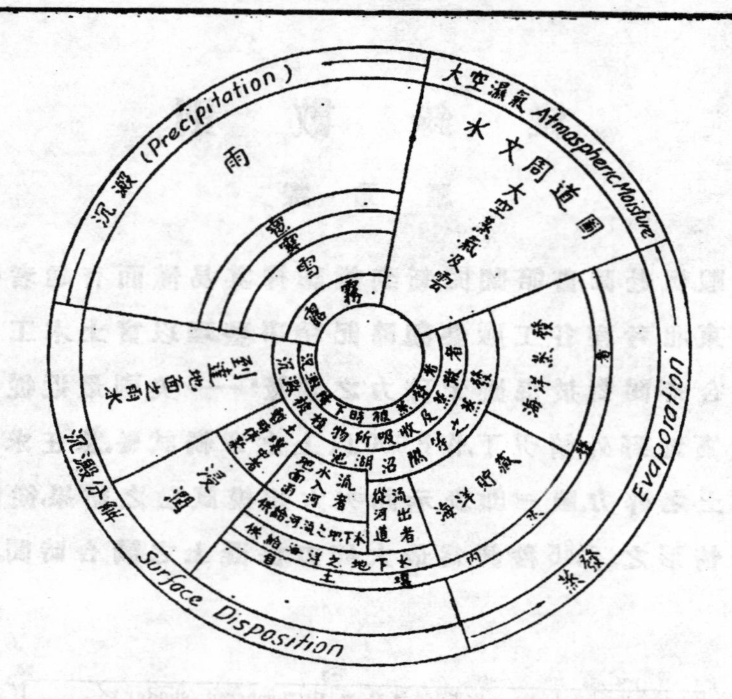

III. 橫樑之簡捷計算法:——從力距(Moment)之計算吾人得一尋求橫樑之簡捷法如下: $\frac{I}{C}=\frac{M}{S}$. $\frac{I}{C}$爲撓率或剖面係數(Section modulus). 市場上各種工字樑(I-beam)之撓率均已定出,設 M = 力距(吋磅) = 呎噸 ×2,000×12 若 S=18,000 磅/平方吋。則 $\frac{I}{C}=\frac{M\times2{,}000\times12}{18{,}000}=\frac{4}{3}M$. 若 S=16,000 磅/平方吋,則 $\frac{I}{C}=1\frac{1}{2}M$. 卽鋼樑之撓率可等於力距(呎磅)之簡單倍數,設力距之數值已知,則以一簡單倍數乘之卽可得所需之撓率,根據此所需之撓率,卽可在 Hand-book 中查得所適用之橫樑矣。

IV. 暗渠之最小坡度

1. John M. Godell 從試驗中得出之公式:

最小坡度(%) $p=\frac{100}{5d+50}$;　　　d=暗渠內直徑吋數。

2. 某學校生經過長期試驗得下列公式:

直徑小於12吋時 $p=\frac{1}{10\,d}$;　　　d=直徑吋數。

直徑爲12吋至48吋時;

$p=\frac{x}{100}$; $x=100S=\frac{60}{D^2+10d}$

在上式中,S為坡度之正弦,D為渠徑呎數,d為渠徑吋數。

3. Moores and Silcock's "Sanitary Engineering"

渠徑吋數	8	9	12	15	18	24
最小坡度	$\frac{1}{175}$	$\frac{1}{250}$	$\frac{1}{400}$	$\frac{1}{600}$	$\frac{1}{800}$	$\frac{1}{1000}$

4. Staley and Pierson's "Separate Systerm of Sewerage."

渠徑吋數	6	9	12	24
最小坡度	$\frac{1}{142}=\frac{0.704}{100}$	$\frac{1}{203}=\frac{0.494}{100}$	$\frac{1}{385}=\frac{0.26}{100}$	$\frac{1}{775}=\frac{0.123}{100}$

V. 適用於最高坡之經濟舖面:——此式採用於日本東京,取其堅欠糙面而又經濟也。故定為坡度大於 4% 之標準舖面詳見下圖:

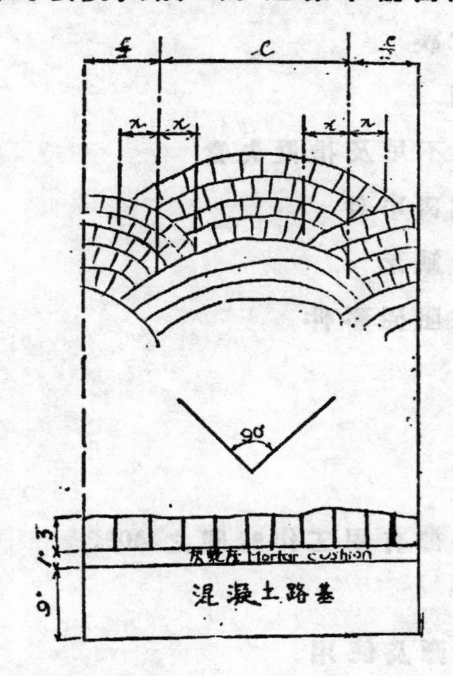

VI. 公路築造時間損失之分析:—— 此種研究,分主要損失 (Major loss)及次要損失(Minor loss)兩種。主要損失,即躭誤時間在十五分鐘以上者。次要損失,即躭誤時間在十五分鐘以下者。此種分析之研究,分佈美國全

部,於一百種以最新式築路器具,從事混凝土舖面工作。公路局於投標手續完畢後,夫役及器械聚集後,開始工作,審視而記錄之,得調合機(Mixer)及汽機鏟(Steam shovel)工作時間損失之平均數,以全部有用之工作時間(Available calender working hours)為100%,則主要及次要損失之平均數如下:

1. 調合機工作時間損失

A. 主要損失

	百分率(%)
雨水	9.5
踏基*之潮濕	8.0
物料之缺乏	3.5
路機移動之躭誤	3.5
踏基缺乏準備	3.0
運料器械供應不足及措置失當	3.0
調合機發生阻礙事件	2.0
調合機內水量缺乏	2.0
載重器械發生阻碍事件	1.5
其他	4.0
	共計 40.0%

* Subgrade。

即主要損失佔全部有用工作時間之40%。

B. 次要損失

	百分率(%)
運料機器之供應及使用	7.3
調合機內水量缺乏及發生阻礙	1.9
整正踏基之躭誤	1.6
調合機之使用	1.3

調合機發生阻碍	1.1
工作地點物料供給缺乏	0.7
路面粉修 (Finishing)	0.4
其他	1.3
	共計 15.6%

即次要損失佔全部有用工作時間之15.6%或當實用工作時間(Actual working hours) 之 26%。

2. 汽機鏟工作時間之損失。

A. 主要損失	百分率(%)
汽鏟或其他器械之修理	10.5
雨水及地面之潮濕	9.4
鏟機搬移之躭誤	2.8
鑽掘及炸裂(drilling and blasting)	2.1
運料器械供應不足或阻礙	1.4
燃料及水量之不足	0.9
其他	3.0
	共計 30.1%

B. 次要損失	百分率(%)
運料器械供應不足	8.2
運料器械使用失當	5.4
汽鏟之搬移	3.3
大石塊及殘幹之搬掘	2.5
汽鏟之修理	2.3
器械使用之躭誤	1.1
加燃料	0.7

炸毀石塊	0.4
校對坡度(check)	0.3
其他	2.9
	共計 27.1%

VII. 各國機車支持點之平面圖

支持者

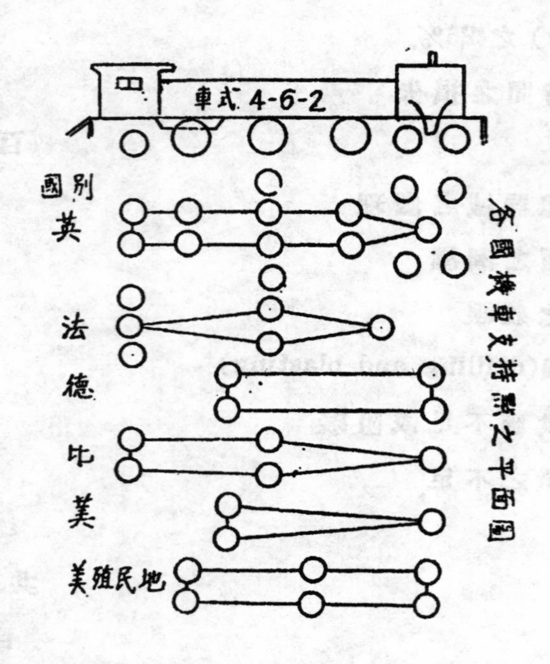

國別 英 法 德 比 美 美殖民地

IIX. 國有鐵路三車廠略記:——此次畢業考試後有國內考察之行歷南京青島遼甯北平天津及上海等處舉凡風景禮俗美術建築名勝古蹟皆在參觀之列而于鉄路工廠方面尤爲吾輩習土木工程者所應注意唯以時間短促不暇細究眞所謂走馬看花百不得一對于當日所見聞之大槪情形盡量記錄略事參考而整理之作爲表式聊作他日迴憶之借鏡耳。

名稱	北甯路唐山製造廠	膠濟路四方機車廠	北寧路皇姑屯工廠
位置	河北唐山鎮車站附近	山東四方鎮青島西五哩	遼甯皇姑廠車站北
面積	全廠地基約六百畝 廠房約七十畝	全廠地基三百三十畝 廠房約三十四畝	全廠一千畝 廠房一百畝
性質	修理及製造機車及客貨車	修理及製造機車及客貨車	仝上
每月費用	職工及燃料約十萬元	不詳	不詳
廠之分部觀	Ⅰ. 機車廠—1. 打鉄廠 2. 建立廠 3. 木樣廠 4. 打銅廠 5. 白鉄廠 6. 鍋爐（共三處） 7. 翻沙廠—鑄鉄鑄銅 8. 鉚釘廠 9. 機器廠 10. 鍋爐火管洗淨廠 Ⅱ. 客貨車廠—1. 修車場 2. 鍋爐房 3. 車骨廠 4. 機器廠 5. 車輪廠 6. 鋸木廠 7. 打鉄廠 8. 裁縫廠 9. 木廠 10. 轉徹架機廠 Ⅲ. 其他不屬上列兩部者有風閘房油漆房電氣房	Ⅰ. 第一工場—1.建立廠 2. 圓式車房 3.鍋爐房 Ⅱ. 第二工場—1.機器廠 2. 銅匠廠 3.錫匠廠 4. 裝配廠 Ⅲ. 第三工場—1.翻沙廠（銅鉄鋼三部） 2. 模型廠 3. 打鉄廠（包括彈簧廠） Ⅳ. 第四工場—1.裁縫廠 2. 車骨廠 3.轉車廠 4. 油漆廠 5.木廠 Ⅴ. 第五工場—1.原動力房 2. 機器房 3. 電鍍房 4. 壓氣機器房 5. 蓄電池房	創辦爲時不久故各廠房構造及佈置尚未完全備計有機械所建立所鑄工所模型所鍋爐房電機房電氣修理廠客貨車修理廠等
廠房式樣及建築	全廠屋頂均爲白鉄平屋三角式唯電機房爲木板頂三層樓鋼梁磚柱占大多數亦有木梁木柱洋灰柱者除翻沙廠爲地外其餘全爲洋灰地墻磚沙	全廠大部爲平房三角式白鉄屋頂磚墻鋼梁磚柱洋灰地	全廠屋頂皆爲白鐵平房三角式唯機械所爲新式鋸齒式除機械建立鑄工三所爲鐵樑外餘物用木
每日工作時間	一年内凡變更三次最長十小時最短九小時	十小時	十小時
職工	職工共約三千人	工人約一千五百人	不詳
廠外設備	高級職員住宅供給娛樂衞生設備甚少有附設學徒班路局辦有扶輪學校廠中職工子弟可免費入學	醫院設廠內職工免費就診廠對面爲花園頗軒敞有草木池沼假山之勝職工住宅在廠後並供給自來水電燈職員住宅供給工人住宅收四分之一房金其餘娛樂設備甚多	不詳

附註	規模之大設備之多爲國內各廠冠唯各種設備較舊式耳	設備雖不及唐廠然較爲新式並具他廠所無之材料試驗室此外娛樂衞生住宅等設備爲國內各廠冠該廠本爲德人所創辦者歐戰時日人櫻取之太平洋會議找國以五千萬金馬克贖回	民十五議定添設該廠開辦費一百萬元于民十七年工竣開始工作一切設備並未完善然皆爲新式者且空地甚多將來擴充爲事甚易也

IX. 平綏路南口八達嶺段略記：——今夏國內考察，由瀋陽至北平，再乘平綏路車至八達嶺，登萬里長城。俯視之下，數千年古蹟長城蜿蜒，層巒疊嶂煞是天下奇觀。雖拙于文，然亦不可不略記之也。南口至八達嶺段，有山洞四，其一長三千五百餘尺者，適當長城之下，坡度峭峻，工程艱鉅，尤爲土木工程者所應詳究。平綏路卽前京張路，張家口在居庸關外爲通蒙古孔道亦一軍事重鎭，商業盛埠也。路于遜清光緒三十一年九月開工，三十二年八月完竣。測勘興築，概用國人。絕不借材他國。爲我國唯一純料自造之路。距豐台一百零四里爲南口。南口至岔道城之間，有著名之關溝，穿四洞焉。其長爲一千二百零四尺，一百八十尺，四百六十三尺，及三千五百八十尺。此段路工有，鑿山深至九十餘尺者。最長之峒，（卽在長城之下）工程最爲艱險。關溝一段，山勢險阻，坡度漸高。南口至八達嶺，高低相差一千八百餘尺。故軌道無論如何繞越，坡度均用至高計。用三十尺升一尺者八哩餘，有用三十三尺或三十四尺升一尺者，方得漸趨平坦。故南口至八達嶺段，須換用馬立特（Mallet）機車（車重96噸，並煤水車共136噸）可行於300尺之半徑軌弧，車上駛時遠瞰山路如行棧道。而沿路層巒疊嶂，盤路峭石。行時，乘客咸屛息忍聲，唯聞機聲隆隆，作喘吼聲。所聞見者，備極驚悸。車上坂度，每十數里退駛平峯（hump）上再加煤鼓氣前進。機輛抵八達嶺麓後，巳力疲盡。步行上嶺，登長城過城級，不知其數，始達最高點。雄關峻嶺，悉歸眼底。長城建築之偉大，於斯始信，徘徊久之，頓覺此身之渺小，而胸襟爲之一振也，飽餐雄氣，飢渴亦忘，興盡始下，車下行時，不加煤水，自動轉下至南口，再換別式機車拖載。長城之牆時以手約量得爲8"×16"空縫（joint）約1"惜無殘磚，未能攜歸作試驗。否則亦一趣事也。

本校土木工程學系概況

吳歆鈺

土木工程學系,開辦於民國十六之秋.迄今已六年.畢業同學,計有兩班,共三十九人,服務社會,蜚聲翠起.茲將設備,課程,教授,以及會員近況,表列如下:

設備一覽

(A) 材料試驗室

分類	名稱	件數
機械	安母斯意材料試驗機	一
	油壓機連馬達	一
	水泥漲力試驗機	二
附件	剪力,壓力,結合力等.試驗附件.	共八件
儀器	加氏器	五
	比重瓶	五
	水泥漲,壓力銅模	各十二件
	分桿機	一
	量彎儀	一
	天秤	二
	彈簧秤	二
	其他	共三六件
用具	白鐵匣,水泥力等	共二六件

(B) 水力實驗室

分　類	名　稱	件　數
機　械	打水機連馬達	一
	鐵水櫃	一
	鐵水塔	一
附　件	各種白鐵管,銅管,玻璃管,橡皮管,考克凡而,銅凡而,水汀凡而,各種瀉頭及其他。	共五七六件
儀　器	水壓計	二
	畢託管	一
	量水計	三
	U字水銀管	一
	銅量水門,銅水量孔,銅水櫃等及其他	共四四件

(C) 測量儀器室

分　類	名　稱	件　數
儀　器	經緯儀	八
	水準儀	五
	手持水準儀	四
	平板儀	五
	羅盤儀	二
	六分儀	二
	流速儀	二
用　具	銅捲尺,袖珍寒暑表,水準尺,浮標等以及其他。	共二五五件

學程一覽

大學本土木科第一學年課程表

學程	學程號數	學分 下學期	學分 上學期	每週時數 下學期	每週時數 上學期	先修學程
國文	國 3,4	1	1	2	2	國 1,2 或同等程度
英文	英 3,4	2	2	3	3	英 1,2
物理	理 3,5	3	3	3	3	理 2
物理實習	理 4,6	1	1	3	3	理 (3) (5)
無機化學	203,204	4	4	5	5	201—202
無機實習	205,206	1	1	3	3	(203)(204)
微積分	數 5,6	4	4	4	4	數 3,4
投影幾何	圖 4,5	1	1	3	3	
機械畫	圖 1,2	1	1	3	3	
木鑄工	機 1	1		3		
鍛金工	機 2		1		3	機 1.
黨義	政 1,2	1	1	1	1	
軍事訓練	軍 1,2	$1\frac{1}{2}$	$1\frac{1}{2}$	3	3	
總計		$21\frac{1}{2}$	$21\frac{1}{2}$	36	36	

括弧表明可先讀或同讀

大學土木工程科第二學年課程表

學程	學程號數	學分		每週時數		先修學程
		上學期	下學期	上學期	下學期	
英文	英 5	2		3		英 4
物理	理 7	3		3		理 4，理 6
物理實習	理 8	1		3		理 4，理 6 (理 7)
應用力學	力 1	4		4		理 3，數 6
最小二乘方	數 8	2		2		數 6
機械運動	力 6	2		2		理 3，圖 2
平面測量	101	2		3		(104)
測量實習	104	2		6		(101)
平面及水流測量	102		2		3	(105) 101
測量實習	105		1		3	(102) 104
大地測量（附天文學）	103		2		2	101
材料强弱	力 4		4		4	力 1
建築材料	191		1		2	(力 4)
圖形力學	121		1		3	力 1
地質學	171		2		3	
水力學	131		3		3	力 1
德文	德 1		2		3	
經濟原理	經 1		1		2	
黨義	政 3,4	1	1	1	1	政 2,3
軍事訓練	軍 3,4	$1\frac{1}{2}$	$1\frac{1}{2}$	3	3	軍 2,3
總計		$20\frac{1}{2}$	$21\frac{1}{2}$	33	32	

27190

大學土木工程科第三學年課程表

學程	學程號數	學分		每週時數		先修學程
		上學期	下學期	上學期	下學期	
結構原理	122	4		4		力4
屋架計劃	124	1		3		力4
鐵道測量及土工學	141	2		2		(142) 101
鉄道測量實習及土工計算	142	1		3		104 (141)
水力實驗	132	1		3		131
鋼筋混凝土學	161	3		3		力4
材料試驗	力11 12	1	1	3	3	191 力4
熱機關	機11	3		3		理4
簿記	經2	1		2		經1
德文	德2,3	2	2	3	3	德1,2
工場管理	經21		1		3	經1
土石結構及基礎學	172		2		3	力4
道路學	151		2		3	101
鋼橋計劃	125		3		6	122
電機大意	351		3		3	理4 數6
電機實習	352		1		3	(351)
鐵道建築	143		2		3	141
鋼筋混凝土計劃	162		1		1	161
總計		19	18	26	32	
野外測量				暑假四星期		

大學土木工程科第四學年課程表

學程	學程號數	學分		每週授課或實習時數		先修學程
		上學期	下學期	上學期	下學期	
河海工程學	134	3		4		131
溝渠學	136	2		3		151
鋼橋計劃	126	3		6		122
鋼筋混凝土計劃	163	3		6		161
工程合同及規程	經3	2		2	2	四年級讀
給水工程	135		2		3	131
水工計劃	133	3		6		131 161
雜誌報告	183 184	1	1	1	1	四年級
房屋建築學	192		2		3	191 124
選科		2	10	3	18	
總計		19	15	31	26	

土木工程科選科表

學程	學程號數	學分		每週授課或實習時數		先修學程
		上學期	下學期	上學期	下學期	
畢業論文	181—182	1	1			四年級
德文	德4	2		3		德3
鉄道管理	經22	2		3		經1 143
高等結構	123	2		3		122
鉄道經濟	經11	2		3		經1 143
鉄道運輸學	145		1		2	143
灌溉學	140		2		3	131
水文學	139		2		3	131
市政管理	經23		1		1	經1 135，136
鋼橋計劃	127		3		6	122 126
鋼筋混凝土計劃	164		3		6	161
道路計劃	152		1		3	141 151
水工計劃	138		3		6	131 133
水力工程學	137		2		3	131
鉄道計劃	144		2		3	143
估計	經4		1		2	四年級

自一年級至畢業黨義軍訓及野外測量除外,需修 146 學分,最近又加水紋學 2 學分,現需 148 學分。

27193

歷任本科專門教授一覽

姓名	担任課程	備註
吳馥初	士木科主任，兼授結構原理，鐵道鋼橋計劃工程合同等	
張雲青	應用力學，材料强弱土石結構鋼筋混凝土設計等	
徐世大	水力學	離校
沈昌	水力學等	離校
陳大受	地質學	離校
柏脫森	給水工程	離校
柳叔平	應用力學，結構等	離校
錢寶琮	最小二程方	離校
臘美亞	測量，德文	離校
吳錦慶	水力學，水工計劃，河海工程等	離校
周尙	材料强弱學，德文	離校
陸鳳書	平面大地水文測量道路學等	離校
王藹如	結構學等	離校
陳體誠	道路學	離校
盧孝候	鐵道測量，高等結構屋架計劃等	離校
劉崇漢	地質學	
魏海壽	地質學	離校
王光釗	高等水力學，污水工程水工計劃等	離校
李紹德	測量，建築材料等	
丁人鯤	給水工程，河海工程，道路學等	
徐南騶	水工計劃，水文學，水力學等	
黃中	房屋建築高等結溝鋼筋混凝土學等	
杜光祖	應用力學	離校
殷昌沛	材料强弱	離校

27194

胡仁源　熱機關，機械原理投影幾何　。
曹鳳山　電機大意
孫潮洲　電機實習
朱續祖　工廠管理，電機實習
陳仲和　材料試驗講師
吳沐之　測量助教
王同熙　測量及結構助教

畢業會員一覽

第一屆

姓　名	服務機關及其通訊地址
吳光漢	上海江海關大廈四樓濬浦工程局
劉俊傑	浙江省公路局麗青路工程處(最近調申某機關未詳)
茅紹文	上海市土地局
徐邦甯	浙江省公路局副工程師
丁守常	甯波江北岸浙江省公路局鄞鎮慈路工程處副工程師
羅元謙	江西省公路局
顏壽曾	浙江省縉雲雲甯村公路局縉麗路工程處
陳允明	浙江省公路局
翁天麟	上海南市茅家弄工務局
高順德	浙江省杭江鉄路工程局
葉澤深	浙江省公路局
湯武鉞	南京交通部揚子江水道整委會測量隊
胡鳴時	上海圓明園路愼昌洋行建築部
孫經楞	江蘇導淮委員會

第二屆

王同熙　本校助教

王德光　浙江省公路局縉麗路工程處

朱立剛　南京全國經濟委員會公路工程處

任開鈞　浙江省公路局京杭路湖州養路工程處

李兆槐　上海博物院路三號光華油公司建築工程處

任彭齡　上海南市茅家弄市工務局

李　珣　四川重慶馬路局

李恆元　浙江省公路局永縉路工程處

李春松　上海濬浦工程局

宋夢漁　交通部揚子江水道整理委員會測量隊（鎮江日新路祥豐巷九號）

吳仁濟　浙江省水利局衢縣流量站

金學洪　浙江省公路局設計科

邵毓涵　浙江省公路局（現往上海某建築公司未詳）

翁郁文　南京全國經濟委員會公路工程處

凌熙賡　南京軍政部兵工署

陳乙彝　浙江省公路局

曹鳳藻　浙江省公路局

張元綸　交通部揚子江水道整理委員會測量隊（鎮江日新路祥豐巷九號）

陳廷綱　湖北省建設廳（現調浙江公路局）

張德錩　杭江鐵路工程局

湯辰壽　南京丁家橋陸軍砲兵學校工程管理處

董第爵　浙江省水利局

董夢敖　甘肅省建設廳公路局副工程師

蔡建冰　全國經濟委員會武漢工程辦事處

錢元爵　浙江省公路局

會務報告

吳觀銓

本會成立於民一八之秋,迄今三載有半.第一屆會務,載之於本刊第一卷第一期中,甚綦詳.第五屆會務,略見於本刊第一卷第二期內,今爲第七屆適本刊第二卷第一期出版,乃將本屆與前一屆會務,擇其碌碌大者,報告於下;至二,三,四屆會務報告,早付缺如,明日黃花,不復贅述.

第六屆理事　徐世齊,馬梓南,戴　顗,劉　楷,蔣公魯,(已故)許陶培,金培才,栗宗嵩,姚寶仁,惲新安,吳觀銓.

職員　總務部長　馬梓南

文牘　吳觀銓

會計　許陶培

庶務　惲新安

研究部長　戴　顗

調查部長　栗宗嵩

編輯部長　蔣公魯(已故)

大事記

二十年四月十五日,舉行常會.本系主任吳馥初先生涖會訓詞.

五月二十七日　公推戴顗蔣公魯栗宗嵩吳觀銓擬就土木工程系發展計劃書,當由馬梓南惲新安持呈　程校長,校長面諭,"浙大經費,如入佳境,儘先發展本系"云云.

六月十八日　會徽製就,卽行分發,並函畢業會員領取,其號數支配如下.

27197

民二〇級會員共14人　自第1號至第14號，

民二一級會員共25人　自第15號至第39號，

民二二級會員共27人　自第40號至第66號，

民二三級會員共17人　自第67號至第83號，

民二四級會員共25人　自第84號至第108號，

民二五級會員共41人　自第109號至第149號，

第七屆理事　洪西青，劉　楷，吳錦安，許陶培，惲新安，金培才，繆炯豫，盛祖同，吳觀銓，趙琇孫，馬淑閑。

職員　總務部長　洪西青

文牘　吳觀銓

會計　許陶培

庶務　金培才

研究部長　劉　楷

調查部長　繆炯豫

出版部長　吳錦安

大事記

十月一日　理事會決議本屆出版土木工程第二卷第一期，即由出版部着手進行。並決議，函本院測量系同學，加入本會為會員。

十月三日　測量系全體同學，加入本會為普通會員。

十月六日　舉行本屆常會，校長程天放先生蒞會訓詞；工學院生活指導員徐震池君蒞會惠詞；畢業會員李君兆槐，李君春松出席講演。校長訓詞，節錄如下：——

校長訓詞略謂：今日為浙大土木工程學會舉行常年大會之期，藉與諸同學見面，曷勝歡快！工程關於民生之重要，諸同學係學工程者，當知之甚詳無煩縷　。頃聞李君報告，知西北物質生活與東南相較，誠不可同日而語，而東南物質生活,與西洋相較,又不可同日而語,故欲使西北物質生活,能與東南相埒,非提倡工程事業不可;欲使中國物質生活,能與西洋相埒,亦非提倡工程事業不可。

各種工程中,有爲外國輸入者,如電機工程機械工程是;有爲中國所略知一二者,如化學工程之造紙製燭是;有爲中國所固有者,則爲土木工程,其在中國古時,土木工程已發展至相當程度。如長城之建築,運河之穿鑿,皆綿亙數千里,全用人力掘成,其工程之浩大,在西洋亦所罕見,巴拿馬運河全係機械所鑿成,而其長不過五十餘英哩耳!至於建築而藝術化者,如中國宮殿式之房屋,歐美各國,多仿傚之,又如寺院之塔,原爲印度所發明,中國人學之,技術更精,開封之琉璨塔,土人名之曰鐵塔,全部十三層,全爲琉璨瓦所造成,每當陽光映照,輝煌可愛;江干之六和塔,其於錢塘風光,自亦增色不少!又如橋,蘇州之寶帶橋,有橋洞至七十餘之多。凡此皆足證明土木工程學,在中國已發達到相當程度矣!

電機工程機械工程,非中國所固有,今不如人,無所愧色;至若中國所固有且已發達至相當程度之土木工程,而今反不如人,吾人自省,能不生愧?!諸君既學土木工程,對於土木工程事業,當思有以發展,與西洋並駕齊驅;一方更當採取外國之科學原理與方法;一方更當恢復中國固有之魄力與精神。

現在國難方殷,民生凋蔽,交通水利,各種事業,俱蹶而不振,諸君當努力研究學術,他日能有所貢獻於社會國家,是則兄弟所厚望於君者。

十月二十八日　敦請浙江省水利局工務科長周鎮倫先生演講,題爲"杭州市自來水工程改進問題"辭見本刊。

十月二十九日　成立畢業會員通訊處,暫隸出版部下,以資流通畢業會員與在校會員間,或畢業會員與畢業會員間之消息。

十一月十六日　敦請杭江鐵路局長杜鎮遠先生蒞會講演。題爲"杭江鐵路之計劃完成與其前途發展之希望,"辭見本刊。

十二月二十一日 敦請浙江省水利局長張自立先生蒞會講演,題"浙省海塘工程,"辭見本刊。

十二月二十五日 理事會決議舉行徵文比賽,(一)目的——提高觀摩興趣增進研究效率。(二)應徵人員——不限本會會員,校內校外非會員,而應徵者,俱所歡迎。(三)評判員——敦請本系教授及國內土木工程界聞人充任之。(四)給獎辦法——每次比賽,選取三名,其文字除在"土木工程"發表外,並給獎章,以資紀念。(五)舉行時期——每四年舉行一次。

十二月二十六日 敦請本院教授徐商號先生講演陝西考察經過辭見本刊演講欄中。

出版部職員及顧問

27200

理事會會計股公告

茲將本股自廿一年九月至廿二年一月期內所收到諸畢業會員繳來歷屆會費台銜及銀額公佈如下

姓名	會費期別	銀額
徐邦甯	二十年度上學期至廿一年度上學期會費	三元
吳與漢	"	三元
湯武鉞	"	三元
陳允明	"	三元
胡鳴時	"	三元
王德光	廿一年度上學期會費	一元
李攸元	"	一元
王同熙	"	一元
張元綸	"	一元
湯辰壽	"	一元
童弟肅	"	一元
宋夢漁	"	一元
李兆槐	"	一元
淩熙賡	"	一元
董夢敖	"	一元
李春松	"	一元

其餘未繳會費諸畢業會員請從速將歷屆會費滙寄本股以利會務不勝企盼

會計股啓

杭州油墨公司

德商上海油墨廠駐杭總經理

上海强華油墨廠杭州推銷處

本公司開設里仁坊馬路三十七號專辦各國五彩油墨印刷材料以及印石機器一應俱全如蒙賜顧竭誠歡迎

杭州 志成洋紙號

本號創設多年專辦歐美各國紙料學校文具儀器定價低廉馳名遐邇如蒙賜顧竭誠歡迎

地址 中國銀行斜對面

電話 二五三八號

杭州 謙泰永記洋紙號

保佑坊甘澤坊巷 電話二二三六號

中西各紙 定價低廉

遠近批發 約期不誤

創辦多年 遐邇馳名

如蒙賜顧 竭誠歡迎

杭州祥綸紙號

——附設光華印刷局

本號創設清河坊二四號歷經多年經理龍章造紙公司及採辦中西名紙各貨俱全定價低廉附設光華印刷局兼印書報雜誌文憑表册講義卡片等印件刻期交貨出品精美如蒙惠顧毋任歡迎

電話 1530號

27203

請聲明由浙大土木工程學會〔土木工程〕介紹

土木工程

人傑題

國立浙江大學
土木工程學會會刊

本期要目

第二卷 第二期　　二十三年六月

國立浙江大學土木工程學會發行

27212

土木工程第二卷第二期目錄

國立浙江大學土木工程學會全體攝影

國立浙江大學土木工程學會畢業同學攝影

國立浙江大學土木工程學會理事會攝影 民二三年三月

THE PRESENT GENERAL METHOD OF IMPROVING THE SEAWALL ALONG CHIEN TANG RIVER

周鎮綸

1—Introduction.

The districts on the north side of the Chien Tang River, Che Si as it is called, are well known as the richest agricultural regions in Chekiang Province. For those hsiens situated in a position exposed to the open sea protection has been afforded solely by the sea wall built along the Hangchow Bay as shown in Fig. 1. Tidal observations indicate that the highest tide on record is about seven and half meters above Woosung Horizontal Zero and the average elevation of the farming land inside the sea wall is some five meters above the same datum. Evidently on farming and inhabitation would be possible in this region if the shore were not adequately protected. The construction of sea wall may be traced back to a number of centuries. Earth dike was first built in Tang dynasty and later in Sung dynasty it was replaced by a wall of rubble masonry. In order to avoid heavy expenses in maintenance, walls built with cyclopean masonry were adopted at the beginning of Ming dynasty. In a few sections where the bore action is most destructive and considerable damage has been done to the old wall, sloping sea walls of modern design as shown in Figs. 2 and 3 have been constructed to replace the old ones since 1929. Owing to the damaging effects of bores and waves money spent in maintenance is of tremendous amount and it still leaves much to be considered in regard to the protection of the wall. It is now proposed that fundamental improvement shall be done at all critical locations in order to offer a more dependable protection to the farming land and to reduce the cost of maintenance to a minimum.

2—Method of Improving the Sea Wall

The proposed method of improving the sea wall along the Chien Tang River is different at diffarent places according to the nature of exposure. It can be briefly stated as follows;

A - Hang-Hai Section from Point Ch'i to Point Se. The most serious bore action takes places at the Hangchow-Haining section from Chi Bao to Pa Bao between the point Ch'i of the 4th division and the point Se of the 5th division, where the sea wall is most easily damaged. The bore often finds its way through the pitching to the wall foundation, penetrates through the wall joints to its interior portion or sometimes even overtops it so as to wash away all earth back-filling and leave the foundation unprotected.

In order to prevent such undesirable action the following methods are proposed: In front of the wall-footing a row of sheet-piles is to be driven with concrete cap on their tops so as to tie them up with the wall and prevent its foundation from being undermined. The wall itself can be rendered impermeable by filling the joints with cement motar by means of a cement gun. The earth back-filling of the wall will be protected from the wave action by a sloping rubble pavement so that the water brought up to the top by the wave will flow out into the river instead of seeping through and carrying away with it the earth filling during the low water period. On the upper end of the slope earth filling, a small berm is to be built about one and one half meters higher than the top of the wall in order to avoid overtopping of the highest wave. Such a construction is shown in Fig. 4.

B - Yen-Ping Section from Point Shan to Point Wang. In the Haiyen-Pinghu section, although there is no bore action between the points Shan and wang of the first division, the leakage of the stone wall has already been very considerable. It is so exposed to the open sea that it is always overtopped by waves when a strong gale blows toward it. That is why the earth back-filling has settled so seriously.

The method of paving the top of wall with rubble on a slope and filling its open joints with cement motar by means of a cement gun is the same as stated above. The sheet-piles will be driven behind the wall-footing instead of in front of it and thereupon the concrete cap is to be made to tie up with the wall in order that any water due to leakage may not flow out into the river with the earth so as to affect the stability of the wall. The construction is shown in Fig. 5.

C - Yen-Ping Section from Point Mo to Point Ming. The old stone wall from the points Mo to Ming of the second division in the Haiyen-Pinghu section was entirely ruined some seventy years ago. What has been used for the protection of the wall from waves and currents is the earth dike. With the stone foundation of the old wall as a frontal shield, a flat foreshore has been formed and maintained, the wave action is somewhat reduced and the earth dike is thereby protected to a great extent. It is obvious, however, that the earth dike is not strong enough to withstand any perceptible wave action and its failure may occur at any moment.

The method which will be used to protect the earth dike is as follows: On top of the dike, stone blocks embedded in cement motar will be used for the pavement, whereas for the slope toward the sea concrete blocks and cement motar will be substituted. At the footing stone blocks will be laid for its protection. This construction is shown in Fig. 6.

3—Estimate of Cost.

A - Cost of Improving Sea Wall in Hang-Hai Section. In Hangchow-Haining section improvement work will be done in ninety three places, namely from point Ch'i to point Se for a total linear length of 5,952 meters. Besides eight hundred and thirty one meters of sheet-piles driven at points Ming, Fang, Yi, Mi, Chin, Peng, Yue, Yu, Tsi, Pu, Wu, Che, Me, T'sen and Chu, improvement works are still necessary over a net length of 5 121 meters. It is estimated at $ 200 per meter length (see Table 1) and a sum of $ 1,024,200 is required.

B - Cost of Improving Sea Wall in the First Division of Yen-Ping Section. In the first division of Haiyen-Pinghu section the wall between points Shan and Wang will be improved for a total length of 3,456 meters. Besides the points Tung Tseng and Si Tseng and those under construction like Peou, Chen, Shih, Ko and Fu with a length of three hundred and ten meters, it still leaves 3,146 meters of wall for improvement. It is estimated at $ 110 per meter length (see Table 2) and a sum of $ 346,060 is required.

C - Cost of Improving Sea Wall in the Second Division of Yen-Ping Section. From points Mo to Ming in the second division of Haiyen-Pinghu section there are 2,880 meters of earth dike. Besides three hundred and seventy six meters of sloping stone pavement at Ming, Fa, Sze and Ta, improvement works are still to be done on the wall 2,504 meters in length. It is estimated at $70 per meter length (see Table 3) and a sum of $175, 280 is required.

Total cost for improving the sea wall mentioned above is $1,545,540. Adding 10% allowance for contingencies, a grand total of $1,700,000 is required.

In construction of the sea wall the working time is often shortened by the tidal influence and working speed is limited by the equipment available. If two sets of cement gun, each capable of repairing ten meters of wall daily, were used and if two hundred working days in a year were assumed, the proposed work could be finished in two and half years.

4—Benefits Resulted from Improvement Works.

Unlike other engineering enterprises, investment in hydraulic engineering projects usually does not yield direct benefits in the majority of cases. This is especially true for the construction of sea wall, because its main function is to afford protection to the land behind it. Without the defense of sea wall against inundation no farming in the low lands would be possible to the seven districts, namely, Hangchow, Chiahsien, Huchow, Soochow, Sungkiang, Changchow and Taitson, and no agricultural prosperity could be hoped for in these communities whatsoever. So far as the eight hsiens which obtain the immediate benefits from the protection of the Chekiang sea wall, like Haining, Haiyen, Pinghu, Tsungteh, Tunghsiang, Chiahsin, Chiashan and Wuhsin are concerned, there are 6,373,415 mous of land under taxation. Assuming the average yield inclucing products and by-products to be $20 per mou per year, a total annual revenue of $127, 468,300 can be raised and the corresponding tax of $5,930,798 can be collected by the provincial and local governments. The importance of the sea wall to the inhabitants as well as to the community behind it is readily demonstrated by these figures, although neither the annual revenue nor the tax is obtained directly from the wall. Under the present proposed method of improvement, a fund of $1,760,000 is necessarily to be raised from these eight hsiens. If this were done within a period of three years, then, only about $0.10 would be collected from each mou per year.

In addition to the benefits resulted from the construction of sea wall, there will be millions of mous of land to be reclaimed, when the new control lines shall be fixed and consequently the permanent bank built. To do this a very thorough study of the river regimen, tidal phenomena and all hydraulic features are necessary before the width of low water channel can be definitely determined. Although a large amount of fund will then be required for building the new bank, the value of land reclaimed between the present sea wall and the new shore line will certainly be worth many times the expense of construction.

Cost per Meter Length of Stone Sea Wall Reconstruction

Hang-Hai Section (Points Ch'i to Sê)

Item	Quantity	Unit	Unit Price	Cost		Description
				Material	Labor	
Wall injected with 1:3 cement mortar						
Portland cement	275	bbl.	800	2200		Cross-sectionalarea of Wall $=\frac{1.4+4.0}{2}\times 66=17.82^{m^2}$; mortar about 5% by volume $=0.89^{m^3}$; required cement $=2.75$bbl.
Sand	085	m^3	300	255		For 1:3 cement mortar.
Cost of Injection	275	bbl.	350		963	Based on barrels of cement used.
Pavement and earth-work behind the wall						
Rubble	125	m^3	200	250		Compact volume $=0.96^{m^3}$; adding 30% for voids, 1.25^{m^3} of rubble will be used.
Rubble laying with 1:3 mortar	096	m^3	025		024	Cost of labor based on compact volume.
Cement	089	bbl.	800	712		Total volume of 1:3 mortar about 30% × 0.96 $=0.29^{m^3}$;
Sand	028	m^3	300	084		requiring 0.89 bbl. of cement and 0.28^{m^3} of sand.
Broken stone base for rubble work	044	m^3	300	132		Compact volume $=0.38^{m^3}$; adding 15% for voids, total $=0.44^{m^3}$

27223

Laying broken stone	038	m3	020		028	Cost of labor based on compact volume
Earthwork	3500	m3	030		1050	Earth first removed for injecting the cement mortar, and later filled again to the desired form. Quantity of ear-
						thwork depending on the ground level behind the wall, in this case about 35 m^3
Protective work at Toe of Wall						
1:2½:5 concrete	165	m3	2200	3600		Including labor cost.
Excavation	600	m3	030		180	About 3 m^3 ; cleared for filling concrete.
6"×12"×5.0m oregan pine sheet piles	330	Pieces	984	3247		3.3 Pieces per meter run. 98.4 F.B M. per piece and at $0.10 per F.B.M.
Sheet Pile Driving	100	m	2200		2200	
Rubble	100	m3	220	220		
Repairing Stone pitching	100	m	100		100	Average cost
Coffer Dam					3000	Average cost; for construction period only.
Sum				10730	7525	

Cost of material and labor……………………182.55
Engineering and Contingencies 10%± ……17.45
Total……………………………………………$200.00

27224

Cost per Meter Length of Sto:e Sea Wall Reconstruction

Yen-Ping Section (Points Shan to Wang)

Item	Quantity	Unit	Unit Price	Cost		Description
				Mate-rial	Labor	
Wall to be grout: with 1:3 cement mortar						
1:3 cement mortar	024	m³	3000	1260		Height of wall = 7.00m, penetration of grouting = 0.20m on front and back of wall. volume of wall to be grouted = $2\times0.2\times7=2.80^{m^3}$. 1:3 mortar required $=15\%\times2.8=0.42^{m^3}$
Grouting	100	m	650		650	.42$^{m^3}$ of 1:3 mortar requiring 1:3 bbl. of cement, cost of labor about $5.00 per bbl., $1.3\times5.00=$ $6.50
Pavement and earthwork behind the wall						
Rubble	127	m³	200	254		Compact volume $=0.08^{m^3}$, adding 30% for voids, tolal $=1.27^{m^3}$
1:3 mortar	029	m³	300	870		Volume mortar $=30\%\times0.98=0.29^{m^3}$
Broken stone base for rubble work	038	m³	300	114		Compact volume $=0.33^{m^3}$, adding 15% for voids, total $=0.38^{m^3}$

Laying rubble and broken stone	1 31	m³	0 40		0 52	Cost of labor based on compact volume.
Earthwork	71 00	m³	0 30		21 30	Excavation for cut-off wall construction = $15m^3$, backfilling = 56^{m^3}, total = 71.00^{m^3}.
Cut-off wall						total = 71.00^{m^3}. Approximately
1:3:6 concrete	0 72	m³	20 00	14 40		$1.2\times0.6\times1.0=0.72^{m^3}$
Broken stone	0 35	m³	3 00	1 05		Compact volume = 0.30^{m^3} adding 15% for voids, total = 0.35^{m^3}
Laying broken stoen	0 30	m³	0 40		0 12	Cost of labor based on compact volume.
Oregon pine Sheet piles	151 00	F.B.M	0 10	15 10		Sheet piles 5-1"×12"×14'×3.28' = 138 F.B.M., walings 2-4"×6"×3.28' = 13 F.B.M. total = 151 F.B.M.
Driving sheet piles	1 00	m	15 00		15 00	
Miscellaneous	1 00	m	1 00	1 00		Bolts, nails, asphalt coating for sheet piles. etc.
Sum				56 53	43 44	

Cost of material and labor………………………99.97

Engineering and Contingencies 10% ±……10.03

Total………………………………………………$110.00

Cost per Meter Length of Concrete Block Sea Wall

Yen-Ping Section (Points Mo to Ming)

Item	Quantity	Unit	Unit Price	Cost		Description
				Material	Labor	
1:3:6 Cement-conrcete blocks	600	m	190	1140		Size: 0.32 × 0.30 × 1.60. 3.12 pcs. laying vertically, 0.63 pcs. laying horizontally, total length = (3.12 + 0.63)1.6 = 6.0^{m}
1:3:6 Cement-concrete blocks	10400	Pcs.	026	2704		Size: 0.50 × 0.22 × 0.12, laying inclined. Area = 0.066$^{m^2}$ (including width of joint = 0.01^{m}) No. of blocks required = 6.85/0.066 = 140 pieces.
Rubble	228	m^3	200	455		0.30$^{m^3}$ for top of wall, 1.45$^{m^3}$ for lower part of wall, total = 1.75$^{m^3}$, adding 30% for voids = 2.28$^{m^3}$
Broken stone	148	m^3	300	444		(7.2 + 1.4)0.15 × 1.0 = 1.29$^{m^3}$, adding 15% for voids$^{m^3}$
Portlandcement	123	bbl.	800	984		Volume of 1:3 mortar: for rubble work (1 + 1.9) 0.3 × 1 × 30% = 0.26$^{m^3}$ for laying concrete blocks 0.01 (0.5 + 0.12) 0.22 × 104 = 0.14$^{m^3}$, total = 0.40$^{m^3}$ portland cement required = 1.23 bbls. Sand required = 0.38$^{m^3}$
Sand	038	m^3	300	114		

Laying vertical concrete blocks	100	m	1 0		1 20	).32 × 0.30 × 1.60 blocks
Laying inclined concrete blocks	6 35	m²	0 35		2 40	$\sqrt{3.2^2+6.4^2}-0.30=7.15-0.30=6.85m^2$
Laying horizontal concrete blocks	100	m	0 17		0 17	).31 × 0.30 × 1.60 blocks
Laying rubble dry	0 88	m³	0 33		0 29	Cost based on compact volume.
Laying rubble in 1:3 cement mortar	0 37	m³	0 25		0 22	(1 + 1.9) × 0.30 × 10 = 0.87 m³ Cost based on compact volume.
Laying broken stone	1 29	m³	0 20		0 26	Cost based on compact volume
Earth excavation	4 80	m³	0 15		0 72	At toe of wall, for laying rubble and concrete blocks
Consolidation of earth	8 60	m²	0 05		0 43	On slope and top of wall.
Sum				58 42	5 69	

Cost of material and labor........................64.11

Engineering and Contingencies 10%±........5.89

Total $70.00

刀面量面儀

Knife-edge Planimeter. 徐南騶　王同熙

量面儀,可說是一件很巧妙的東西,當用牠以求得一平面的面積時,祗是一個尖點在某圖的界限線上移動一週,便立刻知道了這圖形的面積,的確是極簡單的手續,使用量面儀而得到面積。這種儀器的効力,是早就很顯明的了。已經有許多的工程家,是時常使用這種儀器的。如馬力指示圖(indicator cards),土工計算圖 (earth work diagram), 等高線面積 (contour area) 等等,僅是很少數時常用着這種儀器的。就是這一些,也就很夠顯示量面儀的用處了。但是許多的不同樣的這種儀器,全都是很貴的價錢和很精密細小的機械結構,决不是每人可以有一個,而便於日常用的,祗有一種,很久沒有提起,而幾乎是已經遺忘了的,這一種,確是比較簡單,價廉,堅實而不易損壞,這就是刀面量面儀(Knife-edge Planimeter).

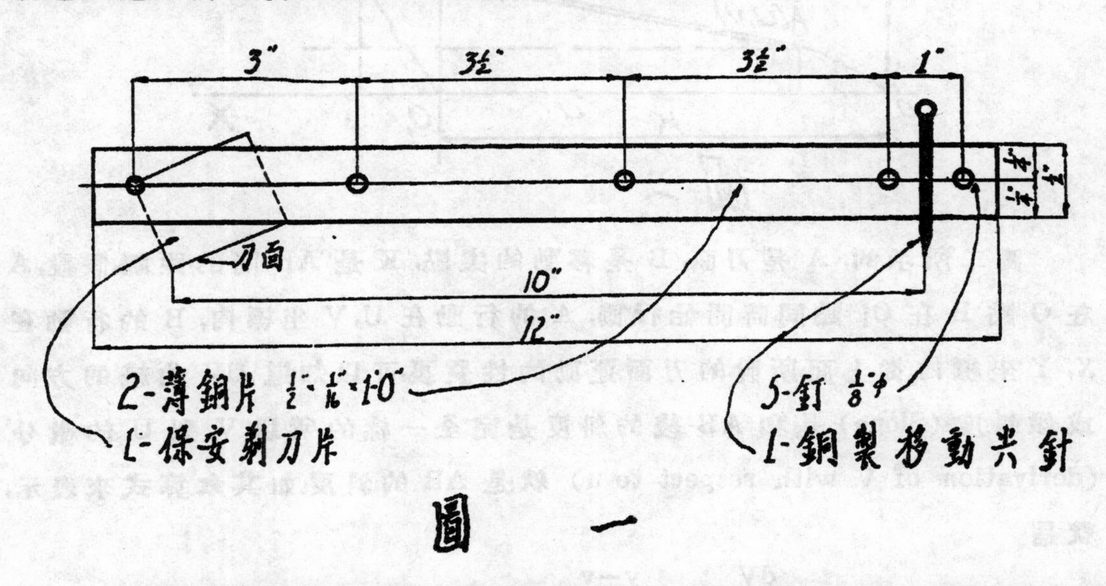

圖一

圖一所示的,就是比較好的刀面量面儀的構造,所以要有這樣的計劃,

27229

是包含着三個要素的:(1)重量,(2)可以整理(3)銳利的刀面和所要移動的尖點在一直線上。

這是理所當然的,在未用之前,應該先知道了所以可用的道理。因此,將極簡單的證明,說明,寫在下面。

證明: 刀面的運動性質— 刀面在紙上移動,其方向,速度,及所經的行程,完全因尖點移動的不同而不同。但是其運動的性質,總不外乎下列二種:(1)刀面移動的方向是順着軸的時候,刀面的進行是直綫的,這時,紙對於刀面的阻力是最小。(2)刀面移動的方向和軸成直角的時候,刀面僅是在擺動,以紙和刀面相切之點算樞(Pivot)而擺動。這時,紙對於刀面的阻力,是任何方面都有一點趨勢,而沒有重大關係。

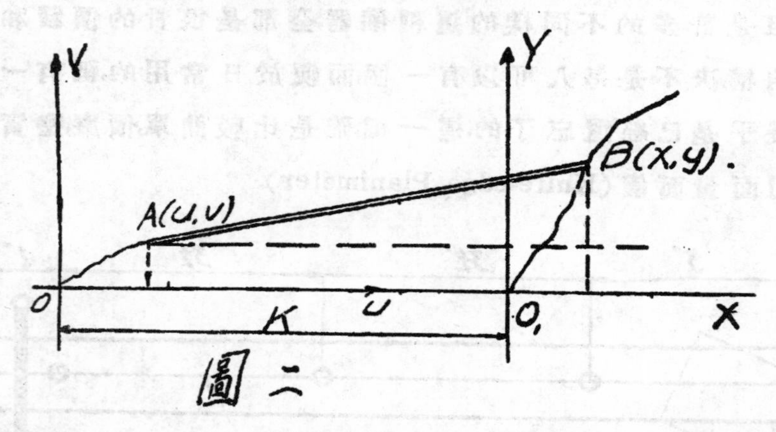

圖二

圖二所示的,A是刀面,B是移動的尖點,K是AB間的距離。假設,A在O點B在O_1點同時開始行動,A的行動在U,V坐標內,B的行動在X,Y坐標內。從上面所說的刀面運動的性質裏,可以知道UV曲綫的方向或傾斜度(Slope)是和AB綫的斜度是完全一樣的。所以V對U的微分(derivation of V with respect to u)就是AB的斜度。如其拿算式來表示,就是

$$\frac{dV}{dU}=\frac{y-v}{X-u+K.}$$

不問是任何式樣的面積，對於K的比較，K總是很大的，所以AB的斜度總是很小。於是

$X=u$（近似值）

$dX=dU$

代入　$\frac{dV}{dU}=\frac{y-v}{X-u+K}$ 並化簡，就可以得到以下的微分方程式。

$dV=y\frac{dx}{K}-v\frac{dx}{K}$

$V=\int y\frac{dx}{K}-\int v\frac{dx}{K}+C$

倘是　$V=o$

則　$\int ydx=o,\int vdx=o$

∴　$C=o$

∴　$v=\int y\frac{dx}{K}-\iint y\frac{dx^2}{K^2}+\iiint y\frac{dx^3}{K^3}-\iiiint y\frac{dx^4}{K^4}+\cdots\cdots$（無窮級數）根據微積可以知道，

$\int y\,dx=$ 曲線的面積。

$\iint y\,dx^2=$ 面積對于直立軸的力矩，這直立軸是經過X的最後值的。

這級數的其餘許多項，符號的正負是替換着，而且是很迅速的歸於一點，所以不計算也沒有多大關係。

根據着以上的證明，對於以下的用法的說明，定是很容易了解，

用法：倘使圖形是對稱的，對於任何一個軸，在軸的任何一點起，作一根垂直於軸的線。就從這一點開始，拿刀面放在所作的垂直線上，拿尖點在圖形的四圍行動一週，出去，回來，都是沿着所作的垂直線。在尖點行動了一週之後，刀面的地位，會移動到離開起始不遠的地方靜止着。於是拿尺來量V，V是所作垂直綫和刀面（刀面和紙相切之點）間的距離，再乘上了量面

儀的長，K，就得到所要的圖形的面積。

倘使圖形是對於任何一個軸都不對稱的，從任何一點起，作一條伸長到兩面的切綫。拿刀面放在切綫上，將尖點依着鐘向移動一週，量V．再拿刀面放在切綫的另一端，尖點是反鐘向移動一週，量V．這就等於量一次面積而有對稱於切點的兩次大小，於是，平均二次得到的V，乘上了K，便是所要的面積了。

在上面的證明裏，所用的數量，祇是很相近而已。當然，總有些不準，和少許的差誤，但是，無論如何，所有的差誤，是小於所想像得到的。經過了許多次實驗之後，所得到的結果是，十分準確可靠，和用標準量面所得的結果，幾乎是完全相等。祇要圖形的最大邊，(greatest dimension)，是小於$\frac{1}{2}$K，任何小大的圖形，總可以分成若干小塊而使得適用。當然這樣所費的手續，决不算多。

在未用這儀器之前，還有一些預備的手續要知道的。先要察看刀面和移動的尖點是否在一直線上。這個是可以試驗的，拿量面儀在一條直線上來往移動，便可以知道了這儀器的準確與否。在幾次來往的移動之後，如其刀面是離開了這條直線，就是表明這儀器還未十分準確，而是須要校準的，這就可以知道，薄銅片是有了缺點，同時，可以知道，後退的路程，决不是前進所經過的路程。像這樣的情形，是需要換上新的薄銅片才好。

在使用儀器時不要使儀器傾斜，不問是向那一面斜，都是不可以的，因為斜了是有關刀面的行程的。

在太軟弱的紙上，頂好不要使用這種儀器，因為紙面將被刀面所損壞，而且得到的結果是不十分準確。

再後，如其這儀器是很好和固定的整理準確了，小心的安放着，牠是隨時會給你很大用處的。

上述的儀器，在經過了四個儀器，在不同的紙上，用不一樣的圖形，試驗了百餘次的結果都很滿意,而所得到的結論是:儀器在準確的情形下,使用時很小心,圖形是小於上面所討論的,那麽,所有的差誤,總是比用尺和眼睛所得到的,是小得多.

在一切都說完了的時候,更得到一個更簡單的做法,使得這刀面量面儀簡單得每人可以有一個,以便隨時的應用.

$\frac{1}{8}$"ϕ鉛絲一根,如下圖灣曲起來,祗要尖點和刀面在一直線上,鉛絲經灣曲兩個 90° 角後仍在一平面內,尖的移動點,銳利的刀面,就滿足了我們

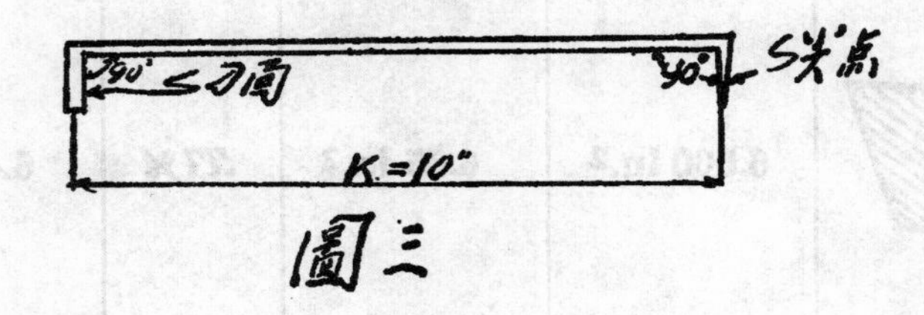

圖三

的需要,就可以使用以得面積.雖則,這樣的製造,是不能校準的,但是,要是不幸而遇着不準時,換上一個也不費事.

這更簡單的量面儀,雖僅是一根鉛絲,但是,量面積時,决不會使我們失望的.其道理,用法,完全和前面所說的一樣,而所得的結果,也一樣的可靠,决不讓標準量面儀專美於前.

經過很多次的實驗,總是得到很良好的結果.現在祗將頂簡單的,可以計算的,幾種圖形,的面積,寫在下面,以作比較.

圖　形	計算所得面積	用標準量面儀		用鉛絲做的量面儀	
		所得面積	百分差	所得面積	百分差
1.	1.969 in.^{2}	1.96 in.^{2}	.46%	1.95 in.^{2}	.97%
2.	6.500 in.^{2}	6.55 in.^{2}	.77%	6.45 in.^{2}	.77%
3.	23.758 in.	23.89 in.^{2}	.56%	23.60 in.^{2}	.66%
4.	13.985 in.^{2}	13.97 in.^{2}	.11%	14.00 in.^{2}	.11%
5.	18.247 in.^{2}	18.22 in.^{2}	.15%	18.50 in.^{2}	1.40%

CONSTRUCTING A SEWER CAPACITY DIAGRAM FOR CIRCULAR SECTIONS FLOWING FULL

by S. S. Lee (李紹惪)

GENERAL REMARKS

In the design of a sewer system, irrespective of separate or combined plan, the determination of the cross-section of the conduit is quite a monotonous though simple operation through "cut and try" formula method. For hastening the work, diagrams of different types are available in all standard books on the subject. But unfortunately, all such diagrams are almost all based on Chezy's Formula for velocity as this has been preferred formerly by many.

Since 1902 engineers seem to like better the so-called Hazen and William's Formula for velocity which agrees more closely with observed results. Through the merit of logarithm, this formula, though represented in seemingly complex exponential form, can be readily and accurately converted into simple relations. It is the purpose of this article to show the detail computations for constructing a sewer capacity diagram based on such formula for velocity. For, I think, in most sewer design work the given data may not conform to what are represented by the reference diagrams given in any book: and it is therefore imperative that any civil engineering graduate should konw the practical method for plotting such for his particuler data,

DESIGN ITEMS

In the determination of the cross-section of a circular sewer, we all know that there are five items to consider as follows:-

1. Discharge (Q) in cubic feet per second
2. Velocity (V) in feet per second
3. Coefficient (C) varying with conditions of flow
4. Slope (S) in feet per 1000 feet
5. Diameter (D) in inches

We also know that the discharge is usually computed by run-off formulas in case of storm sewers and mostly estimated by sewage data in case of sanitary sewers—anyway, this item is readily known, computed or estimated. The velocity is usually fixed generally by the materials of conduit between minimum and maximum values as to avoid effects of deposition and erosion. The coefficient, as results of extensive tests, has certain ranges and for ordinary constructon in most cases it may be safely assumed to be 100. It is quite clear that among the five items the first three are then more or less known; and what is left for further design is the determination of the slope to be consistent with the actual topography and of the diameter to be proper from the viewpoint of both hydraulics and economics.

CONSTRUCTION PRINCIPLE

Among the above items the third item coefficient is almost always for the whole plan a constant; and as such it can be easily taken care of in the simplification of the adopted formula as will be shown later. We have, then, only four items to consider, or what is the same, we have only four variables to be plotted in such a way as the knowing of any two items will diagrammetrically determine of other two of the four.

On the diagram of proper scale as fixed by the size of the paper availabe and the ranges of the values necessary, we have only to use four sets of lines, one set representing one item or variable. The rectangular coordinate system on "Log Sheet" is the simplest to use; and on these coordinates we can have two items conveniently represented usually using the vertical axis for the discharge and the horizontal axis for the slope. With another two sets of intersecting slant but parallel lines the remaining two items velocity and diameter can be again easily represented. A concrete example in the following pages will clearly illustrate.

ILLUSTRATIVE CONSTRUCTION

1. The Problem

Let as suppose that it is required to construct a sewer capacity diagram for circular sections flowing full while adopting the Hazen and William's Formula for velocity with the coefficient therein taken as 100.

2. Simplifying Formulas and Finding Family Equations

The formulas needed for the solution are only the two basic equations for pipe flow and velocity as follows:-

(a) For Pipe Flow: $Q = \frac{\pi d^2}{4} V$ (d in feet)

(b) Hazen & William's: $V = CR^{0.63}\ S^{0.54}\ 0.001^{-0.04}$

changing d in feet into D in inches, we have (a) as

$$Q = \frac{\pi d^2}{4} V = \frac{3.14D^2}{4 \times 144} V = 0.00545D^2V$$

Since "C" in (b) is taken as 100; (given or assumed) And for circular section flowing full, $R=\frac{d}{4}=\frac{D}{48}$; And slope is usually expressed in head loss " h_L " in ft/1000 ft,

$$V=CR^{0.63}\ S^{0.54}\ 0.001^{-0.04}$$

$$V=100(\frac{D}{48})^{0.63}(\frac{h_L}{1000})^{0.54}\ \frac{1}{1000^{0.04}}$$

$$V=n_1D^{0.63}\ h_L^{0.54}$$

Where $n_1=100(\frac{1}{48})^{0.63}(\frac{1}{1000})^{0.54}(\frac{1}{1000^{0.04}})$, or

$$\text{Log } n_1=\text{Log}100-0.63\text{Log}48-0.54\text{Log}1000-(-0.04\text{Log}1000)$$

$$\text{Log } n_1=2-1.06-1.62+0.12=-0.56 \text{ or } 1.44$$

$$\therefore\ n_1=0.2755$$

Then, $V=0.2755D^{0.63}\ h_L^{0.54}$

$$Q=0.00545D^2V=0.00545D^2\times0.2755D^{0.63}\ h_L^{0.54}$$

Therefore, the Family Equation for D-Line:-

$$Q=0.001508D^{0.63}\ h_L^{0.54} \qquad (1)$$

Also. $Q=\frac{\pi d^2}{4}V=\frac{\pi D^2}{4\times144}V$ or $D^2=\frac{4\times144Q}{3.14V}=\frac{183Q}{V}$

$$D=(\frac{183Q}{V})^{\frac{1}{2}}$$

But, $Q=0.001508D^{2.63}\ h_L^{0.54}$

$$Q=0.001508[(\frac{183Q}{V})^{\frac{1}{2}}]^{2.63}\ h_L^{0.54}$$

$$Q=0.001508(\frac{183Q}{V})^{1.315}h_L^{0.54}$$

$$V^{1.315}Q=0.001508(183)^{1.315}Q^{1.315}h_L^{0.54}$$

$$V^{1.315}=n_2Q^{0.315}h_L^{0.54}$$

Where $n_2 = 0.001508(183)^{1.315} = 1.431$

Then, $V^{1.315} = 1.431 Q^{0.315} h_L^{0.54}$

or, $Q^{0.315} = \dfrac{V^{1.315}}{1.431 h_L^{0.54}} = \dfrac{0.698 V^{1.315}}{h_L^{0.54}}$

$$Q = 0.698^{0.318} V^{4.17} h_L^{-1.71}$$

Therefore, the Family Equation for V-Line:-

$$\underline{\underline{Q = 0.324 V^{4.17} h_L^{-1.71}}} \qquad (2)$$

$$\text{or} \quad \underline{\underline{V = 1.305 Q^{0.239} h_L^{0.411}}} \qquad (2)$$

3. Plotting Critical Points on Intersecting Slant but Parallel Lines

Since any of the above Family Equations Contains only three variables the knowing of any two as given or assumed will readily determine the third. It is then clear that for the plotting of these lines we have only to find their respective critical points or positions as follows:—

(A) For 3 Critical D-Lines

Using the Family Equation, $Q = 0.0015 D^{2.63} h_L^{0.54}$

(1) (a) if $D = 6$, $Q = 1$

$$1 = 0.0015(6)^{2.63} h_L^{0.54}$$

$$\therefore \quad h_L = \left(\frac{1}{0.167}\right)^{1.85} = (5.99)^{1.85} = \underline{27.4} \text{ ft.}$$

(b) if $D = 6$, $h_L = 100$

$$Q = 0.0015(6)^{2.63}(100)^{0.54}$$

$$\therefore \quad Q = 0.167 \times 12.1 = \underline{2.0} \ \underline{\text{c.f.s.}}$$

(2) (a) if $D = 12$, $Q = 1$

$$1 = 0.0015(12)^{2.63} h_L^{0.54}$$

$\therefore \quad h_L = \left(\frac{1}{1.015}\right)^{1.85} = (0.956)^{1.85} = \underline{0.934}$ ft.

(b) if $D=12$, $h_L=100$

$Q=0.0015(12)^{2.63}(100)^{0.54}$

$\therefore \quad Q=1.045\times2.1=\underline{12.65}$ c.f.s.

(3) (a) if $D=60$, $=100$

$100=0.0015(60)^{2.63}h_L^{0.54}$

$\therefore \quad h_L = \left(\frac{100}{7.11}\right)^{1.85} = (1.405)^{1.85} = 1.88$ ft.

(b) if $D=60$, $=h_L\ 1$

$Q=0.0015(60)^{2.63}(1)^{0.54} = \underline{71.1}$ c.f.s.

(B) __For 3 Critical V-Lines__

Using the Family Equation, $V=1.305Q^{0.239}h_L^{0.411}$

(1) (a) if $V=2$, $h_L=1$

$\therefore \quad Q = \left(\frac{2}{1.305}\right)^{4.17} = (1.531)^{4.17} = \underline{5.92}$ c.f.s.

(b) if $V=2$, $Q=1$

$\therefore \quad h_L = \left(\frac{1}{1.305}\right)^{2.43} = (1.531)^{2.43} = \underline{2.82}$ ft.

(2) (a) if $V=5$, $Q=100$

$\because \quad h_L = \left(\frac{5}{1.305\times3.05}\right)^{2.43} = (1.255)^{2.43} = \underline{1.77}$ ft.

(b) if $V=5$, $Q=1$

$\therefore \quad h_L = \left(\frac{5}{1.305}\right)^{2.43} = (3.83)^{2.43} = \underline{26.1}$ ft.

(3) (a) if $V=20$, $Q=100$

$\therefore \quad h_L = \left(\frac{20}{1.305\times3.05}\right)^{24.3} = (5.025)^{2.43} = \underline{51.8}$ ft.

27240

(b) if $V = 20$, $h_L = 100$

$$\therefore \quad Q = \left(\frac{20}{1.305 \times 6.65}\right)^{4.17} = (2.30)^{4.17} = \underline{32.4} \quad \text{c.f.s.}$$

From the above detail computations the results may be summarized in the following form for the convenient reference in the actual plotting of the critical lines as shown in Fig. 1.

Points on 3 Critical Lines							
D-Lines	D	Q	h_L	V-Lines	V	Q	h_L
1	6	1	27.4	1	2	5.92	1
		2.00	100			1	2.82
2	12	1	0.934	2	5	100	1.77
		12.65	100			1	26.1
3	60	71.10	1	3	20	100	51.8
		100	1.88			32.4	100

4. Laying Other Similar Needed Lines

A glance at Fig. 1 will show that the three critical D-lines are parallel to each other and so are the three critical V-Lines. From this fact, each set of the lines may be easily and similarly laid out. They are done usually not by the tedious detail computations of their respective points as above, but by the simple setting of, and the proper marking along, a slide rule. The space between the lines depends wholly upon the range of the values needed. This simple and convenient method of marking all the necessary lines is illustrated also in Fig. 1 and may be briefly explained as below.

Fig 1.

PLOTTING POINTS ON CRITICAL LINES

for a

SEWER CAPACITY DIAGRAM

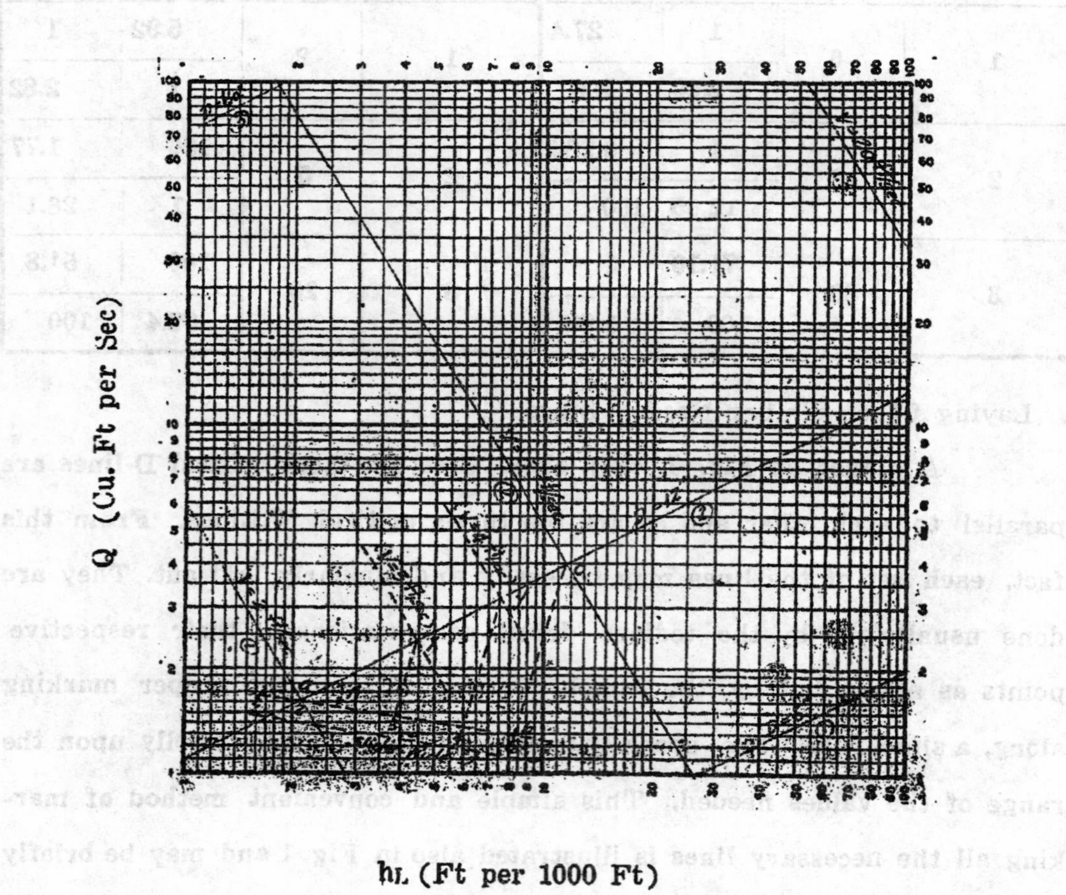

Fig.2

SEWER CAPACITY DIAGRAM

$$Q = \frac{\pi d^2}{4} V \qquad V = CR^{0.63} S^{0.54}\, 0.001^{-0.04}$$

(C=100)

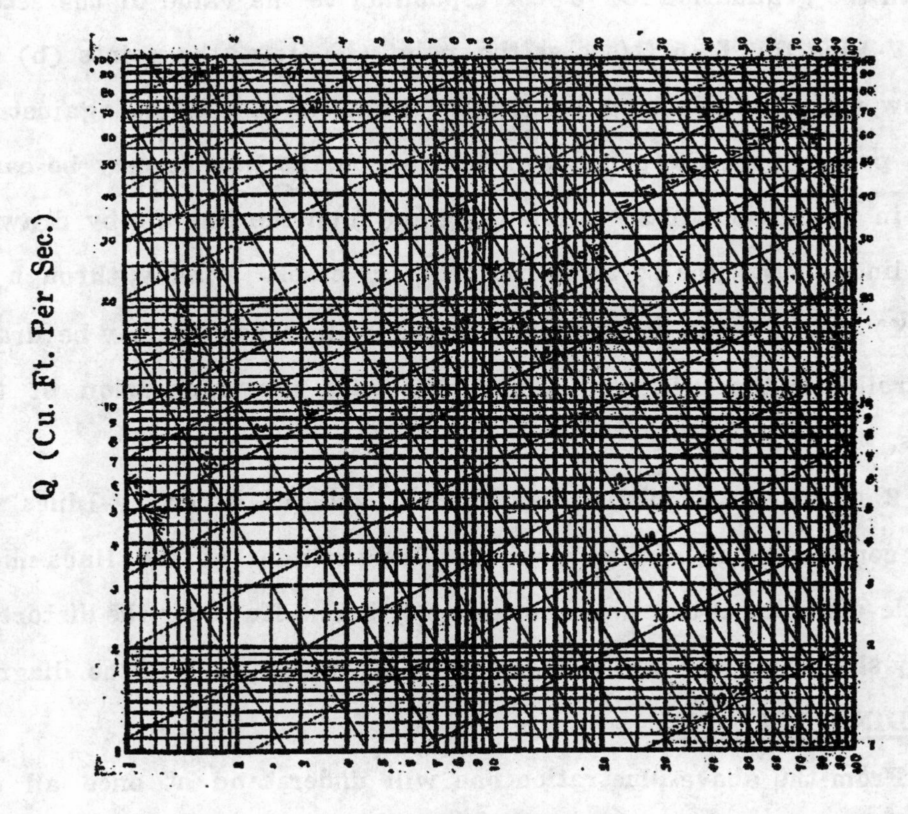

For marking the other V-Lines as for V=3 ft/sec and V=4 ft/sec for example in Fig. 1, between the two critical V-Lines for V=2 ft/sec and V=5 ft/sec respectively, adopt any convenient D-Line as base, using the line for D=12 inches, in this case. Set the slide rule at the point (a) and draw the line ab while making any convenient angle as A with the base ac. Along the line just drawn set the slide rule graduation for "2" corresponding to the value of the first critical V-Line, for V=2 ft/sec and mark on this line the other graduations for "3" and "4" while stopping with the graduation for "5" corresponding to the value of the second critical V-Line for T=5 ft/sec as the point (b). Join the points (b) and (c). Now with the help of a set of two triangles, one sliding against the other in proper way, the points (x) and (y) on the line ac may be easily marked in proportion to the points (3) and (4) on the line ab, by drawing parallel lines to the line bc as in the ordinary cases. Finally, through the points (X) and (Y) thus determined the two V-lines needed may be drawn truly parallel to the critical V-Lines also with the application of two triangles.

Fig 2 shows the completed diagram with all the other V-Lines and D-Lines constructed in similar manner. The positions of the lines might be a little distorted if care were not properly taken. However the distortion is usually slight and this will not generally affect the usage of the diagram

CONCLUDING REMARKS

From the above illustration one will understand at once all the underlying principles, logical procedure, detail computations and actual construction for making such a diagram which is quite necessary and

helpful for sewer design work. It is also to be noted that the same principle and method may be applied to the construction of many other diagrams as used in other branches of civil engineering. Particularly, the principle of the simple setting of, and the proper marking along, a slide rule for laying or graduating lines is highly interesting and widely applicable on log scales. Above all, the simplification of the adopted formulas into the so-called family equations ready for use is nothing but simple mathematics and hydraulics, the key for the solutions being only the tricks in attacking the problem as given in logical order in the illustration.

太陽儀之構造及原理

陳仲和

太陽儀者,一改良之日晷也。市場行銷之日晷。多徽州製造。除近正午稍可應用外。去午愈遠。錯誤愈多。非惟器粗,理亦未當也。著者根據天文原理。重爲改造。不受時地限制。均能準確至一分。堪以校正時鐘之錯誤。窮鄉僻壤,無標準鐘者。可用以代時鐘,或校正其錯誤。茲將天文原理之有關于太陽儀之構造者,着于篇,資參證焉。

論時

天文學所習用之時凡三種。曰恆星時,曰太陽時,曰平均時。時之天然原位爲日,卽星球兩次經過同子午線所歷之時間也。日二十四分之曰時,時六十分之曰分,分六十分之曰秒。地球向東自轉一次爲一恆星日。地球自轉速度常相等。故恆星日無長短之分。地球一方自轉,一方繞太陽公轉,太陽中心兩次經過同子午線所歷之時間爲太陽日。公轉之軌道爲橢圓,距日有遠近之別,且黃赤道相交而非相合。故太陽日有長短。積周年不齊之太陽日而平均之曰平均太陽日。如(圖 1) S 爲太陽,F 爲極遠之恆星,C 爲地球。設有人在地球觀察太陽。見太陽中心在 CO 子午線上。同時有極遠之恆星 F 亦在同子午線上。歷二十四恆星時後,(卽自轉一週)則F星再在同子午線C'O'上。其時尙未到正午。必俟自轉至C'O" 乃見太陽中心再到同子午線上。

依照幾何定理, F 星旣極遠則 O'C' 實際上與 SC 平行而 ∠FO'C'=∠CSC'(恆星比太陽遠,可從所見面體臆度之,恆星體積,略與太陽等,愈遠乃愈小耳。)吾人已知地球一周約三百六十太陽日。(卽一年,實爲 365.2422 太陽日)而地球之軌道略似正圓,故地球公轉每日約行圓周一度(CC')則地球自轉自正午至次日正午亦應多轉一度(O'O")而太陽日每日比恆星日約多四分(恆星時)也,是之謂赤徑, Right Ascension 之每日差

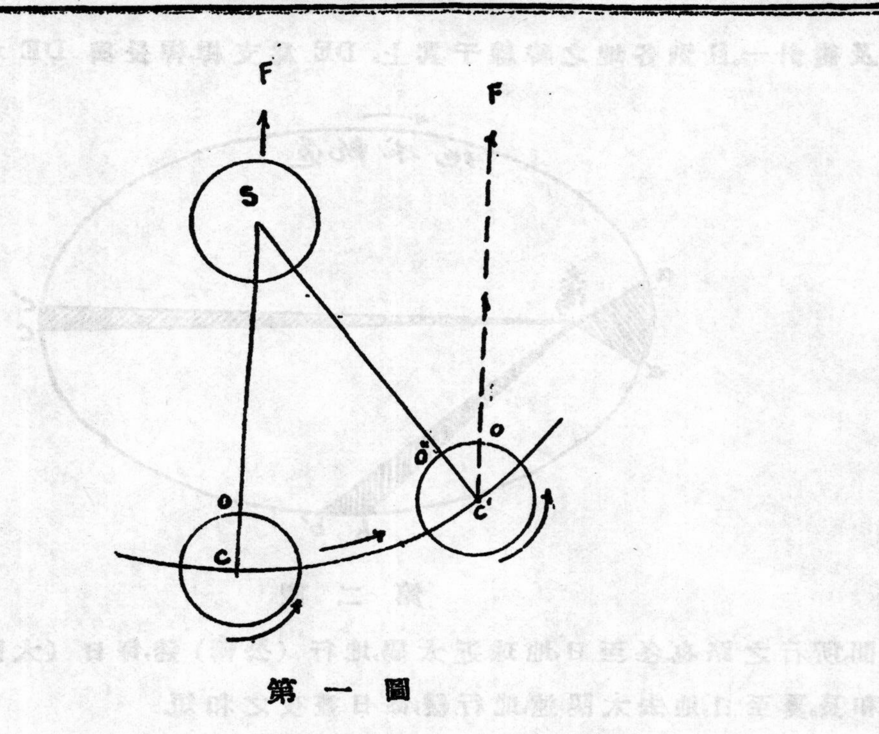

第一圖

論時差

赤徑之每日差，常逐日不同。即太陽日與恆星日每日之差異至為不齊。世人習知晝夜長短，每季不同。不知每日之晝夜和，亦微有不同也。吾人為便利計，假設一理想之太陽，以等速度沿天球赤道而行，其一週日數恰等于週年日數，則名之曰平均太陽。

觀察日數所指示之時為太陽時。鐘表所指示之時乃平均太陽時，兩時之差，謂之時差。時差之成因頗多，舉其大者不外二種。(1)因地球軌道之角度運動 Angular motion 不等(2)因太陽行于黃道，平均太陽乃行于赤道，赤道上之等弧非相當于黃道之等弧，或等極角也。茲分述之。

(一)地球繞太陽公轉其軌道，非正圓，乃橢圓。而太陽居橢圓焦點之一。因萬有應力之作用。地球等時間公轉所行之路，與太陽連結兩線，其所夾成之面積常相等。如圖(2)諸影面皆相等。而弧 aa'bb'cc' 乃表示地球等時

27247

及磁針一。且刻各地之緯線于其上。DE 爲支桿,桿長與 DE 相等。GC 爲指

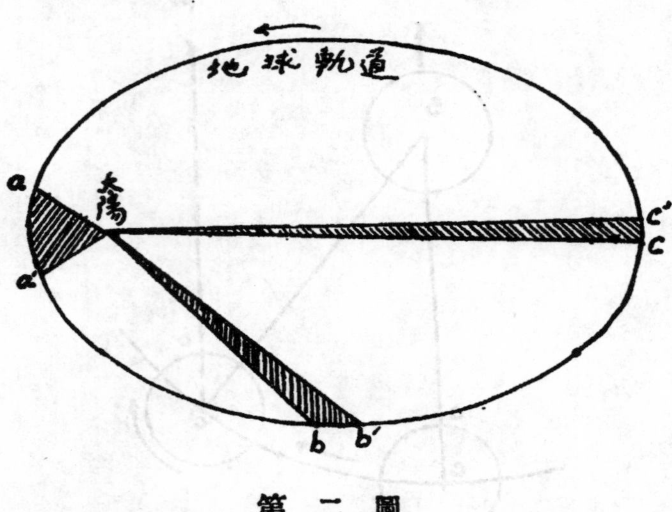

第二圖

間所行之路也。多至日,地球近太陽,地行(公轉)速,每日(太陽日)晝夜之和長。夏至日,地去太陽遠,地行緩,每日晝夜之和短。

(二)地軸與軌道平面所成之角約 66.°5 即地球赤道平面與軌道平面所成之角約 23.°5 見圖(3) 故自地球觀察太陽(天動地靜)恰似太陽

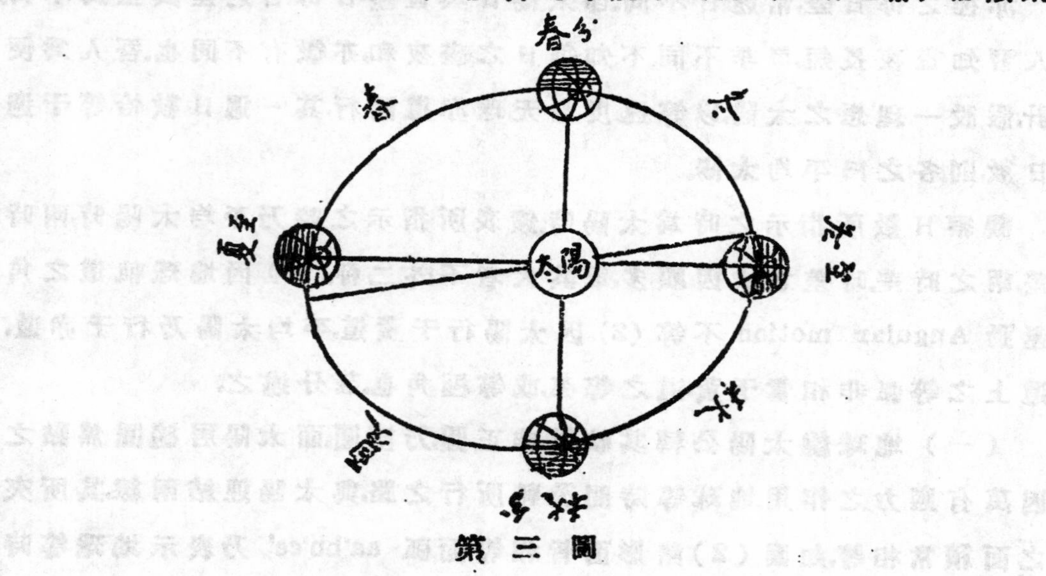

第三圖

環行于與赤道成23.°5之平面上。是謂黃道之傾斜。如圖4.設S'爲第一平均

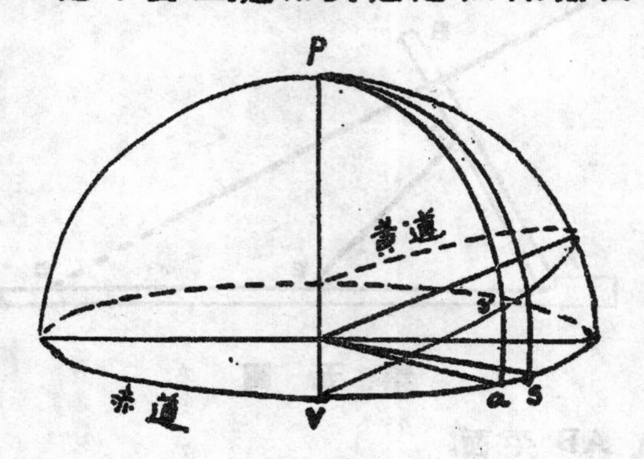

第四圖

太陽沿黃道而行。S爲第二平均太陽日沿赤道而行。設二者同自春分點V起,以等速度分道而行,經若干日後而至 S'S。則 VS 及 VS' 應相等,再自極點P作 PS 及 PS' 且引長 PS' 交赤道于a, 則 a 與 s 常不相密合,而 as 爲其差異。

合上述差異乃成時差,每年同月同日之時差,相差常不及一分,占文校正太陽儀,卽非當年之時差而用任何年同月同日之時差,無大錯誤也。

地球環地軸自轉,故覺萬象皆繞地軸而轉,歷一晝夜,各成一圈。距極愈近圈愈小。距極愈遠圈愈大。太陽亦然,赤緯 Declination 愈大,圈愈小,赤緯愈小,圈愈大。天文學上爲便利,多作萬象皆繞地球而行,卽古人天動地靜之說也。太陽每日繞地球所行之路,恍如一螺旋,以地軸爲軸,每日之赤緯差乃其螺距也。惟每日之赤緯差極微。故謂每日太陽繞地一匝,成一圓圈。亦無不可。

太陽儀

本編所述之太陽儀凡二種(一)爲著者所創造,不限時地,均可應用。如圖 5. A 爲樞紐, AB 爲刻度板(代表赤道平面)兩面皆刻點分。赤緯爲正時,讀北面刻度,赤緯爲負時,讀南面刻度。AC 爲水平板。上裝水泡一,螺旋三,

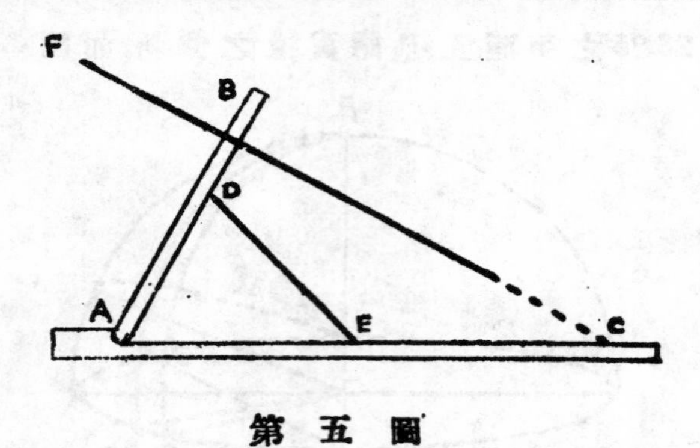

第五圖

針,(代表地軸)垂直 AB 平面。

『用法』(1) 移動支桿,使落于當地之緯線,則∟BAC 爲餘緯 Colatitude.(2)藉磁針或已知之子午線,令 GC 指正北,(註三)則 GC 爲地軸,而 AB 爲赤道平面。(3)藉 GC 之太陽影而記讀刻盤上之點分,是爲太陽時.(註一)從太陽時加減,當日時差(附註于水平板上)卽得地方時。

(註一)刻度盤因限于地位只能刻至每二分或每五分爲一格.使用時若 CF 影線落于兩格之間,則可稍候片時,直至影線與刻度適相密合。同時記錄刻盤上及鐘錶上之時刻,而比較之,再以時差加減之。可驗鐘錶時之是否準確。

『證明』 設當地之緯度 $=\phi$ 而 ADE 爲等腰三角形

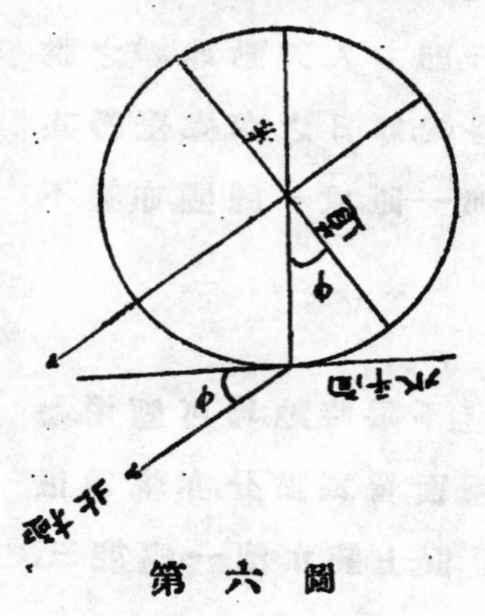

第六圖

令 $\llcorner ADE=2\phi$ 卽 $AE=2AD\sin\phi$

則 $\llcorner ADE=90°-\phi$ 卽餘緯

而 $\llcorner ACF=\phi$

CF ‖ 地軸(見圖 6)

在天文學上地球半徑可令爲 O(註二)

故 CF 可作地軸觀而 AB 平面爲赤道平面 CE 之太陽影與子午影所成之角爲時角

27250

（註二）因從地球觀八大行星,皆不過天球一微點,則從太陽返觀地球,必爲微點可知矣。

（二）見 Hosmer: Proctical Astronomy, 用于固定地點爲宜,如圖 7.

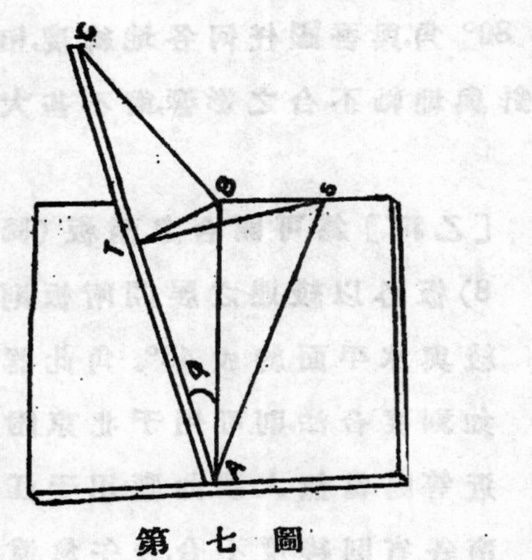

第七圖

ACB 爲垂直平面, ABC 爲當地緯度角 ϕ。DE 爲水平面。令 BC 指北,則 AC// 地軸,可作地軸觀（註一）。太陽每日繞地軸成一圓周。故太陽光綫與 AC 所成之垂直平面角 BTS 爲時角。BT⊥AC, BS⊥BC

tan BCS = BS/BC ……(1)式

但 BC = BT/Sin ϕ

BC = BTtant

代入式(1) tanBCS = tant Sin ϕ

令 t=1 點, 2, 點, 3 點…或 15°, 30°, 45°……90°

用正切法 Tangent Method 劃諸時線于水平面上, ABC 平面兩側皆有刻度午前太陽在東,影在西,午後太陽在西,影在東。

『用法』(1) 用磁針或已知之子午線（註三）令 AC 指正北

(2) 記讀 AC 之太陽影是爲太陽時

(3) 從太陽時加減時差,得地方時。

（註三）磁針有偏差 Declination。在杭州磁針偏差約爲 N3°E。故用以定正北,殊欠準確。最好用北極星定子午線。茲將此法之最簡捷者述于後

擇一廣場,近北端任植一直竿。南行約百呎。回望北極星而左右之,另植一直竿,令與第一竿及北極星成一直線。是爲子午綫。此法最大錯誤約 1 度,因北極星極距 Polar distarce 約 1 度也。

舊式日晷之錯誤

舊式日晷,亦有兩種(甲種)製法用法類似第一種太陽儀。惟刻度祗單面水平板上刻冬至,淸明,夏至等二十四節氣,將支桿放置相當節氣刻度,而由指針之影線記讀其時刻。

此器在冬至節時指針與水平面幾成 80° 角,與吾國任何各地緯度,相差甚鉅,除近正午時太陽光綫略相平行,指針與地軸不合之影響,尙不甚大外,去午愈遠,錯誤愈多。

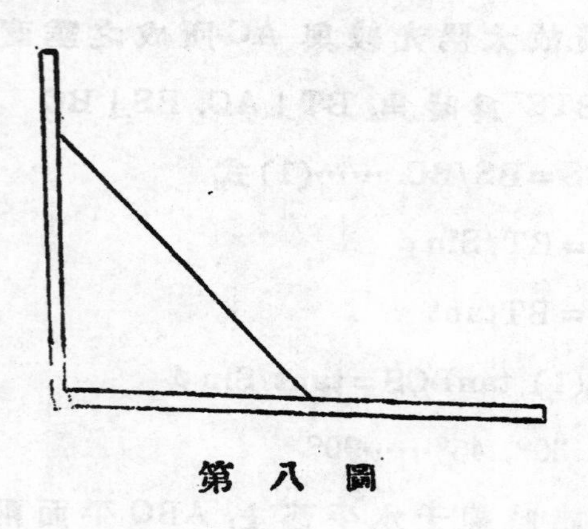
第八圖

〔乙種〕爲可開合之兩板(圖8)板心以綫連之展開兩板則綫與水平面約成 45°。角此器如刻度合法,則可用于北京附近等處當無大誤。如應用于江南各省則緯度不合,去午愈遠,錯誤愈多。

CONSTRUCTION OF RATING CURVE AND COMPUTATION OF TOTAL DISCHARGE

By 粟宗嵩

Rating curve, or discharge curve, has been of great assisistance to engineering works such as regulation of rivers, water power and public water supplies. In any branch of the above mentioned engineering works the daily or total discharge of a stream is generally required. But the measurement of discharge is practically impossible to repeat daily for so long a period within which the record is desired; especially, in certain cases the engineer is interested in the extreme conditions, then how can he wait for its occuring or except that it will just occur at the time of observation? We thence attempt to establish the rating curve to show graphically the relation between the gage height and the flow of a stream, and with the aim to predict the extreme conditions. As the flow of a stream is affected by many factors and subject to many fluctuations, in case of river with unstable regimen the flow may vary several hundred per cent from maximum to minimum within a short period, the construction of such a curve is a very cumbersome problem. In this paper we outline the construction of the curve and also present a graphical method for computing the total discharge.

From hydraulics we know that discharge equals to the product of cross sectional area and mean velocity. Both area and velocity are functions of gage height, and each can be represented graphically by a curve. The product of area and velocity at any gage height as shown by these two curves is equal to the discharge; therefore must equal the reading of the rating curve for the same gage heigt. This furnishes a basis for constructing a rating curve. Any change in either area or velocity will produce a corresponding change in the discharge; therefore, the curves of area of cross section ane mean veloctiy offer a valuable means to determine the true position of the rating curve. The properties of area and velocity curves will therefore be taken up first.

A AREA CURVE

The area curve shows the relation between the gage height and the cross-sectional area of a stream; so its shape is governed by these two factors. The area equals the product of width of the section into some function of its gage height, or,

$$A = Wf(H) \qquad (1)$$

If f varies regularly, as in the case of an artiticial channal, the value of f is unity for rectangular sections and $\frac{1}{2}$ for triangular sections, area A can be easily computed and the area curve easily constructed. If f varies irregularly there will be no definite relation between the variation of W and H, then the curve will be drawn by the method of tangent.

Let Fig.1a represents the cross section of a stream drawn from the data obtained by sounding, Fig1b represents the area curve for the river with area A as abscissas and gage height H as ordinate.

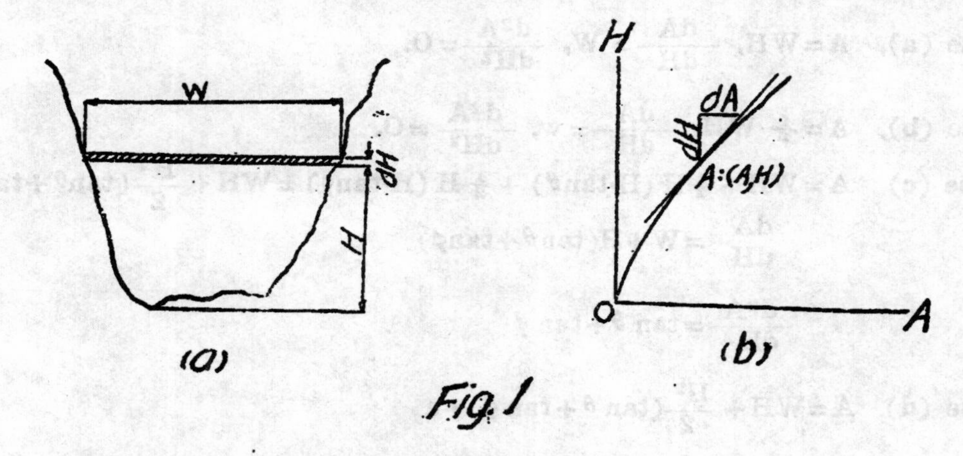

Fig. 1

Let dA = an increment of area,

dH = an increment of gage height,

W = width of the stream at stage H

Then. $dA = WdH$

$\therefore W = \frac{dA}{dH}$ = slope of area curve at stage H

If make dH = unity. $W = dA$

Hence in Fig1b, let the area at stage H be A then from A: (A,H) layout vertically a distance $dH = 1$, then horizontally a distance $dA = W$ to get the point B. The line jointing A and B must be tangent to the curve at the point A; and similarly for other points. The curvature of the curve is thus determined.

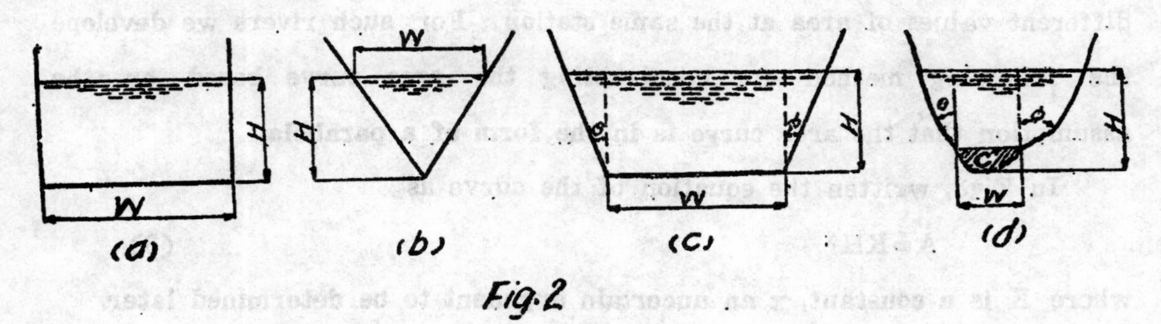

Fig. 2

In case (a), $A=WH, \frac{dA}{dH}=W, \frac{d^2A}{dH^2}=O.$

In case (b), $A=\frac{1}{2} WH, \frac{dA}{dH}=w, \frac{d^2A}{dH^2}=O.$

In case (c) $A=WH+\frac{1}{2}H(H\cdot\tan\theta)+\frac{1}{2}H(H\cdot\tan\phi)=WH+\frac{H^2}{2}(\tan\theta+\tan\phi)$

$$\frac{dA}{dH}=W+H(\tan\theta+\tan\phi)$$

$$\frac{d^2A}{dH^2}=\tan\theta+\tan\phi$$

In case (d) $A=WH+\frac{H^2}{2}(\tan\theta+\tan\phi)+c$

$$\frac{dA}{dH}=W+H(\text{ton}\,\theta+\tan\phi)$$

$$\frac{d^2A}{dH^2}=\tan\theta+\tan\phi$$

The area curve of the first two cases are straight lines, that of case (C) is a parabola and that of the last case is a complex curve. As the numerical value of the second dirivatiuc of cach equation is positve, the area curve for any of these cases is concave to the A-axis The only case for the curve to be convex to the A-axis is when the unusual condition of overhaning banks exists.

For rivers of unstable regimen the cross section changes at all the time; at the same stage, occuring at different time, one may get quite different values of area at the same station. For such rivers we develope the following method for constructing the area curve based on the assumption that the area curve is in the form of a parabola.

In Fig3, written the equation of the curve as

$$A=KH^x \tag{3}$$

where K is a constant, x an uncertain exponent to be determined later.

27256

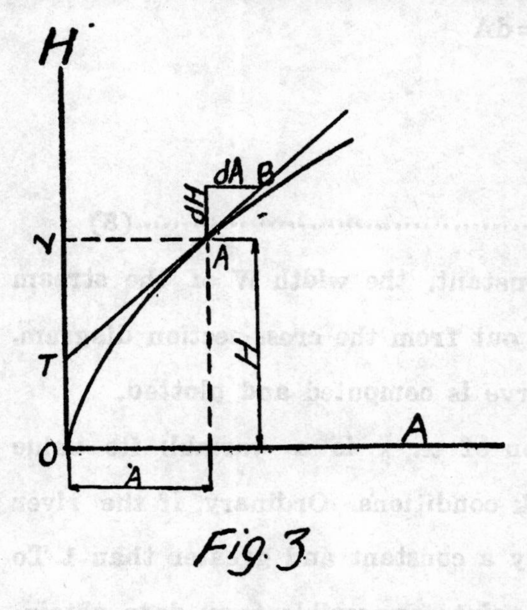

Fig 3

$\because \triangle ABC \backsim \triangle TAN$

$$\therefore \frac{NA}{NT} = \frac{dA}{dH}, \text{ or } \frac{A}{NT} = \frac{dA}{dH}$$

$$\therefore NT = \frac{dH}{dA} \cdot A \quad \cdots\cdots(4)$$

Differentiate eq.(3) with respect to H,

$$\frac{dA}{dH} = xKH^{x-1}, \text{ or } \frac{dH}{dA} = \frac{1}{xKH^{x-1}}$$

Substituting into (4)

$$NT = \frac{A}{xKH^{x-1}} = \frac{KH^x}{xKH^{x-1}} = \frac{H}{x} \quad \cdots(5)$$

$$\therefore OT = ON - NT = H - \frac{H}{x} = H\left(\frac{x-1}{x}\right)$$

Therefore, layout the distances dH and dA as before and prolong the line AB for each point. The true point is that one through which the tangent line AB passes and cut the H-axis at T when prolonged, at a distance of $\overline{OT}$ equals to $H\left(\frac{x-1}{x}\right)$ from the origin O.

Eq. (5) can be further reduced:

Let λ = slope of the tangent line AB.

The equation of the line AB is, then,

$$H = \lambda A + C \quad \cdots\cdots(6)$$

where c is a constant and equals to $\overline{OT}$

$$\therefore A = \frac{1}{\lambda}(H-C) = \frac{1}{\lambda}(H-\overline{OT}) =$$

$$\frac{1}{\lambda}\left[H - \frac{H(x-1)}{x}\right] = \frac{H}{\lambda x} \quad \cdots\cdots(7)$$

Fig.4

$$\because \lambda = \text{Slope of } AB = \frac{AC}{TC} = \frac{H-OT}{A} = \frac{dH}{dA}.$$

27257

$\therefore \frac{1}{\lambda} = \frac{dA}{dH}$, if make dH=unity, $\frac{1}{\lambda} = dA$

Substituting into (7)

$A = \frac{H}{x} dA$, from eq. (2), dA=W,

$$\therefore A = \frac{H}{x} W. \qquad \text{(8)}$$

In eq. (8), x being known as a constant, the width W of the stream at any stage H may be directly scaled out from the cross-section diagram, therefore the true point on the area curve is computed and plotted.

Now it comes to the determination of x. x is a variabl; its value depends upon the river bed and its bank conditions. Ordinary, if the river bed and its banks are stable, x is nearly a constant and greater than 1. To determe its value, one may take as many points as possible from data obtained through observations and substitute the values of H and A into eq (3). Thus many equations containing two unknowns, K and x, are set up. Solve them by Method of Least Square to find the most probable value for x. Then by means of either eq. (5) or eq. (8) the true curve may be drawn.

Properties of area curve, referred to origin at the elevation of lowest point in the cross section.* See plate I for illustration.

(a) For all sections except those with flat bottoms the area curve becomes tangent to the H-axis at the origin.

(b) If the bottom is flat the curve cut the H-axis at the origin at an angle whose tangent equals the width of the bottom.

(c) If the banks are vertical the curve preceeds in a straight line as the increments are constant thereafter.

*See River Discharge, by Hoyt. and Crover.

(d) The area curve is permanent in curvature for all gage heights above the plane below which all shifts occurs.

(e) At stations where the banks are practically permanent, change in section, if any, usually occurs below the low water line; and the area of the new section may be shown accurately by shifting the portion of the old curve above the low water line a propor horizontal distance to either left or right, according to whether the change is section is loss or gain. The constant abscissa length between the old and new position of the curve is the algebraic sum of the change in the area of the section, + for gain in area by scouring and — for loss by fill.

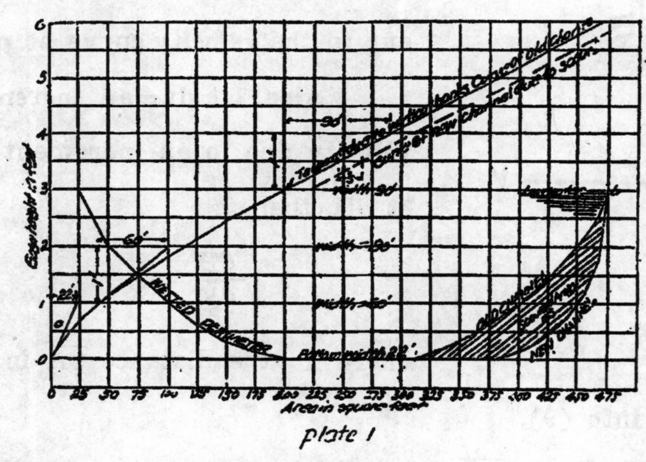

plate 1

B MEAN VELOCITY CURVE

The mean velocity curve is generally considered as a parabola with its axis vertical and origin below or at the bed, and approaches a straight line at higher stage. Its construction is based on Chezy's Formula $V=C\sqrt{RS}$.

Both R and S increase when the stage is raised. S effects C insignificantly at higher stage. It is found that when S is greater than 0.01 the coefficient C is just the same as that for S equals 0.01. S varies inversly as C when R is greater than 1 meter, or 3.28 ft.; and C itself is a dereasing function of S but an increasing function of R; so for a given set of conditions $C\sqrt{S}$ may be treated as a constant, k.

At higher stage R may be taken as equal to the depth of the stream without any appreciable error, hence,

$$V = C\sqrt{RS} = k\sqrt{R} = k\sqrt{H}$$

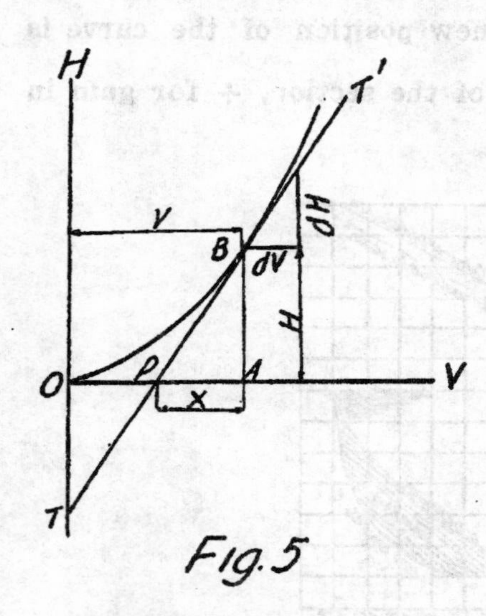

Fig.5

$$\therefore \frac{dV}{dH} = \frac{k}{2\sqrt{H}}, \text{ or } \frac{dH}{dV} = \frac{2\sqrt{H}}{k} \quad \ldots\ldots(9)$$

In Fig 5 let TT' be the line tangent to the velocity curve at point B:(V,H).

Also, let dv = an increment of mean velocity due to an increrrent of gage height dH, then,

$$\frac{dH}{dV} = \frac{H}{X}$$

where X = the distance $\overline{pA}$ in Fig. 5.

Substituting into (9),

$$\frac{H}{X} = \frac{2\sqrt{H}}{k}$$

$$\therefore X = \frac{kH}{2\sqrt{H}} = \frac{k\sqrt{H}}{2} = \frac{V}{2} \quad \ldots\ldots(10)$$

$$\because \triangle OTP \sim \triangle PBA, \text{ and } \overline{AP} = \overline{OP} = \frac{V}{2},$$

$$\therefore \quad \overline{OT} = H \quad \ldots\ldots(11)$$

Now one can see that the tangent to the mean veloity curve at any stage H must cut the H-axis at a distance of $\overline{OT}$ ($\overline{OT} = H$) from the origin, and must intersect the V axis at a distance of $\overline{op}$ ($\overline{op} = \frac{1}{2}$ V of that stage) from the origin. The curvature of the curve is thus determined. As the second dirivative of eq (9) is $\frac{d^2V}{dH^2} = -\frac{1}{9}\frac{k}{H^{\frac{2}{3}}}$, which is negative for any value of H, therefore it follows that the curve is always convex to the V-axis.

Three methods are used for extending the mean velocity curve from medium stage to high stage.*

(a) Extend the curve as a tangent from the last observed value.

(b) Extend the curve as a hyperbola, approaching the straight line as its asymptote.

(c) Compute the value of V directly from the equation, $V = C\sqrt{RS}$, by using the most propable value of the coefficient C and assuming the slope constant or increasing slightly above the intermediate stage.

Great care should be taken to extend the curve for water at low stage, as a small diviation will cause a great per cent of error in discharge. Moreover, it should be noted that at low stage R can not be taken as equals to H for constructing the curve.

The curve must always be drawn te intersect the gage height of zero flow; if this point is not known, it will lie between the gage height of the bottom of the channal and the point where the tangent to the discharge curve at its lowest known intersecting the H-axis. If there is ponded water the curve will intersect the H-axis above the gage height of the bed of the stream and will be convex to the H-axis; otherwise it will always be concave to the H-axis as stated above, and will intersect the axis at the

* See River Discharge, by Hoyt and Grover.

gage height of the bed.

C CONSTRUCTION OF RATING CURVE

After the completion of area and velocity curves the construction of the rating curve is rather an easy problem. Different methods are at hand and three of them will be outlined as follows;

(1) Rating curve on ordinary cross-section paper with discharge and gage height as coordinates.

In this method the discharge at any stage is taken as the product of the readings of the area and velocity curves at that stage; then plot each value on the paper and connect them with a smooth curve. The rating curve is thus established. See Plate II for illustration.

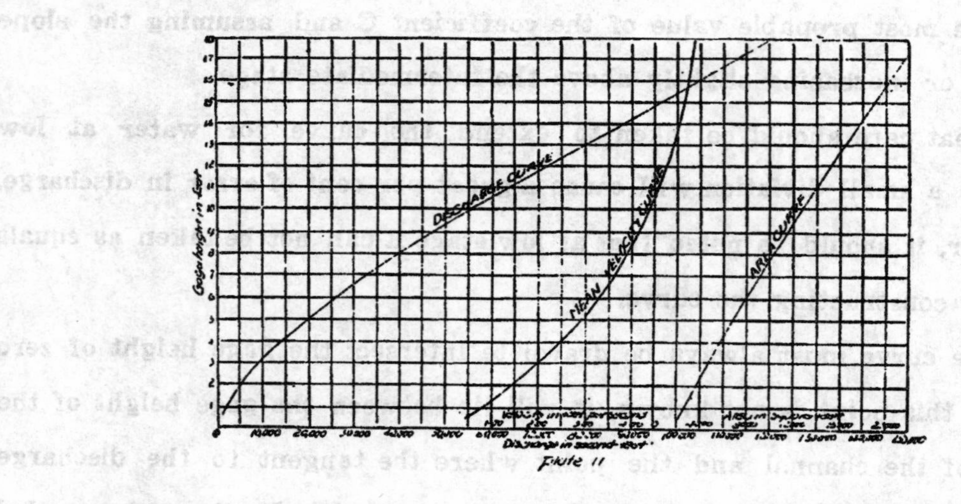

Plate II

As the curves of velocity and area do not follow any mathematical law under ordinary conditions, the rating curve is therefore not a mathematical one. In many cases it approaches the form of a single parabola but ordinary it consists of a series of parabolic arcs.

It should be noted that the discharge of a rapidly rising stream at a

27262

given stage is larger than that at the same stage when the stream is falling, since in the former case the surface slope, therefore the velocity, is greater than that in the later,

(2) Rating curve on ordinary cross-section paper with discharge and $A\sqrt{d}$ as coordinates. See Plate Ⅲ for illustration.

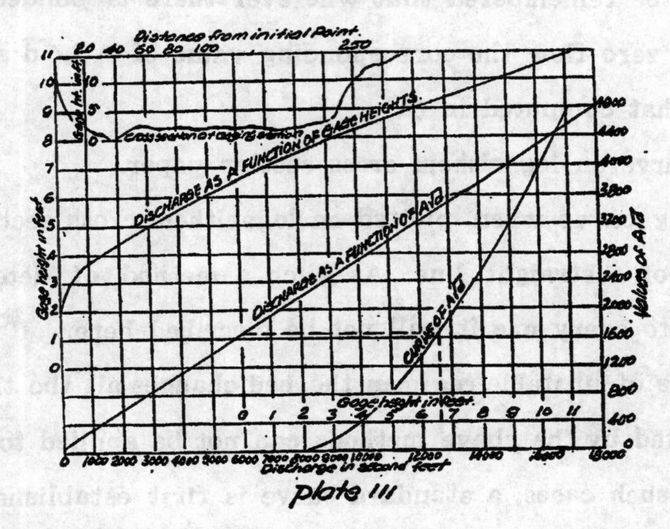

(a) From the data ot sounding plot the cross section of the stream at a convenient scale.

(b) From the cross section, prepare a table giving the values of widths, mean depths, areas, and $A\sqrt{d}$ for each unit rise, say Ift. or $\frac{1}{2}$ ft., of gage height.

(c) Draw the $A\sqrt{d}$ curve against gage height on ordinary cross section paper.

(d) On the same paper plot Q as abscissas. Enter the diagram with a value of gage height and project upward to the $A\sqrt{d}$ curve, then horizontally to the Q scale at the value of Q corresponding to the gage height Connecting all these points so determined, we have a straight line for discharge as a function of $A\sqrt{d}$.

(e) With the same scale of Q and gage height as ordinate, plot the rating curve, all the measurements being taken from the straight line determined in (d).

It should be remembered that wherever there is ponded water at the gage height of zero flow the corresponding value of $A\sqrt{d}$ should be substracted from that computed in (a).

(3) Rating curve on logarithem cross section paper.

The rating curve when plotted on logarithem cross section paper will take the form of a straight line. As such a method of determing a curve is well known to every one it will not be discribed here.

For rivers of unstable regimen the bed changes all the time, the rating curve constructed by the above methods can not be applied to determine the discharge. In such cases, a standard curve is first established as discribed above, then the discharge measurements are made at intervals of several days. The discharge for the intervening days are next estimated by interpolation with the gage height for that period corrected by a certain amount. Two methods of correction are generally used.

1. Stout's Method

In this method the daily gage height is corrected by an irregular curve obtained by plotting on the same paper of the rating curve with the difference between the actual gage height at the time of the various observation and the gage height corresponding to the respective measured discharge on the standard curve as ordinate, and with the days in the month as abscissas. Then the correction for gage height in any day is found from the correction-curve, and the discharge taken from the standard curve corresponding to the corrected gage height. If the discharge is greater than that given by the standard curve, the correction is positive and is to be added to the actual gage height; if less, the correctionis negative. This method is best adopted for artificial channal. See Plate IV for illustration.

2. Bolster's Method

This method is best adopted for rivers of gradually changing bed or assumed to be so. In this method the standard curve is first constructed. All the daily curves are assumed to be of the same form as the standard one and parallel to it with respect to the ordinate. To locate the rating curve for the days other than those on which the measurement is made, one just connect, with a straight line, the two consecutive measurements made on any two days, and equally divide the line into as many parts as the numbcr of days intervening between the two measurements. The daily rating curve will pass through the point of division, and the discharge is read dirctly from it, by applying to it the respective daily observed gage height; as is illustrated in Plate IV.

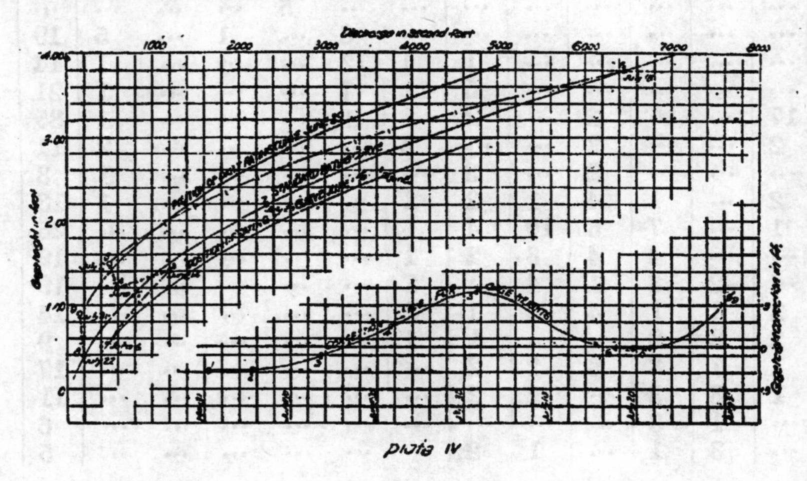

Plate IV

D COMPUTATION OF TOTAL DISCHARGE

Discharge can be computed graphically by taking the advantage of rating curve when the daily gage height is known. The following pages deals with two of such methods, in both of them a duration deficiency curve is to be constructed first. In constructing such a curve we first tabulate the various daily discharges, taken from the rating curve, covering a whole year in the order of their magnitudes from low to high. Then make a convenient class-interval of discharge and find the number of days in each range for each month. Such a table, condensed from River Discharge, Hoyt and Grover, is shown below for illustration:

Discharge in sec,-ft.	Number of days duration between consecutive values of discharge in first column													Days of Deficien-cy
900	...	...	...	...	...	...	...	...	...	0	...	...	0	....
990	...	...	...	...	...	...	...	...	...	6	...	...	6	6
1,100	...	...	...	...	...	...	...	...	8	15	2	...	17	23
1,320	...	...	...	...	...	...	...	...	10	7	20	...	35	58
1,540	...	...	...	...	...	...	...	...	7	1	8	9	28	86
1,760	...	...	...	...	...	...	...	3	...	1	...	10	21	107
1,980	...	...	...	...	...	...	...	...	5	...	...	...	...	....
2,200	...	...	...	...	...	...	...	8	...	1	...	5	19	126
2,750	...	...	...	...	...	1	1	12	...	...	...	1	14	140
3,300	...	...	...	...	...	5	12	7	...	...	...	1	21	161
3,850	17	...	...	3	...	2	8	1	...	...	...	1	35	196
4,400	2	...	...	3	...	...	2	...	...	..	...	2	11	207
4,950	...	...	...	2	...	3	...	...	...	...	...	1	3	210
5,500	2	...	1	4	1	2	1	...	...	...	...	1	13	223
6,600	1	...	7	5	10	4	1	...	...	...	...	...	26	249
7,700	...	...	4	4	6	2	1	...	...	...	...	...	19	268
8,800	...	2	3	1	4	1	2	...	...	...	...	...	19	282
9,900	2	1	1	4	3	1	2	...	...	...	...	...	14	296
11,000	2	3	2	...	...	1	1	...	...	...	...	...	9	306
13,200	1	7	3	3	2	2	...	...	...	...	...	...	17	212
15,400	1	3	3	...	2	2	...	...	...	...	...	...	11	383
17,900	...	1	3	...	...	...	...	...	...	...	...	...	6	839
19,800	...	3	1	...	1	2	...	...	...	...	...	...	5	344

27266

22,000	2	1	2	...	...	2	...	...	...	...	...	...	7	351
27,500	...	4	1	...	2	...	...	...	...	...	...	...	7	358
33,000	...	3	...	1	...	1	...	...	...	...	...	...	5	363
38,500	2	1	...	...	...	1	...	...	...	...	...	...	3	366
Totaldoys	31	29	31	30	31	30	31	31	30	31	30	34	366	....

Plate V

The last column titled as "days of deficiency" shows the number of days in the year that the flow is less than that indicated in the corresponding discharge column. It is obtained by accumulating the total number of days for each range in the whole year up to that discharge, Now, with the discharge as ordinate and the numder of days of deficiency as abscissas, the duration-deficiency curve is plotted: and it will, then, show the number of days in the year when the discharge is less than any given quantity. Thus, for instance, in Plate V we seen that there are 110 days in the year when the discharge is less than 200 c.f.s., and 340 days when the discharge is less than 1800 c.f.s.

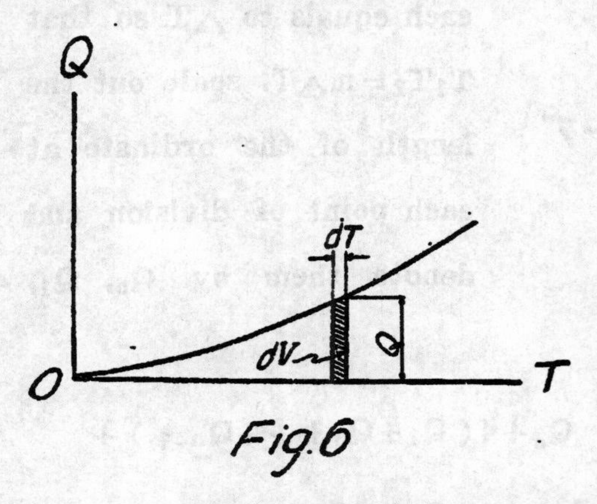

Fig.6

Let Fig.6 represent a duration-deficiency curve. The total annual discharge will, in certain scale, equal to the area under the curve.

Take an elementary strip, we have

$$dv = QdT$$

$$\therefore \quad V = \int_{T_1}^{T_2} QdT \quad \cdots\cdots\cdots\cdots\cdots (12)$$

First the area under the curve is found by the integration of eq.(12), then multiply it by the scale constant to obtain the total discharge. For instance, if 1" is equavalent to 100 c.f.s. and 10 days respectively for the drawing, then 1 □" of area will equavalent to (100) × (86000 × 10) = 86,600,000 cu. ft., which is the scale constant.

As there is no mathematical relation between discharge and time, the integration of eg.(12) by Calculus is imposbible. Two graphical methods may be used to solve our problem, one by Simpson's Rule and another by pure graphical method.

1. Simpson's Rule for Approximate Integration

Simpson's Rule for approximate integration can be found in any text book on Calculus. Here we will not give any explanation but only show its application to our case. In Fig.7 we have a duration-deficiency curve.

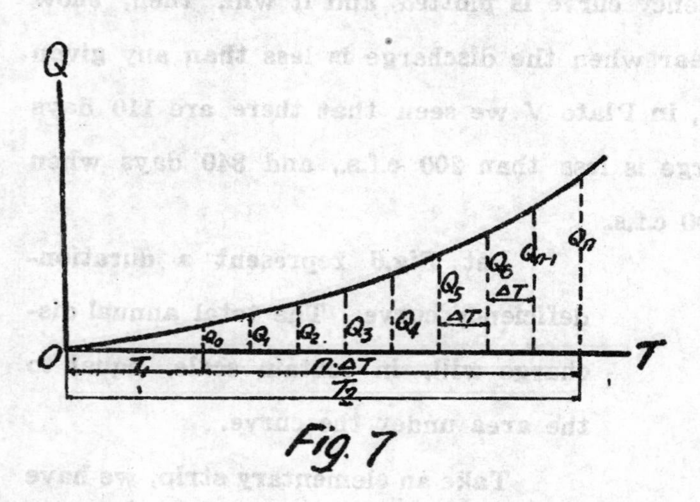

Fig. 7

Divide rhe abscissas length from any time T_1 to time T_2 of the year into an even number, n, of equal parts, each equals to $\triangle T$ so that $T_1T_2 = n.\triangle T$. scale out the length of the ordinate at each point of division and denote them by Q_0, Q_1, ...etc. Then,

$$\text{Total discharge} = \int_{T_1}^{T_2} QdT = \frac{T_2 - T_1}{3n}\Big[Q_0 + 4(Q_1 + Q_3 + \cdots + Q_{n-1}) + 2(Q_2 + Q_4 + \cdots + Q_n) \Big] \times \text{scale constant} \qquad (13)$$

The discharge may be computed by ep. (13) for any number of consecutive days. If the annual discharge is needed, then T_1 becomes zero in eq.(13)

27268

and drops out entirely.

2. Pure graphical method for finding total discharge

First the duration-deficiency curve is plotted as shown in Fig.8. Divide the abscissas into any convenient number of equal parts. Subdivide each part into two equal parts again and through each point of subdivision erect

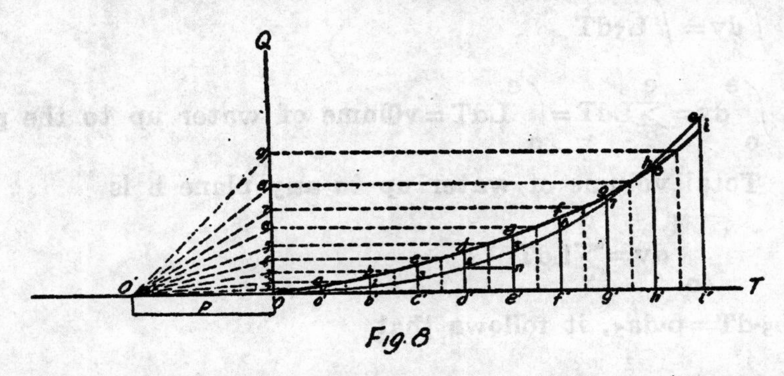

Fig.8

a perpendicular to intersect the curve, as shown in Fig.8. From each of these intersecting points draw a horizontal line to meet the ordinate at the points 1', 2', 3',…etc, respectively. Now take any point, as o', on the ordinate at a distance of p from the origin as pde. Then draw the straight lines O'1', O'2', …etc. Next from odraw 01 parallel to O'1',from 1 draw 12 parallel to O'3',,…etc.

Now make oa' = a'b' = b'c'…etc. = dE. Take any strip as dd'ee', then, as seen from Fig.9.

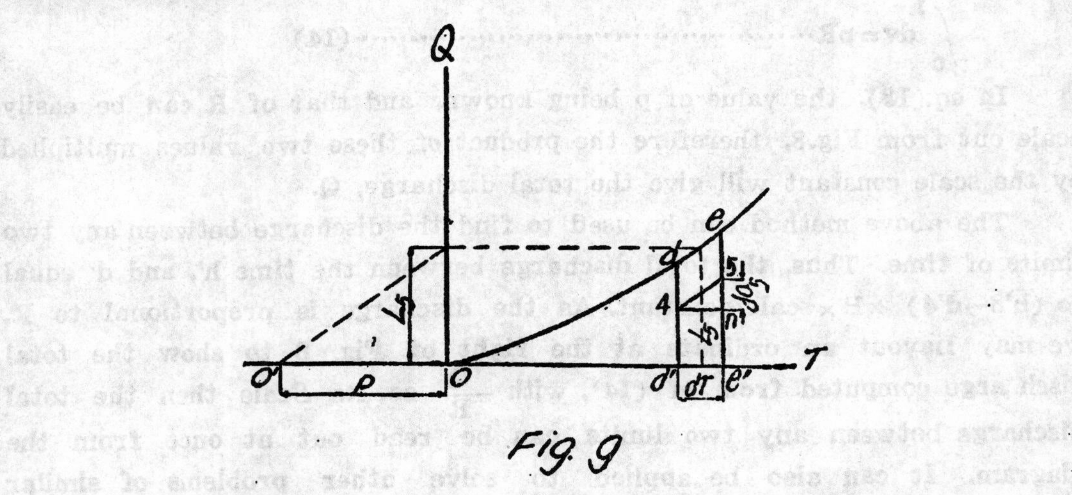

Fig. 9

$$\frac{da_5}{n4} = \frac{L_5}{oo'}$$ while L_5 = middle ordinate of the strip.

$\because$ n4 = d'e' = dT, and oo' = p

$\therefore \frac{da_5}{n4} = \frac{L_5}{p}$

or, $p \cdot da_5 = L_5 \cdot dT$ = volume of water included between the planes dd' and ee' = dv

$\therefore \int dv = \int L_5 dT$

$\int_o^e dv = \sum_o^e LdT = \int_o^e LdT$ = v0lume of water up to the plane ee'.

$\therefore$ Total volume of water up to any plane h is

$\int_o^i dv = \sum_o^i LdT$

Since $L_5 \cdot dT = p \cdot da_5$, it follows that

$\sum_o^i LdT = \sum_o^i pda,$

Now $\sum_o^i pda = (da_1 + da_2 + da_3 + \cdots etc)p = \overline{i'g} \times p$

Theretore, $\int_o^i dv = \overline{i'g} \times p$

Take $\overline{i'g}$ as the intercept R, then,

$$\int_o^i dv = pR \cdots\cdots\cdots\cdots\cdots\cdots (14)$$

In eq.(13), the value of p being known, and that of R can be easily scale out from Fig.8, therefore the product of these two values multiplied by the scale constant will give the total discharge, Q.

The above method can be used to find the discharge between any two limits of time. Thus, the total discharge between the time h', and d' equal to $(\overline{h'8} - \overline{d'4}) \times P \times$ scale constant. As the discharge is proportional to R, we may Layout an ordinate at the right of Fig. 8 to show the total disch arge computed from ef (14', with $\frac{Q}{R}$ as its Scale then the total discharge between any two limits can be read out at once from the diagram. It can also be applied to solve other problems of similar character as that discribed in the preceeding article.

一百五十年來結構學之進展

姚寶仁

近來結構工程進展甚速,橋樑房屋堤閘以及一切建築,無不日趨複雜,漸臻妙境,既可節省經濟,効率亦復增加,推其故,殆緣結構學理論之進步,昔日所不能解之問題,今則解決矣,昔日所不能分析之作用力,今則明晰矣,凡此種種,均賴諸先進學者相繼研求,從事理論之探討,佐以實驗之結果,更從多年工程事業之經驗,以闡明之。吾人今日攻讀此道,每述及某某原理,某某公律,僅知其內容,而對其發明或進步之程序,則漠然不知,殊屬憾事,是以關于結構學歷史之叙述,想為工程界人士所樂聞者也。

構結學之進展,係由于各個人研求之結晶歐美諸國致力於斯者頗不乏人如法國之哥倫 (Coulmb) 勒為爾 (Navier) 及聖德維倫 (Saintvenant) 等英國之潤金 (Rankine) 德國之磨爾 (Mohr) 密勒 (Muller) 費泊爾 (Foppl) 俄國之俄勒爾 (Euler) 等此數人,時期之前後殊難確定,惟普通多以哥倫 (Eoulomb) 為最早,迄今約百五十年餘,茲以哥倫為中心,分條述之於左:

哥倫時代——一七七六年

哥倫係法國軍事工程師,生于一七三六年,一八〇六年病歿終身從事工程事業,一七七六年伊發表論文于巴黎科學研究會出版物上,題為Essai Sur Une application des Regles de Maximis et Minis a' queques problemes de statique, Relatifs a l' Architecture" 對于長方形斷面之橫樑 (Beam) 抵抗力之討論,伊認為項邊 (Top fiber) 及底邊 (Bottom fiber) 所施之抗力 (Risistance) 與其縮短或伸長之多寡成正比例,且斷面各部分上之內力 (Internal Forces) 均等,由此可決定內力之力距 (Moment) 或稱抵抗力距 (Resistance Moment) 及斷面之中立軸 (Neutral axis)。當橫樑敗壞之時,此軸位置必生變動,在同文中述及橫樑失敗與剪刀(Shear)產生變形(Deformation)之關係及禦土牆(Retaining wall)上泥土壓力之學說,伊謂一部分尖劈形泥土,所以能滑下者,必係該泥土兩平面間之摩擦力及凝聚力不足之故也。八十年後法人聖德維倫(Saint-Venant)研究哥倫之著作,承認此說爲結構穩定學說(Theory of stabitity of structures)之基礎是以人恆稱哥倫爲結構學之鼻祖。

哥倫以前——結構學萌芽時代

上述哥倫爲結構學之鼻祖,惟哥倫以前亦不乏其人最顯著者有六:(一)格尼羅氏(Galilea)于一六三八年研究肱木樑之强弱(Strength of Cantilever)伊認爲此種橫樑頗堅固惟沿破裂斷面中立軸而旋轉之現象殊極危險。(二)虎克(Hooke)氏於一六七八年發表其最著名之定律,即固體之變形與所受重力之多寡成正比例,今人稱爲虎克定律(Hooke's Law)(三)莫悅德(Maviotte)與虎克同時,亦研究彈性原理,並應用于橫樑頂邊及底邊因受外力而縮短或伸長之現象。曾于一六八〇年,作此種實驗結果竟與假說相符合(四)魏毅倫(Varignon)氏早年研究靜力學(Statics),發明靜力平衡多邊形解法,後復致力于格尼羅及莫悅德諸氏之學說,計算肱木樑之抵抗力距(Resistant Moments of Cantilever)時伊假設樑斷面各部分所生抗力之强弱與其距斷面上某橫軸(axis)之近遠成正比例,不幸伊所述之某橫軸係指底邊而言,殊屬謬誤矣。(五)詹姆士保羅尼(James Bernouilli)係十七世紀末葉著名數理學家,對于物體彈性現象極有研究,曾爲文討論彈性曲線之形式,並認爲橫樑斷面平面經過彎曲之後,仍係一平面。爲今日物體彈性變形學說之基礎.(六)尼恩浩特俄勒爾(Leonhand Euler)氏亦係探討彈性學說之一人,尤致力于直柱(Column)受壓力後彎曲形狀,以研究必得備造一公式,說明細長直柱開始彎曲時所能受之最大重量。

哥倫以後五十年之進展（一七七六——一八二〇）

哥倫以前,各種學說多略而不詳,鮮系統之研究。哥倫於一七七六發表之文,係集前輩學者之精華而咀嚼之心得,如橫樑端邊應力 (Fiber Stress) 之得適當分析可歸功于哥倫一人,其後五十年著名之學者凡九 (一) 給若德 (Girard) 氏著述 A treatise on the Resistance of Solids 一書乃「材料力學」書本之最早者,內容包含有 Galiles 及 Euler 二氏早年工作心得及伊個人各種材料試驗之結果.惟誤認中立軸之位置是一最大缺點 (二) 楊(Young) 氏對于彈性學說頗多貢獻最著名者有二:(甲) 發現剪力變形 (Shearing Defōrmation) 亦係彈性作用。(乙) 發明彈性率 (Modulus of Elasticity) 今人稱楊氏彈性率 (Young's Modulus) 惟伊對于中立軸之位置仍不能確定 (三) 十九世紀初年,世間尚少討論「樑之强弱」完善書本,直至一八一五年左右始有俄林塞斯格尼哥(Olinrthus Gregrey)之 Treatise of Machanies 及約翰彭克斯 (John Banks) 之 On the Power of Machanics 兩書,內容含有關于設計橫樑之實用規式,及普通理論惜語焉不詳。嗣愛德文 (Eytelwein) 根據二氏著作而闡明之,於是「樑之强弱」一問題,遂稍得切實解法.惟「中立軸位置」之研究仍無結果。(四) 十九世紀中葉英國却尼過爾 (Tregold) 賀德金生 (Hodg kinson) 鮑羅 (Barlow) 諸人,相繼討論反覆研究,對中立軸位置之決定,仍採哥倫的方法。

彈性學說之正式產生——一八二〇——一八三〇

一八二〇至一八三〇之十年間乃結構業進展最盛之時期,當時之代表人物.可列舉者,有勒非爾 (Navier) 喀先 (Canchy) 及濮以生 (Poisson) 三氏,均係法國大學教授專攻數理,頗負時譽,初非治工程學者。勒氏於一八二一年創立三度固體彈性學說其內容述明固體分子間有合一定律之相距或相吸之作用力,並包含若干方程式以示固體物質內部之平衡及擺動的種種狀態。當時光波之理論頗盛行,喀先卽利用之以研究物質分子之彈力作用,卒于一八二二年發現以作用力及變形(Stress and Strain)的相互關係,確定彈性學說之構成。濮以生氏復根據其結果,而作各種特殊應用,遂益證實此說矣。

彈性學說之研究,最初屬于物理學範圍,其目的在了解物體之性質而已,但其百年來之進展,則係集物理學家數學家及工程學家三方面連合努力之結果,以其應用于結構之分析,可得事半功倍之效也。

勒非爾氏對于工程力學上之貢獻

勒非爾乃法之大科學家,工程學家,兼爲一名教授也。其對于力學之貢獻尤著稱,所著 R'esum'e des lecons donn'ees a l' Ecole des Ponts et Chaus'sees sur l'application de la Me'canique a l'etahlissement des Constrnctions et des machines" 一書,於一八二六年發行,一八三三年再版,係工程力學之首次著作,內容所述約有下列數端:

(一) 橫樑分析頗詳細,伊認定樑之平面斷面受撓曲後,仍係一平面由此可決定其斷面應力。各部撓度,亦可根據幾何學之關係,而以二次積分法求得之。

(二) 對于沙泥壓力之測定,拱式土石結構物,及木料結構的隱度之研究,均得有明切結果。

(三) 連續橫樑 (Continuous Beams)之解析,乃靜力學上所不能決定之問題,伊利用彈性學說之原理,求得其答案,曾撰文述及一切靜態物體支持于三點以上者,均適用此法。

(四) 英國古式吊橋之分析。

英人事業之概略

英國之潤金 (Rankine),猶法之勒非爾也,早年任 (Glagow) 大學之土木工程及力學教授,其著述之多,英人無與之匹。一八五八年,有應用力學一書問世,可與勒非爾氏力學並駕齊驅,同爲工程學之巨大結晶,內容包含;

（一）橫樑斷面剪力變化狀態之確定,現代仍沿用之。（二）介紹一公式,計算直柱可受之安全壓力。（三）沙泥壓力之分佈與水壓力相似係三角形平面之變化。（四）闡明彈性學說之原理。

潤金後之繼起者有：Hodgkinson 致力于力學上各種實驗，Green 同 Stokes 彈性學理論研究，Maxwell 之橫樑撓曲研究及 Morley 之材料强弱學著述等。

圖解方法之產生

結構之分析應用圖解方法者,謂之圖形力學在土木工程學上,頗佔重要地位,一八三三年模斯來（Moseley）以圖解法求得土石拱橋之壓力線,為此法使用之先聲,一八四〇年波錫來（Poncelet）氏用以決定泥土壓力,一八二一年克門（Culmann）構造平衡多邊形（Equilibrium polygon）確定慣性力距（Moment of Inertia）之面積及分析拱橋之抵抗內力,方法既簡便,且如遇有錯誤,亦易檢出也。

圖形力學之進步,磨爾（Mohr）係一中心人物其貢獻凡三（一）應用平衡多邊形求得橫樑之墮陷（Deflection of Beams）。（二）因力距面積與墮陷之關係可以決定樑之某點處其與彈性曲線上切線之間之墮陷距離此種求墮陷方法稱為力距面積法（Moment Area Method）應用頗廣。（三）連續橫樑之解析亦可利用圖形方法,以彈性曲線上切線之性質為基礎,如此可免除三力距定理。（Three Moment equation theorem）之煩難。

非靜力學可解析之結構學（Statically Indeterminate Structures）

非靜力學可解折之結構學原理已得多數學者之不斷研究,其結果可歸納為四點分述之如下：

（一）一八六四年英之大物理學家莫克斯威爾（Maxwell）氏研究衍構（Truss）內各分子應力之圖形解法同時發明相互墮陷學說（Therom of Reciprocal Deflection），為此種特殊結構物分析之基礎,因幾何學上之關係而構成若干方程式,以多餘應力（Redundant Stress）爲其變量。一八七四年莫爾（Mohr）根據內工作原理（Prinicple of Internal work）構成同樣性質之若干方程式以解決各種非靜力學所能決定之問題,此類方程式,今人恆以二氏之姓氏名之。

（二）德國教授密勒（H, Mullev Breslan）在結構學歷史上確係一極顯著之人物,對于此種特殊結構學貢獻尤多,可稱述者有下列諸端(一)應用多餘應力（Redundant Stress）之處置方法解決此類問題。(二)應用單位載重（Unit Load）于莫爾方程式中,則方程式各項之係數可以代表物體受單位載重之變形。(三)指出非克斯威爾氏相互墜陷原理之功效,而作各種深切應用。(四)認定多餘應力或撓曲力率之權勢線（Influence Line）可以代表某物件之墜陷圖式。關于此點近年有喬治柏克（George. E. Beggs）美之名教授,以模型試驗墜陷,所得結果,確與權勢線相符合。

（三）最少工作原理（Principle of Last work）應用于此種特殊結構物之分析,頗爲眞確,最先發明者,爲意之工程師克斯特基羅。(Castig lia-nes）伊所著（The'orie de l.equilibre des syst'ems elastiques et ses appli cations" 一書中,論述頗用詳,此種學說,可以一極簡單方程式代表之,故記憶頗易,此方程式中未知數,卽莫爾氏方程式之變量也。最近有英人安得里（Andrew）將該書譯成英文,題名爲（Elastie Stresses in Structures)。

（四）丹麥人俄斯頓非(Ostenfeld)於一九二年著"Die Deformations-methode 一書伊述及解決此項特殊結構物之方法,可以物體變形及彈性原理分析之此種學說,本採用已久惟自俄氏後,始有一系統之演進也。

其他關于上述諸學說之書本值得介紹者有下列數種:

Muller-Breslan's Graphishe Sta tik der Bawkon struktionen Ostenb-feld's Teknisk statik

Iohnson Bryan & Tunneaure's Modern frame Structure

現代之進展

參閱上文所述,可知昔日者學對于結構學之努力均係各個人之獨自研究。且多從事理論上之推考,而鮮有實驗之佐輔,故嘗有終身致力某問題之探討,卒以假說錯誤,而成無稽之論。事倍功半,良用嘆惜。今也不然,工程界頗多有系統之團體組織,公開討論之場所,各以平日研究之結果公布于衆,集思廣益,庶免偏見之虞如一八二四年之第一次國際工程力學會議及一八二六年之第二次會議,討論目標及研究問題均與結構學進展有莫大關係。加以近代機械進步,各種結構材料試驗極易,或製造各種模型以推測實際之結果,積極方面可以創生新學說,消極方面亦可糾正舊理論之謬誤,是以結構學將來進展之神速,可預卜也。

模型預測試驗

Models Predict Flow Through Structire.

J. C. Steven 著

葛洛儒譯

根據相對論的學說凡一切物質能增加至幾百倍,不過我們沒有這種能力去查察不同耳。有人在某晨發覺他自己有580呎高,用50呎長一枝鉛筆寫在一張廣若城市的紙上,既不煩惱亦不得意。反言之我們假想他無限止的縮小,我們也沒有這種能力能夠見其變化。從這一種奇怪而奥妙的意義之引伸我們相信對於任何建築物或器具的設計都可做成一種模型並可從模型研究,去很精確底決定原物(Prototype)的動作。我們詳細研究一模型,假使其比例尺為原體的十分之一,二者多用同一的質料,則模型較原體强十倍無疑。如果其强弱力為相似量(Similitude),則模型原質的强弱度必十分之一於原體所用的原料。

模型和原體的和諧

在某種要素之下,模型與原體相同,例如大氣壓力.地心吸力,磨擦阻力和液體本身之黏力和密度是不能任意變換去適合實驗者之模型試驗。在某種限度,無論何種要素,在模型與原體內保持不變,可列出一套公式用以代表模型之不變值。依此模型所得之結果能被變至原體,並能預測原體之動作至相當精確度。

我們企圖將一種已經做成的模型確實能代表其原體,選擇一種材料與原體成相稱比例。由此足以證明水力學的相似性,用水銀流過模型其幾何向度(Dimension)只有原物的三十分之七。

相似量原理

加里福尼亞工藝館(California Institurte of Technology)之水流試驗

計劃是以虹吸壩過水壩以及其他一切水利工程的建築物的模型,置於一所密封室內,室內空氣壓力可以自由節制,並能被降低至適合任何模型比例。更計劃用水與甘油的混合物去節制液體之黏性。通常像壩,橋樑和其他建築物之模型多用假象牙做成。史梯文遜克利克壩(Stevenson CreekDam)傑勃遜壩(Gibson Dam)以及目下最偉大的胡佛壩(Hoover Dam)的模型,多採用巴黎石膏和黏土而造成。現在模型試驗正在進行中者,俱在柯羅,福脫柯靈地方(Fort Collin, Colo)的胡佛壩與麥騰壩的廢水口(Spillwoys)試驗。雖然原物是混凝土,但是模型大都是用木料,水則象而用之。

設欲求得眞正之相似量,則各種不同模型之建築材料的性質,可與原體所用者相比,而精確決定。然後選擇模型之比例尺俾得某幾個函數(funchon)如偏向(Defletion),强弱力,導熱性,黏性,等之相似量。

在實際水力試驗。難於得到的材料,亦決不採取來做模型。倘使在實驗過程有良好決定之範圍,通常難得的十分準確相似量也無須得着。

本題所述,不過是模型和原體的關係以及觀察模型試驗的限止而已,此外恕不詳述。現在假設 n 等於原體與模型相當線向(度 Linear Dimen-sion)之比例,卽原體的向度是模型的 n 倍亦卽原體與模型是 I:n 之比例尺

這種解釋對於幾何學上的相似性是很明顯,一切相應線向度和 n 成正比,其面積和 n^2 成正比,體積和 n^3 成正比。至於線向度是包含長,闊,高和圓週;半徑;速度能,磨擦和壓力(head)以及其他一切數量多可以用線度代表之。

動學的相似性所需要者卽速度與加速度之關係。其最要之關鍵就是 $V=\sqrt{2gh}$ 因 h 是直線度而直線度與 n 成正比例,故其速度和 $\sqrt{n}$ 成正比例;這就是說原體所有之速度爲模型所得速度 $\sqrt{n}$ 倍。現在從公式 L=vt, 設 v 之變化比爲 $\sqrt{n}$ 則時間之變化比必爲 $\sqrt{n}$。否則直線度不得和 n 成正比例。設水流速度在模型內每秒 5 呎,則在原體內所得之速度每

秒爲$5\sqrt{n}$呎。

有種事實其時間已經知道如臥輪與抽水機之轉動數與時間成反比,故其比爲$\frac{1}{\sqrt{n}}$。

指數比之特性

加速度在原體與模型完全相等。倘若一物體在模型中落下,則其加速度和在原體內落下完全一樣。因地球引力不知模型與非模型而變更其力也。同樣可以證明其他一切力所產生的加速度是完全相等在一切相似坐落大小不同的結構物。其餘一切常數比率,單位重量彈性,黏性,熱之導性的係數,比熱比重之數值對於同樣材料同樣位置在模型和原體也都是相等。

力是質量與加速度之乘積,在原體內的力是模型內的n^3倍。因此類推可應用於壓力,重量,拼擊力和反作用力。流量等於水流橫斷面乘速度,相應面積和n^2成正比,速度與$\sqrt{n}$成正比。故流量與$n^{\frac{5}{2}}$成正比例。功率(Power)是流量乘高度,流量之比爲$n^{\frac{5}{2}}$高之比爲n則功率之比爲$n^{\frac{7}{2}}$作功(Work)等於作用之力與物體被其移動之距離乘積,或功率與時間之乘積,二者任何其一所具之關係,都是與n^4成正比。動量(momentum)是質量乘速度,故動量與$n^{\frac{7}{2}}$成正比。力矩無論如何是與作功相類,因皆爲力乘距離。故力矩與n^4成正比。

從以上之討論,凡是原體與模型之相稱部分,多可以比例之冪函數表明之。卽如水力之相似量,原體與模型有相等之地心吸力與水之密度,原體之數值必需乘因數n^K。n是原體與模型之比例尺,指數k常爲$\frac{1}{2}$之乘數其值恆在$-\frac{1}{2}$與4之間*

磨擦阻力

液體之磨擦力須要特殊研究,水流接觸面之磨度既不能合於模型比

* K之値有時大於4例如 monent of inertia of mass $=\sum mr^2$ K=5

27280

例,其黏性除去受溫度之影響外,在原體與模型內大致相同。在某種情形下之流動,磨擦阻力與水流速度成正比,以及有時與速度自乘成正比,沒有一樣液體能支持剪力,即有也微細之至,因此阻力是發生于流動液體的黏性。

倘若一塊板與另一板反方向平行移動,兩板間充滿液體,保持平行移動在一定距離所需之力即是量液體黏性之法。當兩板相距一單位距離,一板移動則每單位面積需要之力,去保持一單位速度即是黏性係數,通常以希臘字μ代表之。

在冰點時之水,其黏性係數為0.018達因每秒每方糎。沸水之線性係數僅為0.0028約等於冰水的百分之十六。簡言之熱水較冷水容易流動。設液體之密度除其黏性係數在同一溫度之時,即得其動黏性係數(通常以ν代表)

臨界速度

利諾氏(Reynolds)之實驗已證明水流速度低於臨界速度(Critical velocity)值時,磨擦阻力與速度成正比。如速度較臨界速度高時其阻力與較高指數之速度成正比這種指數值約近於二。低於臨界速度時,流動之現象成為平行流線(Stream line)或線層流(filament),高於臨界速度時線流分裂而變成彎曲或擾亂流動(Turbulent)。

超過臨界速度之後情形完全不同。流線既裂斷水之分子東擊西衝,無一定的方向。例如擾亂流動阻力與速度自乘正比。除非是在猛烈情形或極高之速度完全擾亂流動希有存在。邊際或最外層之水大部和其他輪廓接觸可說完全毫不流動,較內一層流動則為線層流。所以流動超過利諾氏臨界點時常為線層流與擾亂流兩種所組合。水流愈多擾亂,其阻力之比愈近速度自乘。阻力之發生,最要原素為渦流。

利諾氏臨界速度之外尚有另一臨界之流動即稱歐文(Unwin)臨界速度。此種速度祇能發見於水槽中,其能量高度(energy head)是極小。

$V_u=\sqrt{gd}$，當 d 等於流動柱形的平均深度 V_u 便也是波浪進行之速度。在這種情境下完全騷流是存在以及消耗之高度 (head) 是與 V^2 成比例。但是在實驗方面決定水流阻力其速度大於歐文氏臨界速度時，是否與V^2 準確成比至今還是缺少精確的試驗。這正是我們努力研究絕好的資料

模型之限制

模型及原體皆俱有綫層流或擾亂流。擾亂流動實際存在於一切水利結構物。故模型不可過小，如果過小則必致綫層流動。由此觀之此即水力模型比例尺之較低限度.

模型與原體比例尺另一限止，即為大氣壓。我們已知相稱壓力高度與 n 幾成正比。模型與原體所受大氣壓相同。在原體內靜水壓高度 ((Prcssure head) H，在模型內可以 $h=\frac{H}{n}$ 代表之。倘使 a 是大氣壓力，則總共壓力高度在原體內是 H±a，在模型內是 $\frac{H}{n}$±a。如以上兩算式所示顯然的非完全相稱數量，但是在實驗方面仍可十分滿足底進行，倘使模型內有一部分眞空。

從以上之討論，因此問題接踵而至，在模型內非特壓力不能減少到適合完全眞空但是在實驗的時候也從來沒有降低至比當時水蒸汽壓力還低。此種限止可應用於虹吸模型試驗。

實體之關係

在很粗糙的模型河床 (Riverbed) 上去量水的深度因模型之縮小，容水更淺，故不能精確決定河床之深。這種限止在模型試驗工作內，常棄之不顧，而採用變形比例尺 (Distorted Scale)。例如橫度為豎度之 m 倍。

設使用模型決定衝刷河床之効力或輸送沙礫之作用，試驗時必十分留意。在 1927 年作者曾做幾個實驗研究衝刷河床的効力，於麥肯絲河 ((MackenzieRiver) 擬將設計之利巴過水壩 (Leaburg Diversion Dam) 之下游。* 模型之比例尺為 1:12，取河底沙泥分析者一千磅，然後和以他種砂

* 參考 Transac tioasof the Society, 162) Vo193, Page 530.

礫造成一人造組合的材料用於模型中。砂礫之直徑約爲天然河床內的沙泥的十二分之一。

茲於小的模型是决不能這樣做,雖然實際上是可以做到砂礫直徑是 $\frac{1}{n}$ 天然之質料,但是因砂礫過於細碎的關係,以至沉澱和輸送等作用與天然完全不同。可是我們無論如何能選擇一種極便當而大小適宜的質料用於模型內,以及採取一適當的比例尺,更以數學之分析列出一套可以應用的公式。但選擇模型比例尺時,一定要注意到利諾氏和歐文氏臨界速度之限度。

其他的相似性

原體與模型之磨擦作用旣鮮相似,則在模型內所得產生之磨擦當不能完全轉變而等於原體之磨擦作用。補救這種動力的缺點的唯辨法,就是選模型之粗率係數 (Roughness Coefficient) 與原體具有相當之關係。因此必須選擇斜適宜的模型比例尺以及所用的質料。例如石岩河槽其粗率係數爲 0.025(n, Kutter, or Bazin),用1：50 之比例尺,作成一光滑混凝土模型,其粗率係數爲 0.013, 此時可以得到極相近的磨擦相似性。假使模型之河槽不產生一種速度比利諾氏臨界速度小或比歐文氏臨界速度大或是等於二者一之臨界速度時以上之試驗結果當是然確實。這種事實藉研究斜度與選擇模型之斜度或可發現避免這種限止。

模型比例尺之變換

幾何與力學之完全相似性,在原體與模型內通常是很不容易得到,因此我們祗能選擇一種模型具有幾何相似量以及力學上最要相似量原素。這種原素可以單獨研究其他原素可以從別種大小不同的模型中去决定。例如水流輸送砂礫作用可從一種模型內研究之而磨擦消耗則可從其他模型研究得之。通常用模型變換比例尺是犧牲一部分力學上之相似性。因此可以避免不能克服的限止。

用模型試驗預測水利結構物內之水流性質實際爲工程界開一新大

陸凡是設計家物理學家以數學家多必相互合作。尤其是工程師必須象備一切纔足爲水理之搜求者。

現在所做的水力模型試驗也不過是在萌芽時期。我們已經赤裸裸底開始做着,雖然有許多水力學中的現象在幾年前差不多找不到一些些的解釋因爲研究的結果。現在已經成功極普遍極明瞭的智識了,例如利諾氏和歐文氏臨界速度水之突漲(hgdraulic jump)。但是還有許多工作要做。我們對於大氣壓力,高速度磨擦阻漩流消耗之能等所知道的猶滄海之一粟而已。實際工程界是沒有能力找求這許多自然現象卽使做也是散漫的,不完全的,複雜的工作,其結果大部仍是蘊藏不顯。

水力實習室的命運

在美國各大學水力實驗已經做了許多有價值的工作。這種機關顯然是現代合作事業之偉大靈魂。可是一大學內的實驗室的原有宗旨是訓練學生。水力實驗是被有經驗者來管理其當初目的在覓求自然現象。現在美國度量衡局最新水力實驗室正在進行有組織的研究工作去解決許多以前工程界未能發現或不能瞭解的事物。

改進道路之經濟問題

譯自 Proceedings, American Society of Civer Engineers, Sept. 1933

粟宗嵩譯

交通爲一國之命脈,舉凡國防之鞏固,文化之溝通,工商業之發展,社會之改進,經濟狀况之調濟,莫不攸賴於交通,交通之重要,固如是矣,而在吾國其梗塞之程度,殆無倫比!舍通都大邑,首要城市外,幾於無交通之可言,方之滇藏邊疆等地,其交通之溝通,竟須假途外人,當知此言不爲過甚。年來雖經努力建設,然以政局不甯,經濟窮困,僅公路一項,差有成績可言;惟此項公路之建造,或以經費之維艱,或應軍事之急需,始創時類皆粗糙從事,經費充裕,則隨時擇要逐步改進,在財力枯竭之吾國,實則亦惟有以此法逐漸謀交通之建設也。

道路優良之需要程度,因所在地人口之多寡,工商業之狀況,出產之品量而不同;但在初築時,運輸量較低,固無須絕優者。經相當期間後,沿途工商業,出產品等均趨發達,然後視運輸量之需要,而加以適當之改進。第改進之適當否,究何以定之? 此則非一言所可盡,要之,合乎經濟原則者,卽爲適當,否則卽爲不適當。道路雖爲公益事業之一種,不應專以牟謀爲目的,除因國防及他項特種原因外,無論如何亦必不應爲蝕本的,道路之建築如是,道路之改進亦如是。玆篇之作,卽爲此問題之討論,譯者以吾國道路之改進問題,殊甚切要,而應軍需及以兵工所築之路,因施工之草猝,常不吻合道路工程之要求,其改進問題尤有研究之必要,因將玆篇譯述,藉供吾人之參考。

譯者誌

已成道路之改進,要不外下列三法:

1. 改築一較優之路面及其應有之設備。

2. 另闢一較短之新路線。

3.減低坡度及改變（或不改變）其原有之路程。

本篇所論卽爲此項改進之經濟問題,估計其改進之合算否,並各附一例以明之。

道路之改進,其主要目的,間有純在減除意外之危險與損失者,此種改進之合算否,因各個情況之繁複,非一言可盡者,本篇不復贅述。質言之,在經濟方面,要皆值得。

一道路之改進合算與否,純視其每年所耗之用費若何爲準,第改進之可減低道路本身之維持費者,殊不多有。是故,除改進後道路本身之維持費外,吾人更須視其前後運輸用費之增減率若何,始可定之。運輸費包括道路用費(Road cost),及車輛用費(Vehicle cost)兩項。改進之道路,前者之用費,常有反致增加者,然因後者之減低數,遠超前者,故其結果仍屬有利。

一工廠之出品也,莫不力求其成本減至最低限度,精良器械之換置,生產方法之變更,非確知其効果,足以抵償其耗費而有餘,必不引用。道路之建築亦然,在原有路線上之運輸費,不難求得,改進後之需費,亦不難以適當方法估得,二者相較,則改進之應否自可立判矣。後者之計算,可用下式:

道路運輸用費＝道路用費＋車輛用費

此式之單位,不拘爲噸哩或車哩,本篇則擇用後者以其現時較適用也。

上式可更縷分如下:

〔在某道路上每車哩之運輸用費〕＝〔每車哩之道路用費〕＋〔車輛每哩之行駛用費〕＋〔車輛之稅捐費〕……………………………(1)

上式之道路用費,包括一切建築,維持,及管理等費,可以下式表之:

〔道路每年用費〕＝〔總投資之利息〕＋〔常年維持費〕＋〔常年管理費〕＋〔彌補虧蝕之按年存款〕＋〔每N′年修理一次之按年存款〕＋〔每N″年修理一次之按年存款〕＋……………………………(2)

上式單位雖可任擇,但以每單位運輸量每車哩之用費爲最適宜。

建築道路之經濟問題,如欲得一極正確之估計,則所投資之利息不可不列入。政府之築路,或以現金,或發行公債,在前者情況中,固無須乎付出利息,利息一項,似不應列入,實則不然。蓋在公用事業中,其投集之資本,常有一部份不能獲得經濟上之收入,其代價僅為羣衆之公益而已,設以此部資金,善營他業,則必能獲相當之贏利。故在道路建築中,縱其經費為現金,而其不能生利之資金,務必予以相當之利息,以補此項之損失。倘其經費原出公債,則利息之付給,須俟全部公債償還後始止,自無疑義,設付出之利息,人卽以之購買此公債,則政府對其付出之息金,還須擔負利息焉!是故上式中之利息一項,非可略去者。至於利率之高低,則因地而異,築路公債之利率,通常為4%本篇卽依此值計算。

上式可化為一適用於道路之代數公式如下:

$$C=IR+\frac{(I-S)R}{(1+R)^{N}-1}+M+A+\frac{E'R}{(1+R)^{N'}-1}+\frac{E''R}{(1+R)^{N''}-1}+\cdots\cdots\cdots(3)$$

式中C=任何一段路面之常年用費。

I=路面之創辦費(包括工程及管理等開支),

R=利率,

S=改造後舊路面之價值,

M=每年付出之維持費,

A=估計所需之特種常年管理費,

E'=每N'年付出一次之修理費,

E''=每N''年付出一次之修理費,(用於性質與E'不同者.

式中之A,除因有特長之山洞,多數之橋樑,需人照管者外,概可略去不計,此式非但可以求得在標準狀況下,路面每年所需之維持費,兼可以之推求一已成道路歷來之年費。

道路之附屬設備,如溝渠,護牆,各項建築物,隧道,土方工程,護欄,及各種號誌牌等,其常年用費,亦可照樣估得之。然護欄號誌牌等工程,雖數年內須逐一換置,惟為數極有限,影響亦甚微,在計算中,盡可認其壽命為無限而略之。C之值既得,則每年每單位運輸量之每哩用費,亦立知矣。

車輛之行駛用費亦可如上法計算之,茲不復贅述。

前引之討論,為簡明起見,故僅以一行駛之道路維持費為例,實則凡有關於道路及運輸事業之事物,均須一一加以推算,即在未來數年內之用費及運輸量,亦須預為估定焉。然未來之道路用費,尚不難估知,惟車輛之行駛用費,殊不易定:蓋汽車之製造,行程,及速度之改進,輪箍之耐用度,燃料及汽油之時價,保險率及員工之薪金等,莫不因地不同,與時俱易,唯一辦法,只有將各種最通用之汽車加以詳細之研究,定其各項所需之用費,用做標準耳!其單位用費雖互殊,但其一般形勢,則不致有大出入。

討論各種路面所需之運輸用費,路面之優劣,未可即以路面之種類別之,同類之路面,其性能亦各地懸殊,最適當之分法,莫如按其性能之優劣,逕分為上中下三級,汽車行於每等路面,所需之相對用費,按1928年分析,所得之結果,約如下表:

第 一 表

一假想之平均汽車行駛於不同路面之相對用費表

用費項目	相對用費之近似值(以每哩若干分計算)		
	上等路面	中等路面	下等路面
汽油費	1.09	1.31	1.61
油費	0.22	0.22	0.22
輪箍費	0.29	0.64	0.84
修理費	1·43	1.72	2.11
損蝕之彌補費	1.26	1.39	1.57
執照費	0.14	0.14	0.14
每月4元之車房租費	0.44	0.44	0.44
利息(6%利率)	0.36	0.36	0.36
保險費	0.21	0.21	0.21
總計	5.44	5.43	7.50
相對值	1.00	1.18	1.38

由作者最近考察所得,路面每差一級車輛之行駛用費,可節省其在低級路面行駛時,用費百分之八,若按 1931 年之用費計算,則每哩之節省爲 0.8 分。

貨車及他項汽車,因其設備至爲不一,未能引用上值,對其運輸之內容須另加分析。惟以所得之資料過屑,仍難得一正確之估計,若以每車哩17分計之,當無大誤,路面每差一級,約可節省洋 5 分,但貨車之載重不及一噸者,仍可以普通汽車視之。

縮短兩目的地間之路綫,雖可減低運輸用費,然其中有數項固定用費,則並不因之減少。假定虧損費之$\frac{1}{3}$,用備將來車輛陳舊時,改換新式者之用,$\frac{2}{3}$爲機械及自然之耗損則由表一,可知在上等路面,每哩當爲 $2\frac{1}{2}$ 分.在中等者爲 3.3 分,若爲貨車則前者,爲 8 分,後者爲13分。

改進路面與用費之節省

茲以美國第65路公路之一段爲例,以明改進路面與節省用費之關係。該段原爲碎石路面,嗣經改爲一上等舖面者,途長爲26哩,在改造時,其每年之運輸總量爲700,000次,及微量之貨運。至 1930 年七月,其資金數量計爲:

土地收用費(Right of Way)	$ 38,000
排水工程費(Drainage structure)	132,950
土方工程費(Earthwork)	204,000
路面用費（碎石）(Road surface)	84,700
號誌牌及他項設備(Signs and other appurtenances)	2 000
工程及管理費4.5％	20,775
26哩路之總資金	$ 482,425

在未改造前,其每哩之運輸用費如下:

常年維持費,積五年之平均數,爲年用 $ 21,500

定期修理費,包括整理旁溝,路肩 (Shoulder) 及每三年加石一次,每次需洋 $ 34,300 之用費。以 E'=34,300, R=0.04, N'=3, 代入 $\frac{E'R}{(1+R)^{N'}-1}$ 式得

27289

每年之修理費為$\frac{34\,300\times0.04}{(1.04)^3-1}=\frac{34.300\times0.04}{1.125-1}=34.300\times0.32=\$10{,}980$

虧損彌補費，在碎石路面中，其換下之舊石，毫無價值，以S=0,R=0.04,

N=8年，I=$84,700 代入$\frac{(I-S)R}{(1+R)^N-1}$式中，得每年之此項需費為

$$\frac{84700\times0.04}{1.04^8-1}=\frac{84700\times0.04}{1.37-1}=84{,}700\times0.108=\$9150$$

A之值在此路中尚不能決定。由（3）式求得此路之每年用費為

$$C=432{,}425\times0{,}04+9{,}150+21{,}500+10{,}930=\$60{,}927$$

每里路每年之用費即為$\frac{60927}{26}=\$2345$。

經改為一上等路面，並增加號誌護欄等設備後，此路已成一最新式者矣，其資金數量（包括各項工程管理等費）如下：

土地收用費	$ 38,000
排水工程費	$ 140,927
土方工程費	$ 216,240
原有路面廢換後之價值	0
舖面用費	$ 817,260
號誌及他種設備	$ 4,450
總計	$ 1,216,877

每年之維持及一切修理費，由公家之報告，計為 $24,380

定期修理費　在改造後，定期修理尚未需要，照目下之預測，施用最良之保路法，此路之水泥路面，當可用20年之久；屆時路面換下之廢料以每立方碼值價 $1,50 計算，約得 $463,500,（即(3)式中之 S 值），重敷路面之用費，預算為 $275,000,（即(2)式中之 E′值），路之壽命 N 為20年，由（3）式得

此路每年之用費為

$$C=1,216,877\times0.04+\frac{(1,216,877-463,500)\times0.04}{(1.04)^{20}-1}+24,380+\frac{275,000\times0.04}{(1.04)^{20}-1}$$

$$=48,675+25,298+24,380+923.5=\$107,588$$

每年每哩之用費則為 $\frac{107,588}{26}=\$4,140$。

此路每年所收入之汽油稅執照費,在改造前,每哩計 \$1.66,改造後計 \$1.570。由公式(1),得此路在改造前,其每車哩所需之用費為

$$\frac{2340+45010-1660}{700,000}=6.53\text{分},\text{改造後減至}\ \frac{4140+38080-1570}{700,000}=5.80\text{分}$$

此路改進後,其運輸用費有顯著之減低,是其改進為值得也。

縮短路線之估算

以縮短路線改進一道路,其經濟否可舉一例題解之,假定某路之客運,每年為 1,500,000次,貨運為100,000次;設另闢一縮短0.6哩之新路線,每哩之路面費需 \$25,000,每年每車哩之客運用費為 2.5分,貨運為 8 分則每年可節省之

客運汽車用費 =	\$1,500,000×0.025×0.6 =	\$22,500
貨運汽車用費 =	100,000×0.08×0.6 =	4,800
總計		\$27,300

設路面之壽命為20年,則每年 \$27,300之節省,即相當於現在 \$371,000之省費,再加以 \$15,000之建築費,總數為 \$386,000。

惟縮短路線,對某種運輸事業因為有利,而對他種則否,故欲知此項設施,究合理否,非特加縝密之研究不可。

坡度之減低

減低坡度,常能減低運輸用費,惟其相互關係,至為繁複,非一簡單公式所能表示者。如減低數甚小,則僅須挖其高起部份,而填其低窪處,此種改革,在經濟上大都無甚價值;設其減低數甚大,則常有須更換其路線者,而以倚

山之路爲尤甚.

汽車之種類衆多,性能亦互異,工程師無法定其「經濟坡度」(Economic grade),且地形之限制綦嚴,更不得不屈就地勢之崎嶇起伏,下列步驟,可供吾人解答之用。

1. 算出擬減低之坡度的總長及總昇高呎數,

2. 計算所擬用坡度之總長及總昇高呎數,

3. 假定車輛行駛之安全坡度爲4% 算出所擬用坡度之總昇高,超出此坡度總昇高之呎數,

4. 估計此路上每年總運輸量之噸數,假定此數之半,爲每一方向之運輸量。

設每咖崙汽油重50磅,每磅含熱能 1900 B. T. U. 熱能之工作當量爲777呎磅,發動機之効率,以15%計算則每年因坡度減低所得之節省,可以下式求得

$$S=\frac{2000[\frac{1}{2}T(MH-H_1)+\frac{1}{2}T(H_1-H_2)]C}{1900\times777\times0.15\times5.9}=0.0015CT[(MH-H_1)+(H_1-H_2)]$$

式中之H = 原有坡度之頂點高度(以呎計),

H_1 = 所擬用坡度之頂點高度,

H_2 = 與擬用坡度等長之4% 坡度,其頂點之高度,

M = 原有坡度上行駛之低聯動機因子,(Low-gearfactor)

C = 汽油時價(以每加崙若干元計算),

S = 每年因減低坡度所獲之節省,

T = 路面每年之總運輸量(以噸計)。

若路線因坡度之減低而增長,則由上式所得之結果,須減去前者之用費。

如原有坡度,車輛以低速度卽能登越之,則在經濟上,含確知能減省若干運輸用費外,此坡度殊無減低之必要。在事實上,坡度減低,可縮短車輛超越所需之時間,車行速度,亦可較高,車之行駛用費,因之減少,故不論原有之

27292

坡度如何,其減低要皆可獲相當之節省,上式之M,因亦未可忽略之。M之值為以高聯動機登越原有坡度之需用費,除以低聯動機登越此坡度之需費之商。須以實地之試驗始能定之。

茲舉例說明如後:假設有一路面如下圖所示,其長為 2,000 呎坡度為12%,總昇高為 240 呎;茲擬更為—7%坡度,長 3000 呎,總昇高為 210 呎者。此新路線之4%坡度的總昇為120呎,假定此路每年之總運輸量為4,000,000噸,汽油之時價每加崙為一角九分 M 之值權以 1.4 計算,此路面改進後,每年可節省之用費,為

$$S = (0.0015)(2,000,000)(0.19) \times \left\{\left[(240 \times 1.4) - 210\right] + \left[210 - 120\right]\right\} =$$

$$= \$123,120$$

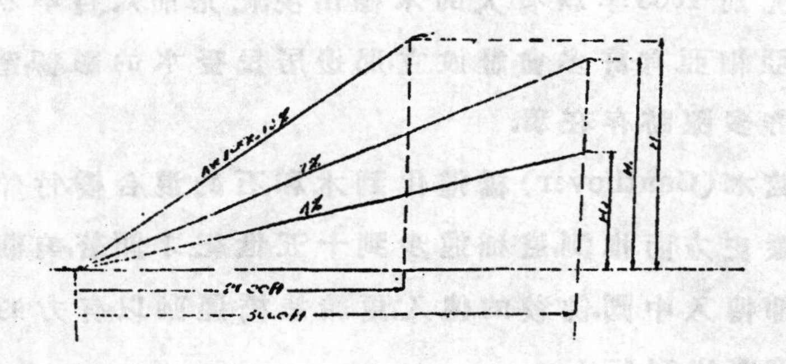

更設此運輸量,係由平均重量一噸之車 3,000,000 次及平均重 4 噸之貨車 250,000 次所組成,前者之用費,以每哩 $2\frac{1}{2}$ 分,後者以每哩 5 分計算則因路線之加長,前項車運,每年增多用費 $ 75,000, 後項車運,增多 $ 12,500,總數為 $ 87.500。故每年實得之節省,為 (123,120 — 87,500) = $ 35,620。若此金按4%的利率生息,路面之壽命為20年,則積20年之本利,其數約相當於改造時,節省 $ 485,000 焉,孰能謂所改為不應耶?

中國古時之造橋法

彭申甫節譯

我國古時的交通,因爲道路狹而彎曲多,且車輛也少,所以多半靠水道,但是也有不少式樣不同的小橋橫跨於河面上,爲便利水路交通計,不得不造得很高,兩邊用階級最普通的一種要算石橋,長的有七十多尺,另外還有弔橋大多用竹索或鐵鏈造的。本篇是Helge Fugl Meyer 氏原著登在 Civil Engineering (A. S. C. E.) Vol. 4. No. 2. 上,現在把它節譯在後面,特別名詞翻譯不淸者,並註原文。

譯者誌

中國人對於橋的觀念,是一種木的建築物,參考各種傳記和故事,可證明在西歷紀元前 1003年就有大的木橋出現,紀元前六百年就有所謂平橋了。同時在中亞細亞有許多會社成立,那邊居民受水的影響,造了許多橋,到現在仍舊有許多陳跡存在着。

後來由肱木(Cantiiever)橋進化到木和石的混合橋,竹竿的弔橋也變了鉄索的。從歷史方面推測,這種進步到十五世紀才顯著,美觀的弧(Arch)形橋,在漢代卽傳入中國,佛教的傳入,更給造橋運動以有力的帮助,因爲佛教提倡修橋築路以利行人。

中國多半的橋,是供給人的步行,轎輿之通過,和運畜生用的,所以傾斜度大,而且有階級,於是不適用於現代有輪交通,把各種橋分起類來。各省的橋都有不同,現在祇得拿大概相同的併爲一類,照形式上不同,大約可分爲四類,支柱橋 Simple trestle bridge 弧形或拱形橋 Arch bridge, 肱木橋 Cantilever bridge 及弔橋 Suspension bridge.

普通的支柱橋發現得最早,從漢代古石雕刻上看來,古時的和現在的相差有限,多半地方受氣候潮溼的影響,使木材易於腐爛,壽命不艮久。造的時候,先以圓而粗的木,用石槌打入泥內五六呎,打樁時,七八工人立在縛於樁上的木板上面,這樣把他們自己的重量,也用作一部分向下力,橋面用圓木横鋪,上面塗以河泥,使壽命延長,然而這種橋,至多支持到六七年,少的一兩年就拼毁了。

第二時期所造的橋多半是石橋,橋樁也用圓形的石柱,揚子江流域的石橋,大概不用别的東西膠住,祇用石砌成,大石相接處,塡以小石,使建築物堅固,這些石多半從附近小山上鑿下來運到各處,普通的闊約十四吋,平常小橋祇用一塊石板,架於樁上,至於交通要道的大橋,也有用四五塊石板接起來,這種橋還有欄杆保護着,基礎石都比較大,若河底的泥鬆而軟,基石埋於乾窖(dryfit)裏,用圍堰圍着(Cofferdam)

另外一種橋的形式,在長江流域也很多,從歷史方面證明,這種橋在宋朝最盛行,許多橋都在這個時候(十一世紀)建造,宋朝北部爲元所佔據,建都於杭州,極力發展東南數省,小石橋到處都有,在泉州的一座,長三千七百八十呎,闊十六呎,有四十七橋格Span,曲線式最大的橋,要算廈門的博覽橋,雖祇有一千一百呎長,但最大的橋格,有七十呎寬,橋面十六呎,估計每塊主要石板重二百噸,不知道那個時候怎樣放上去的,也不知怎樣鑿成和運來的,石的彎曲阻力(bending resistauce)恐怕要算在那邊的石最大,有許多石塊,因爲年代久遠而損蝕,後代就此不能用同樣大的石塊替補,祇用小的柱子撑住,減小橋格的寬度。中國古時建築家,配合石的厚薄,似有定例,總是橋格(Span)的十五分之一,這給闊橋洞的橋以大大的不利。

許多橋的張度(tension)是每方吋九百磅,博覽橋的石,單講牠的應張及灣曲力(tensile bending stress),已經有每方吋八百二十磅,這比平常課本上所載的最後力(Ultimate strength),要大四倍,作者曾自中國石舖內購得上等石板數枚,作彎曲力(bending stress)試驗,架石板於兩鋼楔上,中加重量,橋樑之徑間的長度,從5.3呎變到10.3呎,最大的應張力(tensile stress)由每方吋 437 至 970 磅,好的灰色石板,平均每方吋有九百十六磅(由437至970磅),這可證明中國的造橋工程師,能用最高力的材料,并且這種材料又很容易搜集,可見中國並不是沒有好的工程師!

從各方面觀察可知弧形並不是中國橋的特式,最古的弧形在中國西北部發現,那時候建築家的能爲,可於河底下造隧道,這種建築多半不用膠泥,弧形隧道的本身是一層磨光石的石殼,用兩層石牆造成的,兩層牆的中間用小石子和泥填滿,外面有美觀的裝飾(如雕刻等)。

在中國西北部,橋的基礎多半用很堅固的石,建築材料都就近採取,不發生問題,因爲弧 Arch很容易隨鬆而升降,他們就在基石之下,埋許多石柱排成數行,使這石的基礎在水面之上一呎,在這種基礎之中,主 Main Arch造成薄殼式,使長狹曲石與壓力之方向並行,交會於平石上,同這些小石子膠牢,這些石與弧 Arch 的軸平行,而與橋格Span同長,如曲石中有一掉落,即可補上,與全建築安全,毫無關係。

花崗石的橋欄牆,難得有用膠泥膠住,多半用鳩尾榫或犬牙交錯連接,以花崗石作基礎,一層小石片和泥橋欄之下,石牆是在Arch之後,石牆是一種長而直的石柱,上面架以平石,這有抵抗力的牆,是橋的主要部分,圓弧係散石所成,既鬆又不牢靠,能因基礎的升降而升降,但不能抵抗彎曲力率(Bending moment),這彎曲力率傳到牆上,就變成剪斷阻力 (Shearing resistance),這些弧的中心多半在撐柱之上,所以橋的負重,漸漸增加,比造的時候,總要大得多,這種情形使弧中心無跑出牆之危險。

這些系統,成一可塑的單位,不因爲都是厚石而分離,許多舊的橋都因爲基礎不牢,變成很不美觀的形狀,但是石鏈弧和抵抗牆能抵抗外來的壓力,以致雖然變形而不坍,反而便利交通的也有。

普通橋的主弧,多半很薄,雖經原著者測量過許多弧形,却是不能從此中找出普遍尺寸大小的公式,雖在同一橋上,圓頂格 (Span)距離不同,弧殼也,就不同,弧穀和圓頂格的比例,在小的建築物上大約是一比十三,但是在大橋上有時至一比六的。

樹林中的肱木橋,在我國西部和西北部樹林多的地方,是很多見的,木橋架於小河之上,肱木橋架於大河之上,最長的有一百三十呎,再大些的河則用弔橋,木材的兩旁都有板來保護,免潮氣的侵入木材,這些肱木打入大柱之中,當朽爛之後,可取出而易以新的,圓頂格的中部,五樹幹並列而成,用横木釘柱,上面再蓋以板免本身之被交通侵蝕,這類橋每兩圓頂中間,用大柱隔開使肱木伸長到兩邊,舟形重柱能抵抗狂瀾之攪動,連續的圓頂格是用很多樹幹做成,樹身有空處則釘以釘,這兩種橋多半見於部落集合之處

在雲南四川等處,可以看到單繩橋,是麻繩做的,麻繩繫於兩岸樁上,方向是傾斜的,一岸較高他岸較低,人可由高岸,置身籃中,籃縛於環上,環套在繩上,當人放手離柱上時,人卽隨籃而滑至彼岸,要從彼岸至此岸,也有同樣的設置,祇是傾斜方向和上面是相反的。還有一種用兩繩平行置於上下的(同一垂直平面上),兩繩相距約五六呎,人過橋時足踏於下面之繩上,為安全計,手可拿柱上面之繩。看似這種橋很簡陋,然而却是弔橋的起原呢!

在廣西有一弔橋長七百呎,最長的格有二百呎,橋面寬九呎,是用十根六吋半直徑的繩弔住的,五根相似的繩,用作攀手,中間的大柱是用土石築成的,除下的柱,用硬木築成。

除了這種弔橋外,還有鐵鏈的弔橋,並且到處很多,照各方面的研究可以曉得到十五世紀才有的,鐵鏈是用人工打的,最長的在四川有三百二十六呎,用數鐵鏈平行置同一水平面上,上面舖以木板,寬度十呎,這種橋有一個缺點,就是要被大風所吹動,所以遇到大風的時候,交通是要斷絕的。加以鐵鏈近柱處很容易損壞,故這種橋也不常用。

在我國橋的種類很多,堪稱包羅萬象,橋的總數約在二百萬以上,故將此文譯出,供研究橋樑者的參考,以後改良橋的建造法,要運用最經濟的方法,並且要儘量保存國粹,這是譯者小小的希望。

新洋港水利概述及其改進之商榷

毅弘

（一）引言——新洋港位於江蘇之鹽城縣境,西承蟒蛇串場諸河,蓋淮洪之尾閭也。起自縣治北二里許之天妃閘,曲折東下,沿新興伍佑兩場界域,而入黃海,其間深廣無度,（據淮系年表,載港闊二十丈至四十丈;河底在海面下二至八米突,第近海之處,則遠過此限度矣。）惟午夜潮汐,時刻不踰,川平流奔騰,旋湍湍激,遠非裏下河之年潮輕浪所可比擬。考自李唐以來,黃奪淮流,西水下注,有害鹺政,延至趙宋,范堤（范公堤長數百里,歷通揚淮各屬）於是治西地帶,悉改水鄉,樹藝稻穀,堤東亦不受漢注之浸,以兩淮三十六場求為煎鹽旺還,裕課便民,法誠至善。（煮海為鹽,與曬鹽迴異。）然以鹽商雄擁巨資,居高臨下,虐待灶民,無所不用其極;而場署吏胥,又復狐假虎威助紂為虐,斯芸芸煎丁,處於水深火熱之中者,固歷有年所,嗣以海岸東遷,丁口孳蕃,復因滷稀草乏,煎額難完,其不能買鹽供煎與納賄緩辦者,率以嚴刑相加,人命微賤,言之心惻。間有灶丁為謀食計,引漢灌溉,而場吏必設法厲禁;處此並既無從墾又不可之時明,新洋港固無水利可言也。

（二）晚近新洋港水利之概況——遂至清光緒間,政憲委道縣,官責採想於民改為水鄉;開濬河道,聽民墾灌;而附近灶地,亦疏引支汊,墾蕩為田;雖場吏以影響鹺政,橫加制止,卒亦禁不勝禁;於是墾殖事業居然見於灶腹;滄桑之變,十數年來殆改觀矣。降至民十,西水下注,范堤以東盡成澤國;以其久浸於淡水也,於是昔日僅能供煎之區,竟滷滷俱無矣。然以場商強迫應煎之故,灶民自不得不籌資推灶,收其所有之大部額蕩悉墾成田,於是桑麻遍野,禾麥成疇,能復趁日熇熇茸蒡煮海為鹽之現象矣。惟既墾熟之地,必喜淡而厭滷,顧水利之所可恃者,厥惟新洋港耳;其他由串場河所引之支汊,淺而且狹，而灶境幅員廣大，其幾經曲折迂徐，入於灶腹者，蓄水既有限，則乾涸自易；然一遇霪潦之歲，則溝澮皆盈，無從宣洩，（新洋港每秒流量僅五百零八立方米突）必成巨災。若值亢旱，則新洋港滷潮倒灌兩岸禾田，逼成赤土，近數年來沿東一帶，頻仍荒歉者，蓋以此也。加以民衆鑒於墾治之未見獲利，輒裹足不前，因此蝗蝻等害蟲之屬，易於滋生，往往漫天蔽日，使秩穀一空者，固不僅是港流域已也。

（三）新洋港滷潮倒灌之主因——考茲港滷泛之由，厥有二端：一因近海之港口無閘以禦滷也，蓋該滷出口寬闊海岸平直，值夏秋盛泛之際，潮努洶湧，苟底水不足，則滷水可達全港。二曰天妃閘禦滷蓄淡之失策也，蓋是閘每值上遊水位低落，即行閉塞，斯港即失其淡水之來源，滷潮愈爲得勢；按斯港曲折抵海，雖有二三百里之遙，若久旱無雨，東北風爲虎作倀，不逾半月滷水即可抵天妃閘矣。兩岸居民，匪特田疇無以灌溉，即飲料亦有無從供給之虞。再則遇霪澇之歲，西水泛濫，則大啓閘板暢流東洩，苟沿運（即運河）諸壩，沿秩起放，則堤東秋禾俱付逝水矣。

（四）改進新洋港水利之計劃——據上所述，今日之新洋港，匪特無水利可言，抑且爲荒歉之造作所，然其補救之計劃，果爲何乎？顧對症下藥之策，不外二端：一曰設法束禦滷潮，一曰設法導源淡水；請更分別言之；

（甲）禦滷計劃——滷水西泛之由及其爲害之巨，已如上述；但欲使滷水不致爲害，則除造閘外，則無他法，茲更言造閘之大概辦法。

(1)閘之位置——擇爲最宜審慎考慮之一端，蓋於既墾地與可墾地之區域，固須詳細考察，而港面寬狹，潮汐範圍，於實施工程方面尤宜審慎出之。按濱海一帶土壤迥異其他，蓋係長江上遊之流沙，海生物之介殼，與大量之鹽分積澱而成，短期間固無墾殖之可能性也。且將來草長，儘可爲煎鹽旺區，禦滷蓄淡固非所望。是則閘之位置，宜介乎可墾與不可墾地段之間，且也近海之港面甚寬，工程浩大，費用必繁。且如滷潮不循河道，更非築長堤不為功，斯於可能範圍內，應擇較狹之工以施處也。

(2)製閘經費——據富有製閘經驗者云，謂斯閘若建於洋馬港東之徐家尖，（此地適合以上要求）則總數可以不逾百萬；此宗巨款可以告貸於銀行，以地方畝捐及其他稅收為抵。蓋恃此港以灌溉者，計地不下七萬頃，儘可以不重之負担，分期繳納，亦不難於之四年內償清，況治水無劃疆之理，成裘有集腋之方，羣策羣力，踴躍輸將，早離苦海之大計，相皆樂於從事耳。

(乙) 蓄淡計劃—— 考新洋港淡水之來源厥惟蟒蛇河與串場河耳。然由串場河引入此港者，悉皆支汊，其能暢流直灌者僅一蟒蛇河，然治西扼天妃閘啓閉之權，亦即治東不時旱澇之重要原因；故欲新洋港有非利可言，除製新閘外，尚須廢棄天妃閘，蓋此閘如存在，則二閘間之新洋港，不過一段死水耳，其結果徒為治西禦滷；且一遇霪潦之年，則治西啓閘東洩，而治東亦不得不將新建之閘，隨天妃閘同時啓閉也。是則天妃閘不即廢棄；則建閘之舉，轉為無利之圖；故欲改進新洋港之水利，則建閘廢閘必相輔而行，萬不可偏廢也。

(五) 天妃閘究竟有無廢棄可能性——改進新洋港之水利，天妃閘必須廢棄，前已言之矣；然是閘之廢棄，究與治西有無損害，不可不預為考慮也。按此閘原為禦滷而建，蓄淡本其副產物耳，茲所擬建之閘，禦滷之作用實遠盛於天妃閘，蓋天妃閘僅能禦滷於一較闊之新洋港口，其他由新洋港之支汊灌入串場河，而分流各河川者，恐甚多也。就禦滷言，則新閘既成，天妃閘即無存在之必要矣。至若天妃閘以東，因滷潮西泛之故，由洋馬港迤西至閘口，其淡水各位之高，或較大於天妃閘以西之水位，故廢棄天妃閘，并非閘西之水一瀉東下，治西各河即告枯竭也。其所以欲廢棄此閘者，蓋供運堤以東所有河川湖蕩，打成一片；而新洋港仍成為流動之水，不受制於天妃閘，是則廢棄天妃閘，有百利而無一弊，故天妃閘亦無存在之可能性耳。

（六）建閘與航業——論者有謂新洋港所有航海與捕魚之巨船，往往駛至天妃閘以東之裏洋口始行停泊，則其起貨手續似較便捷；若新閘既成，則大船必須泊於閘東，距城百餘里轉運為難矣。然此實膚淺之見。且亦未加考慮之臆斷也。蓋運貨於裏洋口起卸時，必須用剝船轉運至天妃閘以西各處，然而此種巨船，由袁家尖駛至裏洋口，往往歷數日之久，蓋海潮起落，路徑曲折，且也船大則吃水深，行駛速度，自必銳減；若新閘既成，則由此閘為轉運貨物之起點，其盤剝之身，固彼此無異，而剝船行此百餘里之水程，既無潮汛作梗，吃水又淺，則往來便捷，事半功倍，可以預料，於此益見建閘麼閘，與航業方面，亦不為無利之圖也。

（七）結論——按新洋港，與王港，竹港，鬥龍港，射陽河；并稱范堤之五港；而新洋港之流域，約佔二萬方里，此二萬方里中灌溉之水，悉賴於是。其地位固重要。且洪水盛漲之際，是港亦為導水入海之重要孔道。斯不應僅從禦滷蓄淡着手，即為竟整理之全功，而裁灣取直，洗寬，濬深，亦屬急切之圖。第以工巨費繁，一時不易畢巨；茲僅就民衆財力之所可及者，加以論列；至若政府方面苟能相輔經營，則事自易成；亦即此數萬方里赤滷之區，能否變為膏腴之地，視此以為斷也。

民二四級暑期測量實習記

吳沈釔

念二年六月二十五日．正是各級同學整裝作歸計的時候，一輛無情的大汽車却載我們到了錢塘江邊六和塔底山下，拾級而上開化寺，大殿二殿裏縱橫着許多舖位，這裏便是我們將要住一個月的所在。開化寺雖然不是一個香火鼎盛的寺，但惟其不是天天的香烟繚繞，殿裏面蠟燭油氣味的濃度更易使人聞之作嘔我們對于這種佈置似乎祇覺得爱意，而沒有恨意；因爲如此，便讓我們嘗到有生以來未有嘗過的新兹味。

二十六日．李紹悳敎授規定出工作程序，將同學二十人分爲四組，並率領了全體去踏勘地形。由寺沿江西行四五里，在徐村附近勘定五雲山大黄山爲地形測量地點，在五雲山上一段較平坦處爲基線（Base line）。此地適當浦陽江北匯之口，水流很急便定爲斷面和水流的測量地點，這天，並設定了八個三角站（Triangulation station），六個水準標誌（Benchmark）。

二十七日．是正式開始測量工作的第一天，我們實習方法是四組輪流分配，每種工作各組都須次第做到，不像旁的大學你專測水準（Leveling）我專測基線（Base line measurement）的分工制一樣，所以朝出晚歸是我們意料中事，清晨旣給寺鐘聲醒，自然再沒有還在貪戀牀蓐的人了，我們穿黄布軍服的居多數，因爲牠非常有吸汗的功用，校正儀器後便由吳，王兩助敎領了馬上出發，晨光熹微裏，但見提箱掮桿一組組的西進。這是不慣常的苦工，山間上下，不免背痛肩酸，加之大太陽逼上來又是焦灼難堪，初次嘗味的辛酸，眞非言語所能形容。這天，都測各三角站和水準標誌間的高度差（Difference in elevation），用水準（Level）和水準標桿（Rod）來回測兩次，完工了，莫不筋疲力盡，餓腸轆轆山下糕餅攤旁，一時都是我們唾涎欲滴的主顧。

二十八日. 第二天就覺得不比上一天,省力許多,由此可知一切難事祗難于第一次的開。始這天有一組的工作是測基線長度和予午線 (Meridian).基線爲三角網之基礎,量得須特別正確,重覆六次,每一百呎間須祗有一個坡度,敲椿拉尺,個個蹲踞地上,而深草的熱氣蒸人欲昏,工作頂不容易,子午線用太陽高度 (Single altitude of the sun) 方法測之,有一組的工作是仍用經緯儀(Transit)讀各三角站間的平面角和直面角 (Measurement of horiz- ontal and vertical angles)每讀一角須正視倒視共十二次,其餘兩組測水準.下山回來時天上忽陰雲密佈,雷電交作,一時滂沱大雨,個個淋得落湯雞一樣。

二十九日 三十日. 各組工作,一如前昨輪流。

七月一日. 四天來三餐不得飽,浴也無時洗,因爲晚上一躺上床便沒氣力再走下山去,生活完全失常了。這天停一日,眞如枯魚得水,有的在錢塘江裏划船,有的到之江去游泳,有的往九溪茶場乘涼品茗,完全忘却了這幾天難過的生活。

二日 三日 四日. 繼續測水準基綫和讀角。工作時都小心翼翼,恐防要吃重測 (Repeat) 之苦,所以各組結果都差不多互相全符。

五日. 這天校正三角網的角度並計算邊長,用測點校正(Station adjustment) 和圖形校正 (Figure adjustment) 方法,都校正至六七次,準確程度已儘夠實用,然後算出邊長繪三角網.

六日. 測導綫 (Running traverse line). 都是同樣的工作,所以四組分測四部份,各規定兩個或三個三角站,大概都在規定的三角站間由下而上,自己選擇導綫站 (Traverse Station),須視地形面積等而定,測量的方法本來毫無困難但所謂經驗者卽由這種潑智力的測量方法而得。用照距法(Sta-dia methed)測導綫之長度及讀眞方角 (Azimuth),各站以前後讀兩遍相校正。

七日. 仍測導綫,而係從昨日的終點起至始點止,另外測一條,如此,在某兩三個三角站間的地勢可以全部包入,這天正是舊曆的十五晚上殿前院中,皎月當空,靜影滿地,全寺洛在白光裏,舉頭望明月,低頭思故鄉,良有以也。

八日. 這是第二次的室內工作,將所測導綫的邊長算出其縱橫距(Latitude and Departure),以備繪圖之用,並計算連合差(Error of closhre)。大都因儀器的精密,測時的小心,差誤極小,但也有超過差誤的定限,便須重測。至是,工作已過去一半。兩星期來的生活,大家並不覺得苦楚,也沒有什麽難過了,反而覺得別有一種滋味,使心頭舒服。吃過晚飯,都三五成羣的散步江畔。看天空明月,聽江上波潮,世人得領略此景者能有幾多?不禁中心撫慰。

九日. 或繼續計算,或重測導線。

十日. 測地形,這是全部測量頂吃緊的工作了。用經緯儀和照距標尺(Stadia rod)在導線區域裏取點,地形愈覆雜,取點愈多。頂難挨的在山窩子裏,上面曬下來的既如火,炎烈下面蒸上來的又如火煎燒,簡直像逼入火坑,而且深草齊脛,蝮蝎出沒,踏足其間,頗不容易。

十一日. 繼續測地形。

十二日. 休息一天,太陽越來越大,都怕出去。而塔底下涼風徐徐,地氣陰凉,塔週供遊客坐的許多藤椅差不多給我們佔遍了。照這一天看,誰知道我們在實習測量,簡直像到此避暑了。

十三日. 繼續測地形。

十四日. 兩組測斷面,兩組測流速,測斷面的一組坐船,來回兩岸間五六回,用鉛錘線(Lead line)沉至江底測水深(Sounding),嗚笛揮旗以示記號;一組留岸,在相鄰兩三角站上聞笛聲看旗號而讀船位的角度,以定所取水深的地點。測流速的爲要趕及江水潮漲前,所以出發得特別早。在兩岸定標準直綫的方向，(Range line)，船依線行，用流速計(Price current meter)測平均流速，所謂平均流速即以水面下十分之六深度的流速爲是。

十五日．各組交換昨天的工作。

十六日．出外測量的工作已經完畢了。適中央大學測量隊約作籃球友誼比賽于省立體育場。一上球場大家抖擻精神，並不因三星期的辛勞稍減，結果大勝而歸。

十七日．繪所測錢塘江的斷面圖，繪導淺三角網于一紙上，再點上所測地形的各點。

十八日．繼續繪圖，將等高線(Contour line)連成。道路河流樹林房屋等等也都畫上。

十九日．四組的分部底圖都已繪就。經李教授細細核閱，認無錯誤。即繪總圖于複印紙(Tracing paper)上，以備藍印(Blve printing)之用。而請虞烈照君獨任其事。

二十日．總圖很大，全部畫成，費時頗久，皆且半夜工作。夜更深，全體同學猶相陪殿中。或剖西瓜，或飲汽水，爭相解饞。在這最後的一夜，極盡談笑言歡的能事。

二十一日．一切都結束完工了。全體整裝還校。然後次第分袂各自賦歸。一個暑期測量實習的生活竟已倏焉過去。開始時的怨苦于今全無，一月來，不特測量智識的增長聊以自慰，而身體健康的進步更足歡愉。試回想，六和塔前，涼風清意，錢塘江邊，潮聲月影，將何時重逢！

民二五級赴長興煤礦附近地質考察記

彭申甫

研究各種科學,單靠書本,當然是不夠的,要得到書本以外的智識,那非向各方面去找尋不可,出外旅行,是許多方法的一個,因爲可以增廣不少的見聞。

這個學期裏,我們所修的地質學,照本校向例每年有一次實地考察,此次我們到長興去,因爲地質學敎授劉崇漢先生在那邊曾作很詳細的調查,長期的研究,而且頗有收獲的,到了那邊可以請劉先生指導和講解,這樣時間省了,所得到的效果反而大,豈不是經濟嗎?并且煤礦和地質也很有關係,且難得有機會去參觀,所以更加堅定了我們到長興煤礦去的決心。

十一月廿五那天雖然陰雲四佈,我們不顧一切地向長興進發了,坐了四點多鐘的長途汽車,大家都是風塵滿面,各人頭髮上都染上一層綜黃的顏色了,但是祗到得長興城,離我們的目的地一長興煤礦一還有小火車兩點鐘的路程呢!老天總算照應我們,漸漸地放晴,這時太陽已經看見這給我們莫大的安慰。

煤礦公司自辦的小火車,用以運煤到五里橋去,然後再從水道運往滬杭各埠銷售。我們等到四點鐘纔有客車,沿路兩旁很冷靜,都是些岩山亂草沒有什麽優美風景可言。到礦區的時候,已經伸手不見五指的時候了,幸虧我們沒有去長興之前,恐怕發生住的問題,所以已經先寫信給煤礦公司,懇求他們替我們找住的地方,現在他們派了職員,在站上歡迎我們了,這天雖然到得很晚,到山上去考質是不可能的了,可是我們不願意在外面白費掉很可寶貴的時間,由劉敎授領導到煤礦公司各部分去參觀一週:

先去看煤井,這是礦下面和地面上的交通機關,工人的上下和煤的運輪都在這裏的.四畝墩礦井深一百餘公尺,兩架升降梯一上一下同時進行工人的總數,聽說有七千多,分三批工作,每批每天作工八小時,每個下礦的人,手裏都拿着一盞乾電燈,因為下面很黑暗,又到鍋爐間,打風間（使礦裏的空氣,和地面上的空氣交換),發所電等.

廿六,廿七兩天,到礦區內各山考察地質,廿六那天在我們出發的時候,雖然細雨綿綿,我們仍舊拿了傘,揹了斧頭,播了指南針,帶了乾糧,勇往直前地去.現在把兩天所看到的,整理一些出來記在這裏:

長興煤礦礦區地質構造,還算簡單,變化也不甚激烈,煤田在薄層灰色石灰岩下面,厚層深灰色石灰岩上面,頁岩的中間,是古生代土疊紀的產物,現在已經開採的四畝墩和大煤山井位,都在石灰岩下面,頁岩上面,所以並不十分深,就可以得到煤的,礦區山脈是東北走西南,岩層的走向,是東北四十五度,傾斜西北,岩層硬的像石英,則掀起為高山,低一些的,像石灰岩,也高出平平面幾百公尺,厚層石灰岩,雖不十分堅硬,也成較低的丘陵,頁岩多半夷為平地,因為他的質軟,容易受雨水的侵蝕,我們所到的山有

1. 刺岡山——刺岡山是石英岩層,所包括的岩石以砂岩,砂質頁岩,硅質砂岩,石英岩為主,表面現綜黃色,或綜紅色,都是厚層狀.

2. 獅子山——那邊有很顯著的背斜層之一段,牠的軸向走向,和張公嶺二背斜層一氣啊成,此山岩層走向和山脈走向,完全相同,并且各岩層的層次也很清楚.

3. 張公嶺——那邊有一個小背斜層,附近的薄層石灰岩,已經蝕去一小溝,惟近嶺還有未蝕去的原形,可以看見嶺對面岩層的傾向,張公嶺山巔,剛巧在兩小背斜層中的.向斜層軸上,不過牠對邊斜層的一翼.已經被蝕去.

4, 稻堆山——是石灰岩層,作薄層狀,表面顏色灰黑.裏面灰白,還有其他像象鼻山,廣輿,因時間關係,不能都到,各山雖說離礦區近,然而還有二三十里路,那邊又沒有交通工具,到了一個山平均總又要費掉二三點鐘,察看

岩層哩,採集標本哩,找岩層走向哩,所以每天所走的路總在六七十里,回來後大家疲憊得不堪了。

這次我們出去雖然沒有很大的收穫,但是對於各人的課外智識,已經增加了不少了,每到一山,劉先生就叫我們看岩層的走向,傾斜等等,還要所下岩石來,叫我們識,有不懂的地方,替我們解釋,我們在這裏表示十二分感謝,還有對長與煤礦公司,我們也要感謝,因為他們招待我們得很週到。

27308

會務報告

理事會

本會過去一年內,因種種關係,未能十分進展。下列諸端是畢業會員們值得注意的:

一修章會章—— 原文如下:

國立浙江大學土木工程學會章程

第一章　總綱

第一條　本會定名為國立浙江大學土木工程學會。

第二條　本會以研究土木工程,促進本大學土本工程系之發展,並協助社會建設為宗旨。

第三條　會址暫設國立浙江大學工學院內。

第二章　組織

第四條　凡本大學土木工程系同學皆為本會當然會員,土木工程系教授為本會特別會員,他科師生之對土木工程學有興趣者,得會員三人以上之介紹,經理事會通過亦得加入。

第五條　本會組織系統如下:

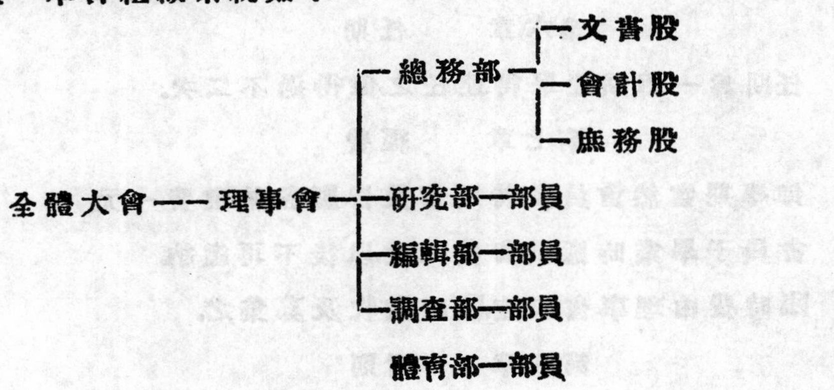

第六條 理事會設理事十一人,主席由總務部長專任,記錄由文書任之,總務部長缺席時,由文書召集,主席臨時推舉之。

第七條 理事會各部股各設長一人,由理事互選之,各部部員,由各該部部長負責聘請,交理事通過之。

第三章 職權

第八條 全體大會爲本會最高機關,有解決一切事務之權。

第九條 全體大會閉會後,以理事會爲本會最高機關,理事會有議決會務方針之權,並執行大會議決案。

第四章 選舉

第十條 理事會改選,在每學期常會時舉行之。

第五章 開會

第十一條 常會每學期舉行一次,由理事會定期召集之,有特別事故,得由理事會召集臨時大會。

第十二條 畢業會員及在校會員每年舉行聚餐會一次,由理事會負責辦理之。

第十三條 全體大會須有在校會員五分之三以上出席,方能成會。

第十四條 理事會議由該會自行酌定之。

第十五條 大會主席及記錄臨時推定之。

第六章 任期

第十六條 任期爲一學期,連舉得連任之,但得過不二次。

第七章 經費

第十七條 每學期當然會員及特別會員皆應各納會費一元。

第十八條 會員于畢業時應納會費二元,以後不再繳納。

第十九條 臨時費由理事會決定,臨時徵收及募集之。

第八章 附則

第二十條　各部辦事細則由該部自行議定,交理事會通之過。

第二十一條　各部章程有不妥處,經十人以上提議,由大會出席會員過半數通過,得修改之。

第二十二條　本章程自經第一次全體大會議決,公布施行之。

土木工程學會本屆理事及擔任之職務表

總務	粟宗嵩	文書	趙琇孫	研究	呂　壬
編輯	彭申甫	調查	沈沛元	庶報	蘇世俊
會計	任以永	體育	虞烈照		
	馬梓南	梁　濤	孔廣賢		

本會體育消息一束

為了鍛鍊會員們的身心,增進會員們課外的活動和感情的連絡計,在本年度第一次常年大會中,通過舉行本科各項級際球類比賽一案;在理事會的組織中,因臨時增設體育一部,負舉辦比賽之專責。照理事會的意見,原欲擴而大之,兼舉行一個小小的運動會,使每個會員都得到參加的機會,以達到我們原來的期望,無奈為了時間和經濟的限制,不能做到,只好仍照原案執行。舉行籃球,排球,足球,網球及乒乓等五項球類賽,各設銀盾一座,作為錦標,由優勝者永久保持,用資助興。

所有各項比賽,各級莫不全體參加,十分熱鬧,形勢也非常緊張,於十月廿一日開始角逐,經兩週許之競爭,始定高下,結果為大四獲排球,網球及足球三錦標,大三獲乒乓錦標,大二獲籃球錦標其成績約如後表所述,本科各項級際球類賽結束後,隨即抽調精銳,組織本科各種球隊,並進行與本院其他諸科聯合舉行各項科際球類賽,已得諸科之同意,無如他科之級際賽結束甚遲,校方舉辦之級際球類賽,亦接一連二而來,更無餘暇,致使此項計劃,

27311

未能實現。

本科各項級際球比賽成績表:

項目	比賽隊	勝隊（比數）	錦標（比數）
排球	大三、大四	大四 (3:1)	大四（錦標）(2:0)
	大一、大二	大一 (2:1)	
網球	大一、大三	大三 (2:1)	大四（錦標）(2:1)
	大二、大四	大四 (2:0)	
足球	大一、大二	大一 (1:0)	大四（錦標）(4:1)
	大三、大四	大四 (6:1)	
籃球	大二、大三	大二 (2:0)	大二（錦標）(28:19)
	大一、大四	大四 (22:12)	
乒乓	大一、大三	大三 (4:0)	大三（錦標）(4:1)
	大二、大四	大二 (3:2)	

調查部工作報告

本部奉命調查畢業會員服務狀況因時間匆促着手不易掛一漏萬勢

所難免茲將兩月來調查所得披載於後他日若續有發現當隨時露布於本刊

國立浙江大學土木工程學會畢業會員調查表

姓名	字	畢業年份	任職	現在通訊處	永久通訊處
徐邦寧		二十年	浙江省公路管理局	嵊縣嵩新路汽車站轉	上虞永和市恆和號
吳光漢		仝上	上海濬浦工程局	上海外灘濬浦工程局	杭州市豐禾巷西當舖弄
劉俊傑		仝上	杭州市政府工務科	杭州市平海路市政府工務科	江蘇南通金沙觀音堂
茅紹文		仝上	漢口江漢工程局第二工務所	武昌大朝街中段十八號	江蘇海門江家鎮達生號
丁守常		仝上	浙江省公路局	乍浦滬杭路養路處	長興大東門
顏壽曾		仝上	上海市土地局	上海市土地局	平湖甘河橋
陳允明		仝上	黃河水利委員會	河南開封黃河水利委員會	平湖大南門
高順德		仝上	浙江省公路局	海寧滬杭路養路所	杭州湖墅老益茂棧轉下
葉澤深		仝上	浙江省公路局	浙江省公路局	孝豐三五鎮
湯武鉞		仝上	揚子江水道整理委員會	南昌江西省公路處轉代測江西公路測量隊	江蘇崇明城內北街
胡鳴時		仝上	上海愼昌洋行	上海圓明園路愼昌洋行	江蘇無錫三里橋正豐號轉
孫經楞		仝上	導淮委員會	南京復成橋東廠街導淮委員會	杭州市皮市巷
董夢敖		二十一年	甘肅省建設廳設計委員兼公路局工程師中央軍校西北分校教官	甘肅天水陸軍第一師童子軍隊	奉化大橋裏連山會館轉交
李兆槐		仝上	江南鐵道公司	安徽蕪湖江南鐵道公司	江蘇鎮江仙女廟
李恆元		上	浙江省公路局	浙江省公路局	泰興霞幕圩西石橋李協和號
蔡建冰		仝上	全國經濟委員會公路處	仝上	江蘇松江松隱
張元綸		仝上	揚子江水道整理委員會	南昌江西省公路局轉代測江西公路第一測量隊	南京乾河沿二路

凌熙賡		二十一年	軍政部兵工署	南京兵工署	杭州蔡官巷二十五號
陳廷綱		仝上	中央陸軍軍官學校教官	南京黃浦路中央軍校	杭州武林門外西冷冰廠隔壁
董第肅		仝上	浙江省水利局	杭州將軍路浙省水利局	寧波韓嶺鎮金長順號轉
宋夢漁		仝上	揚子江水道整理委員會	仝上	嵊縣西前街三泰莊
李春松		仝上	上海濬浦局	上海外灘濬浦工程局	金華通遠門口李乾源號
翁郁文		仝上	全國經濟委員會	南京鐵湯池全國經濟委員會	溫州道前街張寶興號轉
金學洪		仝上	福建省建設廳公路處	仝上	嘉善神仙宮下塘
張德錩		仝上	浙江省公路局	仝上	海鹽城內邑廟前
朱立剛		仝上	上海市工務局	上海市中心區道路工程管理處	
王同熙		仝上	本校土木系助教	本校	
潘圭綏		二十二年	浙江省公路局	仝上	杭州大學路花園弄三號
王文煒	長三	仝上	浙江省水利局	杭州水利局轉東錢河測量隊	嘉興北門大街
邵本惇		仝仝	仝上	仝上	衢州聚秀堂書局轉
戴顗	敬莊	仝上	揚子江水道整理委員會	南京揚子江水道整委會	溫州雙穗場
葉震東		仝上	浙江省公路局	仝上	蘭溪裕茂布莊轉寄百聚社
徐學嘉		仝上	蘇州振華女子中學	仝上	德清徐不弄
杜鏡泉		仝上	浙江省水利局	建德縣黃浦街王恆泰轉流量站	衢縣杜澤
洪西青		仝上	南京全國經濟委員會水利工程處	仝上	江蘇無錫周鐵橋
曹秉銓		仝上	仝上	仝上	平湖新埭
許陶培	軼羣	仝上	仝上	仝上	嘉興北大街許祥和銀樓
惲新安		仝上	仝上	仝上	常州婆羅巷五十九號
金培才	養初	仝上	導淮委員會	南京復成橋導淮委員會	嘉興東門東弄
沈衍基	建初	仝上	仝上	仝上	嘉興賢昌巷二十七號

吳錦安		仝上	上海市工務局	上海市公務局	江蘇無錫顧山
張農祥		仝上	仝上	仝上	硤石轉横山
沈其湛		仝上	中央大學總務科	南京中央大學	杭州平海路善承里一號
陳允冲		仝上	上海自來水廠	上海楊樹浦自來水廠	平湖大南門
徐世齊		仝上	黃河水利委員會	河南開封教育館黃河水利委員會	紹興樓島
王之炘		仝上	浙江省公路局	仝上	平湖東門大街
劉楷		仝上	上海潘榮記營造廠	上海膠州路潘榮記營造廠	南通金沙觀音堂
李宗綱		仝上	浙江省公路局	仝上	松陽靖居口
許壽崧		仝上	無錫錫滬公路工程處	無錫廣勒路永安街二號錫滬公路工程處	嘉興新塍東柵
趙祖庚		仝上	粵漢鉄路株韶段工程處	湖南衡陽江東岸粵漢鐵路株韶段工程處	江蘇松江城內三公街
羅元謙		二十年	江西公路局	江西高安江西公路局贛湘線第二工程處	江西高安
翁天麟	步青	仝上	上海市工務局	上海市工務局	王店四十間下
錢元爵		二十一年	麗青公路工程處	麗水麗青公路工程處	江蘇常熟田莊
任彭齡		仝上	中央砲兵學校	南京靈谷寺砲兵學校	海門路橋
曹鳳藻	芹波	仝上	麗青公路工程處	麗水麗青公路工程處	麗水三坊口
任開鈞	小松	仝上	上海中華職業學校	上海陸家浜中華職業學校	硤石轉沈蕩信順烟店
吳仁濟	靜川	仝上	浙江省公路局	浙江省公路局	衢州坊門街王嘉盛號轉

陳仲和啓事：浙大土木系同學加入本會（河海同學會）爲基本會員一案，提案原意本爲擴充範圍增加會員起見，純係以本會會員資格，係一種建議，與浙大同學初無直接之關係，用特聲明免致誤會。

本會理事會啓事：閱河海友聲，見河海工科大學同學會本年之年會討論案中,有本會會員擬加入該會爲會員等字樣,不勝駭異之至,查本會絕未有加入該會之意,並無任何方式之聲請承旅滬會員關切詢問,深表感激,除正式向該會聲明外,特此啓事.

編 後

這一本薄薄的冊子,到現在方和讀者見面,編者的失責,是無可諱言的,但是既然出版了,也未始非一樁不快樂的事情,現在有幾件事情,借這裏空隙的地方來說一說:

(一) 本來周鎮倫先生那篇文章裏面,有幾幅圖畫,可是因爲製版困難和急於要出版,不得不割愛,這是對於周先生要表示十二分歉意的,對於諸位讀者當然也要告罪!

(二) 這次幾張廣告,大半由畢業會員吳錦安先生介紹來的,這給本刊的經濟上有相當的補助,對於吳錦安先生的熱心會務,本會特在這裏鳴謝!

(三) 關于這次校對,有許多稿紙在這一星期裏方才校對,因爲忙於大考,差誤當然不免,這是要請諸位讀者原諒的!

二十二,六,二十五, 袤于工院仁齋

土木工程

本刊職員

顧　問

盧孝候　南京中央大學
徐世大　天津華北水利委員會
吳馥初
張雲青
周鎭倫　本大學土木工程系
徐南騶
黃　中
李紹悳

編輯主任

彭
姚寶仁　孫甲甫

編　輯

吳觀銍　馬梓南　鄧才名　粟宗嵩
項學犢　李清增　葛洛儒　徐治時
盛祖同　袁則孟　屠　達　虞烈照

編輯者　國立浙江大學土木工程學會出版部
發行者　國立浙江大學土木工程學會
印刷者　浙江省圖書館印刷部
代售處　國立浙江大學工學院消費社
上海四馬路現代書局
上海生活週刊社書店
南京花牌樓南京書店
交換書報　凡欲與本刊交換者請先寄樣本于本會出版部
出版日期　本期日民國二十三年六月出版

廣告價目

甲種（封面前後或色紙）	乙種（全普通面）	丙種（半普通面）	丁種（四分之一面）
二十八元	二十元	十一元	六元

本刊價目

每期酌收印刷紙張費洋三角國內郵費在內國外照加

（一）本誌取公開研究態度，無論會員非會員，惠賜大作，一概歡迎。
（二）本誌登載關于土木工程之文字。無論爲撰著或翻譯，文體不拘白話文言，均所歡迎。來稿有用外國文者，暫以英文爲限。
（三）投寄之稿，請依本誌行格謄寫並加標點符號。
（四）惠寄翻譯稿件請將原文題目著者及其來源，詳細示明。
（五）文中圖畫，除照相外，請用墨水繪製務求清晰
（六）稿件揭載與否，不克預告。原稿亦不寄還。惟未登載之稿，因預先聲明，可以寄還。
（七）稿件一經本誌登載後。版權卽屬本誌。如再由其他雜誌登載，請聲明由本雜誌轉載。
（八）來稿揭載後，酌贈本誌若干册。
（九）稿後請注明住址，以便通信。
（十）稿件內容，本部有增删之處，希予原諒。有不願者，請先聲明
（十一）投稿請寄杭州國立浙江大學土木工程學會出版部

瑞昌銅鉄五金工廠
承辦建築一切銅鉄工程
常備大批新式樣堅固門鎖
漢口路四二一號
電話九四四六〇
靜安寺路六六七號
電話三一九六七號
工廠
同孚路二四三號

土木工程

人傑題

JOURNAL OF CIVIL ENGINEERING

NATIONAL CHEKIANG UNIVERSITY

本期要目

第三卷 第一期　二十四年三月

國立浙江大學土木工程學會出版

上　　　　　海

楊洪記營造廠

YONG HONG KEE CONSTRUCTION CO.

總事務所上海斜徐支路永慶里十一號
電話南市二二八八七號
分事務所杭州清泰門外滬杭公路
電話二六〇三號
蘇州盤門外裕棠橋

本廠專造道路駁岸橋樑住屋，以及一切大小鋼骨水泥工程，並可代爲設計估價，如蒙惠顧，不勝歡迎。

本廠承造杭州工程如
- 浙江大學農學院實驗溫室
- 浙江大學高農宿舍
- 杭州電氣公司鼓樓大廈
- 杭州中華書局大樓
- 嚴官巷住宅
- 龍翔橋出租市房

本廠承造蘇州工程如
- 蘇綸紡織廠全部工程
- 西美巷住宅

本廠承造上海工程如
- 仁德紡織廠全部工程
- 宏大橡膠廠全部工程
- 時代印刷公司
- 平凉路平凉邨
- 凱旋路馬斯女士住宅
- Cafee Federal Bakery

國立浙江大學農學院溫室工程

中華民國二十三年六月
本廠在杭州建築國立浙江大學農學院溫室
（爲中國規模最大之溫室）

K. H. Suhr Architect, Engineer
蘇家翰建築師設計

請聲明由浙大土木工程學會「土木工程」介紹

愛林電機
奧國最大愛林電機製造廠出品
水銀整流器
變壓器
電釬機
發電機
電動機
及各種電機
ELIN
愛林電機廠製
造各種大小關
於強電方面電
機及開板上用
一切器具高電
壓長途傳電機
件電車電機頭
蓄電池機車電
梯及起重機用
電動機帽釘鍛
火電爐電鑄等
經驗豐富製造
精良
愛林發電機與水輪機直接相裝
設置成本最低
經濟效率最高
工作安全最大
機器壽命最長
KUNST & ALBERS, SHNGHAI
上海
孔士洋行
機器部
上海四川路一百十號
電話一八七三九號
分經理處
漢口
南京
哈爾濱

中國銀行
杭州分行
辦理一切銀行業務
歷史最久分行最多
通滙地點遍及海外
承滙迅捷取費克已
兼辦各種信託業務
亟在湖墅新設倉庫
為顧客謀種種便利
各種詳章承索即奉
電話
經理室 一二三五
營業部 一二三六
信託部 二三二六
湖墅倉庫 九一九一

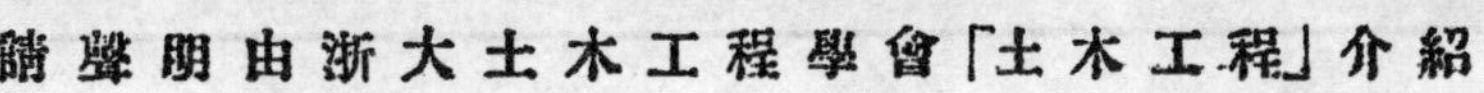
請聲明由浙大土木工程學會「土木工程」介紹

廣告索引

國立浙江大學土木工程學會會刊

土木工程

第三卷第一期目錄

調　查

報　告

附　錄

補　白

國立浙江大學土木工程學會全體會員錄

吳馥初　張雲青　徐世大　沈 昌　陳大受
H. A. Peterson　柳叔平　陸鳳書　周 倘　陳體誠
王藹如　杜光祖　錢昌祚　吳錦慶　腦美亞
盧孝侯　陳仲和　錢寶琮　王光釗　丁人鯤
李紹悳　徐南騶　黃 中　周鎭倫　余 勇
魏海壽　劉崇漢　吳沐之　吳光漢　劉俊傑
茅紹文　徐邦甯　丁守常　羅元謙　顏壽曾
陳允明　翁天麟　高順德　葉澤深　湯武鋮
胡鳴時　孫經楞　王同熙　王德光(已故)　任開鈞
朱立剛　李兆槐　任彭齡　李恆元　李春松
宋夢漁　吳仁濟　金學洪　邵毓涵　翁郁文
凌熙賡　陳乙彝　曹鳳藻　張元綸　陳廷綱
張德錩　湯辰壽　董第肅　董夢敖　蔡建冰
錢元爵　潘碧年(已故)　戴 顥　葉震東　李宗綱
邵本惇　杜鏡泉　王文煒　吳錦安　張農祥
劉 楷　趙祖唐　陳允冲　徐世齊　王之炘
沈其湛　曹秉銓　洪西青　惲新安　許陶培
沈衍基　金培才　潘圭綏　許壽崧　徐學嘉
馬梓南　夏守正　項景熿　張允朋　李清增
魏紹禹　粟宗嵩　盛祖同　繆炯豫　徐仁鏵
葛洛儒　陳德華　袁則孟　姚寶仁　吳觀銍
吳學遜　張毓佟　鄧才名　趙 璞　賈樹梅
路榮華　謝繼安　呂 任　徐治時　屠 達

覃家彦　　李　珣　　袁桂官　　宋孤雁　　蘇世俊
沈沛沅　　趙琇孫　　駱　騰　　錢振蓉　　吳沈釔
孔廣賢　　任以永　　毛有倫　　虞烈照　　鄒元煇
石家瑚　　丁學祖　　邵來茂　　陸大益　　張季和
許志修　　孫懷慈　　陶承杏　　楊　欽　　朱世璜
璪棣華　　溫鈞衡　　瞿懋甯　　馬淑開　　周曉山
虞升堂　　蔣蔭松　　胡傑安　　黃綿福　　楊國華
朱煥錫　　熊友松　　吳元猷　　金鼎元　　花瑞琪
馬　乾　　馬君壽　　賀季恭　　葉孝仁　　陸欽侃
季　高　　徐士傑　　陳良勛　　彭申甫　　梁　滿
路龠如　　譚天錫　　侯煥昭　　沈儒鴻　　張毓靜
陳隆焜　　楊筱櫟　　許成熔　　陳公矩　　馬家振
吳立卓　　龔千章　　施漢章　　李斯達　　劉作霖
許灼芬　　陳祖謀　　汪丙旭　　蔡錫瑞　　張元正
周存國　　錢克仁　　李如南　　金亮方　　李　傑
陸筱丹　　周　冕　　俞大奎　　金　琛　　嚴　望
俞惠申　　嚴自強　　姜　劭

浙大工學院土木工程系概况

吳鍾偉

引言　　浙大土木工程系,創立未久,年齡幼穉,社會各界人士,容有未詳悉本系內容者,茲謹述於后,以資參考,倘祈工程教育專家,讀後,如認有可改良之處,請即賜敎,則本系將馨香而拜受之也。

創立　　民國十六年春,浙江大學成立,將工業專門學校,改組爲工學院,除原有之電機化學二系外,决先添設土木工程系。蓋彼時國民政府,成立伊始,一切事業,將由破壞而入於建設,舉凡公路水利,以及一切土木工程事業,勢必逐漸興舉,需才之殷,可以預卜,苟不早爲之備,則一旦建築事業,風起雲湧時,恐將感到才難之苦。因是急行規劃課程,訂購儀器,而即於是年暑假,作首次之招生。

課程　　本系根據工程敎育之原理,實施基本學識之訓練,學理與實驗,二者並重,而對於測量手法之練習,繪圖計劃之準確,試驗動作之程序,建築施工之詳情,尤爲注意。近代歐美各國,對於工程方面之課程,除工程研究院外,漸放棄以前之縱的發展,而趨入於橫的發展。本系根據此義,規劃課程,務使各個學生,在此四學年中,得到土木工程上之相當學識,一俟學業終了,卽能應用其所學,出而爲社會工程界服務,擔任任何工作。故本系課程,不再分門,卽以基本課目爲必修,而以各門較深之課目爲選修,以免畢業就事時,受分門限制之困苦。本系課程表,在此八年中,屢由土木敎授之修正,國內工程專家之指示,幾次改訂,茲將二十三年四月修正之課程表,附列於后。

儀器及試驗室　　本系所有試驗應用儀器,劃分三種,一爲測量儀器室,一爲工程材料試驗室,一爲水力實驗室,另有附表,詳列各種儀器於后。

測量儀器,足敷每班三十人實習之用,最精密儀器,現在逐步添置中,英呎制現已廢棄,改爲公尺制,以適國情,材料試驗室,除試驗各種金屬木材磚瓦之機器外,對於道路特種材料,如柏油地瀝青等試驗儀器,亦頗全備,曾代中央航空學校,浙贛鐵路局,浙江省公路局,電話局,杭州電氣公司等,試驗各種物料,而不取值,故對外服務之精神,尚能得社會之稱譽。

水力實驗室,設備略較簡陋,故祇能應付水力學中之學理試驗。擴充計劃,現已擬定,經費亦有相當之準備,祇須俟本系庚款水利講座,英國教授到校後,卽可進行購置儀器,改建一切。

模型陳列室計劃 土木工程之各種建築物,及建築時所用機器,頗多結構繁奥者,在校學生,甚鮮目睹之機會,書本中之照片圖樣,亦多欠明晰,若有模型之助,則其結構之巧,可以盡量顯出,而各個學生,可得較深之影象,故本系現擬將各種水利及結構之建築物,製成模型,以為課業之助。

教授學生及畢業同學 本系有副教授專任者五人,兼任者一人,講師一人,助教三人,學生百餘人,畢業學生,已有四屆,第一屆十四人,第二屆廿四人第三屆廿四人,第四屆廿六人,均服務社會,供職於水利,公路,鐵道,橋工,建築,工務等機關,頗能得工程先進之提攜,社會人士之贊許,此雖本系學生,在校時之習勤耐勞之所致,蓋亦吾國工程前輩,愛護浙大土木系之盛意也。

土木工程系二年級課程表 (民國二十三年四月訂正)

學程	學程號數	學分		每週授課及實習時數		先修學程
		上學期	下學期	上學期	下學期	
英文	英5,6	1	1	2	2	英4
應用力學	力1	4		4		理3,數6
最小二乘方	數8	2		2		數6
機械運動	力6	3		3		理3,圖2
平面測量	101	3		4		104

測量實習	104	2		6		101
地質學	171	2		3		
經濟原理	經1	1		2		
平面及水流測量	102		2		3	101,105
平面及水流測量實習	105		2		6	104,102
大地測量附天文學	103		2		2	101
材料強弱	力4		4		4	力1
建築材料	191		1		2	力4
圖形力學	121		1		3	力1
水力學	131A		3		3	11
工場管理	經21		1		2	
簿記	經2		1		2	經1
黨義	政3,4	1	1	1	1	政2
軍訓	軍3,4	$1\frac{1}{2}$	$1\frac{1}{2}$	3	3	軍2
野外測量	四星期		2			
總計		20.5	22.5	30	33	

土木工程系三年級課程表

學程	學程號數	學分		每週授課及實習時數		先修學程
		上學期	下學期	上學期	下學期	
結構原理	122	4		4		力4
木屋架計劃	124	1		3		力4
鐵路測量及土工學	141	2		2		142,101

鐵測實習及土工計算	142	1		3		142,104
水文學	139	2		3		131A
水力實驗	132	1		3		131A
鋼筋混凝土學	161	3		3		力4
材料試驗	力11,12	1	1	3	3	191,力4
道路工程	151	2		3		101
土石結構及基礎學	172		2		3	力4
鐵路鋼橋計劃	125		3		6	122
給水工程	135		3		3	131
鐵路工程	143		2		3	141
鋼筋混凝土計劃	162		3		6	161
房房建築	192		2		3	191,124
熱機關	機11		3		3	理4
總計		17	19	27	30	

土木工程系四年級課程表

學程	學程號數	學分		每週授課及實習時數		先修學程
		上學期	下學期	上學期	下程期	
河海工程	134	3		4		131A,B
污水工程	136	2		3		151
道路鋼橋計劃	126	3		6		125,122
鋼筋混凝土計劃	163	3		6		122,161
工程合同及規程	經3		2		2	四年級

水工計劃	133	3		6		161,131A
電機大意	351		3		3	理4,數5
電機實習	352		1		3	351
雜誌報告	183－184	1	1	1	1	四年級
選科		3	9	3	15	
總計		18	16	29	24	

土木工程系選課表

學程	學程號數	學分		每週授課及實習時數		先修學程
		上學期	下學期	上學期	下學期	
德文	德1,2	2	2	3	3	
高等力學	130	2		2		122
論文	181－182	1	1	1	1	四年級
鐵路運行及管理	144		2		2	143
灌溉工程	140	3		3		131A
高等水力學	131B	3		3		131A
市政管理	經23		2		2	135,136
鋼屋架計劃	127		3		6	122
鋼筋混土拱橋計劃	164		3		6	161,122
道路計劃	152		1		3	141,151
水工計劃	138		3		6	161,131B
高等結構原理	123		3		3	122
水力工程學	137		2		3	122,131A

鋼結構工程	129		1		2	125
德　　文	德3,4	2	2	3	3	德1,2

材料試驗室一覽

1. 設備

（甲） 試驗機器

瑞士阿瑪斯顆五萬磅試驗機 1具

美國立萊水泥試驗機 1具

美國立萊撞擊機 1具

（乙） 試驗機附件及儀器

彎曲度測驗儀 (Deflectometer) 1具

金屬剪力器 1具

木材剪力器 1具

金屬引伸測驗儀 (Extensometer) 1具

繩索試驗器 1具

阿瑪斯顆金屬劃分器 1具

（丙） 水泥混凝土用具

維卡特器 (Vicat apparatus) 5具

水泥比重瓶 5具

戴戀氏標準篩 一組計21具

水泥抗强力銅模 10具

水泥引伸力銅模 10具

混凝土抗壓力模 20具

混凝土彎曲力模 20具

27340

混凝土鋼筋拉出試驗器　2具
混凝土沉陷試驗器　3具

（丁）　油類試驗用具
斯密斯展延機　1具
黑伯特比重瓶　1具
恩克懋粘度計 (Engler Viscosimeter)　1具
A. S. T. M. 美國材料試驗學浮重試驗器　1具
比重計　1具
紐約式地瀝青稠度計 (Penctrometer)　1具
開式燃燒點試驗器 (Open cup flash tester)　1具
地瀝青離心分析器 (Centrifugal Extractor)　1具

（戊）　雜件
天秤　2具
溫度表　6具
量微計　1具
電氣恆溫乾燥器　1具

2. 試驗結果

（甲）　水泥

類別	比重		細度		凝結時間		健全性
	原有	灼熱後	No.100	No.200	始凝結	終凝結	
馬牌	3.05	3.12	1.8	16.2	1h52m	4h15m	完好
泰山牌	3.07	3.14	1.5	14.2	2h41m	5h58m	完好
象牌	3.07	3.11	1.3	13.5	2h30m	5h45m	完好

淨水泥之抗拉及抗壓力

類別	抗拉力#/口"		抗壓力#/口"	
	7日	28日	7日	28日
馬牌	576	667	5330	7210
泰山牌	613	728	5878	7630
象牌	631	737	6331	7842

1:3 膠沙之抗拉力及抗壓力

類別	抗拉力#/口"		抗壓力#/口"	
	7日	28日	7日	28日
馬牌	215	305	1098	1632
泰山牌	233	332	1124	1771
象牌	243	337	1185	1790

上項用沙係杭市市場用沙,較標準沙為細。

(乙) 金屬

類別	引伸力#/口"		抗壓力#/口"	彎曲力#/口"	剪力#/口"
	弛點	極力	極力	極力	極力
銅	44200	65788	68050	68051	34230
鋼	62425	101803	115850	121730	67300
熟鐵	49340	60357	69050	64350	43732
生鐵	—	17100	113200	35200	16150

(丙) 木材

類　別	引伸力#/□"	彎曲力#/□"	壓力#/□"	剪力#/□"	
				沿木紋	垂直木紋
木　禾	14300	9050	5568	366	1515
麻　栗	13500	9940	6321	1000	2050
木　松	9910	6620	5234	344	1244
洋　松	10960	5920	5032	260	1222
杉　木	5250	4810	3895	137	566

木材之各種應力與樣品大小,及加力遲速極有關係,上項拉力樣品係2"x½"之橫斷面,壓力樣品爲2吋見方,卽4平方吋之短柱。下表所列爲2平方吋之樣品所得之壓力試驗結果,大小不同,而結果亦懸殊焉。

十三種木材之單位壓力

木禾	7550#/□"
麻栗	8320 "
本松	6200 "
洋松	7100 "
杉木	4980 "
紅木	12800 "
檀木	8550 "
榧木	7150 "
白菓	4980 "
樟樹	5920 "
楓木	5800 "
柳安	7100 "
柏木	7450 "

（丁）

此間所用泥磚多係嘉興出品,各種應力差異甚大,破裂斷面不整理,多含細孔及沙粒等,吸水率亦不一致,約自14%至22%.茲將四種泥磚無顯明之裂痕者三十塊之平均結果,及其最大值及最小值分列于後.

四種泥磚之抗壓力及彎曲力

磚名	抗强力			彎曲方		
	最大值	最小值	平均值	最大值	最小值	平均值
大青磚	995#/□'	500#/□"	801#/□"	394#/□"	191#/□"	284#/□"
小青磚	996 „	533 „	912 „	410 „	191 „	366 „
大紅磚	1395 „	476 „	1049 „	730 „	302 „	441 „
小紅磚	1316 „	486 „	817 „	533 „	187 „	281 „

（戊）　混凝土

混凝土之分子容積比例為1:2:4,水泥用馬牌,沙用杭市適當之沙,用工場上通用者,其均匀係數為3,石用1吋以下之石灰石,加水量用沉陷法測定.其黏合力用拉出試驗.

抗壓力#/□"		彎曲力#/□"	鋼筋黏合力#/□"
7日	28日	28日	28日
891	1382	348	432

測量儀器類

經緯儀	十架	水準儀	七架
精密水準儀	一架	手持水準儀	四只
平板儀	五具	羅盤儀	二具
六分儀	二具	流速儀	二具
裝粑水準尺	六支	自讀水準尺	四支

27344

照距尺	十二支	鋼捲尺	十八支
接鋼捲尺器	一具	袖珍寒暑表	二具
螺絲公	三盒	視距計算尺	一支
合金水準尺	一支	彈秤拉把	四支
量面積器	一具	鐵道曲線板	一套
三角站標	八付	燈靶	一只
測桿	二十支	五尺桿	八支
測深桿	二支	浮標	四個
測深錐	六個	測針	八十支
榔頭	一個	鐵斧	十四把
鐵脚	八只	帆布袋	十二只
號旂	三十面	警笛	四個
測量隊綢旂	一面		

水力儀器類（概要）

打水機連馬達	一具	大鐵水槽	一具
鐵水塔	一具	打水輪	一具
水壓計	二只	畢託管	一個
萬透列管	一個	鈎尺	一具
銅水槽	三具	量水計	三只
白鐵水槽	三只	U字水銀管	一只
水銀	二瓶	水行燈	一只
二百磅秤	一具	量水桶	一只

錢塘江橋工程大概

羅英

〔一〕選擇橋址

錢塘江橫亘浙省,公路鐵路均爲之中斷。建橋爲便利交通計,應選擇公路鐵路集中之杭州,洵屬無疑。蓋使浙贛鐵路,滬杭甬鐵路,以及兩岸之公路,得以最適合之銜接。就杭州地勢而論,南星橋距城市較近,且爲渡江碼頭,若建橋于此,自屬便利;惜江岸遼闊,江流無定,且潮水影響甚大,建築經費不貲。其他各處,詳加勘察,以閘口之滬杭鐵路終點爲最宜;江面較狹,沙灘亦高,且正對虎跑山谷,便於各綫路之聯絡。故閘口選爲錢塘江北岸橋址,橫越河流,以達南岸浙贛鐵路蕭江站之起點。(橋址形勢圖)

〔二〕鑽探橋址地質

錢塘江底,淤泥流沙甚厚。二十一年十二月九日,水利局開始鑽探,共計五穴。江底石層傾斜,自北而南。橋址經去春詳細勘定後,即於每一橋墩處鑽探一穴。共鑽二十二口,最深者達吳淞零點下一百五十八呎,最淺者亦達五十呎。所遇土質,均係淤泥細沙,揉和滲雜,間遇粗沙礫子,亦復無幾。自北岸控制綫往南一千一百呎處,其中石層在吳淞零點下四十呎至六十呎。至此,石層驟斜,再往南均在一百四五十呎之間。惟南岸控制綫附近,在吳淞零點下一百三十呎,發見粗沙礫子層甚厚,未曾探得層石。鑽探結果,於橋基設計,尚無特異之困難。(江底地質圖)

〔三〕規定計劃標準

計劃之先,應考察實地需要情形,規定計劃標準,以資根據。

(甲)橋長　江面正橋,於跨過錢江控制線間,至少長須一公里。北岸應引至山邊,由控制線起長約七百五十呎,南岸應引至高地,不得少於二百五十呎。共長約四千三百呎。本橋計劃,正橋十六孔,每孔二百卄呎,北岸引橋六百七十九呎,南岸引橋二百九十八呎,全橋共長四千四百九十五呎。(全橋概觀圖)

(乙) 橋寬　鐵路按照部章,不得少於十六呎,公路二十呎,行人路十呎。

(丙) 水面淨空　橋身距平時水面淨空不得少于三十呎。

(丁) 墩距　橋墩距離,在江流深水處,最少一百六十五呎。

(戊) 載重　橋樑載重,鐵路須按照部章古柏氏五十級,公路載十五噸重汽車,行人道須顧及人羣擁擠時之重量。

(己) 坡度　橋面坡度鐵道最大為 0.33%,公路最大為4%。

(庚) 橋式　為顧慮國防關係,及節省建築經費起見,橋梁應取簡單格式。活動橋固不必需,所有連貫橋,翅背橋,懸橋,拱橋,及其他複式均當避免。

〔四〕 計劃橋上公路鐵路之位置

公路鐵路合組一橋,其位置分單層式雙層式兩種。單層式有公路與鐵路左右並列者,有鐵路在中,而公路用翅臂梁支持,分列兩旁者。雙層式有公路在上鐵路在下者,有鐵路在上公路在下者。兩種格式,各有利弊,當視實地情形,詳細研究,始能獲一比較合宜之建築。本橋因閘口地勢,採選雙層式,公路在上,鐵路在下,其理由如下:公路與鐵路分上下兩層而行,各不驚犯,行車便利,其利一。鋼梁上面抗風梁,利用為公路托梁,減少鋼料,較為經濟。其利二。公路路面為混凝土,如飛機擲彈,增加安全保護,其利三。公路由閘口往富陽,自東徂西,鐵路由虎跑往靜江,自北而南,在橋端適成十字形;今公路與鐵路分兩層而行,可免平線過軌危險,其利四。公路在上層分八字而出,鐵路由中間取直線而進,觀瞻壯麗,其利五。引橋直趨山邊,公路與鐵路循山坡而築,經費並不增加,其利六。綜此各由,所以採選雙層式建築,於交通經濟,雙方均獲其益。

〔五〕 研究正橋橋孔長度之經濟

錢塘江底地質,已詳於第二節。江底石層高度,南北兩段雖差百呎,但各段中之高度所差無幾,頗合每段建築一橋孔相等距離之條件。惟南段石層雖深,墩底可置於基樁,北段墩底,可直置于石層上;如此,則兩種橋墩建築費用,可不相上下。乃以全橋橋孔,均屬相等距離,非徒因構造一致,較爲經濟;且如遇江流變遷,於航路亦無所碍;并以萬一某孔受損,搬移替代,又多便利;設計簡捷,觀瞻增美,尤其餘事。因此最後規定全橋橋孔距離相等,北首數墩底直置石層,南首數墩底置於基樁而達石層。照此規定,分擬各種橋孔距離之設計,自一百五十呎至三百呎,以同一之單價而比較之。至於鋼架又以各種橋孔距離,分擬炭鋼與鋴鋼兩種。炭鋼單價規定每噸二百五十元,鋴鋼每噸二百九十五元,詳細比較,炭鋼以二百十四呎爲最經濟,鋴鋼以二百二十二呎爲最相宜。(各種跨度及其橋身橋基價格比較曲線圖表)是以本橋橋孔距離,規定二百二十呎,并採用鋴鋼焉。

〔六〕計劃鋼架建築

鋼架設計,概照第三節規定之標準。本橋爲雙層式,應採用平行肢桿。平行肢桿,以華倫式桁架爲最宜。其一,腰肢連續不斷,分配均勻,外觀較爲悅目。其二,中間節點,均可受支撐,浮架及修理,均稱便利。其三,各斜柱長度相等,而直柱受同樣之抗力或壓力,設計製造,均屬簡捷。其四,公路路面甚重,活載重之反應力,影響於中間斜柱甚微。至鋼架高度,照理論約以一比六爲最經濟,乃將不同高度,詳細推求,以三十五呎最爲合宜。(二百十六呎下承式鋼架詳圖)(正橋鋼架支撐詳圖)本橋係承受公路鐵路合併載重,故鋼架鋼料單位應力,除直接承受載重力者如直橫托梁等外,均予增加 12.5%,蓋公路鐵路載重,同時發生極大應力之時甚鮮也。鋼梁雖採鋴鋼,但抗風梁及各細小部份,仍用炭鋼。因照部頒規範書,規定有最小尺寸者,在此限度之中,雖用鋴鋼,亦不能減小斷面,而炭鋼價廉,較爲經濟。安裝方法,煞費研究。錢塘江水甚深,江底浮泥,難支臨時木架,自以翹臂法或浮船法爲尙。但工作限期甚迫,

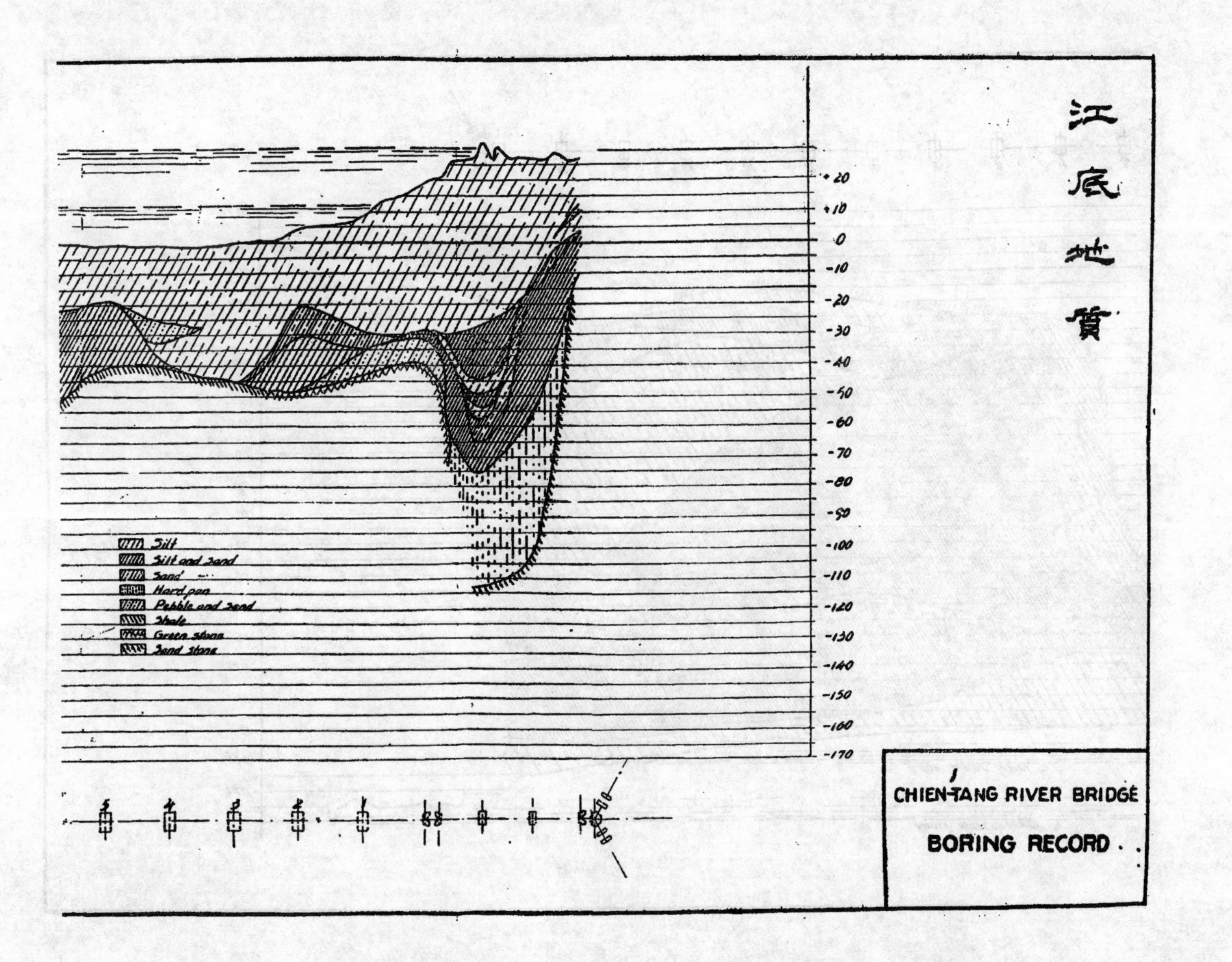

江底地質
+20
+10
0
-10
-20
-30
-40
-50
-60
-70
-80
-90
-100
-110
-120
-130
-140
-150
-160
-170
Silt
Silt and sand
Sand
Hard pan
Pebble and sand
Shale
Green stone
Sand stone
CHIEN-TANG RIVER BRIDGE
BORING RECORD.

27349

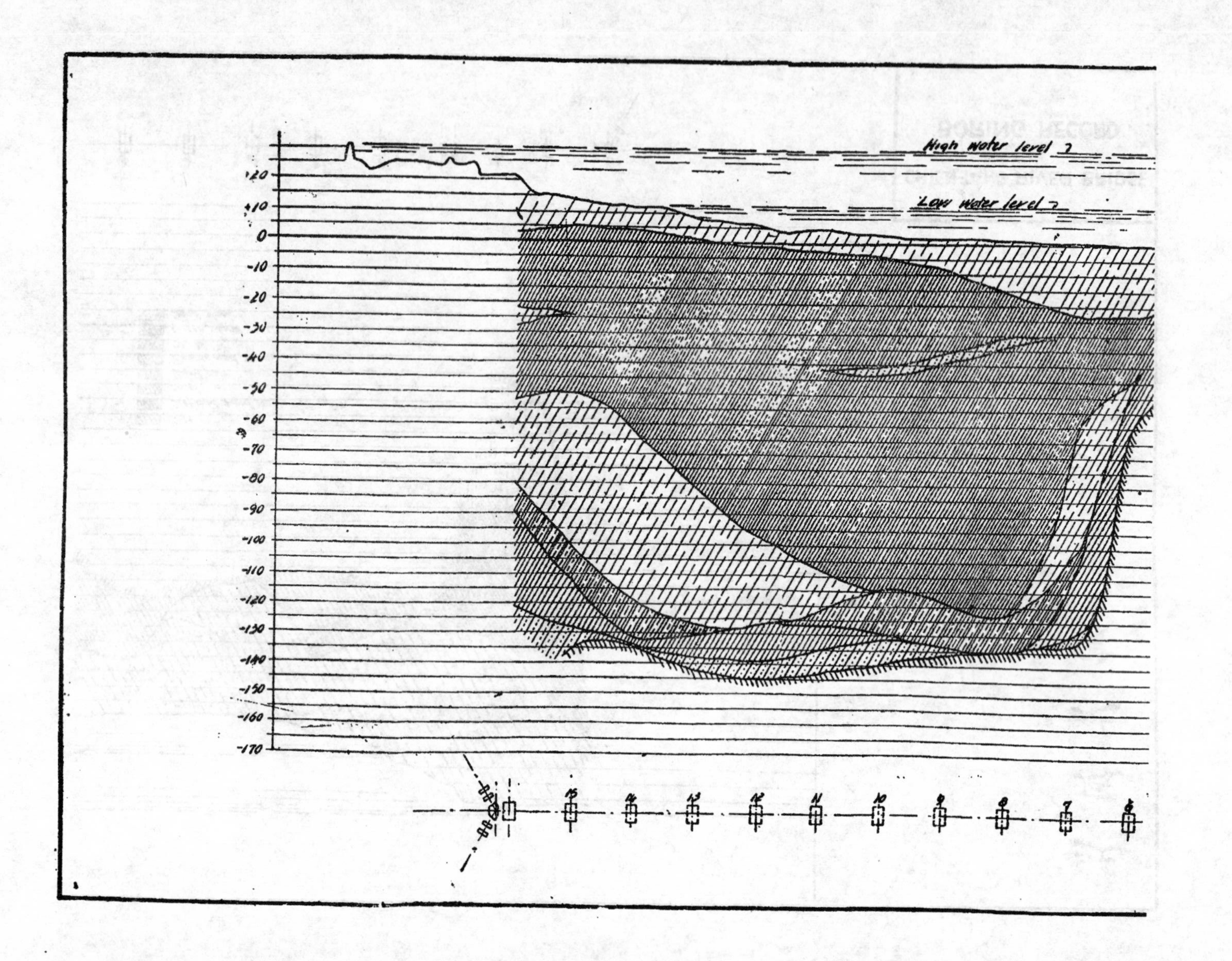
High water level
Low water level
+20
+10
0
-10
-20
-30
-40
-50
-60
-70
-80
-90
-100
-110
-120
-130
-140
-150
-160
-170
15
14
13
12
11
10
9
8
7
6

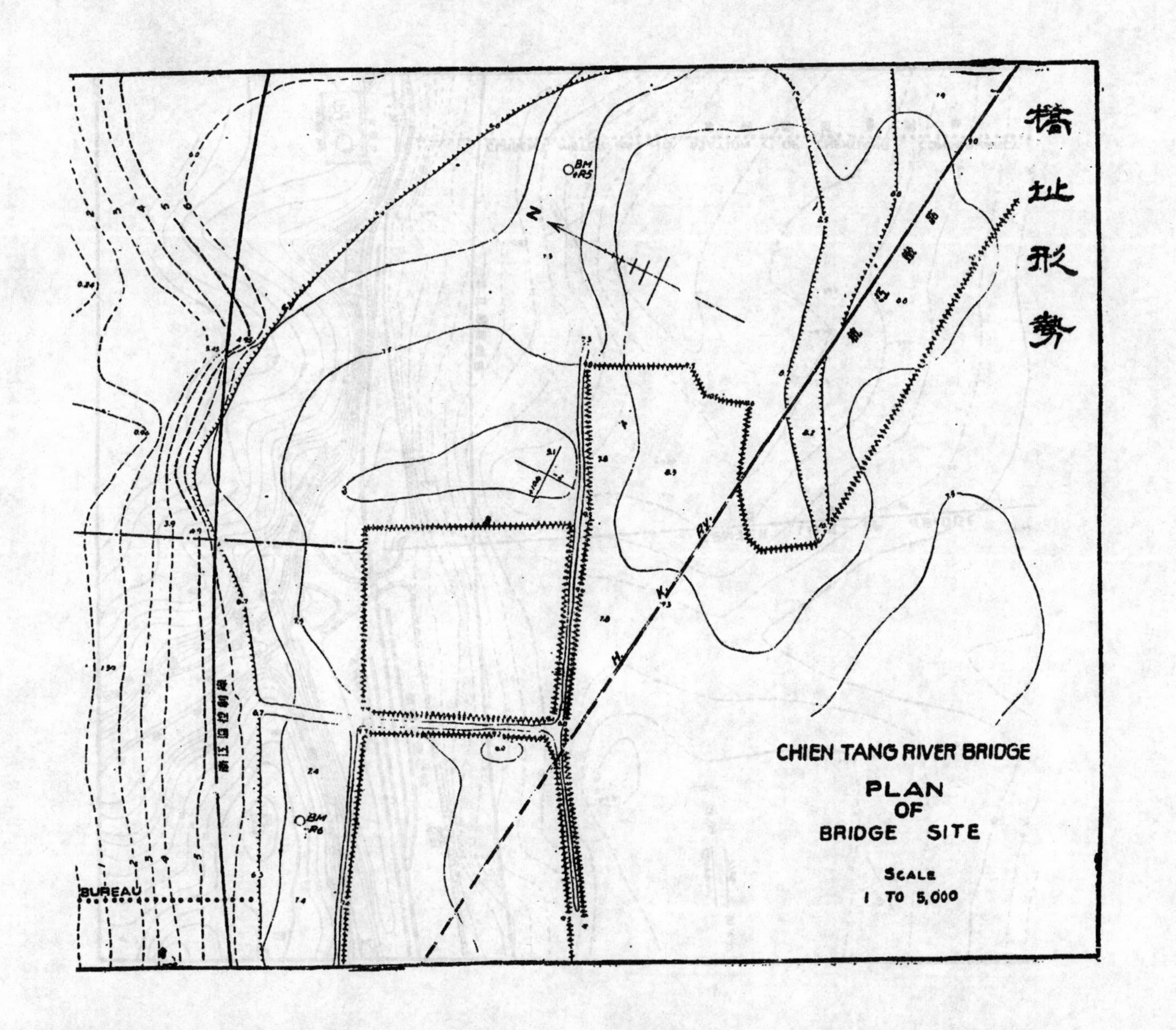

橋址形勢
CHIEN TANG RIVER BRIDGE
PLAN
OF
BRIDGE SITE
SCALE
1 TO 5,000
BUREAU

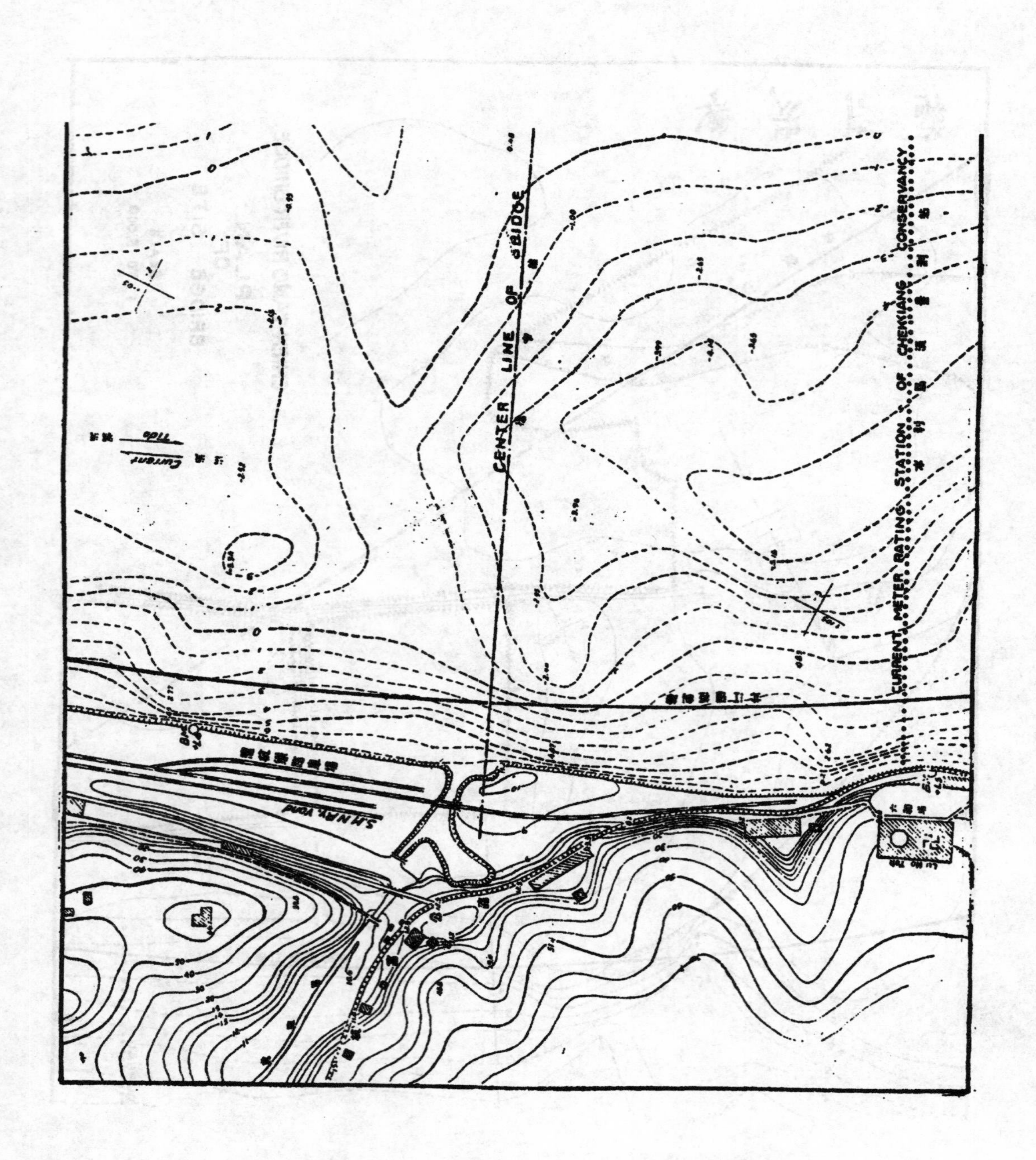
CENTER LINE OF
CURRENT METER RATING STATION OF CHEKIANG CONSERVANCY

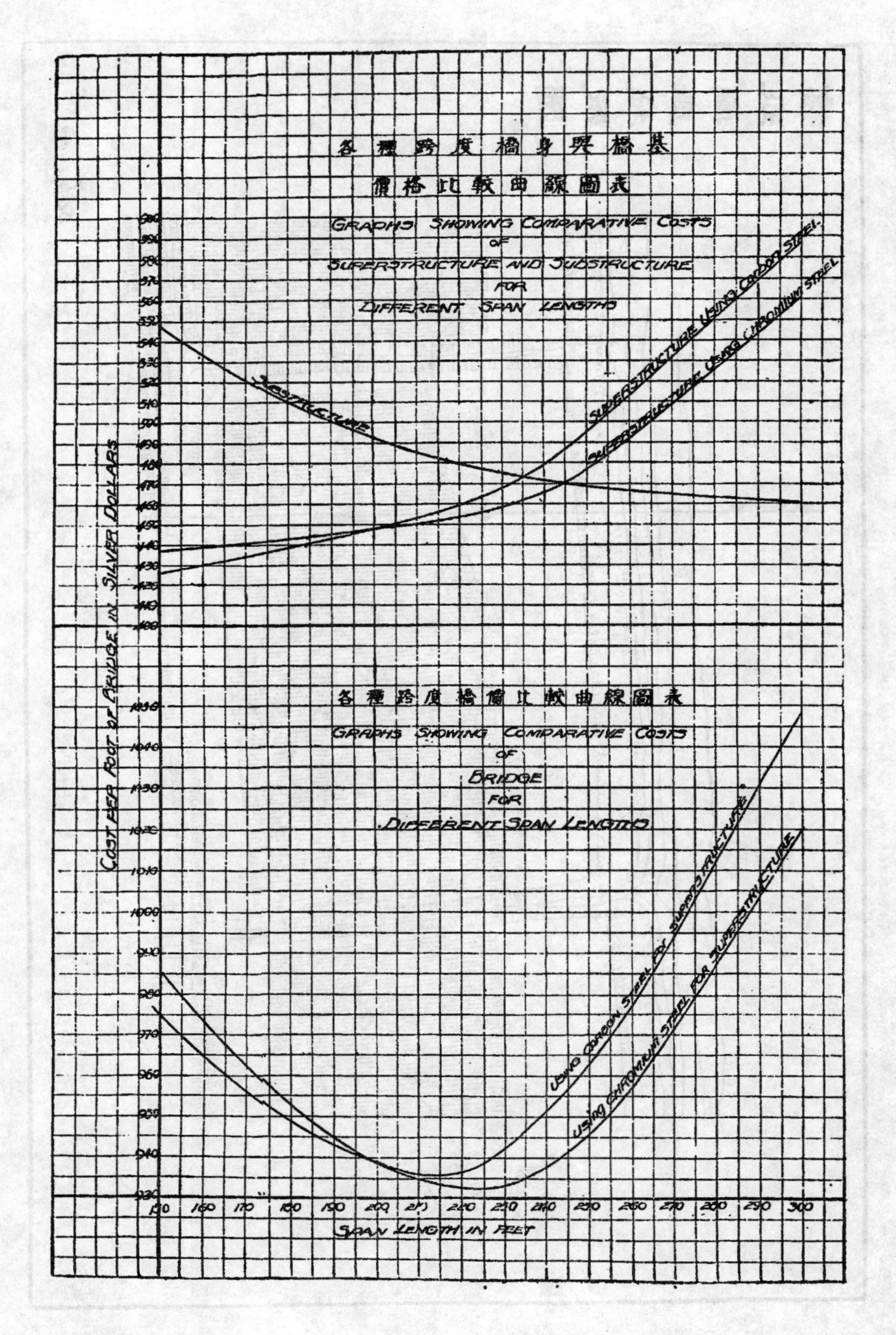
各種跨度橋身與橋基
價格比較曲線圖表
GRAPHS SHOWING COMPARATIVE COSTS
OF
SUPERSTRUCTURE AND SUBSTRUCTURE
FOR
DIFFERENT SPAN LENGTHS
SUBSTRUCTURE
SUPERSTRUCTURE USING CARBON STEEL
SUPERSTRUCTURE USING CHROMIUM STEEL
各種跨度橋價比較曲線圖表
GRAPHS SHOWING COMPARATIVE COSTS
OF
BRIDGE
FOR
DIFFERENT SPAN LENGTHS
USING CARBON STEEL FOR SUPERSTRUCTURE
USING CHROMIUM STEEL FOR SUPERSTRUCTURE
COST PER FOOT OF BRIDGE IN SILVER DOLLARS
SPAN LENGTH IN FEET

27353

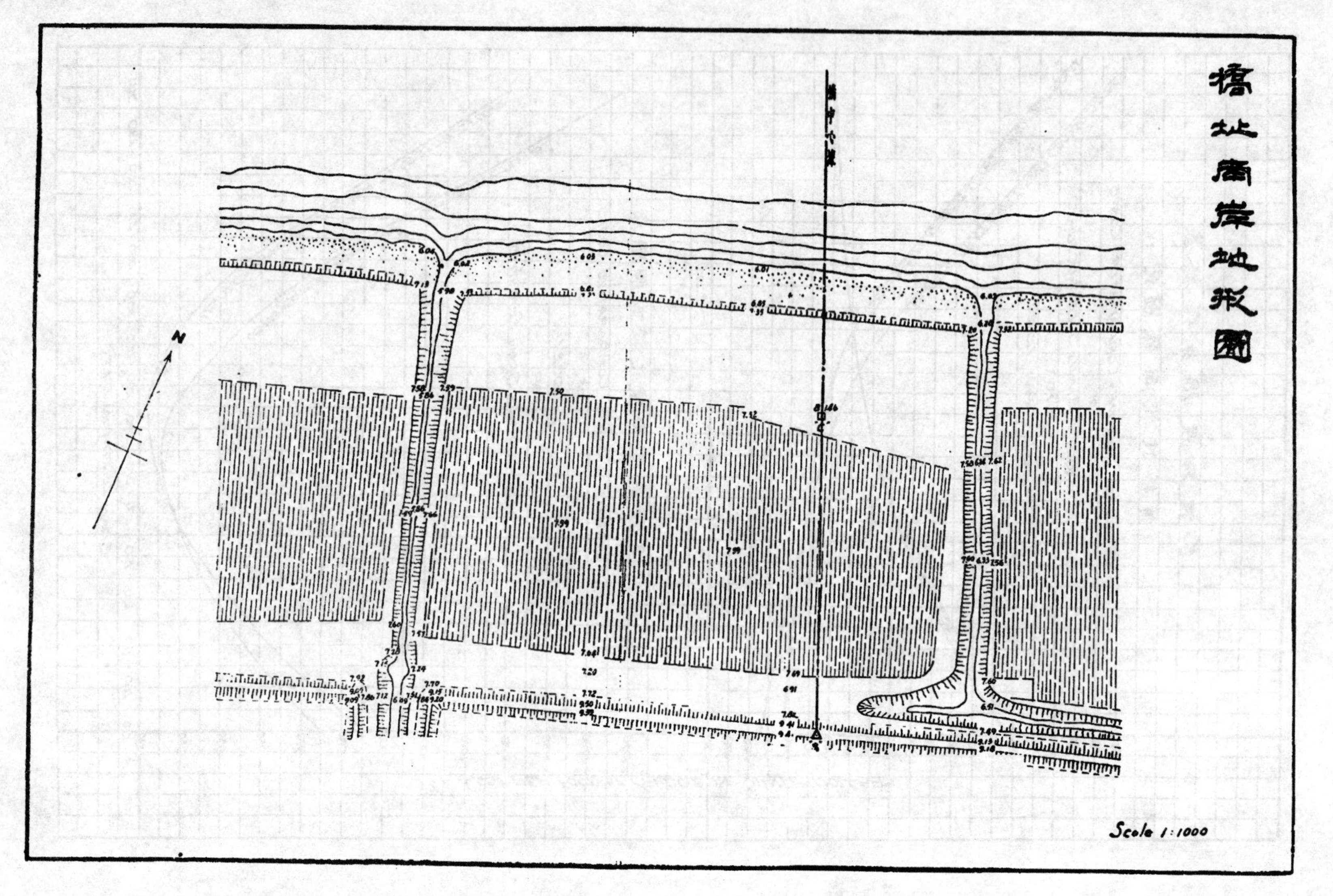
墙址南岸地形圖
N
Scale 1:1000

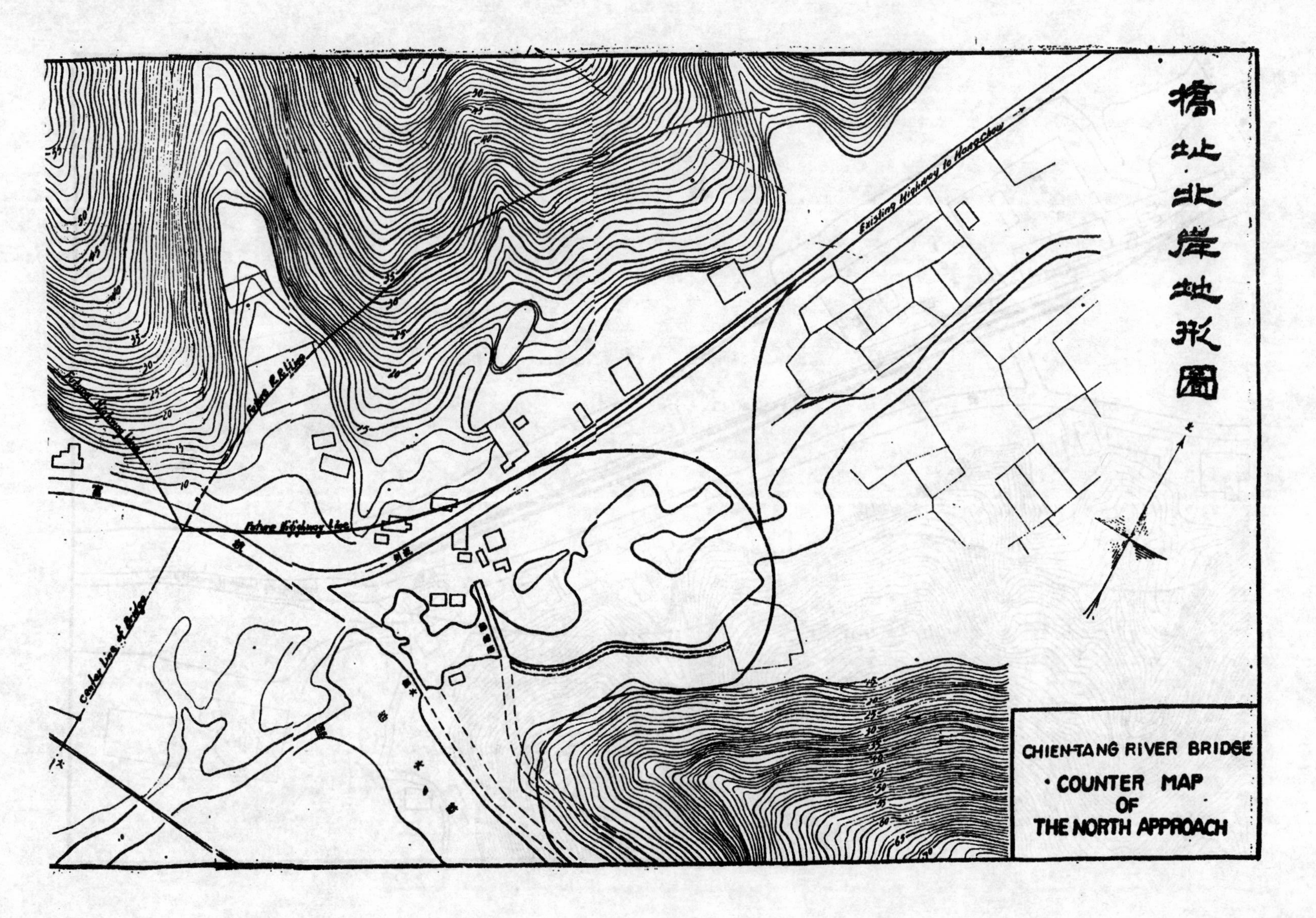
橋址北岸地形圖
Existing Highway to Hangchow
Future R.R. Line
Future Highway Line
Center Line of Bridge
CHIEN-TANG RIVER BRIDGE
COUNTER MAP
OF
THE NORTH APPROACH

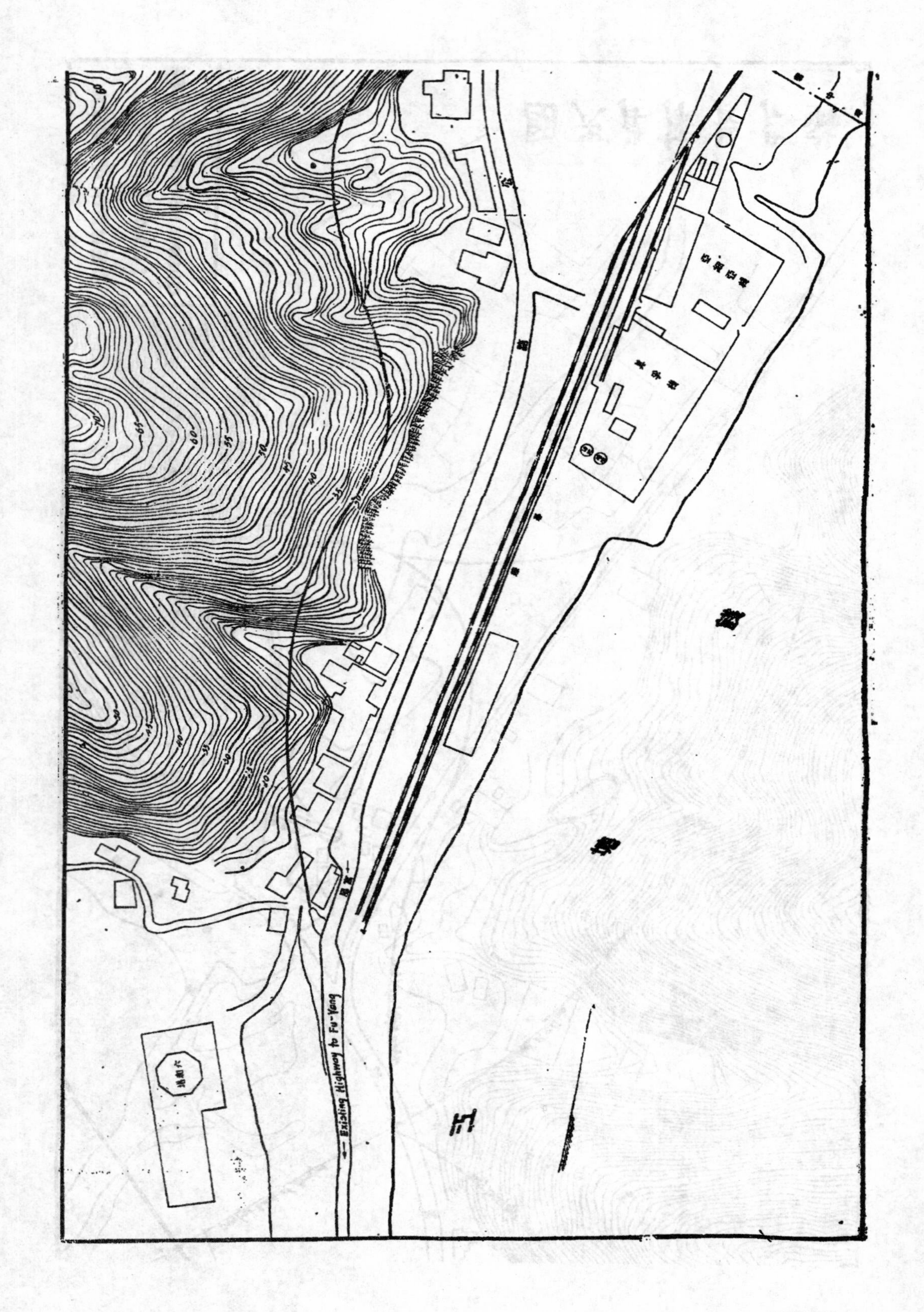
Existing Highway to Fu-Yang

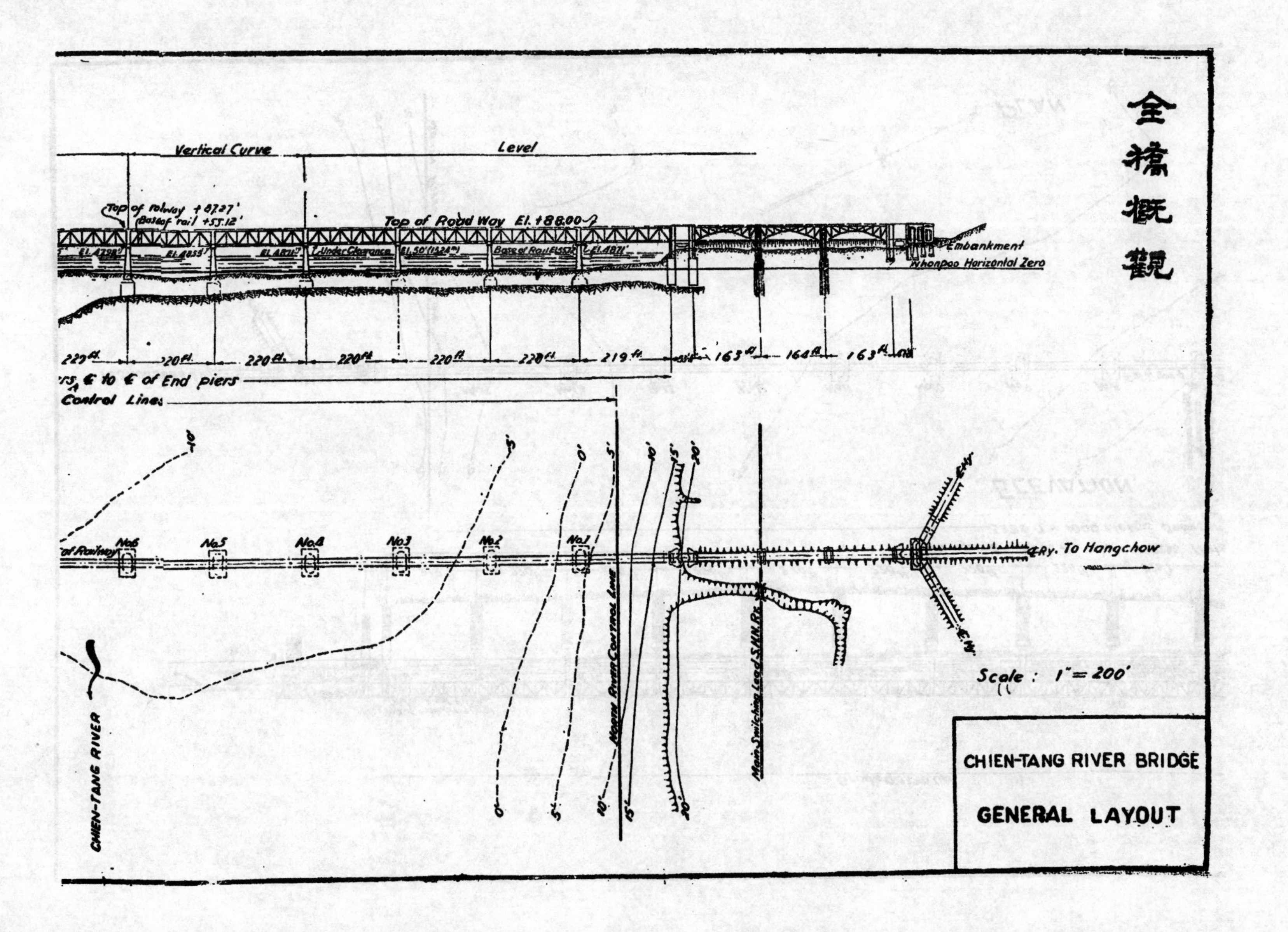

全橋概觀
Vertical Curve
Level
Top of railway +87.27'
Base of rail +55.12'
Top of Road Way El. +88.00
Under Clearance
Embankment
Whangpoo Horizontal Zero
220 ft.
219 ft.
163 ft.
164 ft.
€ to € of End piers
Control Lines
No.1
No.2
No.3
No.4
No.5
No.6
North River Control Line
Main Switching Lead S.H.N. Ry.
Ry. To Hangchow
Scale : 1" = 200'
CHIEN-TANG RIVER
CHIEN-TANG RIVER BRIDGE
GENERAL LAYOUT

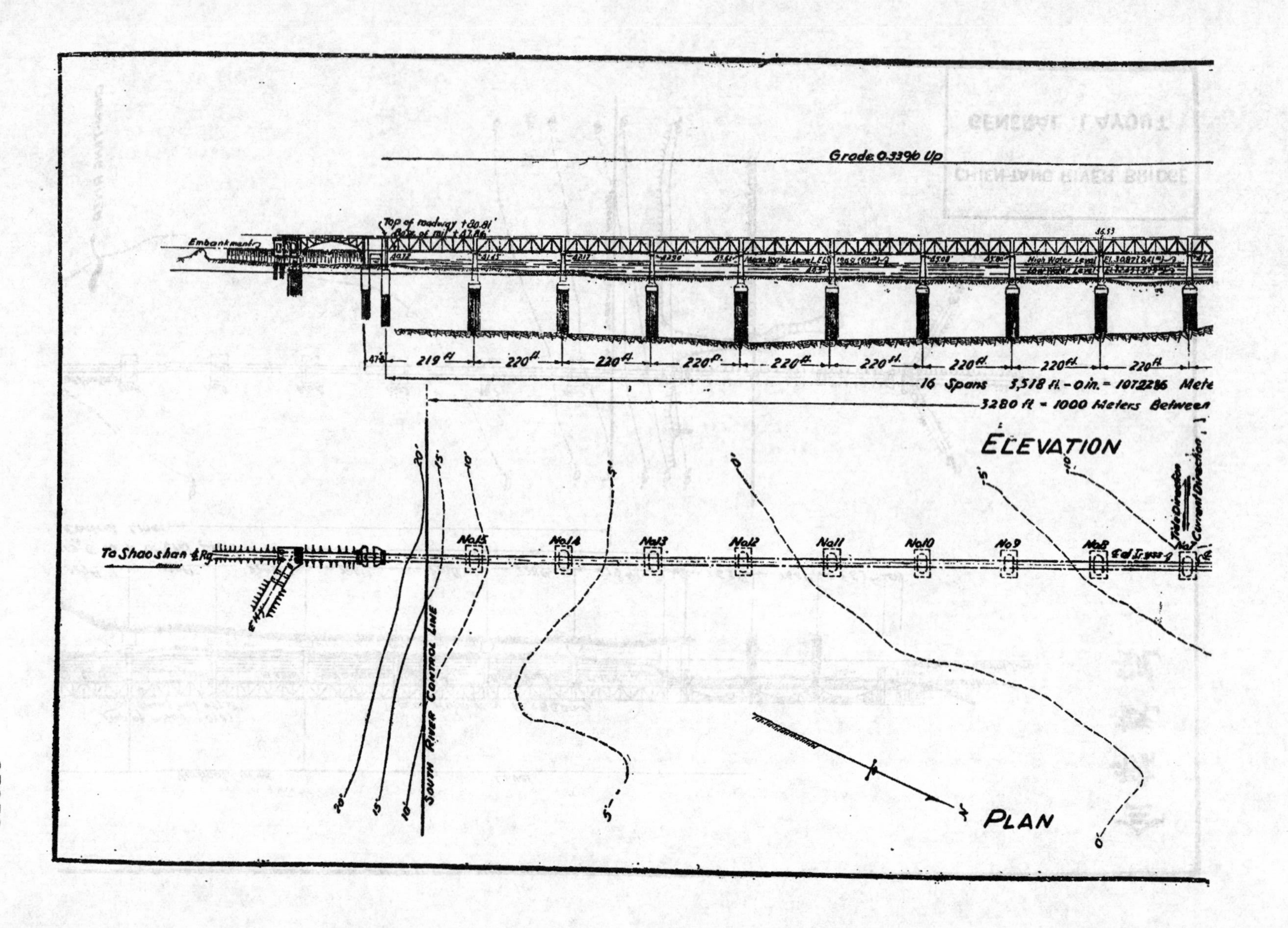

Grade 0.33% Up
Top of roadway +30.81'
Base of rail +47.86
Embankment
High Water Level
Low Water Level
219 ft
220 ft
220 ft
220 ft
220 ft
220 ft
220 ft
220 ft
220 ft
16 Spans 3,518 ft.-0 in. = 1072.286 Mete
3280 ft = 1000 Meters Between
ELEVATION
To Shaoshan
No.15
No.14
No.13
No.12
No.11
No.10
No.9
No.8
No.7
Tide Direction
Current Direction
SOUTH RIVER CONTROL LINE
PLAN

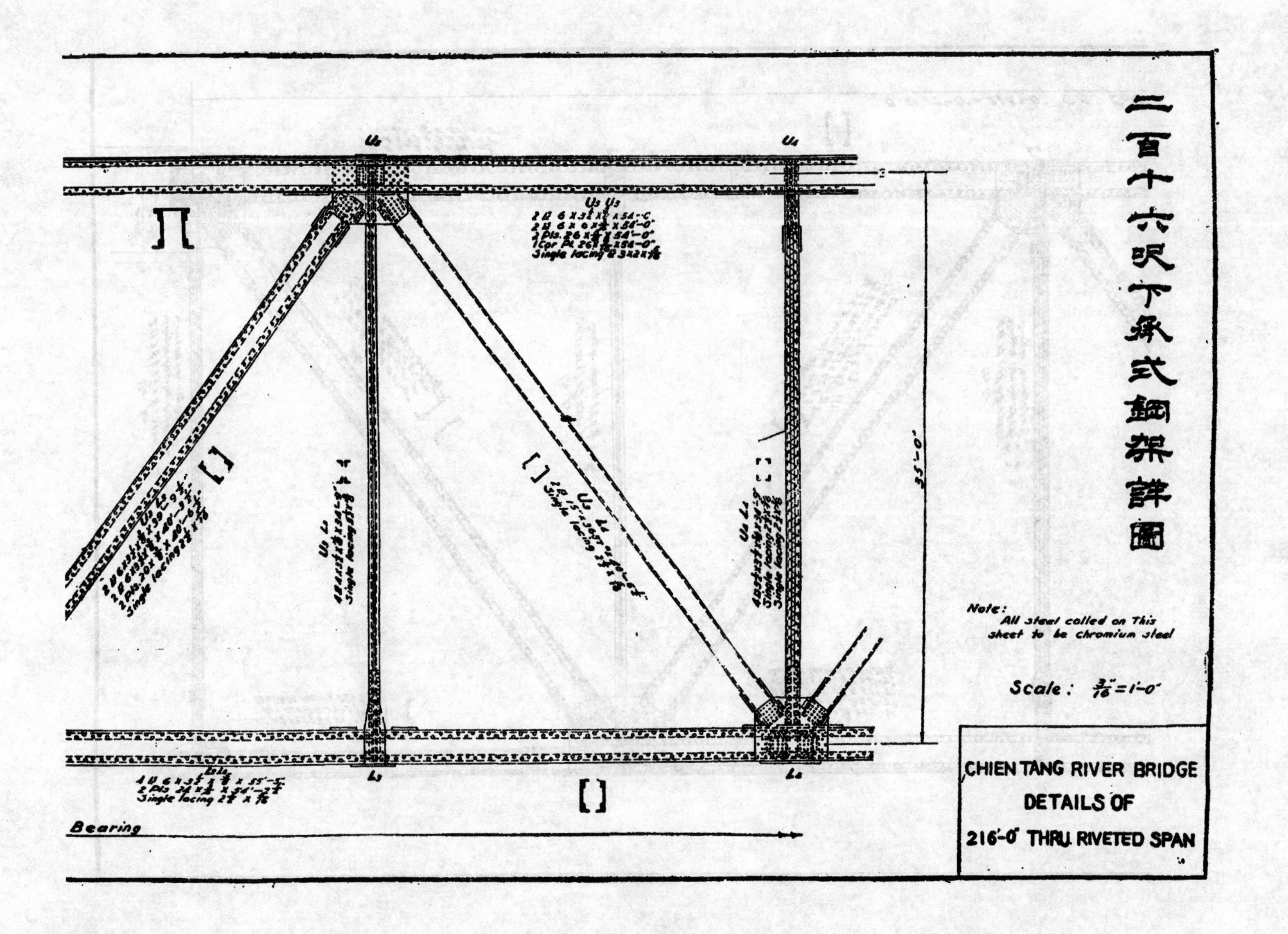
二百十六呎下承式鋼架詳圖
Note:
All steel called on This sheet to be chromium steel
Scale: 3/16" = 1'-0"
CHIEN TANG RIVER BRIDGE
DETAILS OF
216'-0" THRU. RIVETED SPAN
35'-0"
Bearing

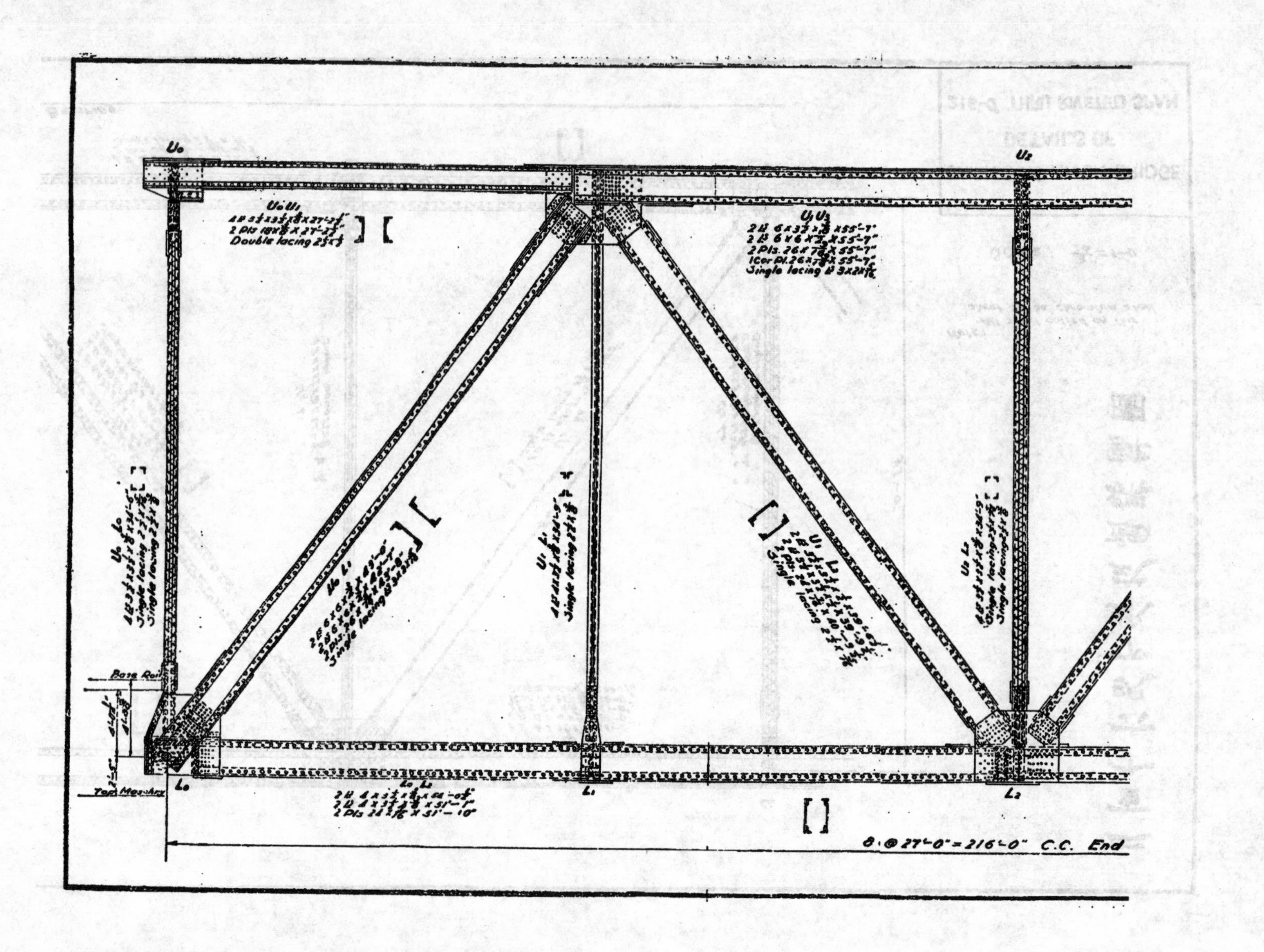
U0
U2
U0 U1
Double lacing
U1 U3
Single lacing
U0 L0
U1 L1
U1 L2
U2 L2
Base Rail
Top Masonry
L0
L1
L2
L0 L2
8 @ 27'-0" = 216'-0" C.C. End

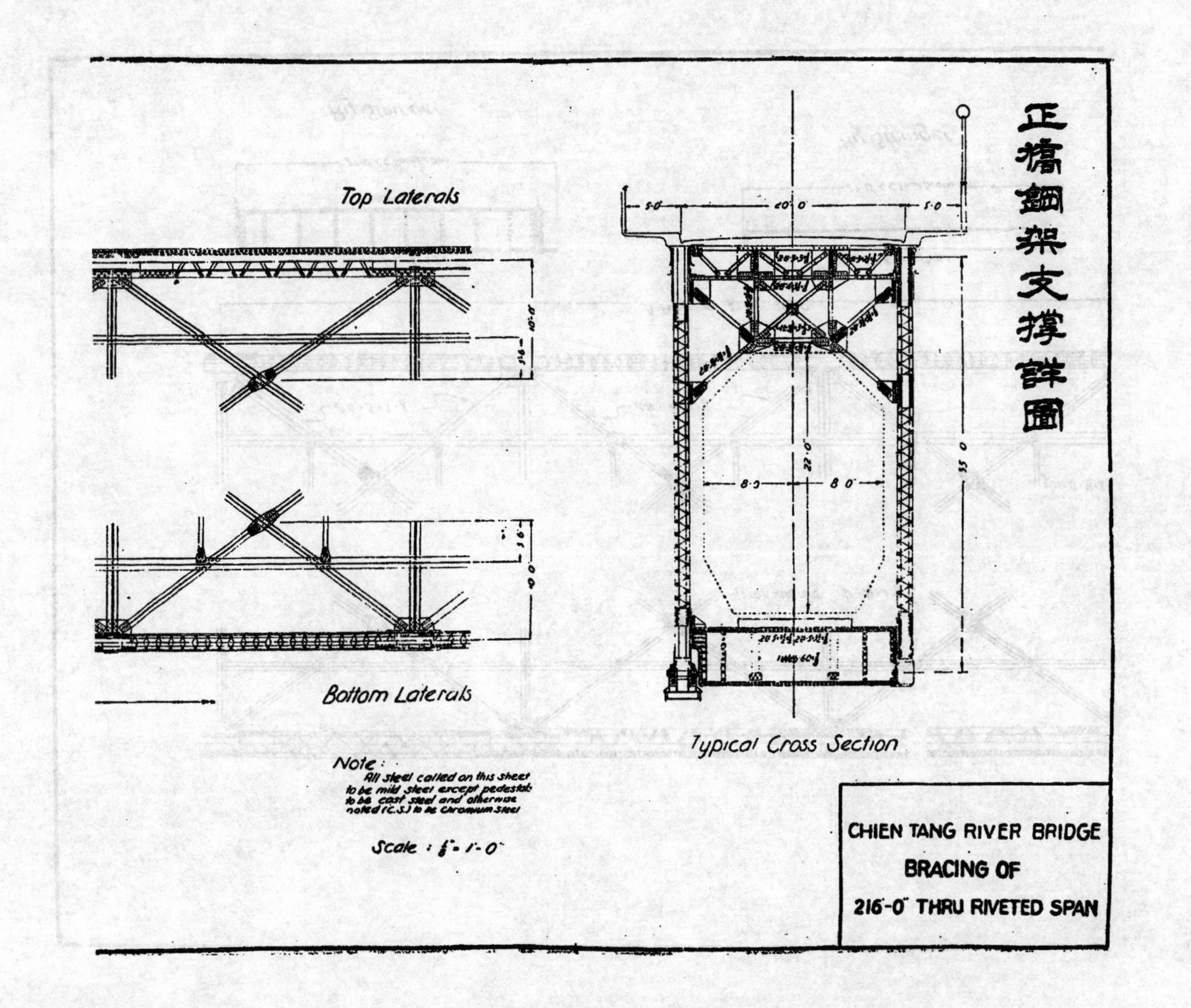
正橋鋼架支撐詳圖
Top Laterals
Bottom Laterals
Typical Cross Section
Note: All steel called on this sheet to be mild steel except pedestals to be cast steel and otherwise noted (C.S.) to be Chromium Steel
Scale: ⅛" = 1'-0"
CHIEN TANG RIVER BRIDGE
BRACING OF
216'-0" THRU RIVETED SPAN

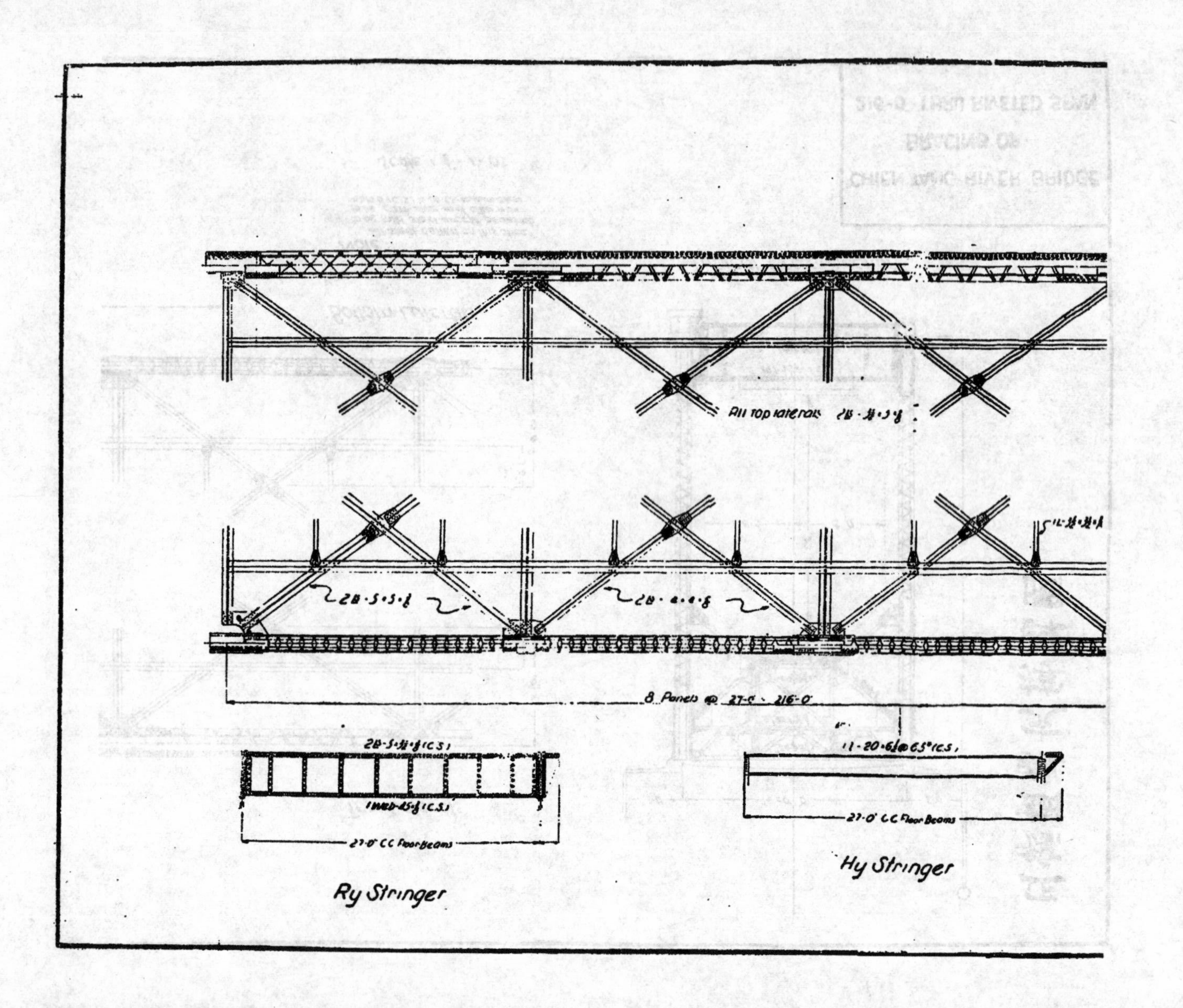
All top laterals
8 Panels @ 27-0 = 216-0
27-0 C.C. Floor Beams
Ry Stringer
27-0 C.C. Floor Beams
Hy Stringer

27362

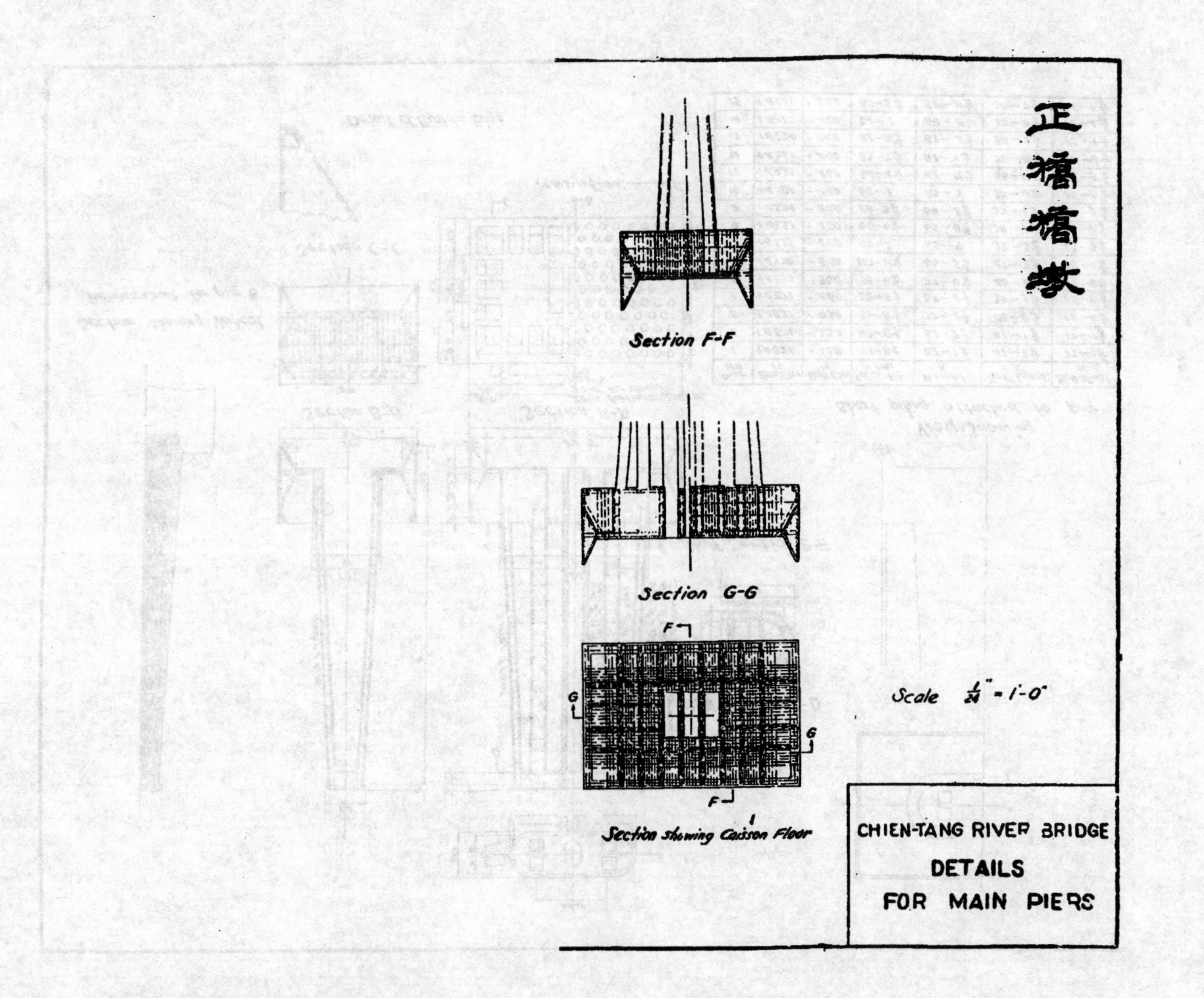

正橋橋墩
Section F-F
Section G-G
Section showing Caisson Floor
Scale 1/24" = 1'-0"
CHIEN-TANG RIVER BRIDGE
DETAILS
FOR MAIN PIERS

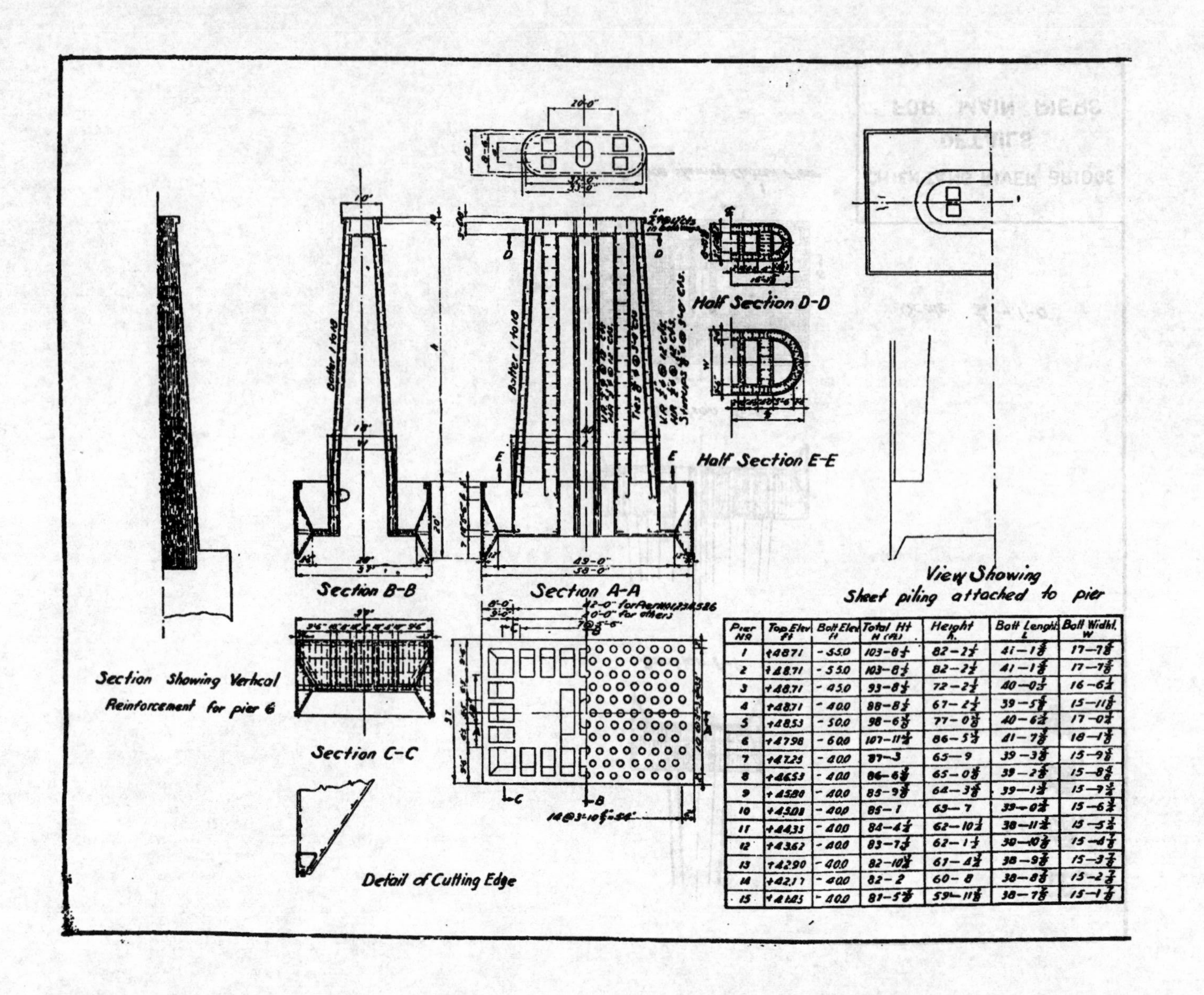

Pier No.	Top Elev. ft	Bott Elev. ft	Total Ht H (ft)	Height h.	Bott Length L	Bott Width W
1	+48.71	-55.0	103-8 1/2	82-2 1/2	41-1 5/8	17-7 5/8
2	+48.71	-55.0	103-8 1/2	82-2 1/2	41-1 5/8	17-7 5/8
3	+48.71	-45.0	93-8 1/2	72-2 1/2	40-0 1/2	16-6 1/2
4	+48.71	-40.0	88-8 1/2	67-2 1/2	39-5 5/8	15-11 5/8
5	+48.53	-50.0	98-6 3/8	77-0 3/8	40-6 3/4	17-0 3/4
6	+47.98	-60.0	107-11 3/4	86-5 3/4	41-7 3/8	18-1 3/8
7	+47.25	-40.0	87-3	65-9	39-3 5/8	15-9 5/8
8	+46.53	-40.0	86-6 3/8	65-0 3/8	39-2 5/8	15-8 5/8
9	+45.80	-40.0	85-9 5/8	64-3 5/8	39-1 3/4	15-7 3/4
10	+45.08	-40.0	85-1	63-7	39-0 3/4	15-6 3/4
11	+44.35	-40.0	84-4 1/2	62-10 1/2	38-11 3/4	15-5 3/4
12	+43.62	-40.0	83-7 1/2	62-1 1/2	38-10 7/8	15-4 7/8
13	+42.90	-40.0	82-10 3/4	61-4 3/4	38-9 7/8	15-3 7/8
14	+42.17	-40.0	82-2	60-8	38-8 7/8	15-2 7/8
15	+41.45	-40.0	81-5 3/8	59-11 3/8	38-7 7/8	15-1 7/8

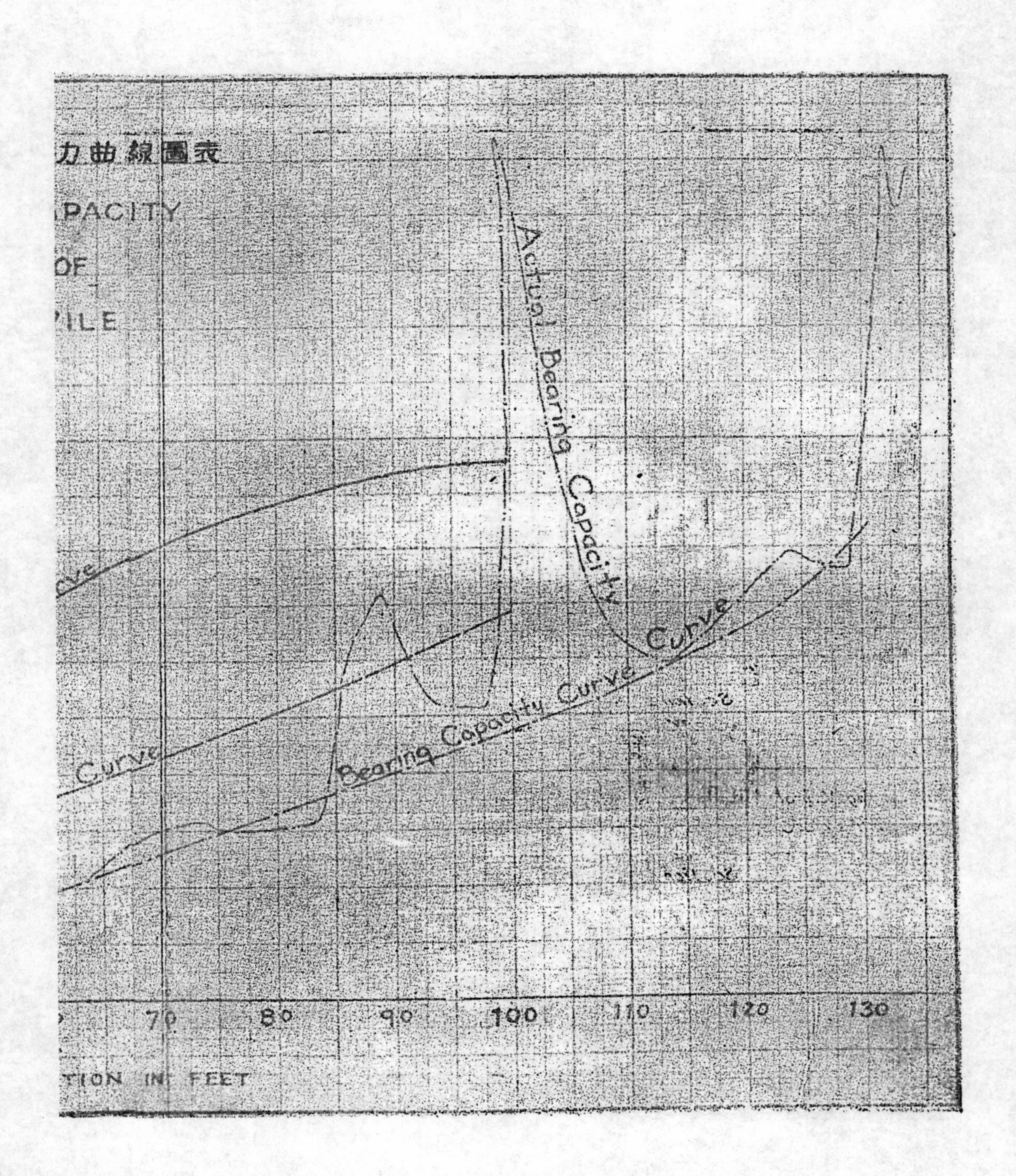
力曲線圖表
PACITY
OF
PILE
Actual Bearing Capacity
Curve
Curve
Bearing Capacity Curve
Curve
70
80
90
100
110
120
130
TION IN FEET

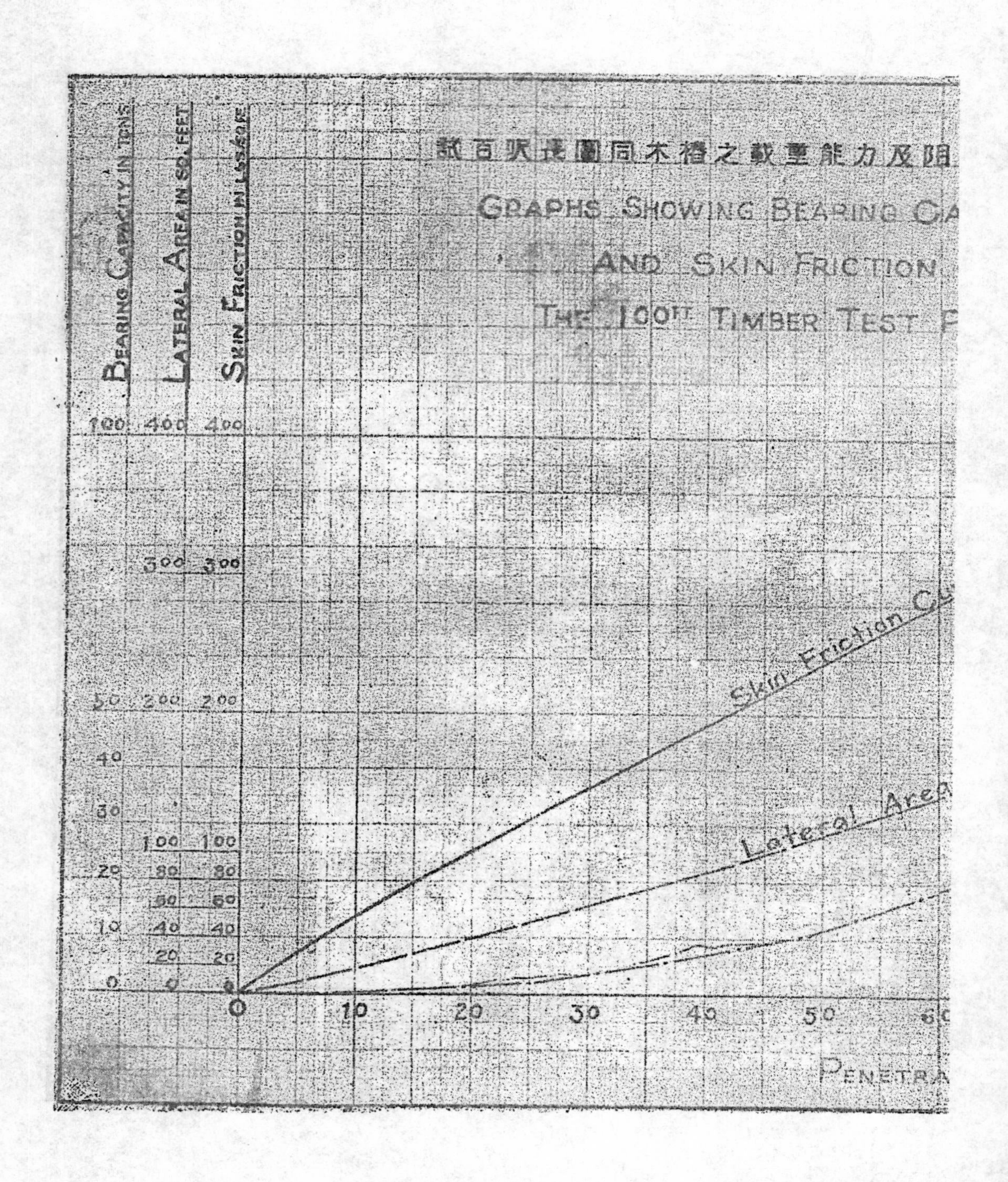

試百呎長圓同木樁之載重能力及阻
GRAPHS SHOWING BEARING CA
AND SKIN FRICTION
THE 100FT TIMBER TEST P
BEARING CAPACITY IN TONS
LATERAL AREA IN SQ. FEET
SKIN FRICTION IN LBS/SQ.FT
100 400 400
300 300
50 200 200
40
30
100 100
20 80 80
60 60
10 40 40
20 20
0 0 0
0 10 20 30 40 50 60
Skin Friction Cu
Lateral Area
PENETRA

27366

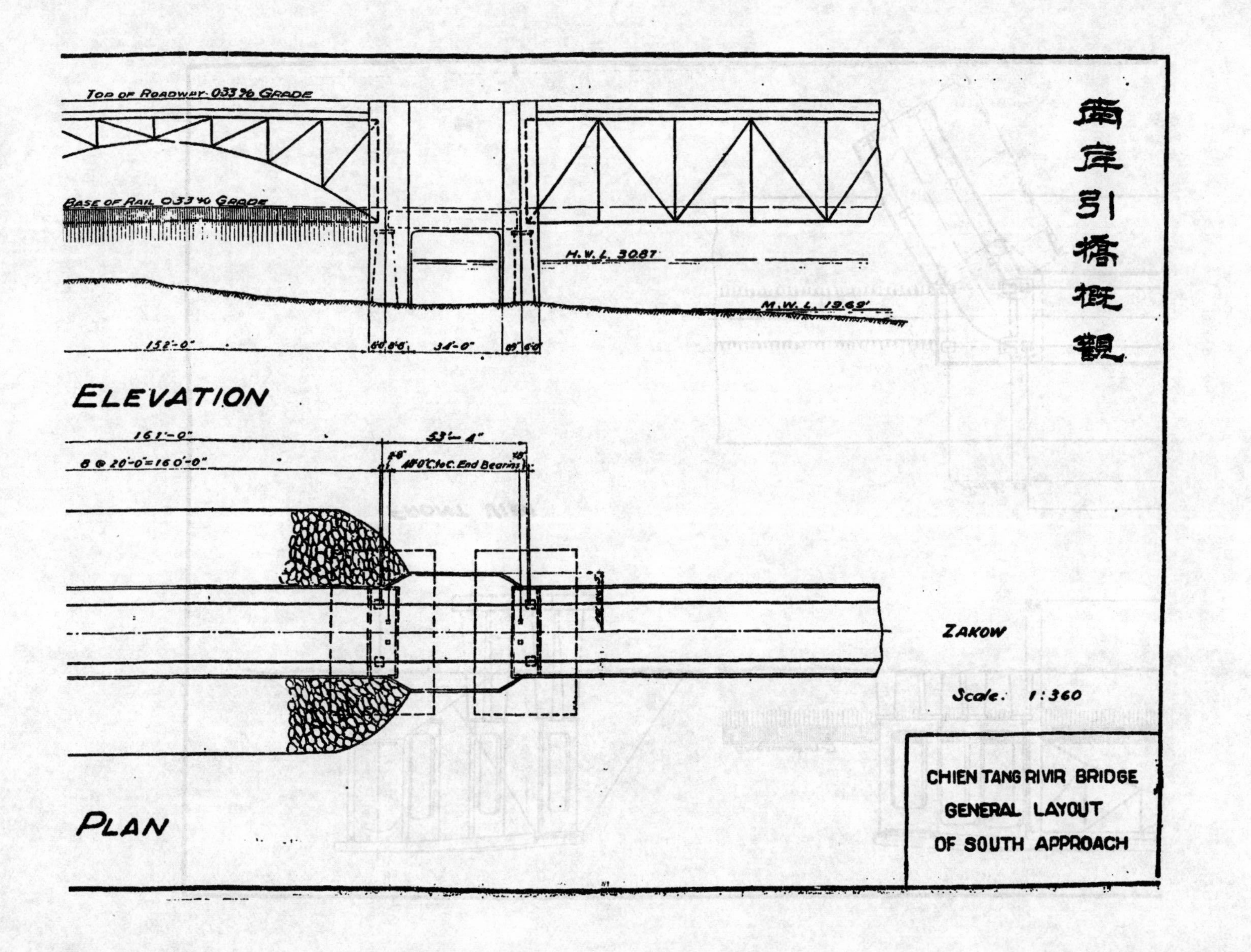
南岸引橋概觀
TOP OF ROADWAY .033% GRADE
BASE OF RAIL .033% GRADE
H.W.L. 30.87
M.W.L. 19.69'
152'-0"
34'-0"
ELEVATION
161'-0"
8 @ 20'-0"=160'-0"
53'-4"
48'0" C. to C. End Bearings
ZAKOW
Scale: 1:360
CHIEN TANG RIVIR BRIDGE
GENERAL LAYOUT
OF SOUTH APPROACH
PLAN

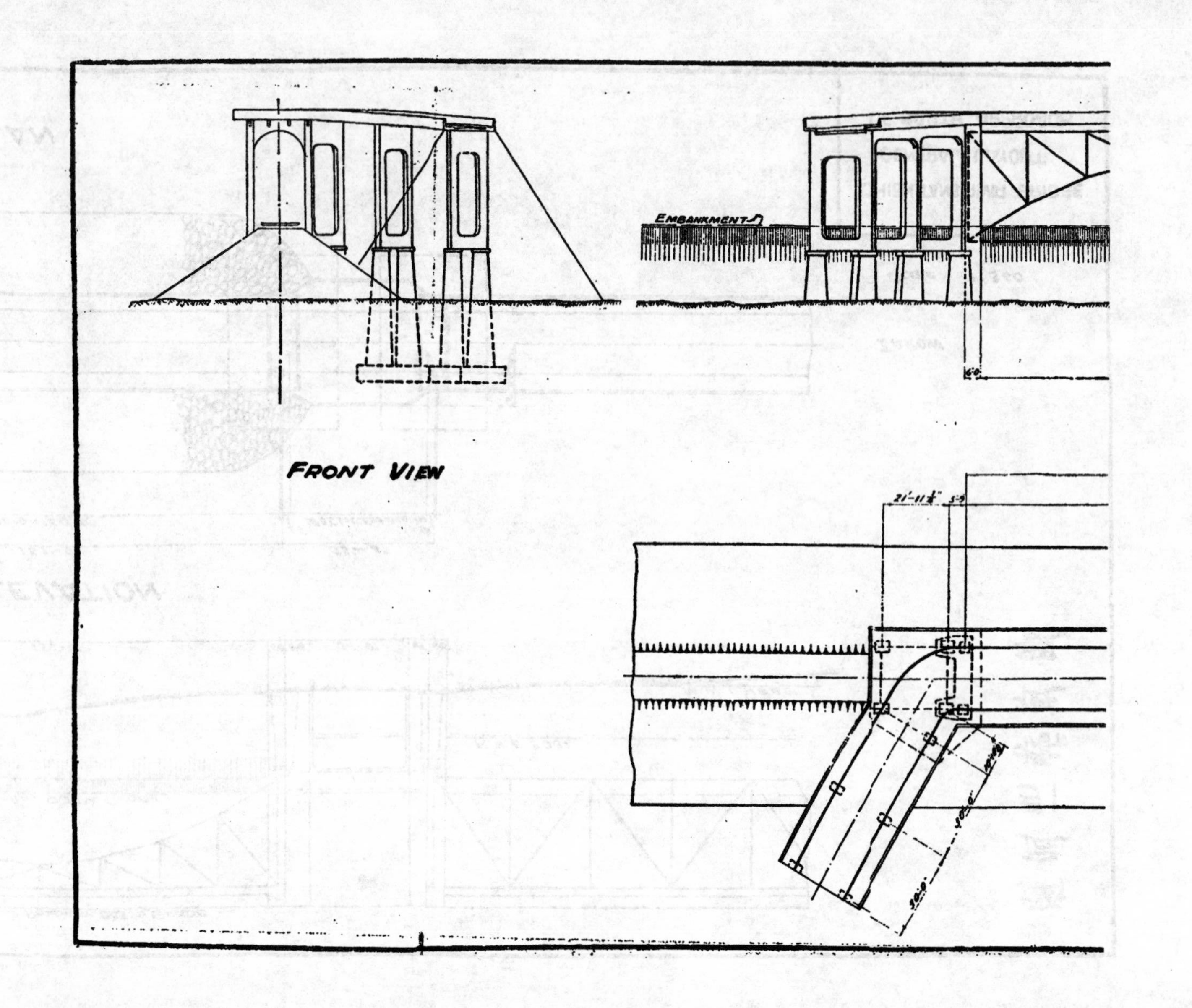
EMBANKMENT
FRONT VIEW

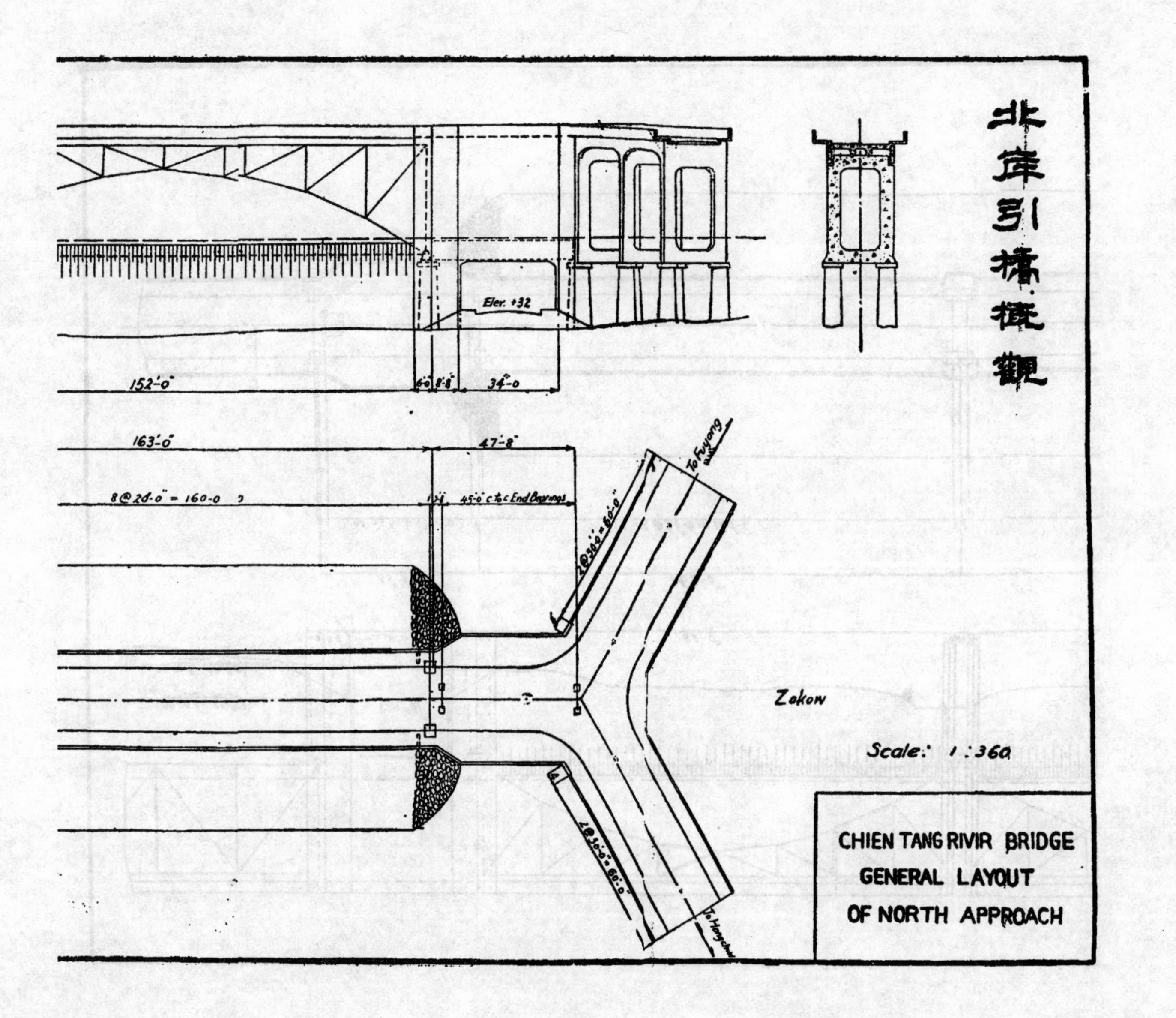
北岸引橋概觀
CHIEN TANG RIVIR BRIDGE
GENERAL LAYOUT
OF NORTH APPROACH
Scale: 1:360
Zakow
To Fuyang
To Hangchow
Elev. +32
152'-0"
34'-0"
163'-0"
47'-8"
8@20'-0" = 160-0
45'-0" c to c End Bearings
2@30'-0" = 60'-0"

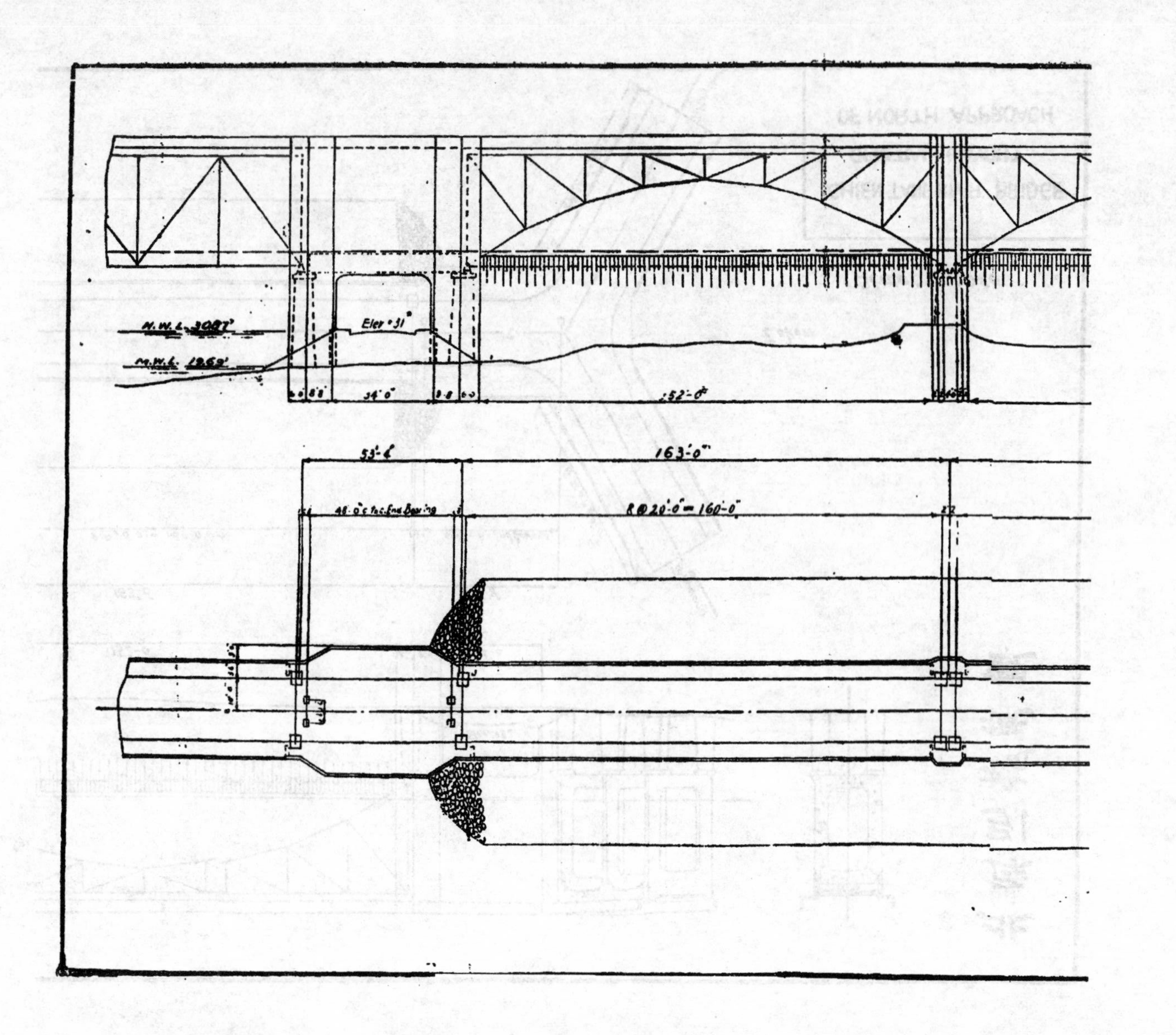
Elev+31
34'-0"
152'-0"
53'-6"
163'-0"
8@20'-0"=160'-0"

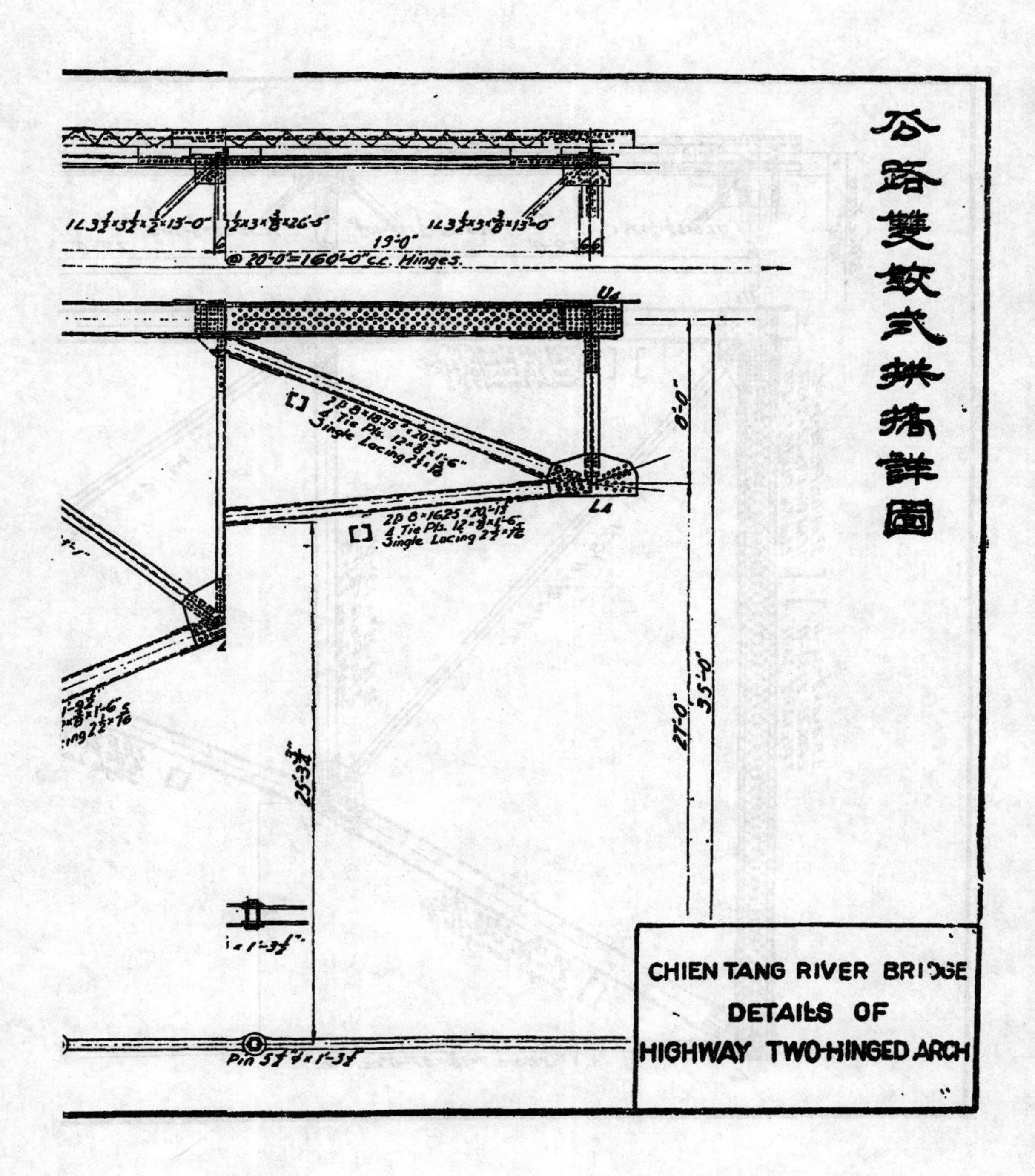
公路雙鉸式拱橋詳圖
CHIEN TANG RIVER BRIDGE
DETAILS OF
HIGHWAY TWO-HINGED ARCH
@ 20'-0"=160'-0" c.c. Hinges.
19'-0"
U4
L4
8'-0"
27'-0"
35'-0"
4 Tie Pls.
Single Lacing

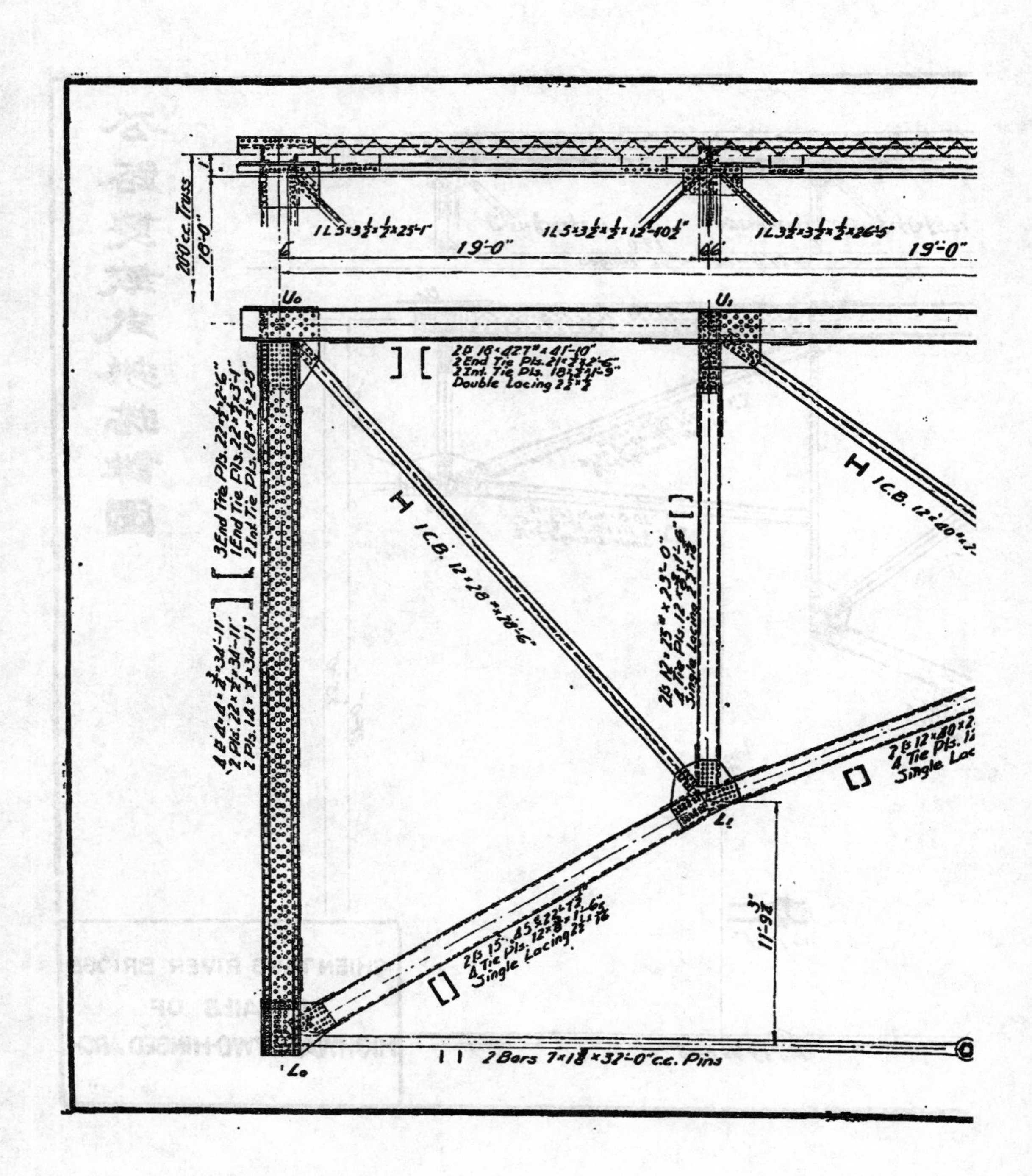

翅臂法須按步陸續進行,實有迫不及待之勢,無已,祗有求諸浮船之法。雖在橋址處潮水不大,但平均潮水漲落,亦在二三呎之間,用浮船安裝鋼架,甚爲相宜。

〔七〕計劃橋墩建築

北首六墩,直接置於石層。其餘九墩,乃置於一百六十根之九十呎或一百呎長基樁之上,其樁脚乃深達石層,以免他日下沉之弊。墩高自八十一呎半至一百零八呎,重量甚大。爲減少軟石承受墩底之壓力,及基樁之數目起見,乃做空心鐵筋混凝土墩。以若干較薄之縱橫及半圓環牆,互相連結,而成中分五孔。在壓力一邊,混凝土牆斷面之厚度,足以承受,在拉力一邊,全用鋼筋以負荷之。(正橋橋墩圖)

錢塘江底,淤泥流沙甚厚,爲策施工上之安全與便利,乃採用汽壓沉箱法。北首六墩,乃將墩底製成汽壓沉箱,照普通施工法進行之。而第七至十五墩,因置於基樁上,不得不施用特別方法,先將基樁打妥。其法用七十呎鋼管接樁,將各樁由水面打入江底,其樁頂至吳淞零點下四十呎,即墩底位置高度時,或樁脚至一百三四十呎時,即抽去鋼管接樁。迨一百六十根基樁完全打妥後,乃將墩底沉箱安置於正確位置,照普通汽壓沉箱法,施工進行之。又爲工作限期迫促,夯打基樁,澆做墩底沉箱,必須同時並進。故在上游近岸水深之處,擇一空地,闢爲製造墩底沉箱工場,專爲澆築沉箱之用。迨各墩基樁打妥後,則墩底沉箱泅游而下,浮至準確地位而下沉之。

〔八〕計劃引橋建築

北岸引橋,西鄰六和塔及江邊公園,北接虎跑山谷,崗峯起伏,環景優秀,引橋配合其間,必須雄偉美麗。(橋址北岸地形圖)故於江岸山坡各建混凝土平台一座,中嵌一百六十呎雙樞式拱橋三孔,以承公路,下築土台路基以載鐵路。土台兩坡,可植樹木花卉,以增美觀。(北岸引橋概觀圖)拱橋橋墩如設計完全承受斜擠力,所費甚大,乃於拱橋端樞,加鋼條以繫之。(公路雙鉸式拱橋詳圖）江邊橋墩地下石層在吳淞零點下四十呎，是以將橋墩坐於開挖式沉箱上而沉箱直達石層。拱橋處係老河道，石層甚深，橋墩乃置於八十八根基樁上，其樁長計九十呎與五十呎兩種。北首平台，緊靠山脚，石層離地甚近，墩底達吳淞高度十呎卽至石層。公路在北首平台處分八字而行，用混凝土框架各六十呎以接路基，結構清秀，氣象雄偉。惟建築複雜，計算維艱，圖樣細瑣，十易其稿，費時數月，始得蕆事。南岸地形比較簡樸。（橋址南岸地形圖）江岸引橋平台與北岸一律，不過一百六十呎之拱橋祗有一孔，而公路從旁拐出，亦甚自然。（南岸引橋概觀圖）但地下石層甚深，鑽探時未曾達到，是以橋墩工作，數倍其難。江岸平台橋墩，置於開挖式之沉箱，該沉箱長五十八呎，寬三十六呎，深五十二呎，而一百零二根一百呎長之基樁，穿沉箱而打入卵石層，其樁頂打至與沉箱底相平。最南橋墩，因離岸較遠，墩底在吳淞高度十呎處，置於一百零一根七十呎長之基樁上。其銜接公路處，亦用六十呎混凝土框架以接之。北岸引橋計五百六十餘呎，而南岸祇二百餘呎。但其建築費用幾相等，因橋基工程不易之故耳。

〔九〕材料

本橋所用材料概估如下：

鋼料　四千七百二十五噸，內三千二百餘噸爲鋭鋼。

木樁　五十呎者一百六十八根，七十呎者一百零一根，九十呎者四百零八根，一百呎者一千三百二十二根，共計一千九百九十九根。

混凝土　九千五百英方。

洋灰　六萬九千桶。

鋼筋　一千二百餘噸。

沙子　五千英方。

石子　九千英方。

木料　三百餘萬呎。

其他零星材料難以枚舉。

〔十〕預算

工程費用	正橋鋼梁	$1,465,000
	正橋橋墩	$1,780,000
	引橋工程	$733,000
	路面軌道	$282,000
	裝　飾	$70,000
	檢查費	$18,000
	共　計	$4,348,000

其他籌備,設計,招標,監造,購地,堤工,電燈,及總務費用約十分之一,計$457,000。

總共約計洋四百八十萬元,外洋材料進口關稅不在內。

〔十一〕完工期限

本橋工程,材料器具如能按時達到,又無意外之事發生,則正橋橋墩工程,大約明年春假時,或可完竣;鋼架引橋,明年暑假時或可告畢;而路面及其他各項工作,或能於明年雙十節趕畢通車。

〔十二〕負責人員

本橋工程均分工合作。工程人員,均屬青年有為之士,日夜工作,為近今工程機關所僅有。鋼架工作由工程司梅暘春指導,混凝土工作由工程司李學海指導,打樁工作由工程司卜如默監理。作者雖負工程上責任,但全部事項,概由本處處長茅以昇博士指揮而總其成。至於包工方面,正橋鋼料由道門朗公司供給,正橋橋墩由康益洋行承辦,東亞工程公司包修北岸引橋及路面,新亨營造廠承造南岸引橋。聚中外之材料人力,深期本橋得以早觀厥成。

今日中國之公路問題

葉家俊

年來各省公路建築事業,突飛猛進,其成功之速,進域之廣,實爲全國各種建設事業之冠。然而公路築成後,對於交通之利益如何?地方之生產如何?勦匪之功效如何?及國家之經濟如何?實皆爲一般人所欲知,抑亦交通當局所急待明瞭而欲藉以決定今後全國交通之整個政策者也。當今論者,有主張築路以增進勦匪之效率者,有主張築路以利便貨運者,有主張築路以鞏固邊圉者,有主張築路以利便開發內地救濟農村者,有主張築路以補助鐵路運輸者;然亦有謂勞民傷財,騷擾地方,不主張築公路者,有謂築路與地方經濟,農村復興絕無影響者;又有謂公路建築,實僅推銷外國汽車汽油,馴致資財外溢者,更有謂公路運輸,絕不經濟,究不如多築鐵路,以利交通者,統觀以上論列,率有相當理由,究竟公路之築造是否需要?在目今國難日亟,經濟日蹙之際,此項建設,是否利在多築?關於軍運勦匪等是否有效?農村復興,地方經濟是否可收補益?鐵路與公路何者較爲有利?凡此種種,乃成一紛紛聚訟之中心;苟非實地觀察,祗憑理論,恐無以解決此問題。玆特將七省築路後對於勦匪及地方交通經濟農村狀況等之影響,大略分述如後,俾資參證。

查各省公路未甚發達之先,匪患日亟,民鮮安寧,匪徒利山林巖壑之險,負隅自固,雖經數十萬大軍之進勦,積年累月之屯扎,兵去匪來,迄難敉平;蓋交通不便,運輸困難,彼勦此竄,無法進勦。當局鑒於交通與勦匪之關係,乃督促各省積極改良交通,初曾試用輕便鐵路,而登山越險,實非彼長,於是始力與公路,俾協助軍事之進展。故江西一省自公路築成後,前陷於匪區之數十縣,不旋踵而次第收復,凡公路所通之地,卽無匪踪,其進展之速,幾如一日千里。卽如豫鄂皖三省匪共之得以敉平,閩變之迅速勘定,亦多賴公路交通之便利有以致之,是公路之能協助軍事與鞏固邊圉自屬毫無疑義。惟以軍事爲目的而築成之路,利在速成,意取包圍,故工作不良,而系統尤亂,匪去後每多廢置,採用時亦須改善,是故爲整個建設方針計,建築時不可不注意路線網之聯絡及工程之設計也。

關於貨物運輸,地方財政,以及農村復興等問題,竊查七省已成公路中其能對此稍有裨益者,尚未多覩。雖築路目的,原爲利便運輸,及活動地方經濟起見,但今日之七省公路,其營業狀況,客運佔十之八九,貨運祇及一二成,推厥原因,則地方凋敝,生產不增,固其主要;而南方水道縱橫,北地騾馬馳騁,亦復影響不少。蓋目今人工尙賤,水運尤廉,以公路運率之昂,又安能使營業發達,故多仍墨守繩規,舍輸運便捷之汽車而不由;是以各省築路之後,地方未見有若何利益,徒見其損耗國帑;加以因公路運輸之便,洋貨充斥內地,內地金錢遂被吸收,復以土貨因受洋貨之壓迫,馴致一蹶不振,經濟困厄,農村破產,失業日衆,匪患日亟,是多築一里路則洋貨多一里路之運銷,多一路線則汽車多一路線之數量,他如車胎零件等之逐年增加,燃機油之逐時消耗,渺無止境;苟不力圖補救,爲害更伊於胡底!惟上情形,實因產業落後之國家有此現象,若在產業邁進之國則情形適得其反。夫公路乃爲協助各種事業發展之交通利器,徒恃築成之公路,不務實際之開發,農業之改進,何能望農村經濟之復興!現國中鑛藏之富未盡開,山林之利未盡闢,漁鹽權利既無保障,絲棉市面日又衰落,倘能積極開發,獎勵農鑛,振策工商,（增加入口稅減少出口稅）改良大車馬車,利用公路之轉運,以與外貨爭衡,挽回外溢,未始無功也。

又考各省對於築路徵地徵工等事,其收用民地,多不給值,甚且既徵其地,尙照收其錢糧者,亦有就地徵工不給工資者,更有因不能借繳路款而被監押者,人民所受損失已屬不貲,而築路工人復在地方藉勢騷擾,以致民不聊生;故每築一路,動輒怨聲載道,似此情形,處目今過渡時期,各省財政支絀,

27377

工人智識低淺,流弊所至,或難避免;但築路當局亦應顧及民間疾苦,洗革已往積弊,努力建設,則誹謗之聲自可緘默,而人民未有不樂於築路者也。

至若鐵路與公路之利弊,二者宗旨,根本不同,鐵路之建築固為利便交通,然亦為謀運輸之生利,公路之築造乃為發展地方之交通,為運輸謀經濟,其路之本身,初不必直接生利也。又鐵路以長途轉運為經濟,公路則適於較短距離,鐵路宜於大批運載,公路則利在零運分銷,建築鐵路所需金錢極多,資財外溢,而建築公路則輕而易舉,可利用土產材料,且鐵路所不能達者公路可以達之;況因聯運關係,公路可以增進鐵路業務之發達,鐵路有公路平行,票價不致隨意增加,凡此情形,可見公路與鐵路並行而不悖也。以今日民窮財盡之中國,公路之建築,似較鐵路尤切實際耳。

總上論列,為開發全國交通計,築路實為目前當務之急;但須權衡輕重,酌量利弊,其幹線之路,有利於國防經濟者須建築之,其無裨於國計民生者不宜多築,庶使用之得當,民受其利,地盡其財,則建築公路未有不盡善者也。至於公路之運輸,現宜利用騾馬大車,減少汽車載運,并應從速研究汽車之製造,及代替汽車燃料之方法,庶幾汽車汽油之消耗不致與日俱增,而杜塞漏巵,未始不無少補也。

空氣調節法之簡易設備

黃述善

自科學昌明，世界文化，日益進步。人類生活，日求舒適。於是房屋內部，冬則有暖汽之設備，夏則有冷氣之裝置。而以空氣調節法，尤爲重要。蓋其目的，同時能使室內空氣流通，且使溫度與濕度相宜，得以增加居者之愉快也。空氣調節法之設備，種類甚多。其最簡單而極經濟者，則莫若將舊式熱風爐設備，更改爲熱水暖空氣式樣，而以冷水爲冷氣之媒介。井水或自來水均可，其溫度以在華氏五十度爲宜。此法在美國最爲流行，冬夏均可利用。簡單說明於下：

第一圖所示爲房屋平面圖，其總容積爲174,50立方英尺。原有熱風爐之設備。今利用其通風管之佈置，得更改爲全年空氣調節法。

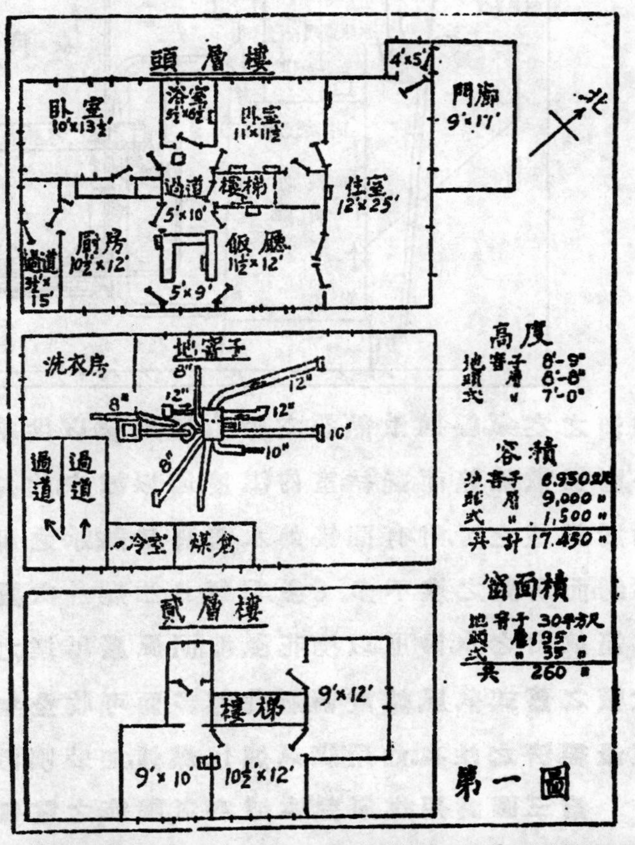

第一圖

第二圖所用之熱水鍋爐，火心爲十八吋見圓，後部爲加煤斗。其汽爐式樣一如汽車前之散熱箱，置於一單獨套箱內，使熱水通過，室內空氣，因之流通。如在嚴寒之際，室內需要大宗暖汽時，則以風扇推進熱空氣，使之迅速流動。風扇之發動，爲自動開關。蓋在鍋爐頂部沸騰之時也。此外尚有制熱器置

於室內,以司風門之啓閉。同時傳達於鍋爐上之節氣閘,使上下升降,以司風扇之開關,且以限制火力,使不得超過散熱箱之容量。故除在每日加煤及淨爐時外,該項設備,完全爲自動。散熱箱之下,置有水盆。以熱水盤旋管浸入其中,使水分蒸發。室內濕度,因之增加。此冬季空氣調節之大概情形也。至夏日則將散熱箱之熱水門關閉,而以冷水通入散熱箱中,使風扇繼續開動,引導

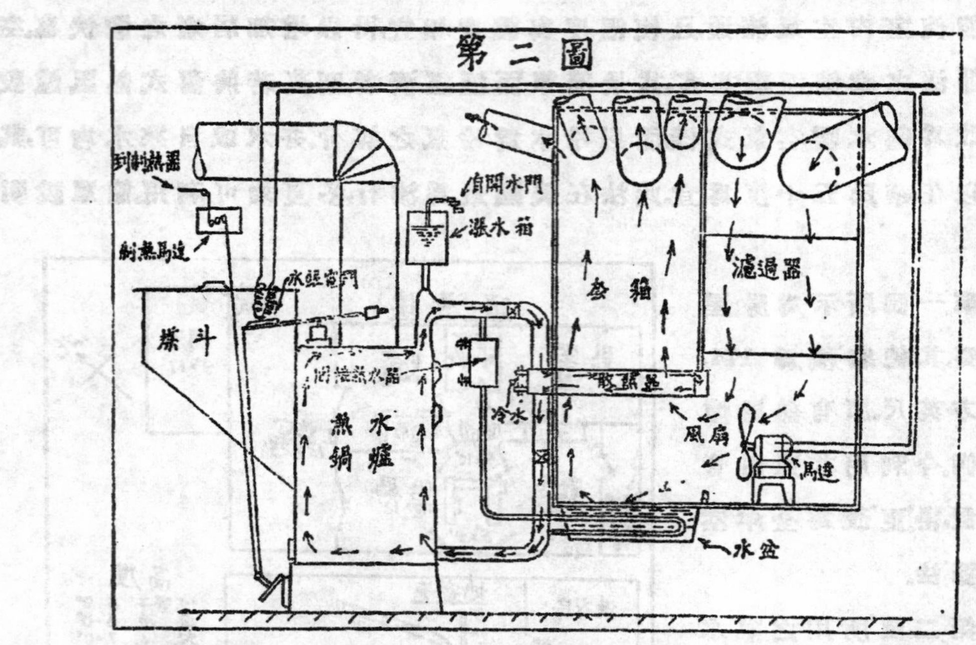

第二圖

濾清之空氣,經過散熱箱空隙,由通風管以供給各室之冷氣。而空氣中之水分,因過散熱箱而凝結,室內濕度,因以減少。此夏日空氣調節之大概情形也。而於鍋爐之旁,附有間接熱水器,專爲熱水之用。故終年熱水不斷,鍋爐不易生銹,而所費之煤不多。(冬季每日添煤一次,夏季每星期一次。)且夏季散熱箱放出之水,倘可以澆花灑地。而風扇馬達之電力不過二十分之一馬力。故較之舊式熱風爐設備,所費無多,而可收全年空氣調節之實效,洵爲最簡便最經濟之法也。如用煤氣爐代煤爐,加裝噴濕機,則尤爲便利。

第三圖爲用煤氣熱水爐空氣調節之電氣管理法,其名稱如下:

(1)總電門 (Main Switch)

(2) 吸力 (Transformer)

(3) 制熱器 (Thermostat)

(4) 制濕器 (Humidstat)

(5) 定熱電磁門 (Solenoid in Boiler Pilot Supply)

(6) 定濕電磁門 (Humidifier Solenoid)

(7) 熱氣風扇門 (Thermostatic Fan Control Switch in Boiler Water)

(8) 冷氣風扇門 (Fan Switch for Summer Operation)

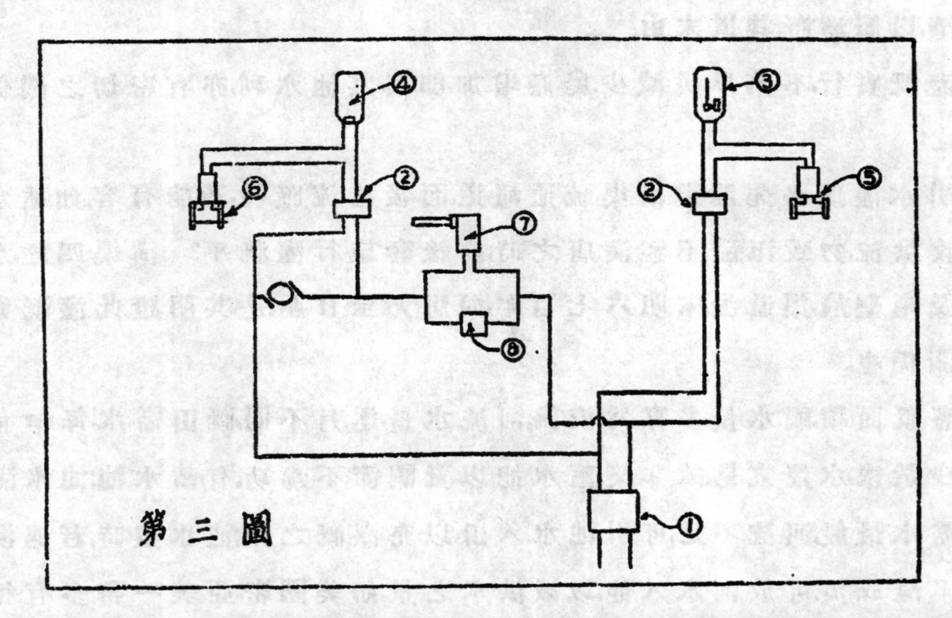

第三圖

總電門爲人工管理。總電門之外，電流線圈，分而爲兩。右爲溫度節制機關。在平時鍋爐內之煤氣，常有引火存在。如室內需要暖汽，制熱器卽將定熱電門開動，使煤氣增加。經過數分鐘之後，鍋爐之水熱至相當溫度，熱氣風扇門卽自動開放。馬達因而發動，熱空氣開始流通。至室內溫度滿足，制熱器復將定熱電磁門自動關閉。鍋爐水溫，隨之降低。熱氣風扇門，自動關閉，而馬達停止矣。左爲濕度節制機關，則僅以自動供給或停止噴濕機之作用，而使室內濕度調和。至夏日冷氣設備，另有電門，以司啓閉。此其大概情形也。

灌溉事業與其他水利之關係

周鎮倫

昔夏禹治水,而九河以疏,李悝築溝,而農田以溉,天下水利之俶興,未有若吾國之早者。洎乎晚近,河流塞,溝澮湮,耕田沃土,有水則成澤國,顆粒無收,遇旱則變薄磽,荆榛滿目。請看今日黃河南北,何一非災民待賑之區?民食艱難,至今已極。雖天災屢降,莫可挽回;而人事不臧,實爲大病。欲圖補救,舍開通溝瀆,以廣灌溉,其道末由。

灌溉實行,不第旱災減少,農產增加,卽與其他水利,亦有密切之關係。試申言之:

引水灌溉,必先開鑿溝渠,疏通河道。而後諸流匯注,乃能有容,如蓄水池然,吸收洪流,勿致汛溢。不觀漢唐之時,前後莶施行灌溉乎?溝渠四達,水害甚稀。及屯墾廢,渠道淤,宋明六七百年,河患乃至日亟。是其明證。此灌溉與減洪之關係也。

灌溉面積,視水量多寡爲依歸。河流水量,逐月不同。溉田需水,每年有定。苟供少於求,水荒立見。故非築蓄水池以資調節不爲功。有蓄水池:池水滿時,若遇需水最殷,河流不足,可引池水入田,以充灌溉之用;池水盡時,若遇溪洪暴漲,汛濫成災,可放河水入池,以減洪水之量。如美國密亞美一帶,多有行之者。此灌溉與阻洪之關係也。

整理農田,施行灌溉,則河道縱橫,溝澮四達,卽有淫潦,排洩亦易。古時甯夏中衞諸縣不受水災者,職是之故。此灌溉與排洪之關係也。

農田灌溉,自少旱災。將見遍地綠陰,滿埸靑草,土以禾根盤結,而多罅隙,水以土多罅隙,而增吸收。效如植樹,可減洪流。不若童山濯濯,一遇山洪,遂成巨浸,如今日熱省之大凌河老哈河沿岸一帶然。此灌溉與防洪之關係也。

增加農產,可施灌溉。振興工業,可用水電。事雖不同,爲利則一。苟灌溉用水,取自河之上游,則下游流量定必減少,妨碍水電發展,實爲重大。若以灌溉所築之蓄水池,于洪流浩瀚之時,收蓄過量之水;一俟農事告成,嚴冬水涸,復縱水出池,以增電力,未始非廢水利用之法。此灌溉與發展水電之關係也。

居民飲水,引自河中,取其質佳而量足也。苟河流不大,水量不充,上游因灌溉而遏水入田,下游必因溪枯而涓滴莫得。水量足矣,而以灌溉後土中洗濾之鹵液,流入河中,用作飲料,亦不相宜。此灌溉與飲水之關係也。

處置下水,其法甚多。最經濟者,莫若流入河中,任水冲淡。然河水冲淡下水,恆有定量.流入河中之下水,少則無害,多則非經處理,不能直接流入河槽。灌溉由河取水,減少下游河流,增厚下水密度,影響水質,實非淺鮮。故興辦上游灌溉,不可不計及冲淡下水應有之水量,而省其處理下水之費用。此灌溉與排洩下水之關係也。

同一溪河,既供溉田之水,復作航運之需。其流量必充,自可想見。若夫山溪小澗,舟駛維艱;一旦支分灌溉,導水入田,其不使溪流成涸澤者幾希?然在春雨連綿,山洪暴發之期,苟能利用灌溉蓄水池之水,排洩於隆冬水涸之時,有裨航行,實難言喻。此灌溉與航運之關係也。

連朝春雨,動輒成潦。水之來也,浪花飛濺,沙礫隨流;及其退也,波濤不興,泥滓下澱。是以每經大水,舟道恆移。始則河底淤塡,水流不暢;終則岸田崩潰,冲刷成洲。自古黃河屢遷,潰決無定,卽屬是因。今若建築蓄水池,調節溉田之水,則濁流可放入池,任泥沉落,庶河槽不變,洲岸毋冲。此灌溉與治河之關係也。

河水小,水量稀。上游灌溉,不特下游溉田之水,受其影響,卽洗濾上游土中斥鹵之水,亦足增高下游地中水面,使低處盡變池塘;加厚下游土內鹵鹹,使膏腴立成瘠壤。此上游灌溉與下游灌溉之關係也。

地中水面,灌溉可以增高;水面坡度,灌溉可以使陡;滲透損失,灌溉可以加多;此理之自然,無或爽者。終年晴霽,溪澗不乾,率以山上幽泉,涽流不息,實則地中積水,滲透無休。灌溉農田,地中蓄水既增,水面坡度復陡,滲透損失又大,行見河內清流,終年不竭,下游取水,引用靡窮矣!此灌溉與河流水量多少之關係也。

曠野平原,溉田較易,山坡峻地,引水維艱。故能高灌山田,無不潤沾低地。所謂居高建瓴,順流而傾。此高處灌溉與低處灌溉之關係也。

高原土燥,窪地水多。墾植低原,非築排水溝渠,無以洩透水而培稻根。土不透水,空隙繁多;而後幼苗易長,收獲可加。卽淫潦傾盆,溪洪暴發,亦可以土鬆而增收蓄矣。苟地土不耕,灌溉不興,溝渠不築,則洪流所至,收蓄無能,排洩不得,其不演成水患者幾希?此灌溉與排洩地中蓄水之關係也。

乾燥之區,河水常形不足。灌溉需水,每多鑿井汲引;汲水愈深,地中水面愈下。附近低窪,更無水浸之虞。土中斥鹵,且有下流之勢。反之,立成瘠土,如美國茀萊思諾地方,有數處良田盡成不毛之地者,是其著例耳。此灌溉與排洩鹵水之關係也。

由上以觀,農田生產,因灌溉而益增多,治水排洪,以灌溉而益分殺,發展水電,得灌溉而益周全。求李得瓜,抛磚引玉,灌溉之有利也如是。吾國上下,苟能協力同心,殷殷提倡,啓所有之寶藏,展所有之水利;則莽莽神州,皆成沃土,蚩蚩民衆,供化農耕。生產既多,災亂自泯。處此民生主義實業計劃高唱入雲之秋,灌溉事業豈可以忽乎哉!

REINFORCED CONCRETE ROOF TRUSSES

黃 中

I. INTRODUCTION

Reinforced concrete roof trusses have been used to a considerable extent in European practice. Now the American engineers adopt them in many ways. As the results of these structures are very satisfactory it may naturally be expected that this type of construc'ion will come into use in this country.

We all realize that material is more efficiently used in trusses than in beams, particularly when bending moment rather than shear is the governing factor in design. At present the concrete materials are high in prices and engineers always try to reduce the cost of construction by saving materials in design; and this can generally be done in long span construction by the use of concrete roof trusses. Trusses of this type are especially adapted for places where fire-resisting construction of the best type is desired or required.

To design a reinforced concrete roof truss properly one requires not only the knowledge of the theory of trusses and the strength of materials, but also a familiarity with various types of trusses that are employed for the supports of roofs and their adaptability to different forms of roofs; and a practical knowledge of the economical spacing of the trusses and of roof construction in general and how to meet any special form of construction in the most economical manner are of great importance.

In the following pages the writer endeavors, first, to give all types of trusses that are best adapted for reinforced concrete roof construction, second, to give the general procedure for concrete roof truss design, third, to show the details of design, and finally, to compare the cost of reinforced concrete trusses with that of structural steel.

II. TYPES OF REINFORCED CONCRETE ROOF TRUSSES

Concrete t usses are built on exactly the same principles as steel trusses, and any type that can be built of steel can also be built of reinforced concrete, but due to the different nature of the two materials, the type of trusses best adapted to steel construction may not be economical for concrete. In general it can be said that reinforced concrete trusses of the most simple types are economical.

The best form tor a concrete truss, and the most economical number of braces will depend upon the clearance permitted in the architectural design, or, in the case of factory and mill buildings where requir.d dimensions are not rigid, the truss depends upon the slope, span, ventilation, and light. The division of the upper chord of the truss into various members of panel-length depends largely upon the purlin spacing since heavy purlin loads should be trasmitted to the truss at the panel points. Figures 1 to 12, showing all types of trusses best adapted for reinforced concrete construction, should enable one to select the type most economical for any particular roof.

The trusses shown by Figs. 1 to 10 are familiar to us; there is no need of any explanation. The trusses shown by Figs. 11 and 12 are known as Vierendeel trusses, after Prof. Vierendeel of the University of Louvian,

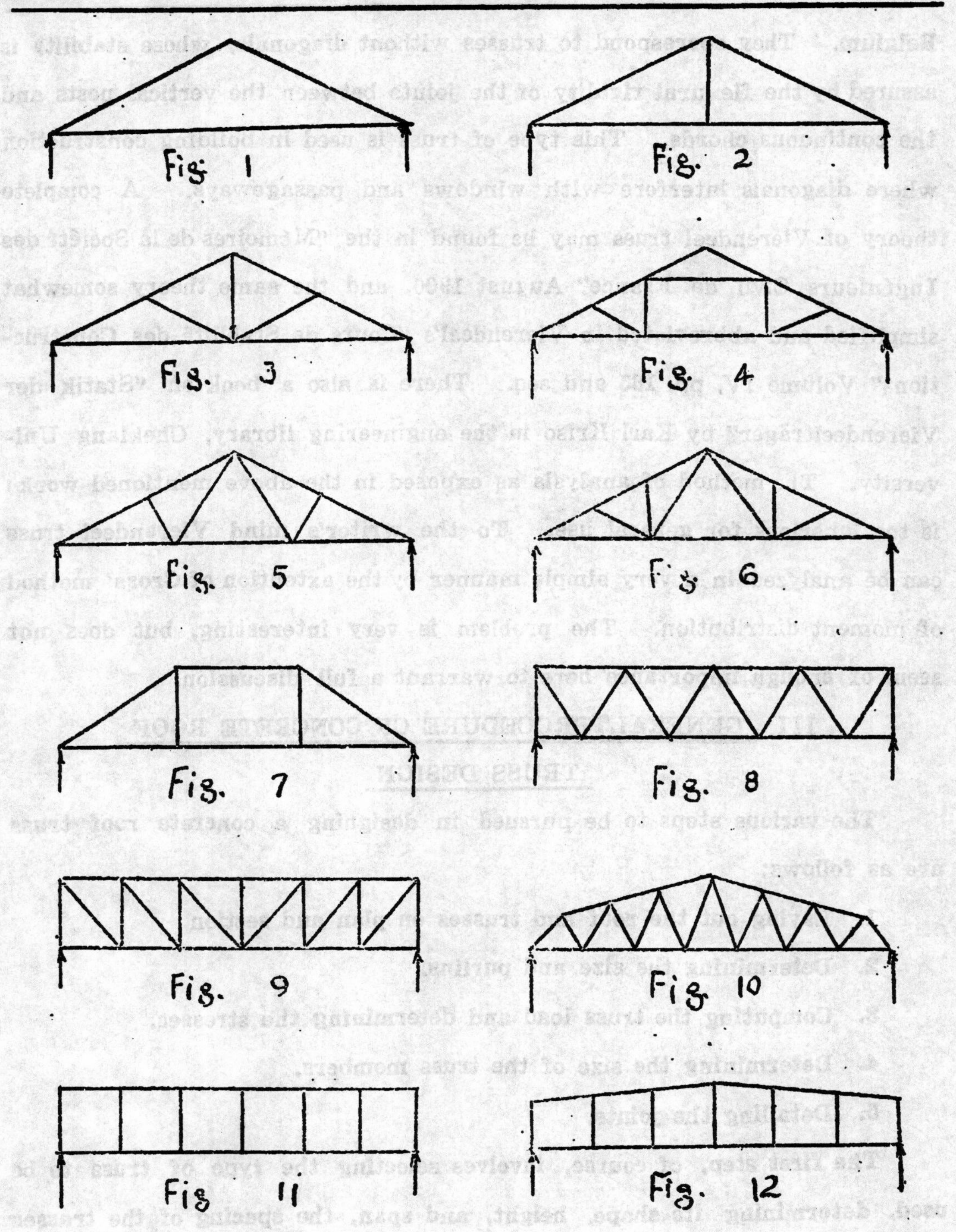
Fig. 1
Fig. 2
Fig. 3
Fig. 4
Fig. 5
Fig. 6
Fig. 7
Fig. 8
Fig. 9
Fig 10
Fig 11
Fig. 12

Belgium. They correspond to trusses withont diagonals, whose stability is assured by the flexural rigidity of the joints between the vertical posts and the continuous chords. This type of truss is used in building construction where diagonals interfere with windows and passageways. A complete theory of Vierendeel truss may be found in the "Mémoires de la Société des Ingénieurs Civil de France" August 1900, and the same theory somewhat simplified and abbreviated in Vierendeel's "Cours de Stabilité des Constructions" Volume IV, pp. 165 and seq. There is also a book on "Statik der Vierendeelträger" by Karl Kriso in the engineering library, Chekiang University. The method of analysis as exposed in the above mentioned works is too laborious for general use. To the writer's mind Vierendeel truss can be analyzed in a very simple manner by the extention of Cross' method of moment distribution. The problem is very interesting, but does not seem of enough importance here to warrant a full discussion.

III. GENERAL PROCEDURE OF CONCRETE ROOF TRUSS DESIGN

The various steps to be pursued in designing a concrete roof truss are as follows:

1. Laying out the roof and trusses on plan and section.
2. Determining the size and purlins.
3. Computing the truss load and determining the stresses.
4. Determining the size of the truss members.
5. Detailing the joints.

The first step, of course, involves selecting the type of truss to be used, determining its shape, height, and span, the spacing of the trusses and the manner in which the roof, or special loads are to be supported. The best layout will be that which is the simplest and most economical while meeting the required conditions.

The determination of the size of purlins is a simple problem. It requires no explanation here.

To compute the truss loads one should have a section through the roof showing the slope of the roof, the type of the truss with location of the purlins. The next step will be the determination of loads on the truss. The loads (dead, live and wind loads) which must be considered in the design are the same as that for the design of steel or wooden roof trusses. The weight of a steel or wooden roof truss is usually calculated by some accepted formula; but for reinforced concrete roof trusses there is no formula ever derived. We know that the weight of a reinforced concrete truss increases very rapidly with an increase in number of panels; and it is obvious that the estimation of dead load in the design of any reinforced concrete truss is very important. From the superimposed loads the stresses in different members can be obtained and approximate weight of different members can reasonably be found. In case the actual weight of the truss does not agree with the estimation within a reasonable range, the design should be done over again. In long span construction the weight of the concrete truss must be known much narrower limits than in the case of short spans. The designer then resort to the cut and try method for the determination of the weight of the truss.

A few calculations of weights have been done by the writer for designed and built reinforced concrete roof trusses; the following equation seems reasonable for determining the tentative weight of ordinary concrete roof trusses:

$$W = 0.48\,A\,L\,(L^2 + R^2)^{\frac{1}{2}}$$

W = total weight of truss in lbs.

L = length of truss span in ft.

A = truss spacing in ft.

R = rise or height of truss.

The method to determine stresses in different members of the different types of trusses, excepting the Vierend el truss which is only an occasional expedient in building construction, is the same as steel roof trusses. In addition to direct stresses due to truss action, all bending stresses due to dead load of the members (often neglected for short panel length), and any load placed between the panel points, should be computed. In computing bending mements the members may be considered as continuous or fixed beams supported at the panel points. The stresses due to the bending moments should be combined with direct stresses.

DESIGN OF TRUSS MEMBERS.——The conditions for the design of concrete truss members contain the following references to working stresses:

a. Allowable compression stresses.——The compression members in trusses are subject to direct compression, and the allowable unit stresses for columns should be used for design. When bending moments are considered in addition to direct stresses, the combined unit stress on concrete shall not exceed by more than 20% the value given for direct compression.

b. Allowable tension stress.——The concrete can not be counted upon to carry any tension in tension members, therefore all the tensile stresses are resisted by the reinforcement. The stress in steel should be limited to 16000 lbs. per square in. so as to give an added factor of safety.

DESIGN OF COMPRESSION MEMBERS.——Theoretically there is no necessity to reinforce the compression members with steel. But the compression members should have some amount of steel to provide for unknown stresses. The reinforced compression members may be divided according to the method of reinforcement into:

a. Concrete members with longitudnal bars and separate lateral ties.

b. Concrete members with longitudinal bars and closely spaced spiral.

The method of design and limitations of the unsupported length of the above two types are exactly the same as that of concrete columns.

In some cases there are concentrated or uniform load, or both loads placed between the panel points of the top chord; the members should be designed for combined thrust with bending, same as for columns with eccentric load.

DESIGN OF TENSION MEMBERS.——Since all the tensile stresses should be resisted only by the reinforcement the required area of steel would be determined by

$$A = P/f_s$$

and the area of concrete is made only sufficient to cover the bars properly. The minimum clear distance between parallel bars should be larger than the maximum size of the coarse aggregates. If aggregates can not pass freely between bars, there is danger of voids produced by the arching of aggregates. If the tensile stresses in bars are developed by bond such voids are dangerous.

Of course, a small number of large bars is easier to handle and makes a compact tention member, but due to the difficulty of anchoring bars at the panel points, its use is recommended only in cases where the tension member extends the full length of the truss, and finally the stresses are transferrd to the concrete at the ends by nuts and anchor plates. A large number of small bars is advocated, when the tansile stresses in bars are developed by bond.

DETAILS OF DESIGN.——The most important in the design of reinforced concrete truss is the detail of the truss. The next few pages will be devoted to the discussion of this topic.

IV. DETAILS OF DESIGN

It is a radical change from a reinforced concrete girder to a truss of the same material as certain questions arise in the design of the latter. The theory of stresses in the rigid joints and other details of connections are all questions that can only be settled by tests, experience, and possiblly additional theoretical data. However, our present knowledge of reinforced concrete, when combined with conservative assumptions regarding these questionable points is sufficient for safe design.

The details to be considered are:

1. The method of fixing the reinforcement.
2. Construction at intersections of members.
3. End connections.

THE METHOD OF FIXING THE REINFORCEMENT.——In construction of reinforced concrete truss it is very important to have the reinforcement placed properly. It has been found that the reinforcing bars can be advantageously assembled and wired together before placing them in forms. This process enables the reinforcing gangs to proceed independently of the group engaging in the construction of forms.

There is no difficulty of fixing the reinforcement of the compression members with longitudinal bars and closely spaced spiral; the longitudinal bars and spiral steel can be tied together at reasonable distance apart with gauge annealed wire. Fig. 13 shows the details of this type. As for the compression members with longitudinal bars and separate lateral ties, the

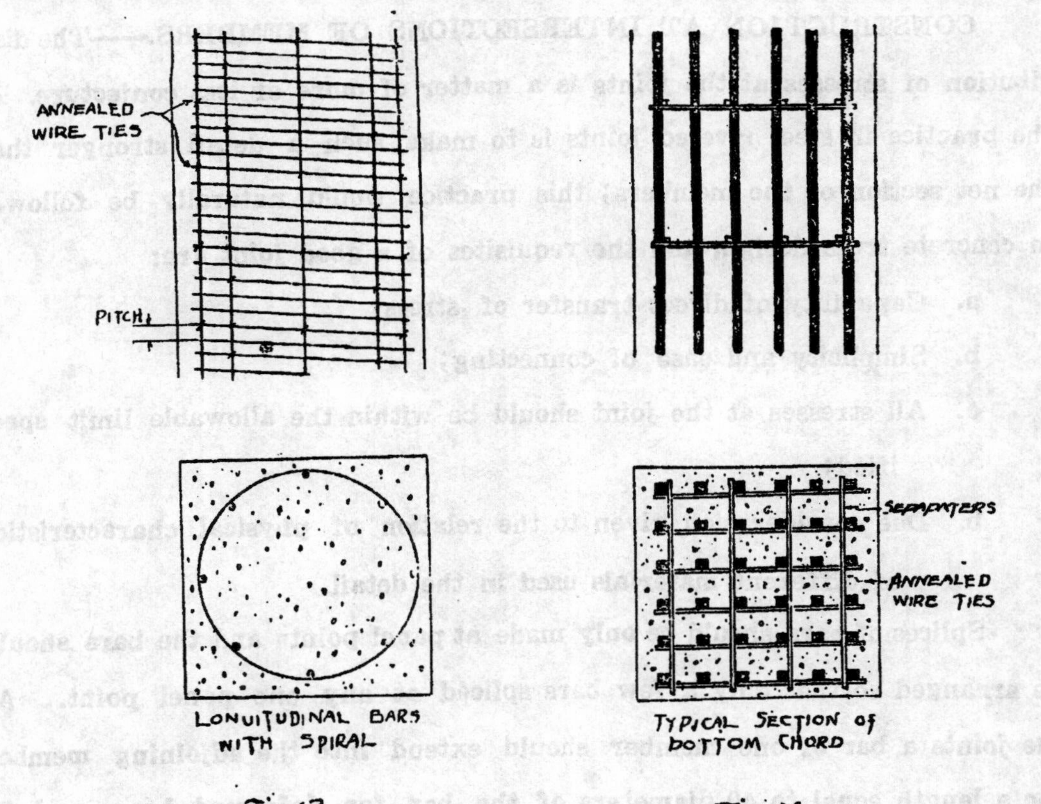

Fig 13　　Fig. 14

longitudinal bars are arranged on wooden blocks laid on the deck shuttering. The bars are fixed at the correct distances apart by wedging wooden spacers between them. The ties are then placed on the bars and wired to them at alternate intersections with annealed wire. A frame of reinforcement is made of sufficient rigidity to be bodily lifted and laid in the mould.

The reinforcement in the tension members can be dealt with in the similar manner. The ties are just so placed to guard against mispalcement and dislodgement while concreting. The distances between the ties can be determined by judgement with reference to the size of bars. Fig 14 shows a typical section of this type.

CONSTRUCTION AT INTERSECTIONS OF MEMBERS.——The distribution of stresses at the joints is a matter of more or less conjecture. As the practice in steel riveted joints is to make such a detail stronger than the net section of the members; this practice would naturally be followed in concrete truss design, and the requisites of a good joint are:

a. Capability of direct transfer of stress;

b. Simplicity and ease of connecting;

c. All stresses at the joint should be within the allowable limit specified;

b. Due consideration given to the relation of physical characteristics of different materials used in the detail.

Splices of bars should be only made at panel points and the bars should be arranged so that only a few bars spliced at any one panel point. At the joints a bar of one member should extend into the adjoining member for a length equal to 40 diameters of the bar for deformed bars, and 50

diameters for plain bars. The bars should be also terminated in a return hook of 6 in. internal diameter, as shown in Fig. 15. In cases a small number of large bars are used in the bottom chord and the bars are shorter than the length of the span, then the bars should welded together or by

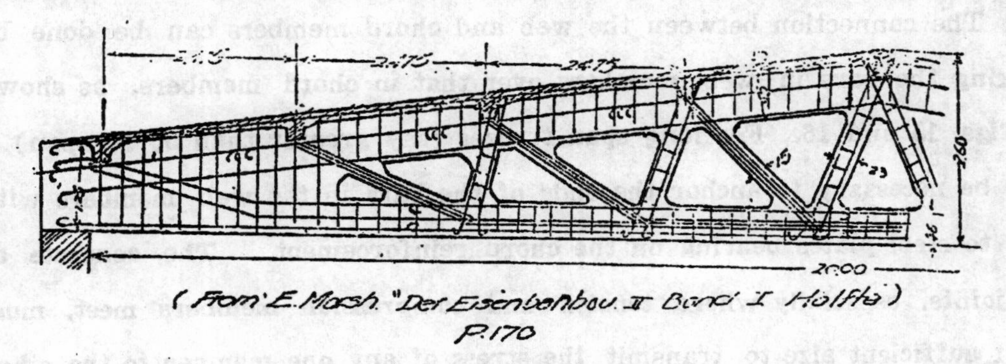

(From E. Mörsh "Der Eisenbetonbau II Band I Hälfte")
P. 170
Fig. 15

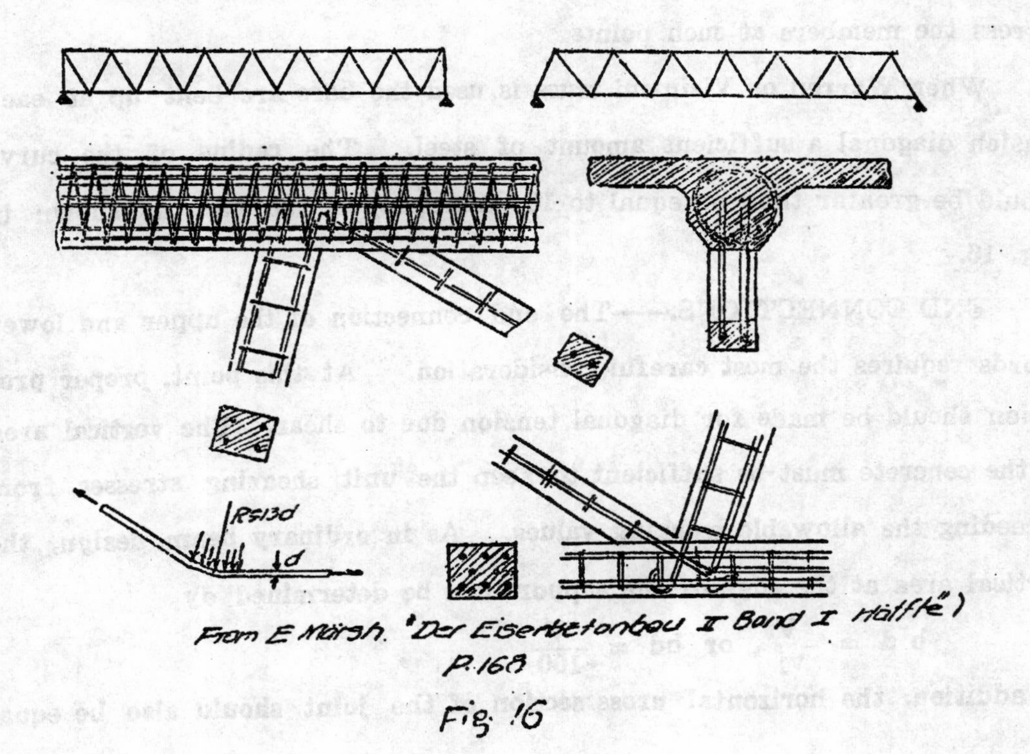

From E. Mörsh. "Der Eisenbetonbau II Band I Hälfte")
P. 168
Fig. 16

securing steel plate to the ends of the tension bars by passing these rods through the holes in the plate and anchoring them with nuts, and other possible means can be equally applied as far as the bars can develop full strength.

The connection between the web and chord members can be done by hooking the bars in web members over that in chord members, as shown in Figs. 15 and 16. For long span trusses (say greater than 50 ft. span) it may be necessary to anchor the ends of the bars in the web members with nuts to steel plates bearing on the chord reinforcement. The concrete at the joints, espscially where tension and compression members meet, must be of sufficient size to transmit the stress of any one member to the other members and to take care of the secondary stresses which are likely to overstress the members at such points.

When Warren or Visintini truss is used the bars are bent up at each tension diagonal a sufficient amount of steel. The radius of the curve should be greater than or equal to 13 diameters of the bar, as shown in Fig. 16.

END CONNECTIONS.——The end connection of the upper and lower chords requires the most careful consideration. At this point, proper provision should be made for diagonal tension due to shear. The vertical area of the concrete must be sufficient to keep the unit shearing stresses from exceeding the allowable working values. As in ordinary beam design, the vertical area at the edge of the support can be determined dy

$$b\,d = \frac{V}{vj}, \text{ or } bd = \frac{V}{100}$$

In addition, the horizontal cross section of the joint should also be equal

to the value computed by the above formula. Diagonal stirrups must be provided to tie the bars at the joint together, and the cross seetion of the stirrups should be equal to the reaction divided by 16000 lbs. See Figs. 17 to 21.

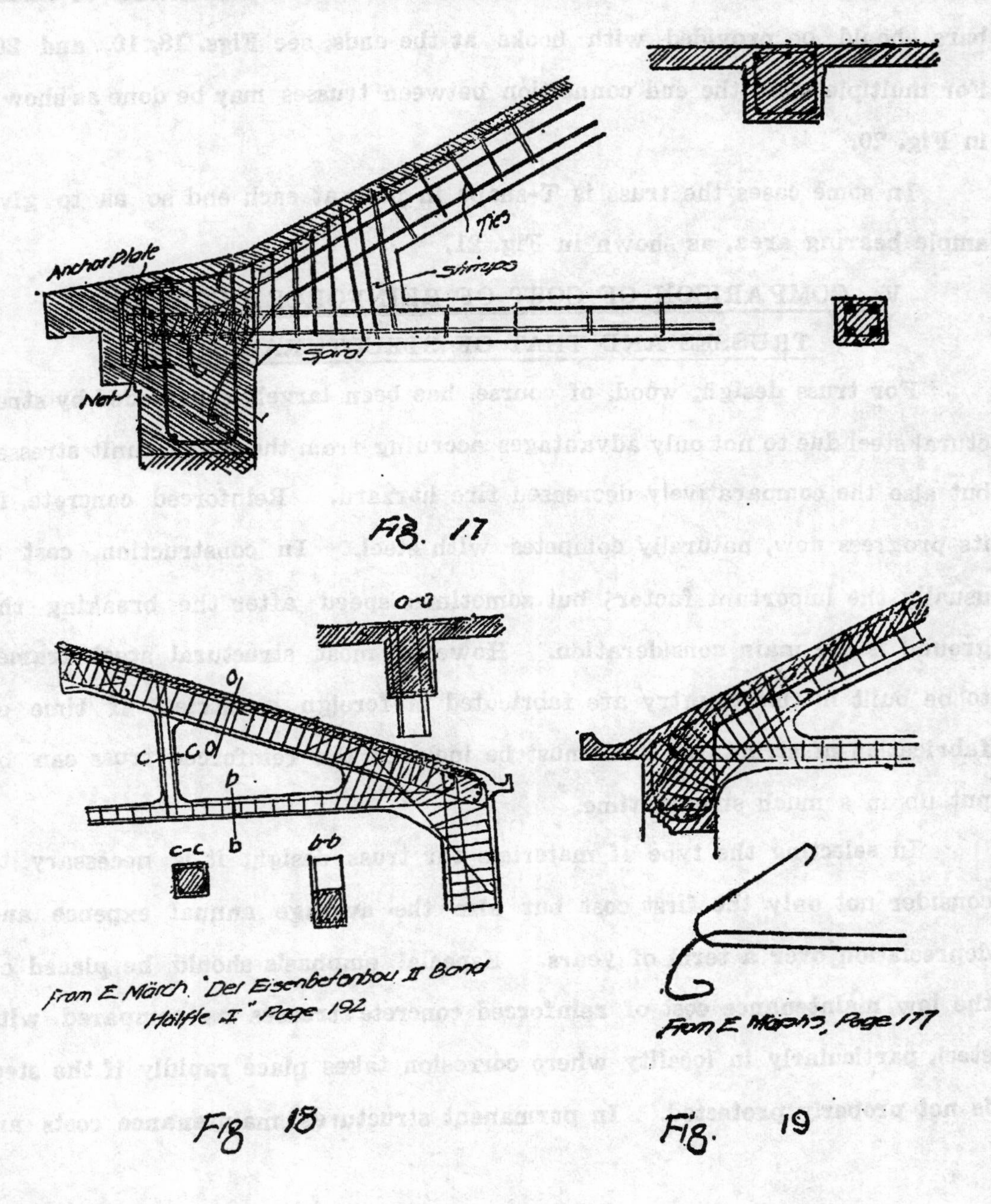

Fig. 17

Fig 18　　Fig. 19

If the reinforcement of the bottom chord consists of large bars, threads and nut and anchor plate should be provided to transfer all the stresses in bearing on the concrete, see Fig. 17. Reinforcement consisting of small bars should be provided with hooks at the ends, see Figs. 18, 19, and 20. For multiple span the end connection between trusses may be done as shown in Fig. 20.

In some cases the truss is T-shape in plan at each end so as to give ample bearing area, as shown in Fig. 21.

V. COMPARISON OF COST OF REINFORCED CONCRETE TRUSSES AND THAT OF STRUCTURAL STEEL

For truss design, wood, of course, has been largely superseded by structural steel due to not only advantages accruing from the higher unit stresses but also the comparatively decreased fire harzard. Reinforced concrete, in its progress now, naturally competes with steel. In construction, cost is usually the important factor; but sometimes speed after the breaking the ground is the main consideration. However, most structural steel frames to be built in this country are fabricated in foreign countries; if time of fabrication of structural steel must be included the reinforced truss can be put up in a much shorter time.

In selecting the type of materials for truss desigh, it is necessary to consider not only the first cost but also the average annual expense and depreciation over a term of years. Especial emphasis should be placed on the low maintenance cost of reinforced concrete trusses as compared with steel, particularly in locality where corrosion takes place rapidly if the steel is not properly protected. In permanent structures, maintenance costs are

not of slight importance. Painting is only a temporary expedient and must be continued through the entire life of the structure. It may be economical to increase the first cost for the sake of an annual saving in expense.

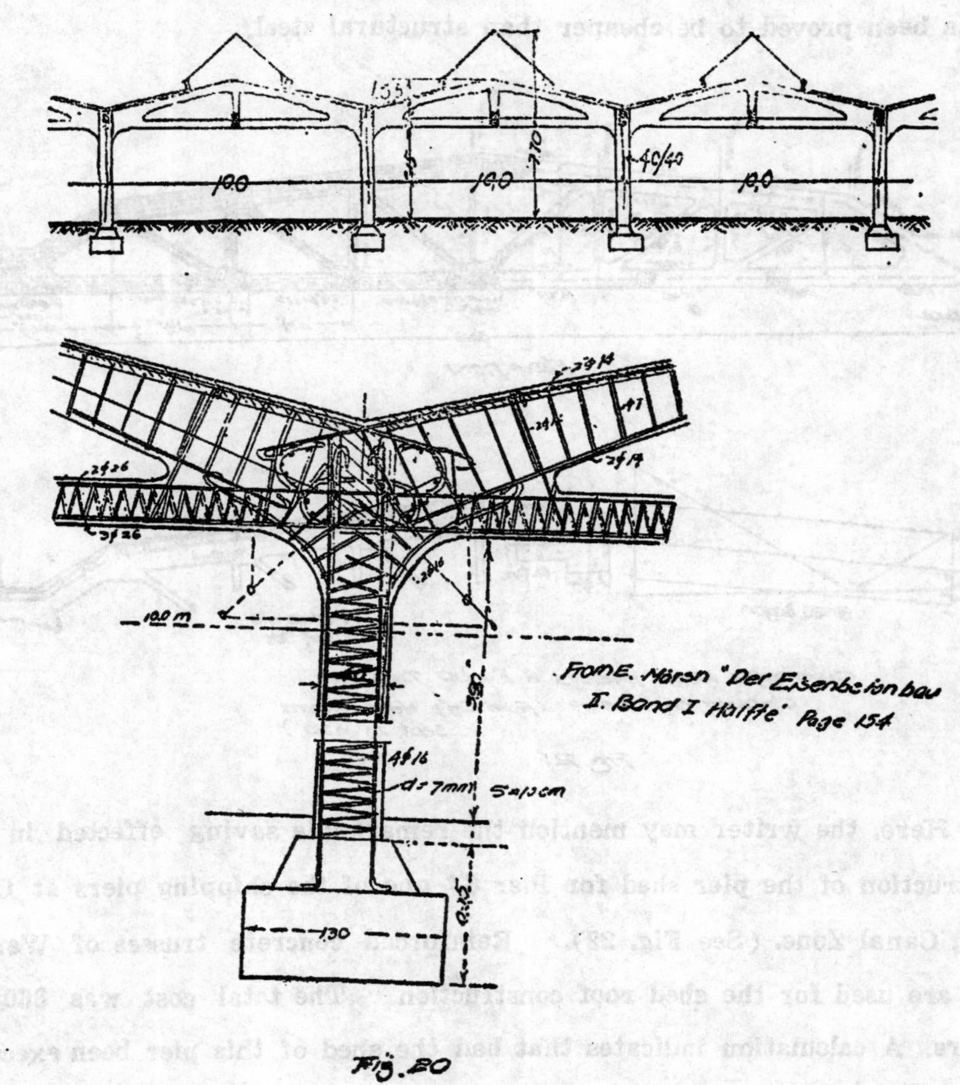

Fig. 20

Fireproofed steel construction is almost invaribly more expensive in first cost than reinforced concrete.

The first cost of a reinforced truss depends, to a considerable extent, on the locality where the truss to be built and type of truss to be used. Reinforced concrete truss may cost more than steel one, but in some cases it has been proved to be cheaper than structural steel.

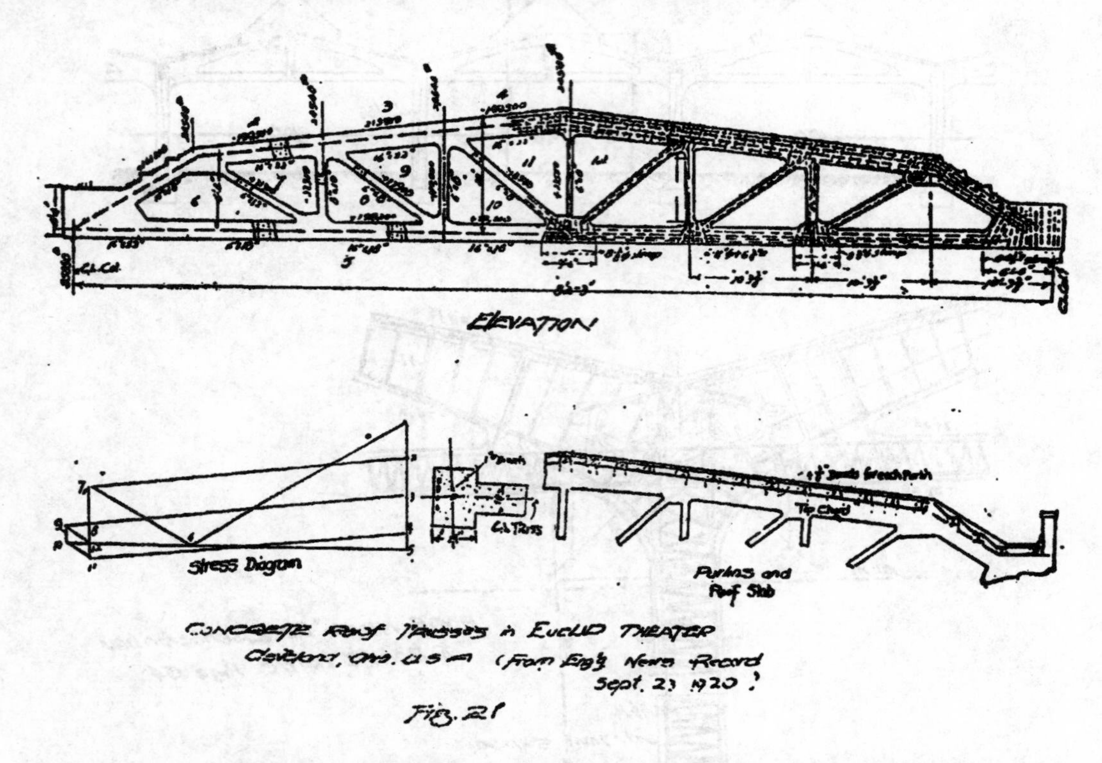

CONCRETE ROOF TRUSSES in EUCLID THEATER
Cleveland, Ohio. U.S.A. (From Eng'g News Record
Sept. 23 1920.)

Fig. 21

Here, the writer may mention the remarkable saving effected in the construction of the pier shed for Pier 6,* one of the shipping piers at Cristobal, Canal Zone. (See Fig. 22). Reinforced concrete trusses of Warren type are used for the shed roof construction. The total cost was 360,000 dollars. A calculation indicates that had the shed of this pier been executed in structural steel trusses it wonld have cost at least 560,000 dollars. It

*Engineering News Record, June 24, 1920,

is, therefore, evident that the employment of concrete trusses effected a saving of approximately 200,000 dollars or over one third of the anticipated cost of the project.

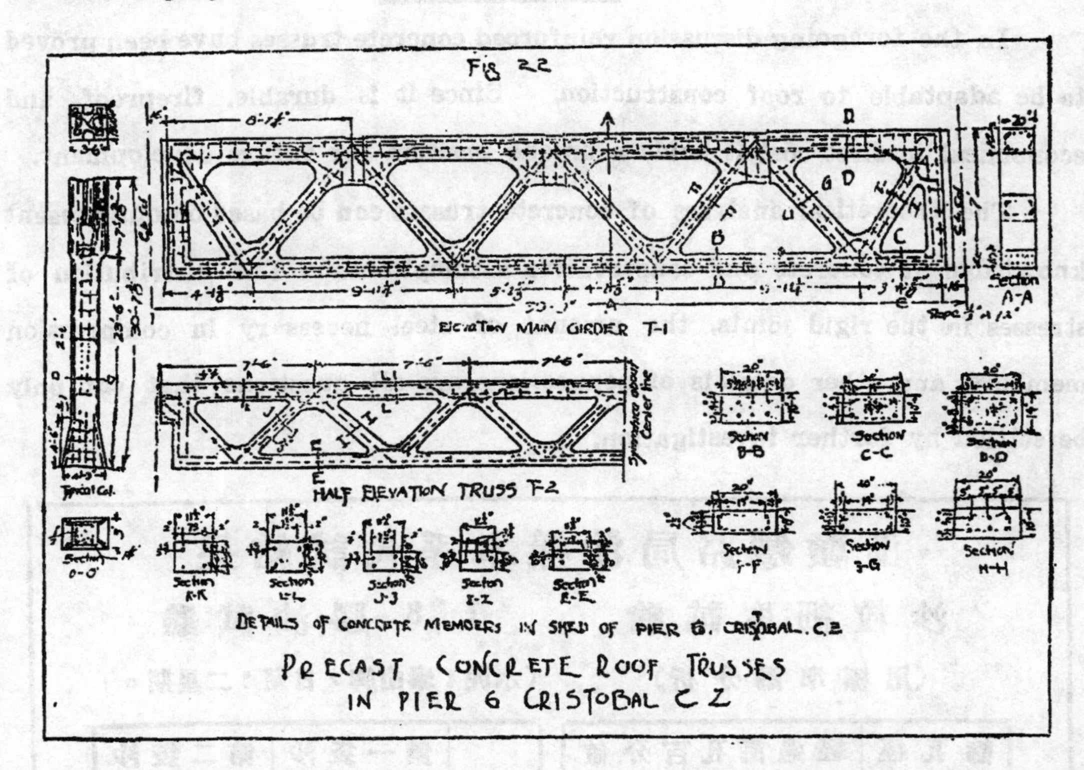

DETAILS OF CONCRETE MEMBERS IN SHED OF PIER 6. CRISTOBAL. C.Z

PRECAST CONCRETE ROOF TRUSSES IN PIER 6 CRISTOBAL C Z

Another case that may be mentioned is the construction of concrete trusses in Euclid Theater* at Cleveland, Ohio, U. S. A. (see Fig. 21). The roof of the theater is supported by four concrete trusses 82 ft. 3 in. long and 10 ft. deep between centers of chords. Steel trusses were included in the original design, but on completion of the work, it was found that this construction had effected a saving of 4,000 dollars.

With the exsisting high price of steel in this country, the writer can

*Engineering News Record, Sept. 23, 1920.

assure that in many cases roof trusses of reinforced concrete can be built cheaper than that of structural steel.

VI. CONCLUSION

In the foregoing discussion reinforced concrete trusses have been proved to be adaptable to roof construction. Since it is durable, fireproof, and economical in first cost it holds a unique position for future development.

The theoretical analyses of concrete trusses can be based on our present knowledge of concrete and conservative assumptions. The distribution of stresses in the rigid joints, the amount of steel necessary in compression members, and other detaials of connections are all questions that can only be settled by further investigation.

浙贛鐵路局沙樣本系代試結果

沙粒細度試驗

（用標準篩分析）

篩孔徑 吋	經過篩孔百分值 第一袋	 第二袋
0".263	99.0%	98.5%
0.185	96.5	97.0
0.131	92.0	93.5
0.065	70.0	74.0
0.046	57.0	60.5
0.0232	28.5	30.5
0.0116	6.0	6.0
0.0058	1.0	1.0

1:3 膠沙試驗

（水泥：泰山牌，日期：二星期。）

	第一袋沙	第二袋沙
單位拉力	416#/□"	420#/□"
	450	380
	470	435
	435	445
	450	375
	450	420
單位壓力	3230#/□"	2380#/□"
	3380	3380
	3320	2570

THE BECCARI PROCESS OF GARBAGE DISPOSAL.

余 勇

INTRODUCTION

The problem of garbage disposal has often confronted the City engineers with great difficulties because of limited funds for the purpose. This is particularly true in many Cities in China. The Beccari Process of garbage disposal is a simple and economical process in cities where it can be successfully adopted. It utilizes a bio-chemical process which is capable of changing the otherwise unstable organic particles into a stable humus which can be used as a fertilizer.

The subject of Beccari Process of Garbage Disposal is very little known to China. It may be ventured to say that this is the first publication concerning the process appearing in Chinese journals. This article is abstracted from a thesis entitled "Investigation of Beccari System of Garbage Disposal", by Yu Young and C. L. Reasoner. It is hoped that this article will be of some aid to those who are facing the problem of an economical method of garbage disposal. Of course it is understood that the article is written for the American conditions, but it may be easily adapted to Chinese conditions if some investigations can be made in regard to the problem.

PUBLIC HEALTH AND REFUSE DISPOSAL

Refuse disposal is tremendously important from the standpoint of public health. Proper disposal of unsightly filth, fly and insect breeding places, and bacterial sources rids germs and carriers of disease germs. The destruction of garbage destroys the food sources of bacteria and prevents the multiplication of flies and insects or the so-called carriers of disease germs. Typhoid fever, diptheria, malaria, dysentry and cholera have been dreaded diseases for ages. Due to modern scientific refuse disposal, the sources for these diseases have been decreased considerably. To guard the public health the modern sanitary engineer shoulders a great responsibility.

Methods of Disposal of Refuse

In considering the methods of disposal of refuse there are two important factors which must be taken into account:

1. economy
2. sanitation

The character of the refuse, the climate, the topography, and the population of the community determine which method is a preferably one.

(1) Dumping at sea: Dumping the garbage at sea is quite an economic method. Cities adjacent to sea coast naturally tend to adopt this means of disposal. However, there are several serious objections to it. Floating materials are often swept to shore and beaches which are for recreation purposes.

(2) Dumping on Land: This is a common practice, that small villages dump their refuse on land, near their vicinity. This is, of course, a simple and convenient method of getting rid of the refuse; however, danger to public health will follow unless it is supervised and done scientifically. Usually deep trenches are dug, and the garbage buried is covered with se-

veral inches of sand.

(3) Hog Feeding: Garbage is sometimes utilized to feed hogs. This method of disposal is quite convenient and at the same time promises rewards. However, it necessitates large investment and constant care of the animals. Water supply must be abundant, and shelters have to be built and kept clean always. Negligence in protecting the hogs from heat and cold or disease will result in great loss from deaths.

(4) Reduction: Besides hog feeding, garbage may be utilized in another way. Garbage contains a large amount of fat and nitrogen compounds. The fat can be extracted by organic solvents, and used to make soap and candles. Whether this method is a profitable one depends on the character of the garbage and the magnitude of operation and the market price of the products obtained from extraction.

(5) Reclamation: Rubbish may be utilized to prepare commercial products if its constituents are separated. Bottles can be fused into new glass, and papers may be changed into pulp. Metallic substances can be melted and re-used. Reclamation is quite a satisfactory method, because it leaves practically no residue. If the reclamation plant is operated on a large scale and managed with great efficiency, it may prove to be profitable.

(6) Incineration: Incineration is probably the best method of disposal from the standpoint of sanitation. The present tendency has been to do away with the other methods, such as hog feeding and reduction. However, incineration is rather an expensive process. If the economic factor could be neglected, it would be the most satisfactory method of disposal.

(7) The Beccari Process: Garbage may be fermented by the Beccari

process. This method requires few mechanical equipments and constant attention. After the garbage has been treated for some forty days in the Beccari cell, the digestion is complete, and the humus obtained may be utilized as fertilizer.

It is the Beccari process to which this paper is devoted. In the following pages details of this method will be given with discussions and comments.

THE BECCARI PROCESS

Technical and Economic Importance

The Beccari process is of importance both in its technical and its practical or economic aspects. From the technical standpoint, it has significance because it utilizes biochemical physical activities which are of scientific interest. From the practical and economic standpoint, its worth lies in the fact that it is capable of manufacturing an innocuous end-product of real value as a fertilizer out of organic substances such as manure and municipal garbage, including dead animals. These things are practically the only unstable decomposable elements of municipal refuse and the only ones which have hygienic or sanitary significance. These elements, only, cause objectionable odors through decomposition, afford a breeding place for flies and serve as food for rats and other animals. In the absence of these elements, municipal refuse, mainly rubbish, can be readily disposed of by incineration or as filling on low lands. Garbage in America, because of its typically high moisture content, is the most difficult element of municipal refuse to incinerate or destroy by combustion and in that process is the only source of objectionable odors.

The incineration pr.cess is perfectly satisfactory but it is expensive due to the enormous amount of heat required. The reduction and reclamation methods are also quite satisfsctory: however, they are not always economically practical, requiring special machinery and plant location. The Beccari process, on the other hand, requires little mechanical equipment on attendance, and no special location.

8-Cell Beccari Plant from the North Showing Charging Floor At top of Cells. Scarsdale, Wetchester County, New York.

History of the Beccari Process

The Beccari process was developed two decades ago by Dr. Giusepps Beccari of Florence, Italy. It is essentially a process of breaking down the organic matter in the mass of garbage by the activity of thermophilic bacteria.

Dr. Beccari was a man of science, always taking interest in problems of public health. He carried a series of experiments to investigate satisfactory methods of production of fertilizer from farm manure. In the course of his experiment he observed that when manure was fermented in closed cells great number of thermophiles was developed, and that the temperature inside the cell was raised to a point at which all types of pathogenic organisms were destroyed. The humus left from the process of digestion was fairly dry and contained a high nitrogen content. Immediately Dr.

8-Cell Beccari Plant from the South Showing Ramp. Scarsdale, Westchester County, New York.

Beccari applied this closed cell method in disposing of municipal garbage. He carried further experiments to investigate the process and they proved to be entirely successful. In 1914 the process was put into practice, and two cells were constructed near Florence. By 1920 the plant at Florence was enlarged to a size of 208 cells.

The employment of the Beccari process to treat municipal garbage has spread from Italy to many European conutries and America. Groningen (Holland), Villeneuve (France), Napoli, San Remo (Italy), Belleair, and Dunedin of Pinellas county, Florida, Scarsdale of Westchester county, New York,………All of these places have constructed Beccari cells for treatment of their garbage.

Bio-chemical phenomena of the Beccari Process

The Beccari process of digestion of organic matter may be described

General View Along Ramp from Entrance End.
11 Cells at Left. Grinder House at Right.
South Jacksonville, Duval County, Florida.

as comprehending two distinct phases. The first phase extends over a period of 6 to 12 days and the second over a period of 18 to 34 days, depending upon a number of circumstances, including the character of the material charged into the cell, the temperature of the outside air and the temperature developed within the cell. The complete cycle from raw garbage to humus requires from 30 to 35 days or more. Under normal circumstances the period required for the production of a satisfactorily dry humus from raw organic material is about 35 days.

Shortly after a cell is tightly closed, the temperature begins to rise rapidly. It reaches a maximum of about 155°F. The Scarsdale a temperature of 155°F. was reached in 3 days while at Florence 20 days were

Unloading Gallery Between Rows of Cells Below Ramp. Grinder House at Left Center. Note Cell unloading Doors. South Jacksonville, Duval County, Florida.

required to arrive at the maximum. Thereafter the temperature falls, slowly at first and then more rapidly.

No studies of the biological phenomena occurring within Beccari cells have been made in America. The only available information is that secured by Dr. Beccari and other scientists in Italy. The rsults showed that the numbers of thermophilic bacteria increased from practically zero at the start to the following values: On the fifth day to over 10 million per gram, on the tenth day to about 75 million per gram and on the fifteenth day to about 100 million per gram. The maximum number of 110 million was reached on the twentieth day. Thereafter it began to fall slowly until on the sixtieth day it was approximatly 75 million per gram.

Complimentary micro-flora, starting with numbers ranging from 100 million to 250 million per gram, dropped rapidly during the first eight days at the end of which time they were present to the extent of only about one million per gram. Thereafter they remained nearly constant in numbers, but with some minor fluctuations, until the fiftieth day. After the fiftieth day they increased rapidly until on the sixtieth day they ranged between about 350 and 500 million per gram.

All other organisms, including the non-liquifying bacteria of putrefaction, the liquifying bacteria of putrefaction, the Bacilli coli, and anthrax, together with animal parasites and larvae, starting with numbers ranging from 10 million to more than one billion per gram were rapidly destroyed. For the most part their destruction was completed during the first eight days, only Bacilli coli and anthrax spores surviving in significant numbers for a longer period.

Repeated studies have shown that all pathogenic organisms, including anthrax spores are positively destroyed long before the normal period of digestion is completed. The larvae of flies and fleas and the larvae of various parasitic insects are quickly killed, while the germinative power of seeds of all kinds is checked or destroyed.

During the first phase of thermophilic digestion the garbage is broken down and paıts with a large proportion of its contained moisture.

Throughout the second phase, the thermophiles continue their activity. Venting the cells and establishing aeration therin effect a further drying of the mass so that it finally constitutes but a fraction of its original bulk and weight. putrefactive decomposition eventually ceases and a stable organic material containing from 10 to 15% of moisture is evolved. The moisture drained from the garbage is presumably very rich in organic matter and biological organisms.

It is important that the material as placed in the cells shall have a proper degree of moisture. If the garbage is too dry it should be moistened, preferably with the liquor drained from other cells in full fermentation. If there is an excess of moisture the putrefactive phenomena are caused to be unduly protracted, requiring a longer period for digestion, especially during the drying-out phase.

Numerous observations have been made relative to the destruction of the bodies of dead animals placed in Beccari cells. It has been demonstrated that carcasses can be entirely consumed with the exception of the bones and hair. Even the bones were softened so that they were broken up without difficulty.

In loading a cell for the first time it is very desirable that humus from other working cells be scattered through the mass of garbage. If this is not done two or more cycles may be required before the full normal digestion capacity of the cells is attained.

Hydrated lime is regularly used at certain Beccari process plants to correct the excessive acidity of the garbage and to hasten digestion. At Scarsdale ammonium sulfate is employed for the purpose of stimulating anaerabic action.

Beccari system plants are practically odorless and inoffensive. The only detectable odors are those of fresh garbage while loading and a slight, quickly dissipated ammonic odor, present when any cell is unloaded.

Present day Structure of Cell

The present day structure of the American Beccari cell is amazingly simple, the cell having become more simple rather than more complicated as experience in its operation has gained. Certain changes have taken place since the cell was first constructed in America, but these changes have all tended toward simplicity and efficiency.

There are six essential features of a Beccari cell as recently constructed in America. These are:

1. The cell proper, a simple cubical, having usual interior dimensions as follows: width 8'-0", depth, front to rear 9'-0", height, floor to roof 6'-6" or more;

2. Three to five tiers of removable wooden racks, comprised of slats on edge, in sections easy to handle;

3. Two sets of ventilation openings, one group just above the floor and one just below or in the roof;

4. A standard floor drain having connection with a sewer;

5. A loading hatch with tight cover, in the roof of the cell;

6. An unloading door through a side wall.

The net capacity of a cell having the stated horizontal dimensions ranges from 18,000 to 25,000 pounds of raw garbage, depending on the moisture content of the material and the effective height of the cell.

The cells may be constructed of concrete, reinforced where necessary, of brick walls with concrete floor and roof; or hollow tile walls with concrete floor and roof. Attached, or built into two opposite side walls are cleats or other similar end supports for the removable racks. These racks may be constructed of plain of creasoted lumber of widths easily handled.

The American cell is provided with 2 or more vent openings just above the floor, and in either the front or rear wall, or in some cases in both. The upper vents may also be made through the roof itself, if more convenient. In general, these vent openings, if located in the side walls are each 6" wide and 4" high. They are equipped with tight fitting covers and with fly screens to prevent flies or other insects, and rodents from entering or leaving the cells. This screening material should be either non-metal or stainless steel. Roof ventilators may be more economically and conveniently constructed in a cylindrical shape. There appears to be no information available concerning the most efficient area and size of vent openings.

The cell floors must be sloped to drain to a single point where a suitable floor drain should be provided. The floor drain should be readily accessible from one of the lower vent openings so that if it should become clogged during the closed cycle cell it can be cleaned without disturbing the cell contents or affecting the biological activity therein. The floor drain should be equipped with a removable perforated screen, preferably of cast iron or other corrosion resisting metal.

The loading hatches of American plants have usually been very large, covering nearly the entire cell area. This practice has compelled heavy and clumsy covers which become warped and fail to fit tightly. On the other hand, if small hatches are employed it becomes difficult to load the cell to its roof. The best solution to this problem may be found in the provision of relatively small hatches and an additional head room whose only function will be to provide confortable working space in loading the cells. This additional wall height will add to the cost of construction, but the cost of Beccari cells is so low that any reasonable additional expense to improve operating conditions should not be prohibitive.

The unloading doors of all municipal Beccari system plants in America, as in Europe, are very large. In all cases they are exterior doors attached to the outside faces of the cell walls. They have all been constructed of wood and have become warped so that it has become virtually impossible to maintain a tight contact with the faces of the cells. The result has been that the cells have only with difficulty been made sufficiently tight to insure anaerabic digestion and to prevent the leakage of water of condensation from dripping to the floor of the unloading gallery.

Much thought has been given to this most important feature of cell design and construction. The available evidence indicates that these doors can be made much smaller without adding materially to the cost or difficulty of unloading the cells. In the case of large cells it is possible that two unloading doors will be found more satisfactory. The test cell at Tampa is provided with a relatively narrow refrigerator-type door having a small gutter at the bottom to catch the condensate and discharge it back into the cell. An inner slatted door to relieve the pressure of the cell contents against the main door which must be maintained gas and water tight has been suggested. The main cell doors, in this case with no internal pressure against them, could be of the box or refrigerator type carrying an encircling steel channel in which could be placed a rubber tube capable of being expanded under pressure. To obtain gas and water tightness it would be necessary only to blow up the tube with the required pressure. Release of the pressure would permit the tube to collapse and the door to be opened. The "fit" would be secured easily and permanently and an otherwise necessarily expensive type of close fitting door would be obviated.

Every large Beccari system plant should be equipped with permanently mounted temperature indicating and recording devices showing the performance in respect to the temperature of certain typical cells.

Operation of the Beccari Cell

The normal program of operation of a Beccari cell treating a typical American garbage involves four simple steps. These are:

1. loading
2. operation as a tightly closed cell
3. operation as a vented cell
4. unloading

The loading of a cell with garbage should preferably be accomplished during the course of a working day. It is believed that the more quickly a cell is filled the better it is for the process of digestion. If aprotracted period is required for loading, the time cycle is correspondingly increased from empty to empty condition and the output of the cell during the course of a year reduced in like measure. With small plants having few cells and with a required normal digestion period of 35 days, it is obvious that the period of charging must be greatly prolonged else there would be no cells available for filling at certain intervals. The supply of garbage to certain American plants is so limited in comparison with the size of the cells that a week or more is required to fill a single cell. In small communities better results will be obtained with a comparatively large number of small cells rather than with a cell capacity of equivalent volume in a small number of units.

As soon as a cell is loaded, it is closed tightly and so maintained for a period of from 6 to 12 days, the average period being 7 or 8 days.

The third step involves simply the opening of the tap and the bottom vents to permit aerobic action to succeed the anaerobic action of the closed cell period. The aerobic and drying out period lasts for 18 to 30 days and the average about 27 to 28 days.

The fourth step is to remove the contents of the cell. If the product is sufficiently dry, it can at once be pulverized and sacked for sale as fertilizers, or the ground material can be stored in bins ready for sale in bulk. If it is too moist to be sent at once to the pulverizer it can be spread out upon a floor or drying platform for a few days.

In the smaller plants the cells are usually loaded by the scavengers and are sealed and vented at the proper times by the plant foreman. The unloading of a typical cell charged with 18,000 to 20,000 pounds of garbage and producing from 1,800 to 3,000 pou-ds of humus is stated to require about two hours.

In some plants the material on all but the top rack is sufficiently dry to go at once to the pulverizer upon removal from the cells The top layer must be floor dried for a brief period. It is believed that this condition prevails only in plants where the cell roofs are level and the condensate drips upon the mass of digesting garbage. A slight pitch of the roof will cause the condensed moisture to flow to and down the side wall toward which the roof slopes thereby relieving the top layer of excessive moisture.

No particular care in the setting of the racks is required during loading, provided that in all cases the racks are located above their end supports. Each successive layer can be placed in the cells and made just sufficiently smooth and level to permit the laying of the racks upon that surface. Shortly after the process of digestion is established the mass of garbage begins to shrink in bulk and the racks come to rest upon their respective end supports.

Amount, Character and Value of Beccari Humus

Data showing actual percentages by weight of humus produced from the raw garbage at all American plants are unavialable. Since, however, the humus produced is weighed for purposes of sale it is possible to obtain some data concerning the output of humus per unit of population.

Humus is produced at Dunedin at the rate of 12.5 ton per year per 1000 persons, at South Jacksonville at the rate of 11.2 ton per year per 1000 persons.

At Scarsdale the output of humus in terms of weight is said to be from 10 to 16% and at Dunedin from 15 to 20% of the weight of the raw garbage placed in the cells.

The humus produced at all of the plants has the same general charcteristics although it varies somewhat in appearance. In differs in color, as between plants and seasons at the same plant. It also varies in texture after grinding as related to the size and shape of the particles and the amount of fibrous material contained. An item of significance as respects appearance is the amount of paper delivered with the garbage. If the garbage is wrapped in paper, the appearance and texture of the final product will naturally be affected. Although it has a characteristic odor immediately upon removal from the cells the humus is quite without odor when dry.

The percentage of moisture in the humus as taken from the cells varies with the amount of moisture in the original charge, with the characteristics of the garbage itself, irrespective of its moisture content, with the length of the period of digestion and with the degree of biological activity in the cells.

There is no method by which the true merit of a fertilizer containing organic matter can be evaluated other than by actual field tests with the crops and soils with which it is to be used. The chemical analysis can not give complete evidence.

The actual use of Beccari humus has demonstrated its serviceability as a fertilizer. It is especially valuable for floriculture, lawns and truck gardening. It has been successfully employed in orchards and vineyards, for shrubbery including roses, and in general for all purposes where a high grade humic fertilizer is desirable.

At all of the American plants the material taken from the cells, after additional drying if necessary, is ground in hammer-type pulverizers operated at high velocity. These units contain screens or sieves through which the ground material is passed.

Beccari humus from all American plants find ready sale. The sale prices vary from 15 to 25 dollars per ton in bulk and from 22 to 27 per ton in sacks.

Based upon its chemical composition alone these sale prices are high in comparison with other fertilizers. However, its advantages from the point of view of ease of application and suitability for use in intensive types of agriculture would tend to off set a slightly higher price.

滬杭一帶通用建築材料重量表

	公斤/立方公尺	磅/立方呎		公斤/立方公尺	磅/立方呎
生鐵	7200	450	鍊鋼	8000	490
松木	600—700	35—45	硬木	800	50
花崗石	2600	165	砂石	2500	155
磚牆	1750	110	泥土	1600—2100	100—130
鋼筋三和土	2400	150	水泥三和土	2250	140
灰漿三和土	1750	110	煤屑三和土	1450	90

MOMENT ANALYSIS OF 2F TYPE SUSPENSION BRIDGE

潘碧年遺著

編者謹按：本會畢業會員潘君碧年,爲人沉毅寡言,任事忠勇盡心。前年起供職福建省公路局,歷爲公務遠奔,危徑峻嶺,從無難色。去歲八月間,又因公他行,不期突遭匪綁,屈居匪窟,待遇惡劣不堪,因是深種病根。迨十二月設法贖出,方幸東歸,再効勞於社會。何知適值國軍圍剿之時,交通阻梗,以致抱病之身,步行六日。甫抵建陽麻沙,精力已疲憊不堪,竟爾在二十六日長逝途次。潘君爲民衆之福利而捐其軀矣!噩耗遙傳,曷勝悲悼!潘君平素頗多研究心得,章帙滿目,此文郎其一也。整理之間,覺其字裏行間,手澤猶新,而焉知潘君英魂,竟縈繞於武夷山畔耶!

Moment analysis of suspension bridge is a long and tedious work. Instead of working panel by panel only moments at each tenth or each twentieth point of the span will be determined.

Analysis based on the Elastic Theory will be taken as a preliminary considerarion and that based on the Deflection Theory will then be investigated with.

Formulas applied will be given hereafter with brief explanation accompanied.

By the Elastic Theory:

1. The cable.

The cable is assumed to be perfectly flexible and taking no moment, i. e.

$$M_c = O = M_s' - Hy.$$

H = horizontal tensian of the cable (for a given loading, it is a constant at any section of the span.);

y = lever arm from the closing chord to cable;

M_s' = bending moment produced at any section of the span by the suspender loads and the reactions, calaulated as for a simple beam.

The cable tension at any section is

$$T = H\sec\phi.$$

where ϕ is the inclination of the cable to the horizontal at any point.

For parabolic cable, the lever arm is

$$y = \frac{4fx}{l^2}(l-x)$$

The origin of coordinates is taken at the left support, and

f = sag of cable,

l = span of cable,

At Support,

$$\tan\phi = \frac{4f}{l} = 4n.$$

n = f/l.

Length of cable in main span is

$$L = 2\int_0^{\frac{l}{2}}\left[1+\left(\frac{dy}{dx}\right)^2\right]^{\frac{1}{2}}dx$$

$$= \frac{l}{2}(1+16n^2)^{\frac{1}{2}} + \frac{l}{8n}\log_e\left[4n+(1+16n^2)^{\frac{1}{2}}\right]$$

L may also be calculated approximately by

$$L = l\left(1+\frac{8}{3}n^2\right)$$

27422

2. The horizontal cable tension, H.

The horizontal cable tension, H, is statically indeterminate. It may be expressed as

$$H = -\frac{\int \frac{M'm}{EI} dx}{\int \frac{m^2 dx}{EI} + \int \frac{u^2 ds}{EI}}$$

where M' = bending moments in the stiffening truss under given loads, for H = 1.

m = bending moments in the stiffening truss with zero loading, for H = 1.

u = direct stresses in the cables, towers, and hangers with zeao loading, for H = 1.

I = moments of inertia of the stiffening truss.

A = areas of cross-section of cables, towers and hangers.

The bending moment in the stiffening truss may be expressed as

$$M = M' - M_s = M' - Hy$$

With zero loading, $M = -Hy$.

For $H = 1$, $m = -y$.

The stress at any section of the cable for H = 1 is

$$u = \frac{ds}{dx}.$$

After substituting,

$$H = \frac{\frac{1}{EI}\int M'y dx}{\int \frac{y^2 dx}{EI} + \int \frac{ds^3}{EA dx^2}}$$

27423

For 2F type with cable section uniform over all three spans,

$$\int_0^l \frac{y^2}{EI}dx = \frac{1}{EI}\int_0^l \frac{16f^2x^2(l-x)^2dx}{l^4} = \frac{8}{15EI}f^2l.$$

$$\int \frac{ds^3}{EAdx^2} = \frac{2}{EA}\int_0^{\frac{l'}{2}}\left(1+16\frac{f^2x^2}{l^4}\right)^{\frac{3}{2}}dx + \frac{2}{EA}\int_0^{l_2}\sec^2\alpha dx.$$

$$= \frac{l'}{EA}(1+8n^2) + \frac{2l_2}{EA}\sec^3\alpha, \text{ (approx.)}$$

Therefore

$$H = \frac{\frac{1}{EI}\int_0^l M'ydx}{\frac{8f^2l}{15EI} + \frac{l'(1+8n^2)}{EA} + \frac{2l_2\sec^3\alpha}{EA}}$$

$$= \frac{\frac{3}{f^2l}\int_0^l M'ydx}{\frac{8}{5} + \frac{3Il'(1+8n^2)}{f^2lA} + \frac{6Il_2\sec^3\alpha_1}{f^2lA}}$$

$$= \frac{\frac{3}{f^2l}\int_0^l M'ydx}{N}$$

$$N = \frac{8}{5} + \frac{3Il'(1+8n^2)}{f^2lA} + \frac{6Il_2\sec^3\alpha_1}{f^2lA}$$

For single concentration P at a distance kl from either end,

$$\int_0^l M'ydx = \frac{P}{3}fl^2k(1-2k^2+k^3) = \frac{P}{3}fl^2B(k)$$

$$B(k) = k(1-2k^2+k^3)$$

Then $$H = \frac{(3/f^2l)\frac{P}{3}fl^2B(k)}{N} = \frac{P}{Nn}B(k)$$

For unifoam load of P per unit length extended from the end to kl,

$$H = \frac{P}{Nn}\int_0^k B(k)\,ld = \frac{Pl}{5Nn}\cdot F(k)$$

27424

$$F(k)=\frac{5}{2}k^2-\frac{5}{2}k^4+k^5$$

3. Moments in the stiffening truss.

The moment at any section is $M=M'-Hy$

when the main fully loaded,

$$\text{Total } M=\tfrac{1}{2}px(l-x)-Hy$$

$$=\tfrac{1}{2}px(l-x)-\frac{Pl}{5N\,n}[F(k)]^{k=1}\cdot\frac{4fx(l-x)}{l^2}$$

$$=\tfrac{1}{2}px(l-x)[1-\frac{8}{5N}]$$

To show the relations of the maximum, the minimum, and the total moments, influence lines must be constructod. The basic equation for the construction of the influence line is

$$M=M'-Hy=y(\frac{M'}{y}-H).$$

It may be shown that the graph of $\frac{M'}{y}$ is a triangle with a height of $\frac{l}{4f}$ at the section.

The graph of H is plotted through the equation $H=\frac{1}{5N\,n}B(k)$

By superposing M'/y on H, the required influence line will be then obtained. This influence line will have the form as shown below.

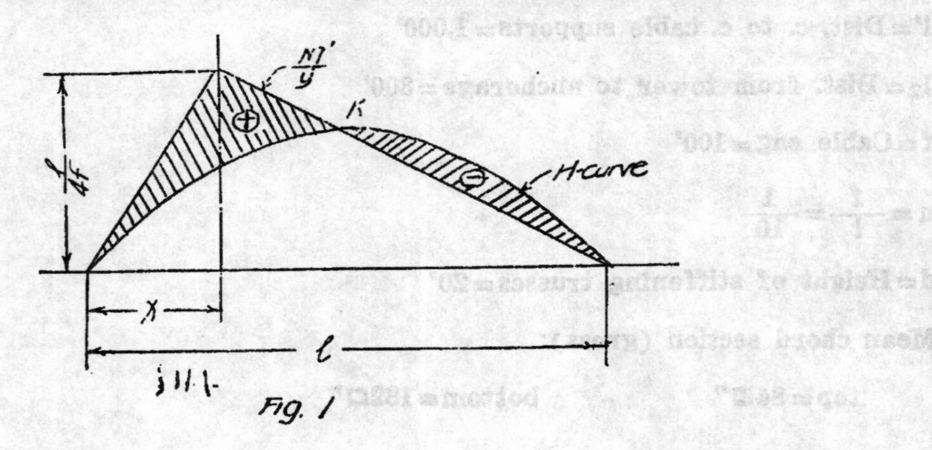

Fig. 1

Multiply any portion of the shaded areas by py, the corresponding moment may be obtained. The negative area gives the negative moment and the positive area gives the positive moment. The critical point k is given by the relation

$$c(k)=k+k^2-k^3=Nn\frac{x}{y}.$$

The maximum negative moment or the minimum moment will be

$$\text{Min. } M=-\frac{2px(l-x)}{5N}D(k).$$

where $D(k)=(1-k)^2[2-k-4k^2+3k^3)$

The maximum moment will be

$$\text{Max. } M=\text{Total } M-\text{Min. } M.$$

All formulas necessary are shown as above. The following example is worked to show their applications.

Example I.

By The Elastic Theory.

[1]Data and Dimensions.

l = Main span = 50 at 20' = 1,000'

l' = Dist. c. to c. cable supports = 1,000'

l_2 = Dist. from tower to anchorage = 300'

f = Cable sag = 100'

$n=\frac{f}{l}=\frac{1}{10}$

d = Height of stiffening trusses = 20'

Mean chord section (gross):

top = 84□" bottom = 132□"

I = Mean moment of inertia of truss section

$=84(12.23)^2+132(7.77)^2=20{,}560$ in.^{2} ft.^{2}

Width c. to c. of trusses = 32'

A = Cable section = 85□"

$\tan\alpha_1=\tan\phi_1=4n=0.4$

w = D. L. Per foot of cable = 2,540#

P = L.L. = 1,600 #/ft. of cable.

t = temperature variation = ±60°F

E = 30,000 kips/□"

Ewt = 11,720#/□"

[2] Stress in coble

$$H_{D.L.}=\frac{wl^2}{8f}=\frac{2540\times1{,}000^2}{8\times100}=3{,}175 \text{ kips.}$$

Total length of cable between anchorages is

$$L=l(1+\frac{8}{3}n^2)+2l_2\sec\alpha_1=1{,}000\,[1+\frac{8}{3}(\frac{1}{10})^2]+2\times300\times1.077$$

$$=1{,}026.667+646.200=1{,}672.867'$$

more exactly,

$$L=\frac{l}{8n}\left\{\tan\phi_1\sec\phi_1+\log_e(\tan\phi_1+\sec\phi_1)\right\}+2l_2\sec\alpha_1$$

$$=\frac{1000}{\frac{8}{10}}\left\{1.077\times0.4+\log_e(1.477)\right\}+646.200$$

$$=1{,}250\{0.408+0.3900\}+646.200=1026.025+646.2=1{,}672.225'$$

$$N=\frac{8}{5}+\frac{3I}{Af^2}\cdot\frac{l'}{l}(1+8n^2)\,\frac{6I}{Af^2}\cdot\frac{l_2}{l}\sec^3\alpha_1$$

$$=1.6+\frac{3\times 20560}{85\times 100^2}\times\frac{1000}{100_0}(1+8\times\frac{1}{10^2})+\frac{6\times 20560}{85\times 100^2}\times\frac{300}{1000}\times 1.077^3$$

$$=1.6+0.0784+0.0543=1.7327$$

$$H_{L.L.}=\frac{Pl}{5Nn}=\frac{1600\times 1000}{5\times 1.7327\times\frac{1}{10}}=1{,}847\ \text{kips.}$$

$$H_t=\frac{3EIwtL}{f^2Nl}=\frac{3\times 11720\times 20560\times 1672.225}{100^2\times 1.7327\times 1000}=70\text{kips}$$

$$\text{Max } H=H_{D.L.}+H_{L.L.}+H_t=3175+1847+70$$

$$=5092\ \text{kips.}$$

Max. Tension $T_1=H\sec\alpha_1=5092\times 1.077=5490$ kips at 50,000#/□",

req'd cable area = 84.4□", provided area = 85□"

[3] Moments in the stiffening trus .

When the main span fully loaded,

$$\text{Total } M=\frac{1}{2}px(l-x)(1-\frac{8}{5N})=\frac{1}{2})Px(l-x)(1-\frac{1}{5\times 1.7327})$$

$$=\frac{1}{2}Px(l-x)(0.077)$$

Here we see that the stiffening truss takes only7.7% of the bend moment.

At center of the span,

$$M=0.077\times\frac{Pl^2}{8}=0.077\times\frac{1600\times 1000^2}{8}=15{,}40\text{ ft. kips.}$$

At other sections, the moments are propor ional to the parabolic ordinates y.

Total Moments at sections in Main Span.

Section($\frac{x}{l}$)	Parabolic coefficients	Total Moment in ft. kips
0	0·00	0
0·1	0·36	+5,550
0·2	0·64	+9,860
0·3	0·84	+12,930
0·4	0·96	+14,780
0·45	0·99	+15,260
0·5	1·00	+15,400
0·55	0·99	+15,260

For maximum and minimum moments, the critical points are found by solving

$$c(k)= Nn\frac{x}{y} = 0.17327\frac{x}{y}$$

The minimum moments will be

$$\text{Min. M} = -\frac{2Px\,(l-x)}{5N}\,D\,(k) = \frac{-4}{5N-8}(\text{Total M})[D(k)]$$

$$= -6.06\ (\text{Total M})\ [D(k)].$$

Minimum Moments.

$\frac{x}{l}$	$\frac{y}{l}$	$\frac{x}{y}$	c(k)	k	D(k)	Min. M (ft. kips)
0	0					0
·1	·036	·278	·482	·390	·437	−14,700
·2	·064	·312	·541	·435	·331	−19,800
·3	·084	·557	·618	·496	·230	−18,000
·4	·096	·417	·723	·582	·115	−10,300
·45	·099	·455	·788	·641	·065+·002 = ·067	−6,200
·5	·100	·500	·867	·724	·025+·025 = ·050	−4,670
·55	·099	·555	·962	·857	·002+·065 = ·067	−6,200

For All sections between $x=\frac{N}{4}\ l=.433\ l$ and the symmetrical point $x=.567\ l$, a correction is made in the above table for the 2nd. critical point.

To find the maximum moments,

$$\text{Max. M}=\text{Total M}-\text{Min. M}$$

Maximum Moments

$\frac{x}{l}$	Total M (ft.kips)	Min. M (ft. kips)	Max. M (ft. kips)	Temperature moments M_t (ft. kips)	Max. $M+M_t$ (ft. kips)
0	0	0	0	0	0
•1	+5,500	−14,700	+20,250	±2,520	+22,770
•2	+9,860	−19,800	+29,000	±4,480	+33,480
•3	+12,930	−18,000	+30,930	±5,870	+36,800
•4	+14,780	−10,300	+25,080	±6,720	+31,800
•45	+15,260	−6,200	+21,460	±6,920	+28,380
•5	+15,400	−4,670	+20,070	±7,000	+27,070
•55	+15,260	−6,200	+21,460	±6,920	+28,380

The values of M_t in the fifth column are calculated by the formula $M_t=-H_t y$. As calculated previous $H_t=70$ kips.

At center of span,

$$M_t=-Hf=-70\times100=-7,000\ \text{ft. kips.}$$

（未完）

江蘇省建設廳疏浚鎮武運河工賑情形

履述

〔一〕 緒言

談起江南,沒一個不說是富庶之區,但是近年來,因爲受到農村經濟的崩潰,洋貨傾銷的影響,富庶已經早就談不到了。然而江南出產比較豐富,農村仍多副業,養蠶等的利益,雖然沒有從前的好,總還得勉強維持,不過大家都在鬧窮而已。自從去年的空前大旱光臨之後,那個情景可就完全不同了!我很奇怪,近來常常看見一羣羣的鄉下婦女,背着一個個的布包,在城市裏東奔西跑的找工作做,她們的希望很小,只要三餐沒有問題便足夠了。這次因爲沿河測量斷面,又順便的看到,聽到,東村的人,在吃草皮,西村的人,在吃糊粥!因此提起了好奇心,我便作一個這次受災的損失統計,咳!實在太可怕了!受災的田畝面積有 49,453,000 市畝,受災的人口有 6,552,000 人,主要農作物的損失在 218,000,000 元以上。

江蘇省政府,看到這種空前的慘旱,覺得實在不應該坐視着一般愚庸而規矩的農民餓死。一方面恐怕農民在不能生活的狀態下,發生意想不到的事變,他方面因爲受了這次大旱災的警告,總要作將來的預防。雖然此刻修明水利,無異於賊出關門,然而"亡羊補牢未爲晚也",因此當局便下了一個最大的決心,在這民窮財盡的當兒,用着九牛二虎之力,發行了二千萬的所謂水利建設公債,又化盡心血向上海銀行團抵押現款一千零二十萬元,以尾數二十萬元修理興築公路,以六百萬元導淮入海,以三百萬元分辦疏浚鎮武運河,宜溧金丹,和赤山湖的工賑,以一百萬元分助各縣河流的疏浚,規定自十一月起到五月底止,一律完成。

鎮武運河,自鎮江江口至武進止,雖然不如從前漕運時候的那麽重要,可是在商運上,鎮市的交通上,仍舊有牠相當的地位。最初,這運河本來是一年一小挑,六年一大挑,後來因爲漕運廢了之後,津浦鐵路貫通,南北交通並不靠牠,所以漸漸的一段段淤塞起來了。在遜清光緒二十八年,也是因爲運河不修,爲害農田,易成旱災,爲了這緣故,清廷便派撫台剛毅來開浚,那時也因爲鎭江到武進一段,淤塞較甚,就專開這段.這件事情距今不過三十年,當時開浚的一班員工,仍舊在着,我逢路遇着他們詢問,據說那時疏浚的新河底是五丈,每方土的價格是二百五十文,（當然一方是一裁方,合 4.28 公方.當時的洋價大約一千一百文）平均連難工不過三百文一方,是廿八年十月開工,到廿九年的二月底完竣,一切工程都由當地士紳主持,士紳們並不取一文錢的生活費,眞是有服務桑梓的精神.總結起來,自鎭江小京口起到武進無錫交界的五牧村止,共計用了六十八萬千文,大約六十萬元的光景.當時最感困難的便是戽水.因爲沒有戽水機,是用人工車水的緣故.以上可說是關于疏浚鎭武段的由來和歷史.

〔二〕　設計情形

疏浚本段運河之先,便組織了一個整理運河討論會,集合了很多的富於經驗長於學識的專家來研究.研究的結果,照目前政府所辦得到的經濟力量,規定了最低的希望,希望終年能容九百噸以上的船隻,底寬至少二十公尺,終年水深在三公尺以上.但是要實行這個計劃,便要使運河底浚深到太湖最底水位以下三公尺,庶使太湖裏的水,可以逆行而上,並且在通長江的各個地方,設堰閘以限制江水的倒流;或者在鎭江石塘灣地方建船閘,維持兩閘間的水位至少在六公尺以上.以上所說的兩個方法雖然是極好,但第一個方法需要挖二千萬立方公尺的土,而且沿河的岸都是很高,不易出土,加之還要築通江各口的堰閘,約計要六百八十五萬元左右.就是第二個方法,也要一百五十萬元,而政府方面的經濟力量僅有百萬元.尤其是工賑的目的是在救濟災民,最好每一文錢都能到災民手裏,但是造閘等的工程費,和災民偏沒有直接的關係,所以在不得已和沒有辦法的當中想一個比較有益的辦法,就是把鎭武段範圍劃定,自鎭江平政橋起,到武進東門外東倉橋止,並且加浚丹陽練湖,丹陽小城河,和丹徒支河,總長約有八十五公里,河底寬因爲經濟的關係改二十公尺爲十四公尺,深度仍舊照原定計劃一律浚到最低水位以下三公尺,全河縱坡規定與實測歷年最低水位綫相並行,約計是 1:77030（武高鎮低）。共計約有土方五百萬方,按照工賑單價合銀五十萬元,外加築壩,戽水,管理與預備等費,共約八十萬元,沿河並不建造船閘;另外二十萬元整理練湖,一共需一百萬元。

〔三〕 測勘經過

本段運河開浚的計劃既已決定,而且經費也已有着落,所以建設廳就在十一月初組織測量隊,從鎮江平政橋起,一直測到武進東門外東倉橋止。原定二十天,連同測量繪圖等事情一律趕完,因為其中有七八天下雨,先後共計有一個月才完結。為了急於開工,而且主要的目的是疏浚,所以平面測量是省去了,這次測量的主要工作便是水準和斷面。

（甲） 水準測量 全河測量的範圍自鎮江平政橋起,到武進東倉橋止,計長 88.326 公里,丹陽小運河計長 2.3 公里,丹徒支河計長 0.93 公里,總共長度是 91.556 公里。所有水準高度都以吳淞平均海水零點做標準,借用太湖水利會,京滬鐵路,江蘇水利局等的已成水標（B.M.）高度來斷定河身的高低,並且在沿途相距適當的遠度,選舊建築物做臨時水標。

（乙） 斷面測量 在測量時期,因為河水較高,而且自呂城起到奔牛武進一帶,極為擁擠,（俗名擠河）所以測量斷面很不容易,因此為迅速起見,特組織兩組同時進行。規定每距一百公尺,測一個橫斷面,如果遇到河面彎曲的時候,按据實際情形,酌量增加斷面,運河幹綫中共有斷面 877 個,丹陽小城河 25 個,丹徒支河 11 個,一共實測 913 個。

（丙） 水位調查 這次測量,沿途探聽水位的高低,然而終久因為不能詳細週密,後來展開太湖水利委員會歷年水位的記載,和這次測量所得的經驗,得到下面的水位表。

地點	最高水位		最低水位		觀測時期	
	吳淞零點以上公尺	年月日	吳淞零點以上公尺	年月日	年月日起	年月日止
鎭江	7.82	20, 8, 25	1.48	23, 2, 10	19, 3, 7	迄今
丹陽	7.63	20, 7, 14	2.70	23, 2, 21	17, 7, 16	迄今
奔牛	6.14	20, 7, 10	2.22	15, 2, 6	11, 7, 20	迄今
武進	5.59	20, 7, 25	2.38	14, 5, 9	12, 2, 6	迄今
無錫	4.70	20, 8, 11	1.92	23, 8, 26	12, 1, 1	迄今
蘇州	4.00	20, 7, 31	1.82	23, 8, 26	13, 1, 1	迄今

〔四〕 土方估計

因爲河底形狀並不是一個直綫形,所以求面積比較困難,這次我們爲省時起見,一律用求積器繪算。先將每個斷面的面積求出,乘以距離,得到土方。土方估計的結果,自鎭江平政橋起到南門計 209,942 公方,到武進東倉橋 3,399,111 公方,丹陽小城河 94,129 公方,丹徒支河 59,148 公方;共計需開挖 3,762,330 公方;其他的如練湖的圍堤約 180,000 公方,練湖冲溝約需出土 230,000 公方。

〔五〕 施工原則

本段運河既已有一定的預算,又有實測的斷面,所以商定了四大原則。根據這四大原則,看當地情形,酌量的放大或縮小。

(1) 新河底一律高出吳淞平均零點以上半公尺。

(2) 河底寬度一律爲十四公尺,但是在市鎭區域可以酌量減狹,藉免拆去房屋太多。

(3) 兩岸坡度一律浚成 1 與 2 的比例。

(4) 遇到兩岸過於陡峻的地方,河底寬度改成十公尺,岸級仍舊用 1 比 2,或者 1 比 1.25。

〔六〕施工情形

鎮武段的運河所需要疏浚的,長約九十多公里,决非幾個人所能動工,爲着收分工合作的効果起見,分成七段,連丹陽練湖一共八段。後來因爲河底改成十四公尺,土方減少,將七段改成六段。除第一段外每段約開土方七十萬方。鎮丹間的單位土方較多,路綫較短,靠武進的單位土方較少,路綫便長到二千多公里。廳令各縣召集災民共計有四萬人,在九十個晴天中,預備完竣。

各縣災工的召集,是根據各縣災情的輕重,和地點的遠近而支配。這次應募的工夫,計鎮江9600人,丹陽8000人,武進9600人,宜興3600人,金壇6000人,句容4800人,共計41600名。至於各段的分配,因爲工程的,經濟的,地理的關係,分別如下面:　第一段自鎮江平政橋起到南門水閘止,僅長4.226公里,開挖的土方約計有二十多萬公方,但是因爲在市區範圍以內,路綫雖短,工程倒不容易。而且以前運河討論會,對于原有的運河路線,因爲房屋沿河的太多,不易發展運輸力,有過改道的表示。而改道和普道的交點又在距舊河共二十多公里的地方,所以當時第一段暫緩興工,而第二段就先從第二十多公里的地方做起。第三第四兩段以丹陽鎮江兩縣交界處分界。第五第六段以丹陽武進交界處做分界。丹徒支河歸併在第二段中。丹陽的小城河劃到第四段中。因爲丹陽的大城河就是運河的幹線,所以爲便利居民的飲水問題起見,先開大城河,將大城河的水打入小城河,將來大城河完工的時候,再開小城河。第四第五段交界的地方在丹陽縣東的寶塔灣,到八里橋大概三公里多,相傳有翻砂,非但隨開隨起,而且掘土困難,泉水上湧,抽水極端的不易,將來或者空出,待四五兩段將完工時,用兩段的人力機力來合作完成牠。第六段自武進丹陽交界起到武進東倉橋止,長約27.5公里,除呂城奔牛一段外,其餘都靠鎮澄路,運輸監督,都較便利,而且出土的岸級也不十分高,是各段中最易的一段;不過工程雖然簡單,而接近武進,船隻木排終年淤積,斷

鎮武運河形勢圖
鎮江
丹陽
武進
金壇
溧陽
宜興
江陰
靖江
無錫
太湖

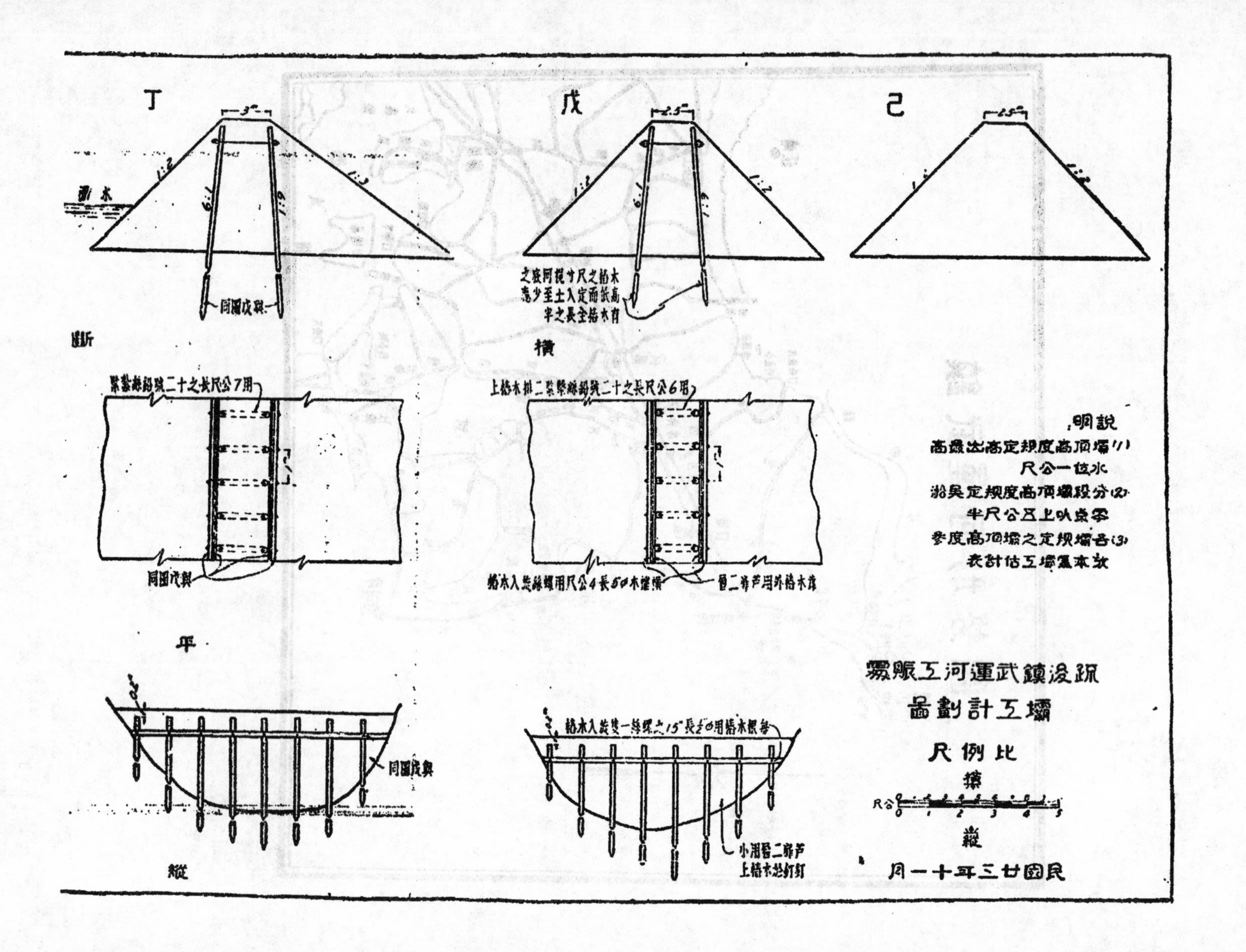
丁
戊
己
3.0
2.5
2.5
水面
1:2
1:3
1:9
6:1
同圖戊與
斷
横
緊鉛絲號二十之長尺公7用
上樁木排二紮緊絲鉛號二十之長尺公6用
同圖戊與
平
縱
壩工計劃圖
比例尺
橫
縱
民國廿三年十一月

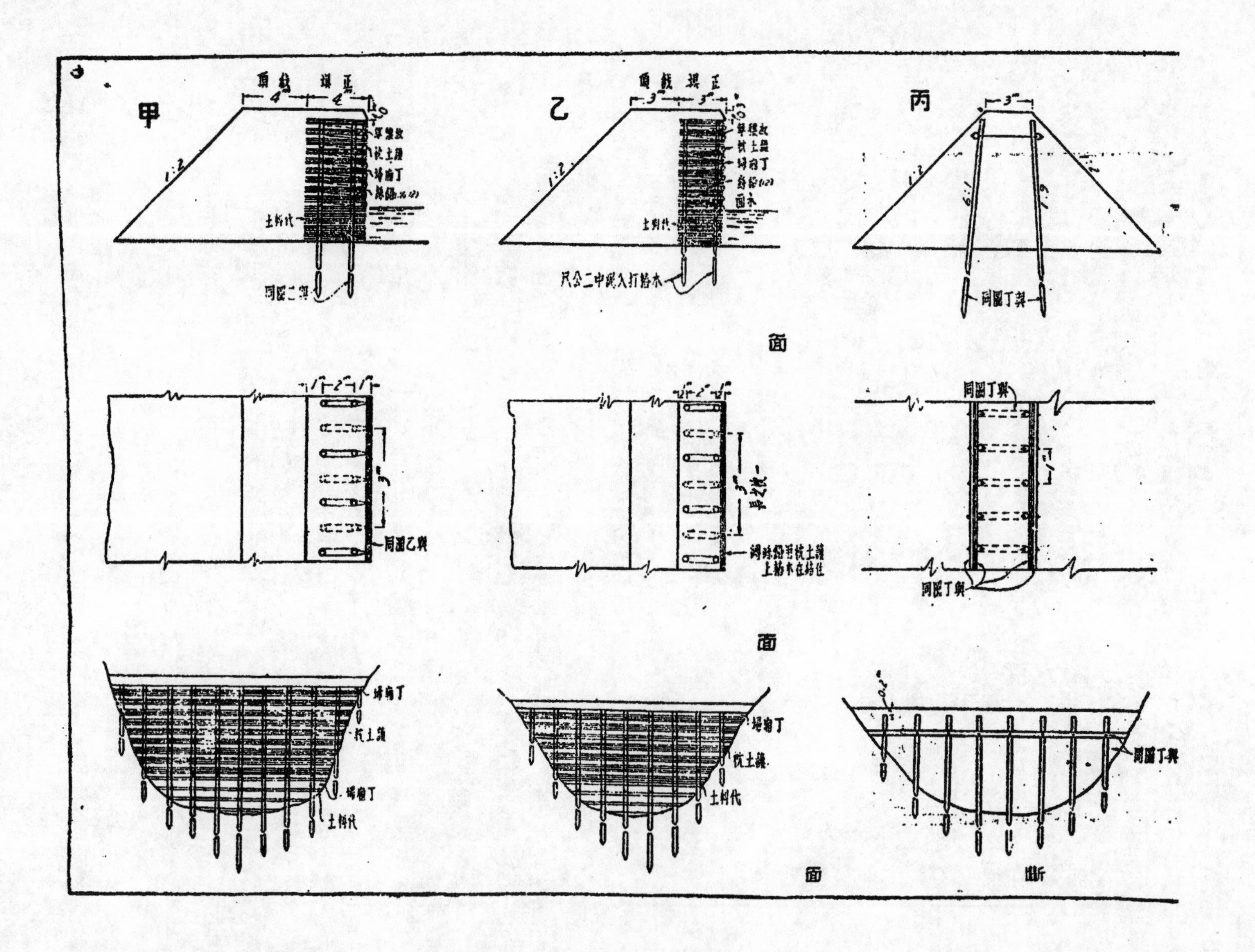

27439

流戽水,却很困難。

〔七〕.施工技術

這次我們的目的是"疏浚",所以一切的設施以"疏通""浚深"爲目的。換句話說,就是只管深淺通流,而不管河身的曲折和塌漲。因此工程方面倒是很簡單的。施工的技術大抵可以分爲三種。

〔A〕築壩工程　因爲要疏通和浚深,所以先設法斷各方面的支流,使水源不通,然後再將水抽乾。支河有大小,有的有潮水,有的僅僅是淤水,壩工的大小,也就因之而定。

(甲)種類　壩工而適合于運河工程的,本工程處採用兩種樣子,一種叫草土壩,一種叫土壩。草土壩是朝水面用柴草木樧等一類的東西,用牠來分散水浪的力量,背水面是仍舊用土壩的。土壩是專門用土夯實的,或者在土壩的當中打二排樁,樁上加以蘆扉等物,用來擋泥,不過這種土壩卽使有樁木也只宜用在小支河,或沒有潮水的河,因爲潮水每次的擊打,可以使土壩上的泥土帶去,結果發生危險,甚至塌倒的。

(乙)原則　築壩的原則大抵有四種:

(1)各支河口的壩頂高,應當高出歷年所得的最高水位以上一公尺,因爲土壩頂不能有一次的被水冲過,假如一旦水流上冲,那座壩基一壞,便是永遠的無法收拾。

(2)各壩的木樁務必打入土中一半,或者近乎一半,假如土太少,仍舊有被土推倒的危險。

(3)草土壩頂的寬度大約是四公尺三公尺兩種,土壩頂寬大概用三公尺或二公尺半,這都視河面而定。

(4)因爲增加木樁的効率起見,將木樁打成六比一的斜坡。

(丙)方法　在沒有築壩以前,先勘定築壩地點,而這築壩地點的選擇,也是很值得注意的。第一件要注意的,是這壩築了以後,水位的增高是不是妨害農田.第二件要注意的,這壩基是否穩固,河底下有沒有翻砂現象.第三件要注意的,這個斷面的大小,是否在這支河裏最經濟的一個斷面.至於築壩的方法應當注意者為:

(1)材料的購取　不論土壩,草土壩,都有用材料的地方,而尤其重要的便是其中的木樁,凡是削梢,中空的木樁,一律不得用.

(2)打樁的方法　樁木的打入極應當注意,一定要防止工人偷挖漕子,而樁頭上一定要用鐵箍套住,以防打樁時的損壞.

(3)草土壩築法　草土壩的築法,比較土壩稍許複雜些,最初看河面的寬狹,和河流平行的釘兩三排木樁,每排木樁大抵四五根,在岸灘上也釘幾個木橛的小樁,在河中的木樁上釘一根橫檔木,在岸上的每一個木樁上繫一根繩,另一個繩頭便繫在河中的排樁的一個木樁上,有幾根樁便有幾根繩,在小樁上的繩頭是繫死的,在河中的排樁上的繩是可以鬆動的.繩既已繫好,便將一捆捆的蘆柴放在繩上,放滿一層,就在柴上挑些泥土,土與柴的比例是二與八.如此類推的,一層柴,一層土,放了兩三層,再拿繫在河中排樁上的繩各根同時放下,使這些柴土下水.又恐怕這柴土等的漂流,所以草土壩的朝水面和背水面放幾個騎馬後尾橛,兩排打入土中,(這個土便是方才挑在草柴上的)這是在水面下底,在水面的也是用這個方法,但是土柴的比五與五.而且出水以後為防止浪水的衝擊,將來泥土的被帶去,又在朝水的一頭橫加些草枕,到距原定壩頂少三十公分時候,便用三十公分的保險土.(見壩工圖甲)

(4)土壩的築法　土壩的築法比較草土壩更便當,如果不用樁木的土壩,便只要拿土每堆三十公分夯一法便夠了,堆成一個梯形的土壩.如果用木樁,那麼便麻煩一些,木樁分二排,排與排的當中相隔三公尺,每排木樁都用橫檔木,用螺絲釘釘緊,在橫檔木和木樁之中,夾兩層蘆扉,蘆扉用小釘釘在木樁上,一切都完備了,再拿十二號鉛絲將二排木樁繫緊,上面再加土,被

27442

成梯形的形狀。

〔B〕戽水工程　　講到戽水工程,的確在這科學昌明的時代,並不是一樁難事情,不過事雖不難,而因戽水而發生的枝節問題却也極多。

（甲）戽水機　　用戽水機戽水當然是很快,而且駕馭也很易,不過用戽水機也須有幾種顧慮。

（1）戽水機只便利於抽水高位的時候,因為水位較低或者極低的時候,河底總是高低不平,水不能流通,或者水流太緩,水量不足,不夠吸收戽出。

（2）戽水機的地位困難,戽水機需要一個較大較平坦的地方,而且戽水機一開便有振動,在河邊每不易找到一個平坦而堅固的地方,萬一不幸進水管在淤砂附近,那簡直是麻煩極了。

（3）戽水機的普通抽水量,如用吾國出品柴油抽水機,出水量大概如下表。

抽水機鐵管直徑	抽水高度											
	12 呎			20 呎			28 呎			36 呎		
	I	II	III	I	II	III	I	II	III	I	II	III
6 吋	650	525	4.0	820	640	7	980	750	11	1100	840	16
8 吋	560	800	5.5	710	1050	11	840	1150	17	950	1300	24
6 吋	490	1150	8.0	615	1508	15	740	1600	24	830	1800	34
11吋	440	1650	10.5	550	2150	20	650	2400	34	730	2600	48

表中I為抽水機每分鐘週轉數,II為每分鐘出水量（加侖）,III為拖動需用之馬力。

（乙）水車　　水車雖然是一個很舊很笨的人工方法,但是便於移動,所以在戽水機力所不能達到的地方,也是非常的需要。

（1）自河底中的低處水打到高處。

(2)便於吸收戽水機不能戽的水量.

利用以上的方法,河水雖然不易吸乾,也將近吸乾了.

(丙)掃水枕　河水決不會乾,而且戽水機,水車的力量一定不能夠抽水抽到完淨,所以又想出一個掃水枕.掃水枕可以用稻草捆成一大扎中間放些重的東西,使枕的重量可以增加.用人力將這個掃水枕放在河中心沿着拖,這一來,雖極細極微的水量,也可以到龍溝裏去.

〔C〕土方工程　土方工程原來是極簡單,不過因為挖土的工人,大部份是招自鄉間,他們沒有挖土的工程經驗,所以這次關於土方的開挖,除釘定中心樁外,再釘坡樁,(Slope stake)釘了坡樁仍恐不夠,在坡樁之外,更劃一條灰線.

(甲)土工困難

(1)翻沙　河底情形,實在是可以左右開挖工程,有時新底中發現翻砂,便可使工程受到極大的障礙.目前應付翻砂的河底,除掉多雇些人員開挑外,其餘的方法還沒有健全的發明.

(2)泉水　第二個困難問題就是泉水.泉水的份量雖然不致於使已乾的河流漲滿起來,但是能將盡而未盡的水,永遠盤旋在河底裏,使河中的泥不易開挑.

(3)峻岸　第三個困難問題便是沿河兩岸的峭坡.在本段運河丹陽的新豐,武進南門的懷德橋一帶,除掉河底裏應走的幾十步外,還要挑一百三十多階的山坡,這種天然的困難也極容易阻礙工程的速展的.

(4)市區　第四個困難問題,便是市區運河的出土問題.沿市區的河岸雖然是很平坦,可是商店林立,簡直找不到一個堆土的地方,即使有一塊小小的平地,又是有相當的地價,況且,沿河全是房屋,連一條小弄也很難找,所以這個問題也很困難的.

因為有以上的四大困難,所以實施土方工程的時候,為補救峻岸和市區的出土困難起見,採取不同的單價,爲避免泉水的阻礙工作起見,在河底開一個水溝,俗稱"龍溝"使泉水濾水,都流入龍溝中,再用抽水機將溝內的水洩不斷的抽打。

(乙) 挖土方法　　出土問題固然以龍溝,或者增高單價而解決,不過在施工技術上的改良,成効當然更宏大。現在將出土的三種方法分述:

(1) 兩岸情形相同者　　凡是遇到河岸兩邊都是相同的時候,或者兩邊同時可以出土的時候,如圖(工),可以先拿1挖去,挖到設計的深度,做洩水溝;再將2挖去,留下小土埂3;第三步再去小土埂。

(2) 右岸出土困難者　　凡是遇到右岸出土困難的時候,如圖(工),先挖1運送到左岸,再將水放到1中,分層挖2,留下土梗3,防止水浸到2,等到2已經挖完,再去3。

(3) 左岸出土困難者　　開挖步驟和(2)同,不過左右次序適相反。

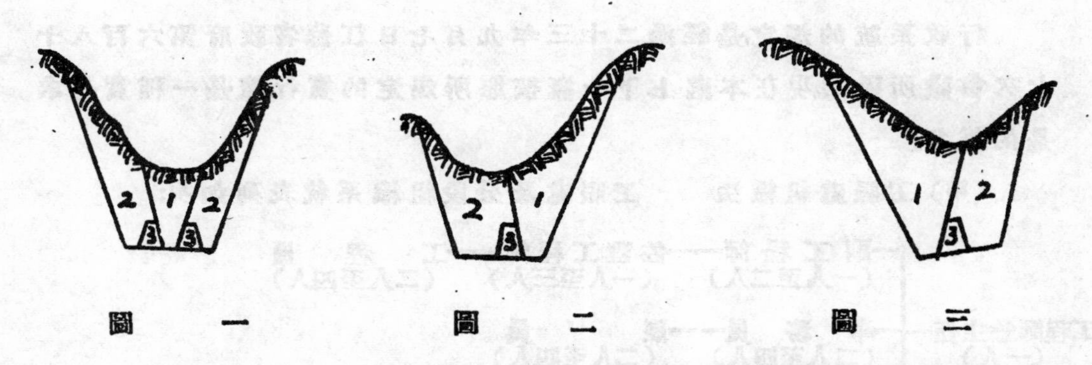

圖一　　圖二　　圖三

(丙) 壩箱開挖　　挖土工程完竣的時候,便要打算通流。換句話說,就要開壩。但是俗話說"築壩容易開壩難",築壩的時候大抵水位很低,而開壩的時候,水位一定是較高,所以拆壩也要想和築壩一般一担担的泥挑出來,那是事實上所不允許的。一部份的泥土既不能挑出來,而唯一的開壩方法,便是藉水力來冲洗掉,因此這部份被冲洗的泥土的留藏,不得不預先做一個凹低的潭,使泥土被冲後落入潭中,對整個的河底仍舊沒有影響。這種滙的設施就叫做壩箱,在土方開挖將完的時候就應當準備這種設備。

〔八〕 災工

工賑的目的在使受災的人民有吃飯的機會,所以這次規定凡是四鄉各鎮的災民,祇要能耐勞苦,願來操作,都可以接收。但是工賑處對災工的編制,因為事情既是麻煩,而且各段對於當地的農民又各不接近,所以省方就委定有關係的各縣縣長担任副主任,專任募集災工的事情。至於災工的組織,為增加工作効率起見,編制一律軍隊化,每三十人稱為一排,一排設排長一人,經管金錢伙食及接洽的事情。此外在有空暇的時候,也須要操作。十排成一組,每組設組長一人,每三組或四組成為一隊,每隊設隊長一人。組長和隊長由縣長擇定有關係的區長,鄉長,鎮長充任,不取賑糧,由工賑處給予津貼,十五元,二十元,為防止工夫在地方上滋擾起見,再由縣政府派定護工隊,來防止意外。

〔九〕 行政系統

行政系統的規定,是經過二十三年九月七日江蘇省政府第六百八十七次會議所通過。現在本處上下,一概按照所規定的實行,確是一種實是求是的進行。

(甲)工賑處組織法　　工賑處及分段組織系統表列如次:

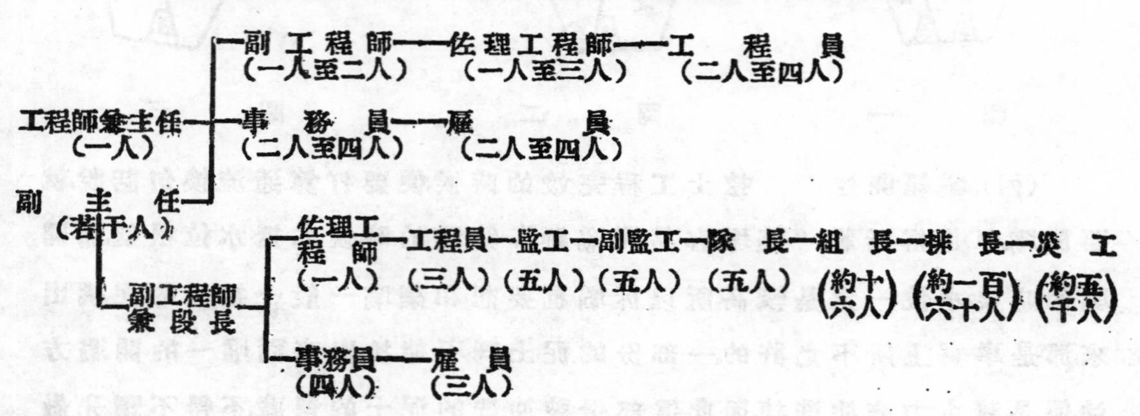

（乙）各段辦事細則　　茲將所定細則擇要摘錄數條如下：

（1）主任職掌事項列要如次：擬具測量及施工計劃，實施工程並督率進行（本處工程至少每週巡視一次），承領並督發賑糧賑款，彙編一切報告，會同有關縣長辦理招集編配及管理工夫，協商有關縣長維護工作及處理工賑與地方有關事項，編造經費及發賑預決算表冊，領購工具材料，統理本處其他一切事項。

（2）副主任商同主任主辦招集編配及管理工夫，維護工作及處理工賑與地方有關事項。

（3）各段段長職掌事項列要如次：辦理測量計算土方，實施工程並督率進行（本段工程至少每三日巡視一次），領發賑糧賑款，編造一切報告，會同有關區鄉鎮長辦理編配及管理工夫，協商有關區鄉鎮長維護工作及處理與工賑與地方有關事項，復核及驗收土方，保管工具材料，統理本段其他一切事項。

（4）副工程師佐理工程師工程員各承長官之命辦理一切技術事項，事務員雇員各承長官之命辦理發賑及一切事務。

（5）正副監工承長官之命監督及收量土方並管理其他有關工程，正監工並應負所轄隊工作全責。

（6）各職員及排組隊長應絕對服從長官命令。

（7）各職員除因疾病或特別事故外，概不得請假，其請假在一星期以上者，廳委人員須先呈廳核准；薦委或處委人員須責令覓相當人員代理。

（8）星期日及例假概不休息。

〔十〕　經費預算

本段的土以單價每方一角爲限，連加各項經費合計銀壹百萬元。現在將疏浚鎮武運河經費預算書錄下：

27447

項目	預算數(元)	備註
普通浚河土方費	376,233	運河土方合計3,762,330公方,每公方以一角計。
難工浚河土方費	96,000	丹陽以西,河岸峻峭,計有難工土方2,400,000公方,每公方加四分。
運河口改道增加土方費	112,000	運河改道,需增加土方800,000公方,開挖深度,平均有16公尺,自屬難工,每公方以一角四分計。
練湖土方費	41,000	遵照廳令預算。
練湖閘涵費	140,000	遵照廳令預算。
施工測量費	2,749	鎭武運河測量費1,749元,練湖測量費1,100元。
開辦費	1,800	
築壩拆壩費	30,000	
戽水費	50,000	
搭棚費	17,000	
跳板費	5,000	
雜費	5,000	
隊長津貼	3,500	隊長35人,每人月支20元,以五個月計算
組長貼津	10,200	組長136人,每人月支15元,五個月計算。
處段經常費	85,710	
預備費	23,808	運河新道及練湖,爲未測量,或有溢出之處,及其他警衛等費。
共計	1,000,000	

〔十一〕　變更與擴充

本段運河,原定計劃,因環境關係,或有不能適用處,成立迄今,改革甚多。

(甲)變更　　在沒有測量之前,先估計鎭江到武進的土方,約計爲五百萬方,以每方一角計合洋五十萬元,後來因爲實測的結果,僅有三百七十多萬方,與原來土方相差壹百五十萬方之多。而據武進民衆的要求,要開挖武進到無錫的一段,所以在這有餘力的情况下,便接受了這個要求,因卽增設第七段,自武進東倉橋起至洛社爲止。第七段在元旦後成立,現已測繪完竣,合計三十餘萬方。總工程處又以第七段土方較少,第六段路線較長(27.5公里),將第六段的武進城區劃入第七段,所以現在第七段共長三十一公里,第六段二十公里,第七段土方四十四萬方,第六段四十五萬方。但是因爲江南民性好逸,不能耐苦,實驗的結果,以一角錢一方的單價,泥夫吃飯都不能飽,因此,泥夫迫於飢餓,棄工作而走,結果工程停頓。廳方有鑒於此,就將兩岸較峭的土方單價增高到平均每方一角三分;但爲預算所限止,這錢又無從開支,祇得忍痛將河底提高半公尺,就是新河底在吳淞零照以上一公尺,以少挖半公尺的土方單價來補原定價格之不足。惟第七段原有河底已經不及吳淞零點以上壹公尺的,仍照原定規則(在吳淞零點以上半公尺)。

(乙)擴充　廳方因爲看見各縣的浚河將次第完成,爲使江南河流打成一氣起見,覺得江陰的運河和黃田港的疏浚也很重要,所以在二月中旬,又成立第九段,(練湖爲第八段)專門辦理江陰黃田港及運河工程,在作者寫此文的時候,測量方才完竣,戽水尙未進行,土方等也未有統計。

[十二] 結論

這次疏浚鎮武段運河,因爲籌備得很遲,而且又限於經費,所以有許多地方,不能如理想的完備。再加以這次疏浚是由建設廳主辦,當地人民,每多在旁觀望,因此一切工作都有事倍功半的情形。就斷壩一事而論,地方上與工程處竟多有爲難之處。當地老百姓,對我們支河壩的工程,不是嫌太大,便是嫌太高,他們固然是熟悉家門口河流的歷年水位,但我們確也根據着民國二十年最高水位的記錄所定。這次的浚運工程,深深的使我引爲遺憾的,就是沒有徵集當地曾經辦過或熟悉河流的人員,組織一個研究式的會,所謂集思廣益的討論一下。假如這一步辦到,我相信,工程經費或許可以省却一點,工作成效或許可以增加一些!

最後要聲明的,作者並不是本處的主要人員,不過對于工程方面,負責的地方很多,而且正在實地工作,因將大概情形,作以上的實陳。

一種新的鋪路面法

錢振蓉

在紐約某街上,因爲常有很重的貨車經過,最近改造一種新式的,不滑的,較有永久性的路面。這種路面,是用12吋×12吋×5吋的特製混泥土磚鋪在很堅實的混泥土路基上而成的。牠們的中間夾着一吋厚已經篩過的乾的膠漿。鋪的情形是把磚一行一行的排列着,使牠們的縫交叉着,縫闊約四分之一吋,等到縫裏灌滿土瀝青後,用路輾壓平,就算完畢。

特製磚造法略如下:先把大約五吋平方二吋半高的花崗岩塊,放在12吋×12吋×5吋的模型底裏,放滿爲止,再用1:1的水泥漿來塡滿石塊之間的空隙,其餘的地方用1:1½:3的混泥土倒滿。爲增加牠們的密度起見,在倒混泥土的時候把模型時時動動。這樣的磚經試驗結果,異常優良,可以受每平方吋7000磅到10000磅的擠壓。

據紐約州公路處報告,這種路面造的工價每平方碼不到20分,用的土瀝青每平方碼約7分,乾的膠漿每平方碼約13分。牠和正塊花崗岩鋪的路面有同樣利益,但是造價衹有2/3.

如係改修,可先把舊的磚路面拆掉一半,將路肩的裏邊刷淸,在路基上鋪一吋厚的乾膠漿,而後以混泥土磚一排一排的鋪在上面,磚的長邊和路肩垂直。一半路面改造好後,上面稍加一層沙,就可以通車了。所以這種方法改築路面,時間又是最省。

黃河問題之普通認識

鄒元輝

一　引言

黃河爲患我國,史不絕書,自大禹治水以來,終夏后之世,四百餘載無水患;而殷周以降,河患頻仍,歷十百年必一潰,是故治河特設專司,歷代重視。承平之世,民富力足,每遇潰决,猶可大舉堵築,然太都祇求苟安於一時,而不圖治本之策,一朝怨於修守,災患立致!若夫亂離之季,則民生凋敝,救亡不暇,天災之來,朝野騷然,莫知所措,目視千丈黃流,橫掃萬家廬舍,噫!豈天厄中國乎?奈何有此厥凶也!

河流爲天然之賜予,航行所資,灌溉是賴;上古之民,逐水草而居,故大河所在,文化常源焉,埃及之尼羅,印度之恆河,皆其例也。我國古代文化,實黃河之賜,然則黃河豈終不能爲利乎?在人之治理不得其道耳!

民國以還,河患日亟!最近廿二年夏,河決三十餘處,冀魯豫三省二萬方里平原沃野,淹沒殆盡!人爲魚,屋爲墟。災情之重,爲清光緒十三年鄭州河决後所未有。舉國人士,覩此浩刼,始憬然悟因循防堵之非計,而籌所以治本之策;於是泰西水利專家,與夫中國工程學者,各抒偉論,倡用科學新法,務求一勞永逸之計,然而意見紛殊,其論不一,確定根本治理方案,尚待繼續研究。我儕初窺工程學之門,對此關係國計民生之黃河問題,自應有相當之認識,爰不揣謭陋,蒐集中外專家宏著偉論,並略及黃河之大概情形,草成此篇,所以邀國人之注意,並供讀者之瀏覽。掛一漏萬,在所難免,維讀者正之。

二　黃河在地理上之形勢

黃河長四四七三公里,稱世界第六大河,發源於青海高原,流經甘肅,寧夏,綏遠,山西,陝西,河南,河北,山東八省而入於渤海,流域之廣,罕與倫比;然以其災患屢作也,外人錫以佳號曰「中國之憂」(China's Sorrow)我國亦有諺曰「黃河百害,惟利一套」.所謂套者,卽河套是也。蓋河自甘肅臯蘭以下,卽漸屈而北流,至寗夏出長城,經綏遠境,再南入長城,爲山西,陝西二省之分界,抵永濟縣南,始復折而東流,其間形成一大套,河套之內,得河水灌漑之利,田野肥腴,水草豐美,水波不興,航運稱便,故曰「惟利一套」也.

黃河上游高地,大半沙壤黃土,故水中多挾泥沙;上流水急,不易停積,一入豫境,則地勢平坦,且河道遼闊,故水流緩弱,上流所挾之沙,遂多淤積於此,百患遂生焉.史載黃河六大變遷,皆肇禍於豫,非偶然也.

黃河沿岸無一湖泊,支流亦少,故每遇洪水,不能分其水勢.下游冀魯豫三省,均位於華北平原,以河水所挾之泥,歷年淤墊,馴至河高於岸,水行於地上,非築堤不能束其流,此誠河流之特異現象;蓋下流一帶,莫非千萬年前河水冲積所成,故地勢坦闊,平原千里,每遇潰決,則奪流改道,爲患無窮,南及徐淮,北盡燕趙,皆有爲河道之可能也.

三 歷史上之六次改道

黃河爲害,數千年來史冊所載,代不絕書,其最甚者,則爲前後之六次改道。自帝堯八十年而後,歷千六百載,時當周定王五年,河決黎陽(今濬縣),宿胥口東門漯川,至長壽津(今滑州東北),始與漯別行;至大名,約與今衞河平行,至滄縣與漳河合,至天津以入渤海,河乃東南徙,此爲有史以來第一次改道.

漢時河患甚殷,成帝曾詔求治河者,賈讓上上中下三策,惟多祟空言,無見諸實行。至王莽篡位建國三年,河決魏郡,經淸河以東,平原,濟南數郡,北流至千乘入海,河更東南徙大伾(今濬縣境)以東,舊迹幾盡消失.此爲第二次改道.

東漢明帝永平十三年,王景治河成,多開水門,復河汴分治舊跡,河患略靖;及至宋仁宗慶歷八年,河決商胡(今濮陽縣東北),而橫隴(今濮陽東)

之京東故道塞。北流合永濟渠,注青縣境,又東北經獨流口,至天津入海。越十五年河分於大名,遂分爲爲股,一股經德平,樂陵海豐入海。至哲宗元符二年,東流斷絕,此二第三次改道。

河道三徙而後,時值金宋交兵,連歲荒亂。河無防守之司,且各利河爲險,互作攻守之具,河道失其正規;至南宋光宗紹熙五年,河遂決於陽武故堤,歷長垣,荷澤,濮縣,范縣諸縣,至壽中注梁山濼分爲二股,北股自北清河(即今黃河)入海,南股由南清河入海。距上徙只一四六年,此爲第四次改道。

當時金人擬以河病宋,故縱使南下,與北清河並行。迄元世祖至元時,河決陽武,南徙益劇。明孝宗時,主東西分治,後劉大夏主治上游,濬賈魯河,由曹出徐以殺水,濬孫家坡,開新河七十餘里,導使南行。又經長垣,東明,曹單,諸縣,下盡徐州築金堤,長三百六十里,北流遂絕,沿淤黃河自雲梯關入海。時明孝宗宏治六年也。此爲第五次改道。

清代末葉,河患頻仍,咸豐五年,河決銅瓦廂,洪水北流,奪大清河入海,即爲今道,此爲第六次改道。

綜上觀之,河道之遷徙無常,下游冀魯豫三省及蘇之北部,地勢平坦,故一朝防守失時,任何處皆有爲河道之虞,所幸下游新道(即大清河故道)在昔水流尙暢,然灣曲過多,河底淤墊日高,連年決溢,險象環生。清咸豐五年銅瓦廂決口前,河患情形,與今日頗爲相似;然則七次改道之期,正難臆測,可不慄慄危懼乎哉。

玆將歷次改道,參以西曆,簡錄如下:

1. 帝堯八十年——周定王五年 (2278—602 B. C.)

2. 定王五年——新莽建國三年 (602 B. C.—11 A. D.)

3. 建國三年——宋仁宗慶歷八年 (11—1048)

4. 慶歷八年——南宋光宗紹熙五年 (1048—1194)

5. 紹熙五年——明孝宗弘治六年 (1194—1493)

6. 弘治六年——清咸豐五年(1493—1855)

四 今昔中外專家治河意見

黃河之害,沙實為之,此人所共知者也。上中游坡度較大,水流湍急,黃土或經雨水洗刷由土山田地溪溝間接流入河內,或直接由河身兩岸被急流冲崩而下;水挾沙而趨下游,及其至下游也,因地勢平坦,水流緩弱,於是所挾之沙,不免於下沉,河身歷年積墊,甚至高出兩岸,於是河行於地上,不得不束堤以防之,雙堤以內,淤積未有已時,而堤高難與俱增,危險情形,可想而知!

關於黃河之治導意見,自古迄今,聚論紛紜,莫衷一是,有主張注重上中游之導治,以求根本解決者;有主張着手於下游,以救危險河段為先者。於上中游則有造林,普及溝洫,蓄水,保護河岸,改移河道諸議;於下游則有束堤攻沙,築橫壩,固定河槽,改移河身路線,分殺水怒等策。

昔我國賈讓王景治河,主張開門築渠,以分殺水怒,使民得以溉田。潘季馴靳輔主以堤束水,以水攻沙。稽曾筠則言治河必導溜而激之,激溜在設壩,所謂以壩治溜,以溜治槽,古哲之治河方案不同若此。

近代有導黃入淮入衛之說,其意亦在分殺水怒與興展灌溉事業。歐美水工專家,關心黃河之治理者,頗不乏人;而以美之費禮門(John R. Freeman),德之恩格思 (Prof, H. Engels), 方修斯 (Prof. O. Franzius) 為尤著。

費禮門為美國著名水工學者,曾任我國南運河及導淮顧問工程師,於治黃方策研究尤力;於其所著治淮計劃書中曾有言:「著者經終以拯救中國大患之黃河,為胸次惟一之事」, 可見其關心之切。其治河方案,主張修新窄堤,並築橫壩之護堤工程,且使全河成直形之節段。不幸先生已於三年前作古,其計劃未能睹其實行,至可嘆息!

恩格斯與方修斯二教授,均為德有名水利學者。恩氏主張固定中水位河槽,方氏主張築堤束水攻沙,與我國明代潘季馴所主略同。兩氏均始長期之研究與試驗,然其論斷迥異,殊未能遽判其優劣。茲將兩氏意見詳述之:

恩格思治河意見

恩氏年已八秩，熱心研究我國黃河問題，垂二十年，以風燭殘年，猶為我努力作治河之策劃；最近應我之請，在德國奧貝那赫(Obernach)之水工大模型試驗場，作治導黃河之試驗；其目的在欲研究束狹洪水堤防以後，河槽是否刷深，而洪水面之高度，是否因此降落；據其試驗結果，對於黃河之治導，擬定下列二法：

1. 保護中水槽岸，防免邊床冲刷，依河槽之冲深，以增護岸工程，河槽深至相當度程後，再以較低之堤，束窄邊床。

2. 立刻以較高之堤束窄河床而不固定中水槽岸，如此則河槽之冲深較緩，尤其因堤間河水凹線，變遷無常，足使河底位置改異，故須時加保護之。

此二者之中，畢竟孰為優劣，須視地方情形而定，安全與經濟問題，亦須顧慮及之。

恩格思謂黃河之病，不在堤距之過寬，而在缺乏固定之中水位河槽，於是水流乃得在兩堤之間，任意紆迴，左右移動。凡任何荒川之病，黃河無不備焉。及至河流日益逼近，刷及堤根，則堤防遂不堪問矣！治理之道，宜於現有內堤之間，實施適當之護岸工程，固定中水位河槽之岸；次則裁灣(以過於灣曲者為限)塞支，亦屬重要。誠能若此，其利有二：一為河流在中水位時，由此得一固定不移之河槽；自此以後，水流將一變向旁冲刷之狀態，而專向深處。此外則河槽不致再逼及堤身，遼闊之灘地，賴以保全。而當洪水之後，水落沙停，灘地之上，日漸淤高。此種情形，匪特無害，甚且可喜。因固定之河槽，將由此益深，而冲刷力亦將隨之以增，所以因堤距過寬而起之不良結果，將因中水位河槽之固定而盡除。

此外堪注意者，卽灘地愈廣，則洪水時，其上水流之急度必愈小；由是灘地之淤高，愈少妨礙而大堤在洪水時所受之危險，亦可愈少。苟兩岸灘地淤

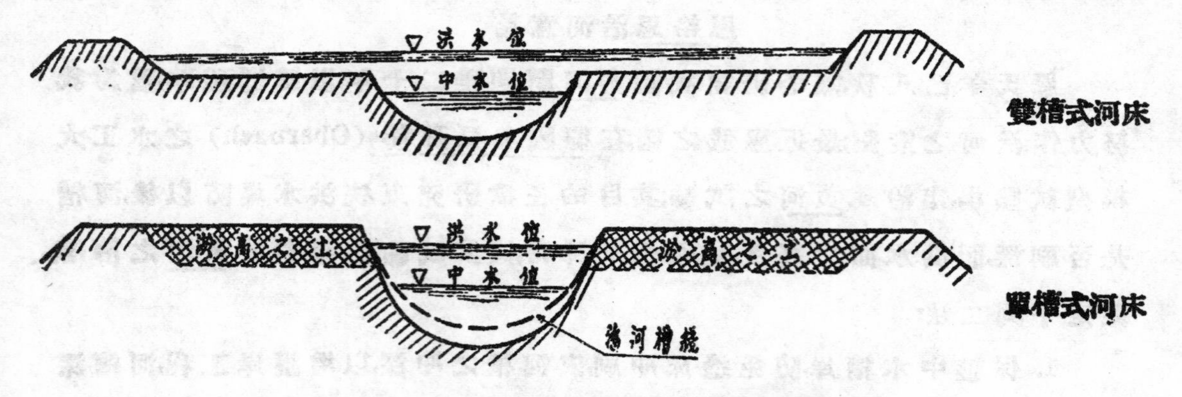

第一圖　恩格思理想中之河床變化

高至於洪水位，換言之河床已由「雙槽式」而變為「單槽式」(如第一圖)。且因單槽式河床所需要之「比降」不及雙槽式之大，故洪水位或可由此稍稍降低。再者，水落時，苟低水位時之流速，其力足以刷沙，則沙之淤積，即河床之墊高，亦可由此停止。

依恩氏之議，兩岸灘地，是否能在相當時期內，淤高至於洪水位，是一疑問，恩氏云：苟按其建議以治河，縱不能於短期間內盡如我人之期望，但決不致有何等之妨礙，故切望我國即採用其議。其治理之法，對於現有河道及堤防之關係，殊少鉅大之更張，故工程較小，所費較省，是其特點。

方修斯治河意見

方修斯教授在黃河及其治理一文中有下列之論斷：

『黃河之所以為患，由於洪水河床之過寬，亦為一大原因。蓋黃河灘地甚廣，灘上之水甚淺，沙隨水落，與年俱積。費禮門氏嘗假定每一百年，泥沙平均墊高30公分；此數是否可靠，雖不可知；但由余觀之，猶以為太小。余敢言在若干地方，但經一度之洪水，即可使其地墊高30公分。

依余意見，固定中水位及低水位河槽之辦法，並不能作為黃河治本方案。余意整理洪水河床，乃治理黃河之第一步；此意費禮門氏，曾一再言之。務使在若干年內，洪水位可以有顯著之下落，且縱在最高洪水時，不致高過河堤兩旁之土地。欲達到此目的,舍促進黃河本身之力量,以冲刷河床外,別無他法。

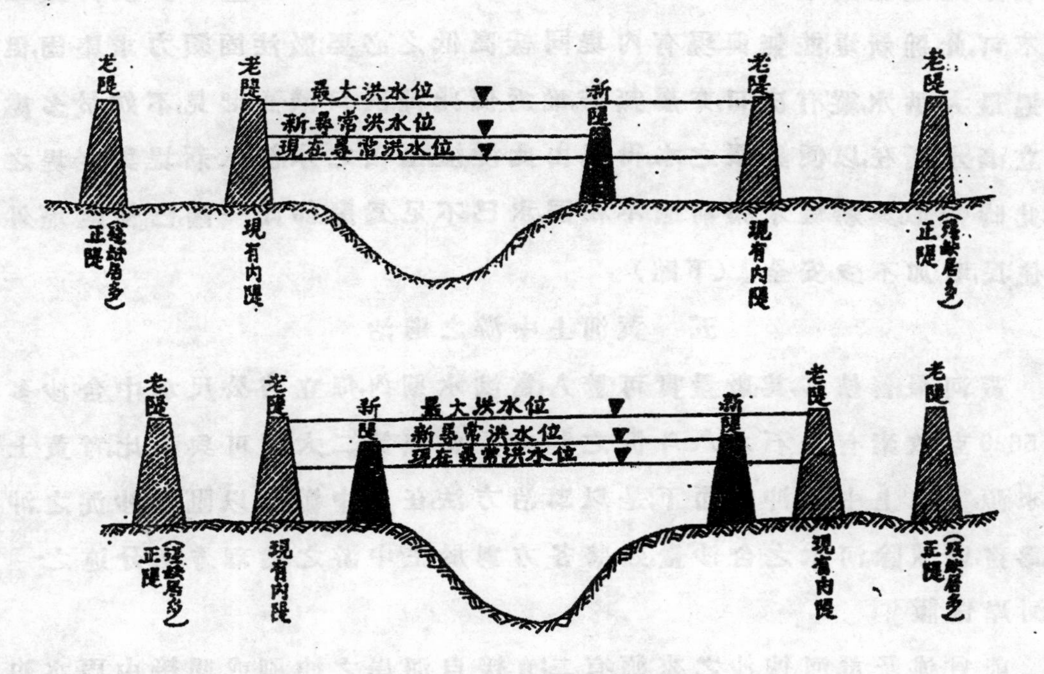

第二圖　方修斯新隄計劃示意圖

由前人所作種種對於黃河之測驗,證明河水苟有相當之約束。其力足以自行冲深其河床。余之計劃,並不欲利用最大洪水以爲冲深河床之助,乃在利用年年出現之尋常中量洪水。故吾人必須認清,新河床雖有勉强容納中量洪水之量,但在起始時,決無法容納最大之洪水。必須俟若干年以後,新河床已達到其冲深之程度,而目前之洪水河床,亦一無變化,則未來之最大洪水,方可容納。河床之寬度,余意當在 400 公尺左右;但其詳細寬度,不妨留待日後規定。新堤造成以後,舊有河床仍須照舊保留,以便於最大洪水時,有備無恐,此點關係異常重要。至於新堤所佔之空間,以愈小愈佳。倘有必要。現在之堤,不妨隨時酌量加高(約20公分),務使舊河床內,因添築新堤而失去之容積,可以由此補償。余本此意,曾向中國國民政府建議,在現有黃河河道內,建築一道或二道之新堤,其平均距離概爲 650 公尺。凡有堅固完善可以利用之老堤,則築一堤已足;但事實上,原有之堤甚不完整,恐多數非築二堤不可,此種新堤,並無與現有內堤同樣高低之必要;做法固須力求堅固,但誠遇最大洪水,縱有決口,亦屬無妨。惟爲使此種決口減少起見,不妨於多處設立滾水所在,以便異漲之水,得以由此漫溢。溢出之水,流入新堤與老堤之間,此時情形,與新堤未築前迥不相同,水已不足爲患。卽此一端,已使老堤外之住民,增加不少安全』。(下略)

五　黃河上中游之導治

黃河最善挾沙,其數量實可驚人,當洪水期內,每立方公尺水中含沙多至 5620 克,故素有一石水八斗泥之諺,世界當無第二大河可與相比。考黃土之來源,實自上中游沖洗而下;是以導治方法,在上中游當以阻止沙泥之沖洗爲務,以減除河水之含沙量,茲將各方對於上中游之治理方法分述之:

1. 河岸保護

前曾述及黃河挾沙之來源有二:直接自河岸之沖刷或間接由雨水沖入河內。護岸工程對於防止河岸之坍崩,以減少河水之含沙量,自有其重要之價值。然此項工程費用至大,欲全部建築,決非經濟能力所許。恩格思對此方法曾評曰:護岸工程自極重要,然其成效可疑。黃河泥量,並非全由兩岸沖洗而來,而工程之大,則不下於萬里長城。恩格思非反對該項工程,蓋渠以爲着手導治下游之危險河段,乃首要之圖也。

2. 改移河道

近年有導黃入渭之說,然其工程之偉大,人所共知。恩格思嘗言:導治下游最重要之預備工作,爲河流縱斷面及平面之測量;改道之說,卽有其相當之價值,然以缺乏研究材料,不敢作任何評論。然則在倡此說之前,預備工作如全域之各項測量,明瞭地勢之高低,河道之容積,以及該流域之地質對於含泥量之關係等須先完備,始可研究而確定其價值。

3. 建設水庫

於黄河上游及各支流上游,建設水庫,可以蓄積洪水,亦防洪之道。在黄河上游入甘以先。地勢較佳,黄土亦少,建設水庫,最爲適宜,

4. 建築節壩

在黄河及支流本身,坡度較大處,逐段建築節壩,意在節制水流,以減其流速及冲刷力,使兩岸不至冲崩;然流速減低後,含沙易沉,河身有淤墊之虞。若各節河底於淤至壩頂後。水力仍可保其弱緩之狀態,則此法即爲成功。

5. 普及溝洫

我國之溝洫制度,傳自古代;近來此種制度,頗得外國農田水利專家之讚美。蓋利用溝洫之制,不獨能減低洪水量,且可減少河水之含沙量,於治黄及農業,均有裨益。然此種制度,首在其能普及,收效始大,否則影響甚少。

6. 造林

造林之利,至溥至大,人盡知之,對於河流之治理,尤有莫大之影響。蓋森林能調節流量,以樹木之作用能阻止蒸發與吸收雨水使滲漏入地;二者使驟雨減少逕流,洪水不致猝發,而旱時則源泉不竭。森林能防禦冲刷,尤爲治河首要。蓋逢山洪暴發之時,湍流易挾沙以俱下,設有樹林覆地,則稀鬆之黄土爲根脈所包絡,即不致被雨水冲洗而去;於是河內之含沙量即因以減低。若於河身兩岸植樹,並可代替護岸工程。總之,造林之有利於上中游之治理,無異見焉。

六　黄河下游之導治

黄河下游之導治,在泥沙之排洩與冲刷,使其盡量入海;使河槽爲水冲深,可以蓄納洪水量,並使河道成適宜而固定之線形,提防堅固,確有防洪之可能。上游之導治,範圍廣大,工程甚鉅,故不若先從事於下游,使其入於正軌,輸沙防淤,以減除上游所播之弊病。各方對於下游治理之主要意見有三,茲分述於下:

1. 分殺水怒

昔賈讓治河,主張開門築渠,以分殺水怒,並以溉田。歷代治黃,多沿用其策,然自古迄今鮮見其效,故利用分水之法,以殺招災洪水之怒,只可救一時之急,而非治本之策。蓋水分則流緩,流緩則沙停,仍不免於淤積塞堵之虞。且黃河之水,實「禍水」也;蓋分水入渠以利灌溉,則渠爲之淤;分水入他河以便交通,則他河受其害。是故昔日運河航運未停之時每年借黃濟運,自張秋鎮至臨清凡二百餘里,每借黃一次,運即淤塞而平,故於次年借黃時,必重新開挖。言分殺水怒以減洪水亦一也。近有主引沁入衛,引洛入淮以殺黃水之怒者,目的在興該數河之農田水利,言固合理;然黃水入淮則淮害,入運則運害。欲取用此法,須先注意黃水所及諸河之防淤及導治工作及經濟方面之考慮而後可。

2. 束堤攻沙

黃河堤防之過寬,爲不可否認之事實,此由於昔時未明水力學常識之故。堤狹則水深,水深則流速亦增,水力大而沙可攻矣,此普通水力學識,當時治河者當未悟及。

黃河於最初時,或嘗行於地下也;其後河底日漸淤高,河水泛濫,於是修堤之策以興。歷朝治河,多用築堤之法,且以缺乏水力學識,遂至堤防縱橫,無適宜之線形,以至水流無方,時近堤根,衝突崩蕩而致堤於危,於是黃河之患乃至無窮。

今黃河之堤不幸而爲過寬,而無適合之路線;堤愈寬,水流愈無規,淤積愈多且速,以致河槽仍不免過小,反不足以容納最大洪水,一若堤之距離仍不足寬者。方修斯乃出其束溜攻沙之策,主張修築窄堤以增加水力,或設壩導溜,使河槽冲深;視各處河床地勢之不同,以決定施行何種工程。

3. 固定河槽

恩格思謂黃河之病不在堤距之過寬,而其在無固定之中水位河槽,因無固定之河槽，故水流無常，時近堤根，而易於潰決。牧其治理黃河之方針，首在固定河槽修補舊堤與改良舊堤之路線。恩氏供獻此策，係根據其多年之研究與最近之大規模試驗蓋若能使黃河之中水河槽固定，堤防與河槽之路線適宜，則槽內流速較大，而邊床水流緩弱，大溜僅限於河槽以內，如此則堤防決無受危之虞。恩氏希望於施工之後，河槽漸次刷深，邊床漸次淤高，使全床於最後成一完美之河槽。

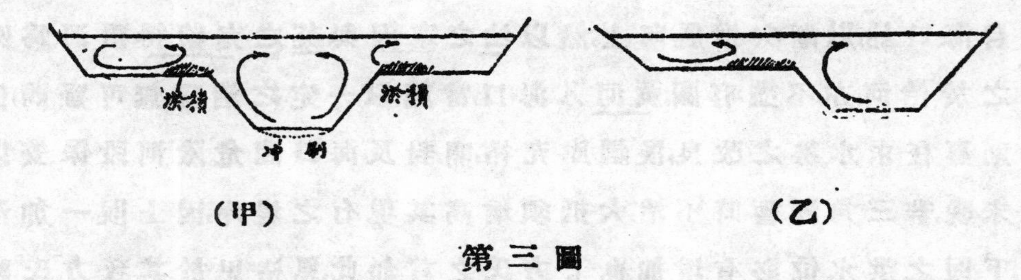

第三圖

經此次我國委托恩氏所作之試驗，獲悉固定河槽尙有一極大之利益，即橫流之作用是也。此種橫流式發現於含有邊床之河流，(第三圖甲)。柏林水工試驗所內之試驗證明第三圖乙所示全床之流速分配性質，足以使較深河槽內所洩水量，少於面積相同而無邊床之整個河槽者。

在有邊床之河床，其水流情勢除順床方向者外，並有一種橫流者。此種橫流方向，與順流者成一相當之斜角，同時邊床流動較緩之水，亦因橫流作用，輸入較深之河槽內。橫流作用對於恩氏治河方案，不特因冲刷河槽，有所裨益，且邊床淤積之位置，足以促全床成一整個之河槽，且於每次大水降落時，邊床泥水亦不至流入河槽之內，增加河床之淤積。

恩格思對其建議，自信頗深，謂不須再加繼續研究與試驗，我國政府即可採納實行，以所費無多也。

七　河口之導治

黃河自利津甯海村以下，成一大三角洲，縱橫約六十五公里，皆泥沙淤積所成，故土壤極爲肥沃。然黃河至此並無正式河道，水流無常，當洪水之際，河卽漫流於此三角洲上,故土地雖廣,泥壤雖沃,以言利益,難與崇明島及珠江三角洲相抗衡。

今就全河治理方面以論河口。或有言河口不治,則下游水流不暢,海壅河高,而上游易決,此固言之成理。而方修斯治黃計劃書中則云:「為將來航運起見,則黃河入海口之治理,誠屬重要;而但為治導下流,排除洪水患害計,則非必要之事」;方氏並云:「依理而言,海口當首先修治,蓋凡河流之治導,必先自海口始,以漸次推展向上,然以法之塞因與英之克萊得兩河為例,則海口之於治河,亦不盡有關。黃河入海口,當施以一定之治理,無可疑問,但其目的則專在求水勢之改良,俟國庫充裕,開封及海口間危險河段保安以後,為之未晚。若三角洲暫時不治,大抵須增高其現有之堤岸,因上段一加治導之後,下段之洪水位必有增加也」。方氏之言如此,恩格思於其致方氏論治河書中,亦頗表贊同,蓋其意非謂河口之不須治理,但為經濟及成效計,應先着手治理下游危險河段,至於整理三角洲,宜以使沙礦能隨水入海為目的,不必過事他求,俟下游導入正軌,無洪水泛濫之患後,再從事於河口澈底之治理,以通海運;如此,則治河之目的,可謂完全達到;然此非易事也無論何人不能確定其時期。故亦有主先治河口,施小規模整理工作,以能利用三角洲淤地使獲生產為度。

據調查自清咸豐五年河決銅瓦廂,改由今口入海以來,垂八十年;淤灘每二年半約可增出一公里,現今三角洲寬約六十五公里,估計約及三百七十萬畝,此淤積荒地,土壤極為肥美,出產為麥豆及花生,年收一次,茂盛異常。惟以人皆懷懼洪水,故墾植甚少,未能盡其利。苟能稍為整理,修築隄防,固定河槽以免洪水之漫流,則此數百萬畝肥壤,大可利用之為治河之經費也。

參考材料:

制馭黃河論 恩格思

治導黃河試驗報告書 恩格思

黄河及其治理　方修斯

治理黄河之討論　沈怡

治理黄河工作綱要　李儀祉

黄河問題　李賦都

黄河河口之整理　張含英

Flood Flow of the Yellow River　S. Eliassen.

Flood Problems in China　John R. Freeman.

一個校正鐘錶的簡便法

雄伯

我們中國人有一個最壞的脾氣,是不守時刻。這大半固應歸咎於惡習慣的遺傳,但一部份却也因爲得不到正確時計的緣故。這裏給你介紹一個極簡便的校正得鐘錶很準的方法:

擇一個有星的晚間,在曠場上,垂直豎起一根桿子,向北尋找北極星;找着了,隔相當距離另外再豎一根桿子,使兩桿和北極星正在一直線上;(如不淸楚可設法在桿頂裝盞小的燈)然後在兩桿之間,用白粉作一條直線,次日,太陽光底下某桿影子,和地上的線恰正相合的時候,就是你所住地方的正午。原理是極顯明的,因爲地上的線是南北正向的,與桿影相合,便是太陽在此地的子午線上了。

北極星怎樣找呢?牠的地位在北斗七星和W星的中間。依着北斗星斗底的兩顆星一直線指示出去,有一顆比較光亮的星就是。

此法得到的是本地時刻(Local Time),如要知道標準時刻(Standard Time),祇須查得所住地的經度合算過去便了。

單位曲線推測流量之簡解法

蘇世俊

引言

美國 Engineering News-Record 一九三二年四月號中,所載叟門氏(Sherman)之單位曲線推測流量法,(Streamflow From Rainfall By Unit-graph Method)對我國流量記錄缺少而水利工程積極進行中,確有實用之價值。惟此法全係計算,多而繁複,麻煩過甚。若用圖表解之,則定可減少一大部分之計算,而所得之結果毫無差異。現謹將所得簡解法貢獻于下。

叟門氏單位曲線法

單位曲線之定義:"一日之雨量,若在全流域上成一英吋之地面流量(Runoff),其所分配于各日流量之曲線,卽爲單位曲線。"

單位曲線推測流量之原理:(一)雨量化成地面流量時,其分配于各日之流量與單位曲線上相當日次之流量成比例。換言之,某日地面流量與一吋地面流量之比,及某日地面流量所分配于各日之流量與一吋地面流量所分配于相當日次之流量之比相同。

設 S_n = 某一日雨量所成之地面流量,

S_1 = 一英吋之地面流量(卽單位曲線全面積所示之總容積),

Q_n = S_n 地面流量所分配于某一日之流量,

Q_1 = 單位曲線上與 S_n 所分配于某日相當之日次之流量。

則 $\frac{S_n}{S_1}=\frac{Q_n}{Q_1}$ $\because S_1=1''$ $\therefore Q_n=Q_1\times S_n$(見圖一)

(二)在一流域上地面流量所分配成流量之時日爲一常數,如圖一中oa時間。

單位曲線之推測方法:(一)從水文記錄中,擇一單獨不連續之一日

27464

雨量及其相當之流量,在此流量中減去底流 (Base Flow), 卽得此一日雨所分配于各日之淨流量(Net Flow)。此各日流量之總和,乘以一日之時間,卽得此一日雨所成之淨地面流量(Net Runoff)。故單位曲線上各日之流量卽可用公式 $\frac{S_1}{S_n}=\frac{Q_1}{Q_n}$ 合算得之。(見表一)(二)將每日之正確雨量(Weighted Rainfall), 列成一表。(如表二)(三)將各日之雨量,乘以各日之地面流量率(Runoff Coefficient),得各日之地面流量。(四)此每日之地面流量,再乘以單位曲線之各日流量,卽得地面流量分配于各日之流量。(五)各日地面流量所分配于某一日流量之總和,卽爲此日所推算得之流量。將此每日之流量畫成流量曲線 (Hydrograph),與實測之結果相較,所差甚微。

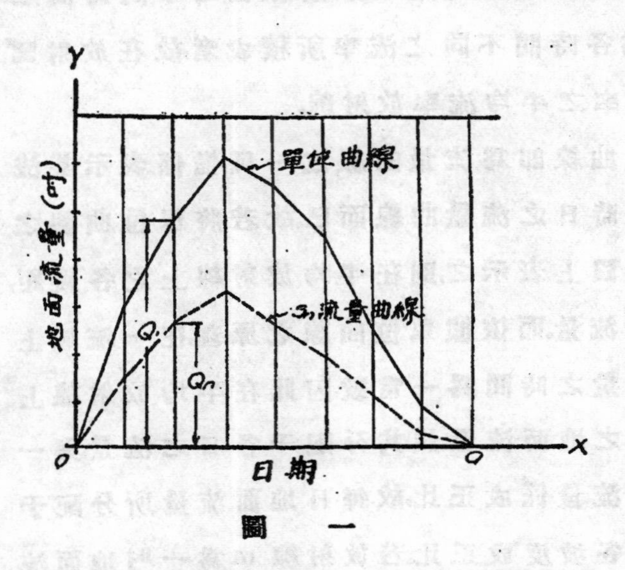

圖　一

簡解法

流量線與放射線之關係:　在一直角座標中,若 Y 軸表示容量, X 軸表示時間,則其自原點所作之各直線之坡度,卽表示各種不同之流率 (Rates)。在 X 軸某時間上,各放射線所有之各縱距,卽爲此時間內各流率所積成之總容量。故各縱距之比,卽爲相當之各流率之比。在一放射線上之各縱距,係示各時間內由此流率所積成之各容量,故各縱距之比卽爲相當各時間之比。換言之:假定在同一放射線上之二縱距,爲不同時間所積成之二總容量,則此二縱距之比,卽爲此已知放射線之流率與另一未知放射線之流率之比。若在一直角座標中,以 X 軸示時間, Y 軸示流量,則其所示之曲線卽爲流量曲線。在某時間上所示之縱距卽爲此時間之流量,而在放射圖上卽爲某一放射線之坡度(Slope)。在二確定時間中流量曲線所包括之面積,即爲此二時間內所增之容量,而在放射線圖中,則爲某一放射線在二不同時間之二縱距之差。然此面積或容量爲各時間不同之流率所積成者,故在放射圖中所指之放射線當爲各不同流率之平均流率放射線。

單位曲線與放射線: 單位曲線卽爲流量曲線之一種,惟係表示其流域上一吋地面流量分配于一定時日之流量曲線而已。故若將單位曲線之每日流量及其平均流量在放射圖上表示之,則在平均放射線上之各縱距,卽爲各時間內所積成之各地面流量。而依據單位曲線之原理,在一流域上一日地面流量所分配于各日流量之時間爲一常數,因此在平均放射線上之各縱距卽爲每日雨量所積成之地面流量。然其分配于各日之流量,與一吋地面流量分配于相當各日之流量係成正比,故每日地面流量所分配于各日之流量,卽與單位放射線之各坡度成正比。若放射線 m 爲一吋地面流量分配于各日流量之平均流量,Ⅰ,Ⅱ,Ⅲ,Ⅳ,等放射線卽爲一吋地面流量分配于各日之流量放射線,假定oa爲其分佈時間,則aM等於一吋地面流量; a1, a2, a3, a4爲Ⅰ,Ⅱ,Ⅲ,Ⅳ,各流量積至oa時間內之各容量。今有一日之地面流量爲 bM',但因任何一流域之分配時間爲一常數,故 bM' 之分配時間亦爲oa,而非ob。依據單位曲線之原理,一吋地面

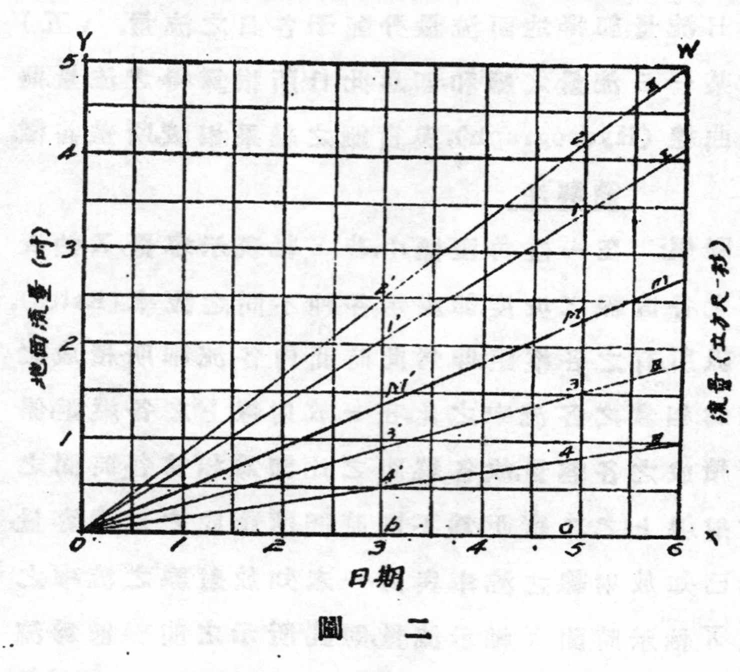

圖 二

流量與任何时地面流量之比,等於一时地面流量所分配于某一日之流量與任何时地面流量所分配于相當日次之某一日流量之比,故:

$\frac{aM}{bM'}=\frac{Q_1}{Q_1'}$,（$Q_1$＝一时地面流量分配于第一日流量,

Q_1'＝bM' 时地面流量分配于第一日流量。）

$\because\ Q_1=\frac{a1}{oa}$（工線之波度）　$aM=1''$　$\therefore\ Q_1'=\frac{Q_1 bM'}{aM}=\frac{a1}{oa}\times bM'$

$\because\ \frac{bM'}{aM}=\frac{ob}{oa}=\frac{b1'}{a1}$　$\therefore\ b1'=\frac{a1\times bM'}{aM}=a1\times bM'$

將上式二邊皆除以oa，卽得$\frac{b1'}{oa}=\frac{a1}{oa}\times bM'=Q_1'$　同理,$Q_2'=\frac{b2'}{oa}$………等。

若與Y軸平行作一W軸,使其每單位等於Y軸上每單位(本為英吋,化成容積,立方英吋）除以單位曲線圖上之分配時間,(單位秒)則可直接讀出每日地面流量所分配于各日流量（單位立方尺秒,c.f.s.)矣。

放射線之應用法：將某流域之單位曲線算出(如下例),再將其每日之流量及平均流量畫于放射圖上,並註以日次(如圖三),若欲求某日雨量所分配于各日之流量,將此日之雨量乘以估計得之地面流量率,卽為此日之地面流量。若使此數與平均流量放射線上一縱距相等,則與此縱距同一直線上各放射線交點之各縱距,于W軸讀出,卽為此日雨量分配于各日之流量（見表三)。

簡解法實例：吾國之水文記錄甚為缺少,因此欲用本國記錄舉為實例,勢所不易,同時且為證明此簡解法所得結果之正確起見,故仍用美國大墨台河（Big Muddy River）之水文記錄為根據,以便核對。該河流域之面積為 753 平方英哩。

從水文記錄中擇一九二四年四月九日之雨量為計算單位曲線之根據,因此日雨量甚大,而為單獨不連續之一日雨量。(見表一)

表一　雨量記錄表

日期	一九二四年四月	四日	八日	九日	十四	十六	十七	二七
測	浮蒙(Mt. Vernon) in.	0.16	—	0.94	0.08	—	0.04	0.05
站	盆通(Behton) in.	0.09	0.05	1.80	—	0.01	0.02	0.08
正確平均雨量		0.12	0.03	1·42	0.03	—	0.03	0.06

從流量記錄中,取此時期之流量,並合算單位曲線及放射線,見表二。

表二　單位曲線及放射線計算表

日期 一九二四九月 (1)	實測流量 c.f.s. (2)	底流 c.f.s. (3)	淨流量 c.f.s. (4)	單位曲線 c.f.s. (5)	每日容量 英吋 (6)	十日容量 英吋 (7)	日次 (8)
9	1440	150	1290	1950	0.0964	0.964	1
10	1850	140	1710	2590	0.1279	1.279	2
11	2360	130	2230	3370	0.1664	1.664	3
12	2680	120	2560	3870	0.1910	1.910	4
13	2440	100	2340	3540	0.1729	1.729	5
14	1720	90	1630	2470	0.1219	1.219	6
15	940	80	860	1310	0.0647	0.647	7
16	470	80	398	610	0.0302	0.302	8
17	309	80	229	350	0.0173	0.173	9
18	193	90	103	160	0.0079	0.079	10
19	140	90	50	80	0.0050	0.050	11
20	106	106	0	0	—	—	
總流量	立方吋一秒一日		13400	20300			
總容積	英吋平方哩		500	753			

表中(3)爲過去低水位時之每日流量估計實測時之底流(Base flow),

$(4)=(2)-(3)$,$(5)=(4)\times\frac{500}{753}$,(6)爲(5)列中每日之流量積至一

曲線推測表

各日流量之秒					每日流量之總立方尺……秒 (Ⅵ)	單位曲線法立方尺……秒 (Ⅶ)	實測流量立方尺……秒 (Ⅸ)
(8)					2120	2116	2750
1720	(9)				4220	4201	3500
2280	1350	(10)			6295	6288	4250
2970	1700	1600	(11)		8595	8580	7500
3400	2320	2120	830	(12)	10243	10229	9800
3115	2370	2760	1100	980	11510	11431	10500
2170	2440	3170	1420	1800	10926	10924	11000
1150	1700	2900	1630	1680	9370	9375	11000
540	910	2030	1500	1935	7376	7355	10250
310	420	1080	1050	1770	5230	5196	9000
140	240	500	560	1230	3375	3370	8000
70	110	290	260	660	2380	2377	7500
	60	130	150	310	1655	1640	5000
		70	70	175	1180	1169	4000
			35	80	750	750	3000
				40	450	448	2000
					235	230	1400
					120	114	1000
					1340	1333	900
					2285	2276	1500

附註

（Ⅲ）爲各日之雨量

（Ⅳ）爲估計得之地面流量率

（Ⅴ）＝（Ⅳ）×（Ⅲ）

（Ⅵ）從圖三中查得之每日雨量分佈于各日之流量

（Ⅶ）爲（Ⅵ）橫行之總和

（Ⅷ）爲單位曲線法所推算得之每日流量

（Ⅸ）爲實測每日流量

表三 流量

日期 1927年 4月 (I)	日次 (II)	雨量 时 (III)	地面流量率 % (IV)	地面流量 时 (V)	所註日次之雨量分佈于 立方尺…… (VI)						
1	1	0.45	15	0.068	(1) 120						
2					175						
3					230						
4					270	(2)					
5	2	0.25	15	0.037	240	75					
6					170	100	(3)				
7	3	0.16	17	0.027	95	125	55	(4)			
8	4	0.38	27	0.102	40	145	70	200	(5)		
9	5	0.25	32	0.080	25	130	90	265	160	(6)	
10	6	0.85	52	0.440	10	90	105	345	210	860	(7)
11	7	0.15	55	0.083	5	50	95	400	270	1140	160
12	8	1.22	72	0.880		25	70	360	310	1485	250
13	9	0.87	79	0.690		15	35	250	385	1700	280
14	10	1.01	81	0.820		5	15	135	200	1560	320
15	11	0.51	83	0.423		3	10	60	110	1090	300
16	12	0.58	86	0.500			5	40	50	580	210
17					(13)		1	15	30	270	110
18	13	0.05	80	0.040	80	(14)		10	15	155	50
19	14	0.16	81	0.130	100	255	(15)		5	70	30
20	15	0.04	81	0.033	140	340	65	(16)		40	15
21	16	0.09	81	0.074	165	440	85	15	(17)		10
22	17	0.03	82	0.025	140	500	110	190	50		
23					100	460	130	250	65		
24					50	320	120	290	85		
25					25	170	80	260	100		
26					15	80	45	180	90		
27					10	45	20	100	60		
28					5	20	15	45	35	(18)	
29	18	1.13	58	0.655		10	10	25	15	1280	(19)
30	19	0.44	65	0.286			5	10	10	1700	560

27470

日之容積,並以全流域上所蓄之水深計之(用 D＝0.00004945 Q 公式計算, D 單位為吋 Q 單位為c.f.s.)。

將表二中第(7)列之數目于放射圖中繪出,並註以相當之日次,(如圖三)其平均流量放射線即為十二日上之一吋地面流量與原點連接之一直線。

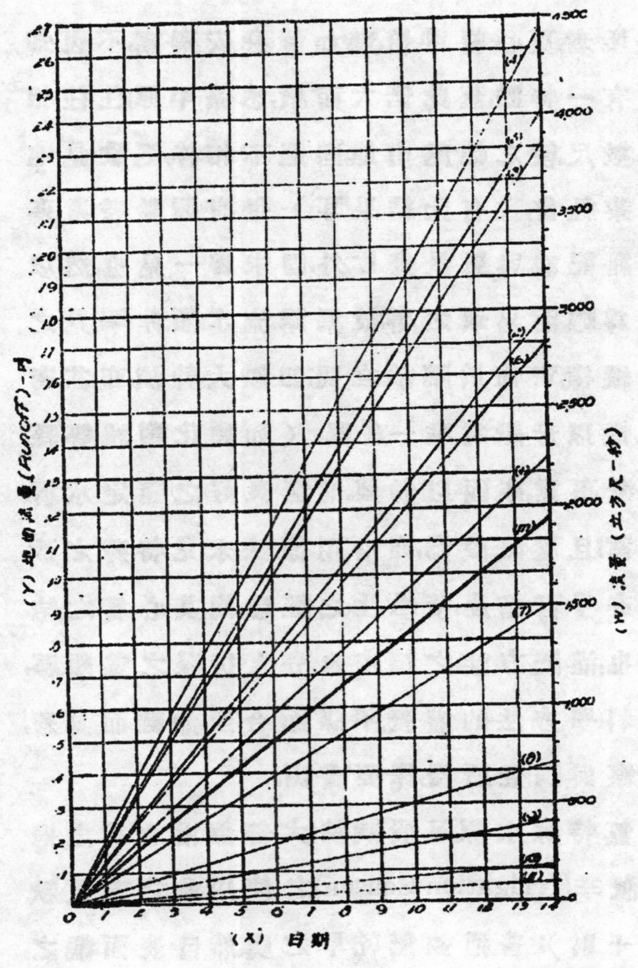

圖　三

若現欲推測一九二七年四月之流量,將此月中每日之雨量列成一表,並計算其每日之地面流量,(如表三)再將此每日之地面流量于圖三中查出各日之流量,列入表中,故每日之流量即為各日流量之總和。

表三中(7)或(8)與(9)相較,其差數雖大,然其最大數則尚相差無幾,故所得之結果尚稱滿意。其所差之數,實由于估計地面流量率之不得當,並非此法之不正確也。

淮南灌溉事業之述略

徐士棨

蘇省大江以北,運河以東之農田,面積迂闊,幾佔蘇北之半,而尤以范堤迤西之土壤,最爲肥沃,極宜農產;其中產米區域尤廣,每值春夏之季,碧波萬頃,幽美無匹;迨新秋天氣,新穗甫脫穎而出,則芳香撲鼻,黃浪無垠,芸芸老農,靡不欣欣然有喜色;舉凡遊歷是境者,更心暢神怡,幾如置身安樂窩,不復知人世間尙有貧苦憂愁耳。此地更有一特點,蓋此偌大面積,悉係平原,往往相去數十里之遙,高度相差亦不及數尺。較之他處山地,固迥不相侔,更彙是地同胞,多重去其鄉,(因傳統的農業社會,致有此結果耳。)每有遐齡耆考,亦不解所謂山之眞面目者,蓋除書籍記載與風景畫片外,固未嘗一見也。然以其無崗陵起伏之故,鑿河引水,當爲輕而易舉之事;故潺潺流水,頗非罕見之物;由南徂北,自西徂東;大都溝洫縱橫,密佈於隴畝之間;卽較大幹流,亦甚密邇;廻至交通方面,車馬皆不適用,惟以舟船爲唯一利器,(如興化鹽城等縣,大部份呈此現象)職是之故,灌溉事業,亦因以勃興。惟無良好之固定水源,大多借重於雨水(Rainfall)之積蓄;且灌溉設備,亦沿用陳法,未見特殊之改進。第一切陳法,並非毫無價値,蓋亦千百智農,積畢生之經驗,竭其心智之結晶。凡其設施,如汲水用具之構造也,灌溉方法之精密也,令人折服之處頗夥,且有許多方法,實與現代之應用科學方法的灌溉,不謀而合;至如輕而易舉,人盡能知能行,尤其特點。玆就觀察與調查所得,擇要書出。

水源 各河流之水量,並無特殊水源,足資調濟;大部靠雨水爲之挹注,匯集成流;暨平時之積聚,作灌溉季(Irrigation Season)之使用。彙之春夏秋三季,雨量頗爲豐富(大約三四十吋);普通並無乾旱之虞。然自表面觀之,運河貫通南北,上承魯境諸流,西納淮洪之水,而運堤上涵洞甚多,似有調濟功能;其實並無多大作用(特殊之支渠,當受裨益)。蓋淮洪盛漲之期,每在春夏之季;此時如彼之雨量足,則運堤以東之雨量,亦自無不足,固無須其流量,以資挹注;又若雨量缺乏時,則淮洪區域內,亦多缺乏;是時運河本身為維持其航運計當盡力控制運水東下;而堤東各河,固無從引水也。然在事實上,利害猶不僅此;蓋淮洪諸水,倘盛漲逾恆,則運河不克竟其輸送之功,為維持運河以西之人民生命財產計,不惜開壩東洩;(如民國十年,下河各州縣之水災)或因風濤猛惡,致堤身崩潰;(如民國二十年,運堤以東之大水災)斯時堤東固談不到灌溉之利,且使數百里膏腴地,盡成澤國,生命財產之損失,殆難以數計矣。故作灌溉用之水源,大部份惟雨量是賴,又此區域中,湖蕩之面積亦廣(如大縱湖等),不無有吐納之功。最近江蘇建設廳,劃定江北沿海一帶為墾殖區,用有開闢新運河之計劃,並聞最近即可舉辦,是河南起角斜,北迄陳家港,而范堤以東。河身以西之地帶,皆資以灌溉者也。至淮南境內之幹流約如下述(一)運河水道——自瓜州起四十里至江都,一百二十里至高郵,一百一十里至寶應,一百里至淮安,六十里至淮陰。其在邵伯湖口,分支東出,又分支從大邗子東北流,分佈下河.(二)鹽河水道——運河經淮安縣北境東出一支津曰新運河;又東南一支津曰舊運河;二者會於六塘,總稱鹽河;又鹽河之支渠有六塘河及北六塘河。更有南串場河及北串場河,縱貫南北。此中支渠密佈,不可勝計。又范堤以東更有五大港,除漁鹽之利外,在灌溉上,亦有相當之價值,如東台縣境內之王竹兩港,鹽城縣境內之鬥龍新洋二港,及阜甯縣境內之射陽河,均皆支渠百出,有裨於農事匪淺。

<u>起水設備</u>　起水器械,太半應用風車;風為其唯一原動力,其構造雖簡單,然主其事者悉為普通匠人,能以數百種大小不同尺寸各異之木料與鐵器,配成一龐大之整個機構,誠非易易;且能逐漸改進蛻變,日臻完善,尤屬難能可貴。其次有洋風車(鄉人呼之曰鬼招手)篠車等類,亦皆借風為原動力者。復次有牛車,以牛挽之,現不多用。更其次則為踏車,即純用人工以汲水也。他如吊桶笆斗之屬,間亦有用之者。最近更有試用柴油引擎汲水機者,

惟僅限於大地主耳,故不多見。此外如田中積水過多,有害於禾苗者,自須排出。其排水之法,約有二端:(一)卽將汲水設備,裝置田中,汲水他去,俗稱之曰倒水,或開鑿邊溝,引水入河或其他低窪之地。(二)卽使用潑車以排水也。構造極簡單,純用人力推動之,其効力甚偉。玆將各種器具之平均價值暨灌溉量列表如下:

名稱	灌溉面積	成本	數量之比較
風車	四十畝至六十畝	百元以上	最多
洋風車	二十畝至三十畝	五六十元	多
礎車	仝上	仝上	多
牛車	二十畝左右(視牛力而定)	四五十元	多
踏車	視人力而定多寡	二十元以上	少
吊桶及笆斗	數畝	甚微	最少
柴油汲水機			最少

灌溉方法 此區域內,若係採用明灌法(Surfrce Irrigaton);就須施灌溉之植物言,可分二類:(一)施於菜蔬及果品之屬者(二)施於稻田者。關於第一類,施行灌菜之法不一,大別之可析爲漫灌(Floodig)及洫灌(Furrow)二種。惟以生產是項植物之地畝極少,需水量亦甚微,玆不具論。關於施水於稻田者,則隨在皆是,規模甚大;其方法亦較嚴密,玆分述如下:

(甲)劃田成區——先踏勘全田高度之相差,然後依地勢之高下,劃成矩區。在一區之內,須極平坦,苟不合條件,卽須平治之其平治之法有二,一爲將高處之土,用人工運輸至低處,使其高度相若,然此僅施用於高下懸殊之處。如相差甚微,則用耙面平置田中,施壓力於其上,以牛挽之;及至低處,去其壓力,如是則高處之土,漸移低處;往復數四,田自平矣。每區大小不一,自數十方

27474

以至於數畝不等。每區周圍，築以高埂用以蓄水。如鄰區高於本區，而水又須經本區以流至鄰區者，則於本區田邊，鑿成小溝，用以輸水。又如鄰區略低，則直接由本區流入，毋須他計也。普通車口須置於田之極高處，以便輸水，然以河道關係，往往須將汲水設備裝置於較低之處者，則輸水問題，甚難解決。俗呼之曰倒梢田，其價値須降一等也。

（乙）灌漑時期——植稻之田有二種，一爲稻麥田，卽夏季長稻，冬季植麥之田也。一爲稻田，卽每年僅植稻一次之田也。前者僅夏季須施灌漑，而後者則全年須浸入水中也。其收穫量互有長短，惟前者施肥之値則視後者爲大耳。又全年須行灌漑之田，最忌乾旱，倘在夏季烈日之下，尤易龜裂。旣龜裂之後，則非數載工夫，不克恢復原狀。至稻麥田亦有因瘦瘠而暫施全年灌漑，以回復其生產力者。惟不論何種施行全年灌漑之田，必須勤加犂耕，奏効方大。至施行全年灌漑之田，則以范公堤以西之農田爲多，蓋因平時地下水面(Water Table)太高，若不施水，卽有影響於田之肥饒耳。

（丙）防止漏水——田漏爲施行灌漑最大困難之點，蓋一日所汲之水有限，供給作物葉面之發散，暨地面之蒸發，已屬甚巨；更須供給其漏出之量，則欲於作物無損者，勢必減少面積以資抵補矣。故防止漏水甚爲重要。其防止之法有二：一爲將附近之溝渠塡塞。更於田中施行深耕細耙，減少孔穴，使水不易尋道而出。一爲用木製之鈴鈔，其法先以草類平鋪田中，然後將鈴鈔置於其上並加壓力，牛挽之，而裝置於鈴鈔圓軸上之長齒，卽戳草於深層之土中，如是施行數次，則孔隙漸少，而漏水量必銳減矣。又有多含鹹質(Alkalies)之田，往往利用漏水以排除其鹹質者亦甚多，迨至相當程度以後，再施行防止之手續。

植物種類　　其種類甚多，大別之爲水穀旱穀與菜蔬三種；水穀者，卽施行灌漑，而始成長之植物，如各種稻類是也。旱穀者，卽無須施行灌漑，悉賴雨水浸潤，而能發榮滋長之生物，如麥類棉花等皆是也。至稻類可別之爲白稻糯稻及黑稻。白稻之分類亦甚多。大概在范堤以西及堤東十數里之範圍內多植之。平均水之深度，須在一二寸之間，方克發揮其生長力。黑稻俗稱牛脚烏，色黑具長芒；多植於范堤以東，有撒種與插秧之別。前者水之深度不定，由乾涸以至深達一二尺許者，均能維持其生長，第收穫量較小耳。後者與白稻環境之要求相似。至菜蔬之屬，灌溉悉用工人，其需量亦甚微。

關於灌溉之權限問題　因灌溉用水而發生齟齬者時有所聞；構成是種齟齬之最大原因，不外二端：（一）因水源不足，時感缺乏；扼上游者，每於乾旱之時，施其狡計，用種種方法，壟斷水源；或加工汲水，存儲田中，以致下游用戶，不得不起而抗爭。（此種現象，多於范堤以東見之）。（二）因田產所有權轉換時，往往豪劣之徒，欺蔽鄉愚，斷絕水路，藉此敲詐，以致釀成爭端者。然泰半爭執，胥少涉訟，概由地方上之紳士或調停者解決之，蓋以現行法律，亦不易獲得一相當之良好解決耳。惟有揆情度理，各加讓步，息事寧人而已。又普通河流溝渠之所有權，兩岸地主，各佔其半。在契約上，關於田產界址之說明，均見有「至溝中流」等字樣。如此劃分，雖非公平，然此種一地方之「不成文法」，殆已深入人心，無法攻破耳。又田地之價格，胥視水道之良窳而異，其能直達幹流，與僅通支津汊港者，雖於灌溉之利，無大懸殊，而價格上則有天壤之別矣。

結論　綜上以觀淮南之灌溉事業，雖非現代化，然其普遍性，殆已遠過他處。又就地勢度之，其所採用之汲水設備，固適合而經濟，其所採用之方法，亦未嘗不與科學的灌溉法相契合耳。第以范堤迤東，尚未盡行墾治，平疇萬畝，土質肥饒，新運河鑿成之後，儘可採用大規模最新式之灌溉計劃，則灌溉之利，必有驚人之收穫。兼之導淮計劃，業已實現（今年江蘇建設廳，大規模的徵工導淮，期一舉成功）。將來旱潦之災，既可豁免。農村復興，自有厚望。更俟墾殖區內之鐵道築成後，則交通發達，運輸稱便，行見僻處而無足重輕之江北，一躍而爲江蘇首善之區矣。

關于橋樑的一些問題

郭仲常

橋樑在建築公路的各項工程中要算最重要了;因爲牠的建築費要比其他的大,保固問題又要比其他的難,所以要怎樣才能使工程費減低,保固期延長,我們不能不加以相當的硏究與討論,然後始决定要怎樣採取設計的各種條件,才可以合乎這些原則。

A. 橋位: 橋位分斜(Skew)正兩種,爲節省建築費與便於設計及築造,大多採用正橋,不過有時因爲要顧全前後的路線,同時又要使橋的本身穩固,也有採取斜橋較正橋來得經濟妥當的.例如我們的路線非與水流(Current)成一個任意角度不可的時候,我們只有用這個角度爲橋斜的度數,因爲要這樣才可使水流正對我們的橋礅(Pier)與橋台(Abutment);還有一種原因,就是基礎地質的問題,如果地質堅硬的方向是與水流成任意角度時,那亦只有用斜橋了.總之,在可能範圍內,還是用正橋爲佳。

B. 橋高: 橋的高度,在表面上看起來,好像是採用路基的高度(Grade line),其實路基的高度,乃是根據橋的高度而定的,就是凡路線過河,牠的高度線是要等橋高定好後才定的。定橋高的方法,在路線跨過普通河流——普通河流,卽無船舶來往者——的時候,是採用水位來定的.普通規定,是橋高較洪水位(High water level)高數公寸卽可,只要最大水來的當兒,水流不從橋面上流過,那就算設計不錯了.如果路線經過有船舶的河流,先用洪水位來决定橋高後,再加上此河中往來最大船的高度,這個高度,才是我們所採用的高度。關於定橋高的困難,就是有些河流,牠的洪水位,水利機關尙沒有記載,在這種情形下,除了詢問附近的土人外,只有設法猜猜了。

C. 徑間(Span): 徑間關係一個橋的經濟與穩固兩個問題,是再大沒有了!講到經濟問題,徑間長,自然要貴點,短當然要便宜點,可是因爲徑間與橋台高有密切關係,那就不一定了。據一般有經驗的人講,與其橋台高,不如徑間長來的經濟;因爲長只增加所增橋面價,價値較橋台增高一點是便宜的多了,不過這也是有限度的增長,因爲如果太長的話,大梁(Beam)根本就要增大了。總之,在設計的時候,應該設法減低橋台高,增加徑間長,才合乎經濟的原則。此外還有一個穩固的問題,就是要足瀉水,那自然也很要緊,如果流水面積(Discharge area)不足的話,那就談不到穩固了。徑間與面積成正比例,所以徑間總以大的爲妙,在可能範圍內,我們總設法增加徑間的長度,萬一因爲增加了徑間,要引起旁的問題,如經濟增大,橋基不固等等,那麽只有提高橋台,爲的是橋台高度與流水面積亦成正比例。

D. 橋樑各部材料之選擇: 橋樑分臨時,半永久,永久式三種,所以牠的材料採用亦各個不同了。在現在的中國公路上,多用本松及洋松爲臨時橋的材料,用石,混凝土,洋松及本松爲半永久式的材料,用石,混凝土及鋼鐵爲永久式的材料。採用材料及决定橋式,則視當地情形與經費而定。例如在窮鄉僻壤,交通不便的地方,自然以採取石及本松來建造半永久式橋,比較經濟,如必須永久式的時候,那就用石來造拱橋亦可,如祇須臨時式時,當以本松爲最適當。

三月二日於浙江公路局

偏心之鉚釘聯結

孫懷慈

平常在計劃鉚釘聯結的時候,在習例上,最好是使各樑柱的作用力,經過各鉚釘的重心點。如此,可以使各鉚釘受到平均的壓力或剪力。但此種情形有時不易達到,以致各鉚釘的應力,有偏倚的弊病,而有超出安全應力的危險。

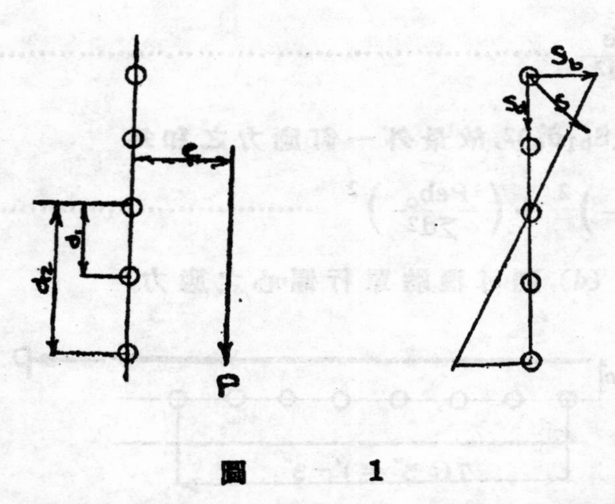

圖 1

如圖1所示,為一簡單的偏心聯結,這些釘除受了直接應力之外,還有撓力的應力。直接應力,係由各鉚釘平均分配,而撓力係和距離重心成正比例。若 P = 外力

n = 釘數

d = 各鉚釘與鉚釘重心之距離如 d_1 d_2……

d_o = 最遠一鉚釘與重心之距離

e = 偏心距

S_d = 直接應力

S_b = 撓應力

27479

S_{b1}= 在單位距離之撓應力

S= 合力

$$S_d=\frac{P}{n} \qquad\cdots\cdots(1)$$

某一鉚釘之撓力 $=S_{b1}d^2$

而外力撓＝內應撓

$$Pe=\sum S_{b1}d^2 \qquad\cdots\cdots(2)$$

$$S_{b1}=\frac{Pe}{\sum d^2} \qquad\cdots\cdots(3)$$

$S^2=S_d^2+(S_{b1}d_o)^2$,故最外一釘應力之和為

$$S^2=\left(\frac{P}{n}\right)^2+\left(\frac{Peb_o}{\sum d^2}\right)^2 \qquad\cdots\cdots(4)$$

利用公式(4),則可覆驗單行偏心之應力。

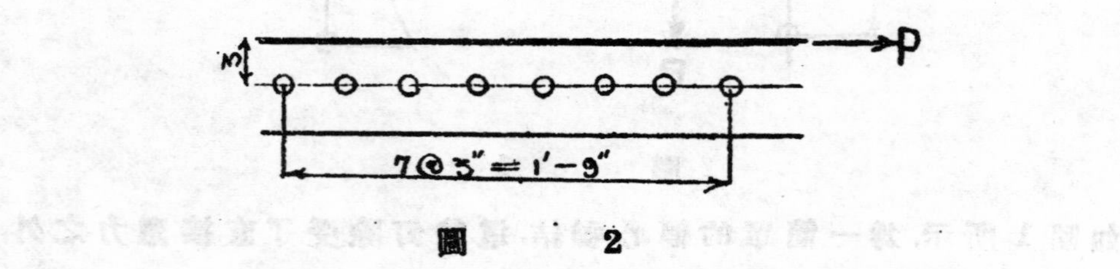

圖 2

例如圖 2, 係一角鐵之偏心聯結.如用 $\frac{7''}{8}$ 鉚釘,應力為 6010 磅,利用公式(4),則得

$$6010^2=\left(\frac{P}{8}\right)^2+\left(\frac{P3\times10.5}{376.5}\right)^2$$

$$36{,}000{,}000=\frac{P^2}{64}+\frac{P^2 990}{141{,}000}=0.0156P^2+0.007P^2$$

P=40000#

若撓應力不計入內,則P ＝48000#.

27480

由此可知若偏心鉚釘照平常鉚釘計算,則其所能受之應力相差甚巨。

如圖3爲二行鉚釘,欲計算其合力仍可利用公式(4),不過 d 須稍爲變化。　因 $d^2=X^2+y^2$,　故

圖 3

公式(3)變爲 $S_{b1}=\dfrac{pe}{\sum x^2+\sum y^2}$

設 X_x, Y_x = 最外一釘之坐標,

公式(4)應變爲　$S^2=\left\{S_d+S_{b1}\sqrt{X_x^2+y_x^2}\left(\dfrac{y_x}{(\sqrt{X_x^2+y_x^2})}\right)\right\}^2$

$$+\left\{S_{b1}\sqrt{(X_x^2+y_x^2)}\left(\frac{X_x}{\sqrt{X_x^2+y_x^2}}\right)\right\}^2$$

化簡　$S^2=\left(\dfrac{P}{n}+\dfrac{Pey_x}{\sum y^2+\sum y^2}\right)^2+\left(\dfrac{PeX_x}{\sum X^2+\sum y^2}\right)^2 \cdots(5)$

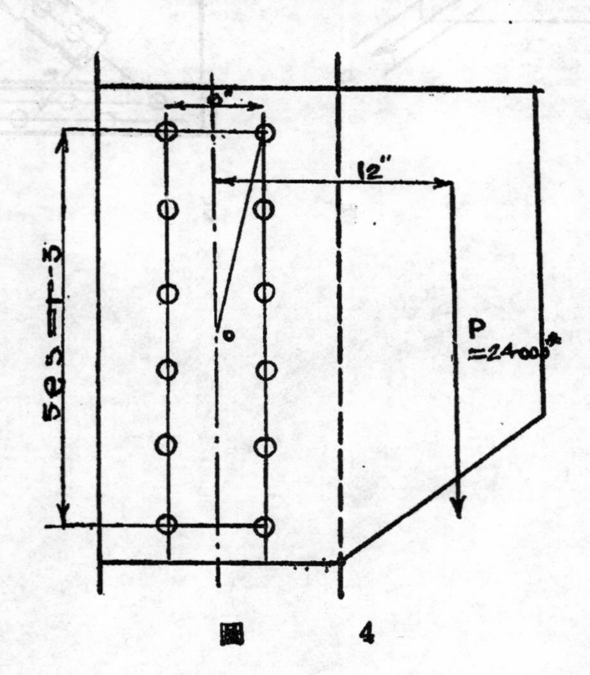

圖　4

例如圖4，爲一橫樑與直柱之連結，各種尺寸均如圖載。

$$\sum X^2=12\times 3^2=108$$

$$\sum y^2=4(1.5)^2+4(4.5)^2+4(7.5)^2=4\times 2.25+4\times 21.2+4\times 55.5=326$$

$$S^2=\left\{\left(\frac{24000}{12}\right)+\left(\frac{2\cdot000\times 12\times 7.5}{108+326}\right)\right\}^2+\left\{\frac{24000\times 12\times 3}{108+326}\right\}^2$$

$$(2000+4970)^2+200^2=48,400,000+40,000$$

S=7000# 卽最遠一釘所受之最大應力。

由此可知計劃橋樑的接頭的時候如果有偏心的鉚釘，如圖5，最好把牠的應力覆驗一下。

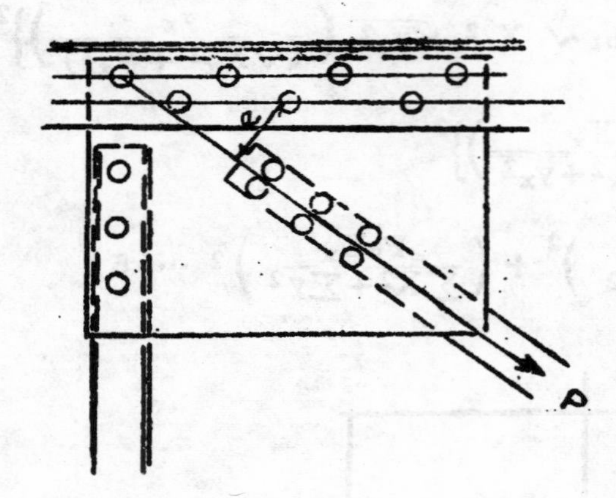
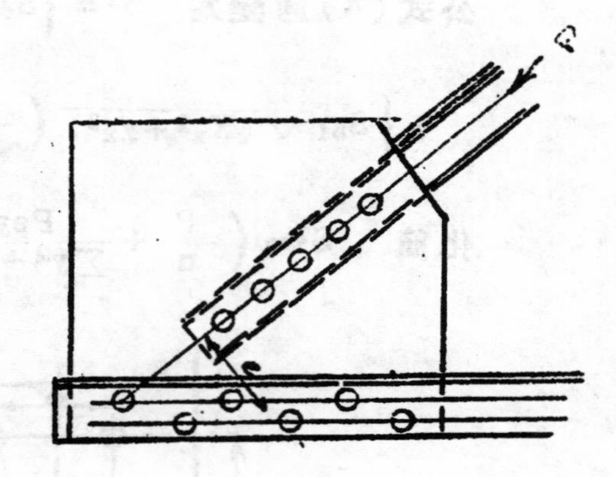

圖 5

杭州烈雨之公式

虞烈照

欲解決許多工程問題,如洪水之防止,溝渠之大小,洩水管之大小,壩上閘門之設計,以及其他相類似之工程,必須預先決定其可能之最大流量,然後可以着手進行工作。影響最大流量之因子頗多,其最重要之因子爲降雨之烈度(Intensity)降雨時間之長短(Duration),及降雨所及之面積(Area)。故烈雨(Heavy Rainfall)之研究,對工程界實有極大之價值。

杭州之雨量記載,可供以作烈雨之研究者,僅自民國十九年始。截至民國廿二年,僅有四年之資料。雖記載之年數太少,但終可使工程師稍有所依據。比任意猜測一數爲可靠也。

本篇之作,在收集杭州烈雨之記載,依大小次序排列,以求其公式。

本篇之資料,得自浙江省水利局測候所。該局自民國十九年起,始有自動量雨計(Automatic Rain Gage)之裝置。其所測得之降雨曲線,因記載年數太少,尚未整理。故作者由自動量雨計所測得之曲線上求得之。因時間倉促,未曾加以校對,或有錯誤,亦未可知,特在此處聲明。

表一將杭州四年之烈雨記載,依大小之次序排列。烈度最大者排在最先;烈度最小者排在最後。(凡烈度在 20 mm/hr. 以上者本篇始稱烈雨)

表一　杭州之烈雨以大小次序排列(1929—33)

烈度以每小時公厘數計

次序	平均每年次數	時間(以分計)								
		19	20	30	40	50	60	80	100	120
1	0.25	150.0	96.0	72.0	57.0	50.4	45.0	33.8	27.6	23.5
2	0.50	150.0	90.0	65.0	54.0	49.2	43.0	33.8	27.0	23.5

3	0.75	14.40	87.0	60.0	49.5	48.0	42.5	33.0	26.4	22.5
4	1.00	138.0	81.6	58.0	45.9	36.7	33.0	25.5	25.0	22.0
5				下				略		

記載之年數既爲四年,則第一數之週率(Frequency)卽爲每年四分之一次;或四年一次。第二數之週率爲每年四分之二次;或二年一次。第三數之週率爲每年四分之三次,或 $1\frac{1}{3}$ 年一次,餘類推。見表一之第二行。

若將表一最先之四列(卽週率爲四年一次四年二次四年三次四年四次之烈雨)繪于方格紙上,則可得不規則之折綫。此種不規則之事實,若假設係由於觀察之不完全,及觀察之差誤所致。則可以有規則之曲線表示其平均值。本篇之目的卽在求此種曲線之公式。

烈雨之烈度與時間之關係若欲以公式表示之,有下列三種式樣:

1. Reciprocal Formula $i=\frac{a}{t+b}$ ....(1)

2. Exponental Formula $i=\frac{a}{t^b}$ ....(2)

3. Modified Exponental Formula $i=\frac{a}{(t+b)^c}$ ....(3)

上列三式中之 i= 烈雨之烈度以每小時公厘數計 (mm per hr.)

t= 烈雨所經歷時間之長短以分計 (Min)

a, b, c, 爲常數

(1)與(2)兩式應用最廣,取其便于計算也,(3)式則鮮見應用,因其計算之手續較爲繁重故也。但(3)式之結果較(1)式與(2)式均佳,故在有長時期烈雨記載之地,恆有用(3)式者。若烈雨之記載年數不長,則用(1)式或(2)式已足夠準確,因其記錄根本不十分可靠也。

本篇僅述(1)式與(2)式常數之求法。至(3)式常數之求法,可參看 Proceedings, A. S. C. E. Feb. 1934. P. 168.

(1)式與(2)式常數之求法可分爲二種:

1. 用圖形方法。

2. 用最小二乘方原理計算。

用圖形方法求烈雨之公式

A. Reciprocal Formula　　$i=\frac{a}{t+b}$ ……………………………(1)

(1)式亦可寫作

$$t+b=\frac{1}{i}a \qquad \text{(1a)}$$

(1a)式中 a 與 b 爲常數,若以 t 及 $\frac{1}{i}$ 爲變數,則 1a 式爲一次方程式,繪于方格紙上,爲一直線。

表二爲由實際觀察而得之 t 與 $\frac{1}{i}$ 之數值。

表二　$\frac{1}{i}$之數值(由表一算得)

幾年一次	時間以分計(t)								
之烈雨	10	20	30	40	50	60	80	100	120
4	.00667	.01042	.01389	.01754	.01984	.02222	.02959	.03623	.04255
2	.00667	.01111	.01538	.01825	.02033	.02315	.02959	.03704	.04255
1.33	.00694	.01149	.01667	.02020	.02083	.02353	.03030	.03788	.04444
1	.00725	.01225	.01724	.02179	.02725	.03030	.03922	.04000	.04545

將表二中之數值繪於方格紙上,則各週率之烈雨均可以一直線表示

之。如圖一所示，為四年一次之烈雨之直線圖中以 t 為縱坐標 (Ordinate) $\frac{1}{i}$ 為橫坐標 (Abscissa). 其直線公式之式樣既如 (Ia) 則可知:

1. 此直線之斜度 (Slope) = a

2. Y 軸上之截部 (Intercepts) = −b

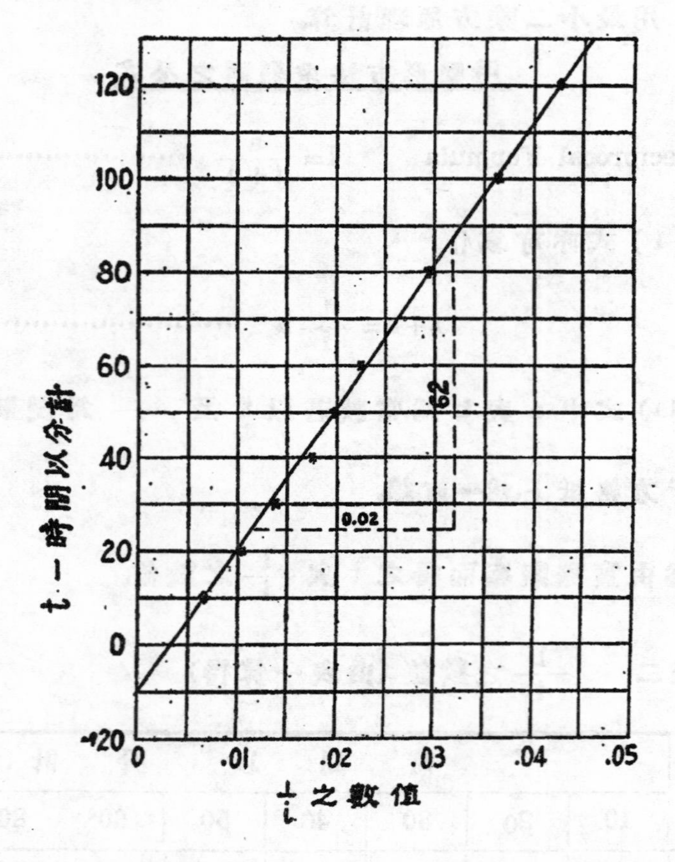

圖一 四年一次之烈雨曲線以 $t+b=\frac{a}{i}$ 式表示

從圖一量得直線之斜度為 $\frac{62}{.02}=3100=a$,

Y 軸上之截部為 −10, $\therefore b=+10$.

故四年一次之烈雨公式為 $i=\frac{3100}{t+10}$.

27486

依此方法其他週率之烈雨公式均一一求出如下:

二年一次　　$i=\frac{3100}{t+14.5}$.

$1\frac{1}{3}$年一次　　$i=\frac{3050}{t+15.5}$.

一年一次　　$i=\frac{2700}{t+18}$.

B.　Exponental Formula　$i=\frac{a}{t^b}$ ……………………(2)

將（2）式等號兩邊各取對數,則得

$$\log i=\log a-b\log t \quad \cdots\cdots(2a)$$

式中 log a 與 b 爲常數,故 log i 與 log t 之關係亦爲一次方程式。故若將 i 與 t 之數值繪於對數紙上,依理可得一直線。

將表一中之數值繪於對數紙上,則各週率之烈雨均可以一直線表示之。如圖二所示,爲四年一次之烈雨。此直線之公式既假定如（2_a）式,則可知:

1. 此直線之斜度 $=-b$,
2. 在 $t=1$ 之線上所讀得 i 之數即 $=a$.

由圖二得

$b=0{,}74$,

$a=880$.

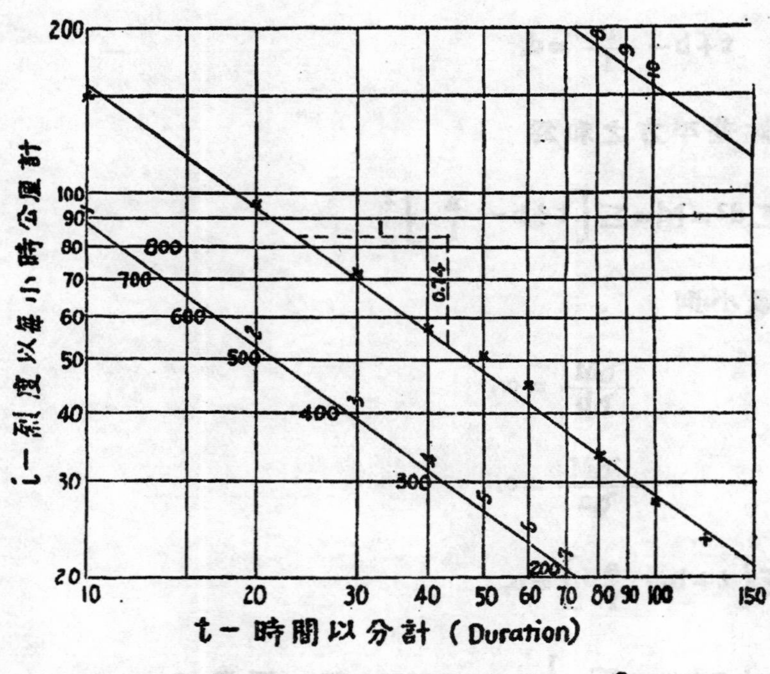

圖二　四年一次之烈雨曲線以 $i=\frac{a}{t^b}$ 式表示

27487

故知四年一次之烈雨公式爲　$i=\frac{880}{t^{0.74}}$.

依此方法其他週率之烈雨公式,均一一求出如下:

二年一次　$i=\frac{820}{t^{0.73}}$.

$1\frac{1}{3}$年一次　$i=\frac{745}{t^{0.72}}$.

一年一次　$i=\frac{760}{t^{0.76}}$.

用最小二乘方之原理計算烈雨之公式

A.　Reciprocal Formula

由觀測而得之 i 與 t 代入公式 (1a),則得

$$t+b-\frac{a}{i}=d.$$

式中 d 表示舛差,各舛差平方之和爲

$$\sum d^2=M=\sum\left[t+b-\frac{a}{i}\right]^2$$

欲使M之數爲最小,則

$$\frac{\partial M}{\partial b}=0,$$

$$\frac{\partial M}{\partial a}=0.$$

$$\frac{\partial M}{\partial b}=2\sum\left[t+b-\frac{a}{i}\right]=0,$$

即　$\sum t+nb=a\sum\frac{1}{i}$.　…………第一標準式 (First Normal Equation)

式中n表觀察之次數,此處 n=9.

$$\frac{\partial M}{\partial a}=-2\sum\frac{1}{i}\left[t+b-\frac{a}{i}\right]=o,$$

即　$$\sum\frac{t}{i}+b\sum\frac{1}{i}=a\sum\frac{1}{i^2}.$$ …第二標準式 (Second Normal Equation)

由第一與第二兩標準式,可計算 a 與 b 之最近似值(Most Probable Value)。

計算之方法,以列成表式較為便利,今以四年一次之烈雨為例,說明此項計算之方法.

表三乃示標準式中各項之計算。

表三　(a)(b) 兩標準式中各項之計算(四年一次之烈雨)

t	i	$\frac{1}{i}$	$\frac{t}{i}$	$\left(\frac{1}{i}\right)^2$
10	150.0	0.00667	0.0667	0.000044
20	96.0	0.01042	0.2084	0.000108
30	72.0	0.01389	0.4167	0.000193
40	57.0	0.01754	0.7016	0.000308
50	50.4	0.01984	0.9920	0.000394
60	45.0	0.02222	1.3333	0.000493
80	33.8	0.02959	2.3672	0.000876
100	27.6	0.03623	3.6230	0.001312
120	23.5	0.04255	5.0160	0.001810
510		0.19895	14.7249	0.005538

由表三可得兩標準式如下:

第一標準式,　510+9.00000 b=0.19895 a　……………(a.)

27489

第二標準式　　$14.7249+0.19895\,b=0.005538\,a$　…………(b)

解上列二方程式得

$$a=3026,\qquad b=10.2.$$

故四年一次之烈雨公式爲

$$i=\frac{3026}{t+10.2}$$

與用圖形方法所求得之公式相差甚微,此因在圖形上徵細之數目不易讀準故也。

表四爲四年一次之烈雨用公式 $i=\frac{3026}{t+10.2}$ 計算而得之數值與實際觀測所得之數值兩相比較。

表四　公式與實際觀測之比較(四年一次之烈雨)

t	由觀測而得之 i	由公式算得之 i	舛差	(舛差)^2
10	150.0	150.0	0.0	0.00
20	96.0	100.2	+4.2	17.64
30	72.0	75.3	+3.3	10.89
40	57.0	60.3	+3.3	10.89
50	50.4	50.3	−0.1	0.01
60	45.0	43.2	−1.8	3.24
80	33.8	33.6	−0.2	0.04
100	27.6	27.6	−0.1	0.01
120	23.5	23.2	−0.3	0.09
				42.81

由表四可得

$$平均舛差=\sqrt{\frac{42.81}{9}}=2.2公厘/時$$

(Average Difference)

依此方法,其他週率之烈雨公式,及其與實際觀測之平均舛差均一一求出,見表五。

表五　杭州烈雨之公式以 $i=\frac{a}{t+b}$ 式表示及其平均舛差

烈雨	公式	平均舛差以公厘/時計
四年一次	$i=\frac{3026}{t+10.2}$	2.2
二年一次	$i=\frac{3139}{t+14.6}$	7.8
$1\frac{1}{3}$年一次	$i=\frac{3054}{t+15.3}$	8.4
一年一次	$i=\frac{2727}{t+18.3}$	14.4
總平均舛差		8.2

B.　Exponental Formula

由觀測而得之 i 與 t 代入公式(2a)則得

$$\log i-\log a+b\log t=d.$$

式中 d 表示舛差,各舛差平方之和爲

$$\sum d^2=M=\sum[\log i-\log a+b\log t]^2.$$

欲使 M 之值爲最小,則

$$\frac{\partial M}{\partial \log a}=0,$$

$$\frac{\partial M}{\partial b}=0.$$

27491

$$\frac{\partial M}{\partial \log a}=-2\sum\left[\log i-\log a+b\log t\right]=0,$$

即 $\sum \log i=n\log a-b\sum\log t$ ……………………………第一標準式

$$\frac{\partial M}{\partial b}=2\sum\left\{\left[\log i-\log a+b\log t\right]\times\log t\right\}=0,$$

即 $\sum[\log i\times\log t]=\log a\sum\log t-b\sum[\log t]^2$ ………第二標準式

由第一與第二兩標準式,可計算 log a 與 b 之最近似值。

仍以四年一次之烈雨公式之計算作例,先計算標準式中之各項,如表六所示。

表六 (c)(d)兩標準式中各項之計算(四年一次之烈雨)

t	log t	[log t]²	i	log i	log i × log t
10	1.000	1.000	150.0	2.176	2.176
20	1.301	1.693	96.0	1.982	2.579
30	1.477	2.182	72.0	1.857	2.743
40	1.602	2.567	57.0	1.756	2.813
50	1.699	2.887	50.4	1.702	2.892
60	1.778	3.162	45.0	1.653	2.939
80	1.903	3.622	33.8	1.529	2.910
100	2.000	4.000	27.6	1.441	2.882
120	2.079	4.320	23.5	1.371	2.850
	14.839	25.433		15.467	24.784

由表六可得兩標準式如下:

第一標準式, $15.467=9.0000\log a-14.839\,b$ ………………(c)

第二標準式, $24.784=14.839\log a-25.433\,b$ ………………(d)

27492

解上列二方程式得

$$\log a=2.944, \quad \therefore \quad a=879;$$

$$b=0.743.$$

故四年一次之烈雨公式爲

$$i=\frac{879}{t^{0.743}}.$$

以此公式與實際覌測之數值兩相比較,則得

平均舛差 =3.3 公厘/時

其計算之方法與表四之計算同。

依此方法,其他週率之烈雨公式及其平均舛差均一一求出,見表七。

表七 杭州烈雨之公式以 $i=\frac{a}{t^b}$ 式表示,及其平均舛差

烈雨	公式	平均舛差 以公厘/時計
四年一次	$i=\frac{879}{t^{0.743}}$	3.3
二年一次	$i=\frac{820}{t^{0.733}}$	1.7
$1\frac{1}{3}$年一次	$i=\frac{746}{t^{0.720}}$	2.5
一年一次	$i=\frac{760}{t^{0.755}}$	2.3
總平均舛差		2.4

結論: 表五與表七中所載杭州烈雨之公式,因記載年數太少,僅可作工程師之參考而已;

本篇以例子詳細說明求烈雨公式之計算方法,此種計算方法,各地均可應用。

垂直面上曲綫之計算

胡傑安

在坡度不同之二坡綫間,須聯以適宜之垂直曲綫,以使其間坡度之變遷合度,增進行車安全。此種曲綫,或爲單圓曲綫,或爲拋物曲綫,但前者之曲度,處處一律,不甚合於垂直面上之用;拋物曲綫可變化合意,曲綫上各點曲度又屬不同,垂直曲綫實採用此種爲最廣,其計算之方法,務求簡捷合用;泰西學者常勾心鬥角,簡而求簡,實與吾人不少便利。今集其簡便之計算法數則敍之如下:

1. 第一第二次差法(First and Second Differences Method)

此方法之出發點,頗爲新穎,與常用課本中所載者,稍有出入,其理淺顯,應用亦稱簡便,且少計算錯誤之弊。

第一圖中, AV, BV 爲坡度不同之二相交坡綫,今欲裝一適當之拋物曲綫於其間。V爲其頂點, A, B爲二切點, AV間之水平距離與VB間之水平距離相等。設A之站序爲41+00,其高度爲560.13; V之站序爲45+00,其高度爲568.53; B之站序爲49+00,其高度爲551.33。每相鄰二站間之距離爲100尺。

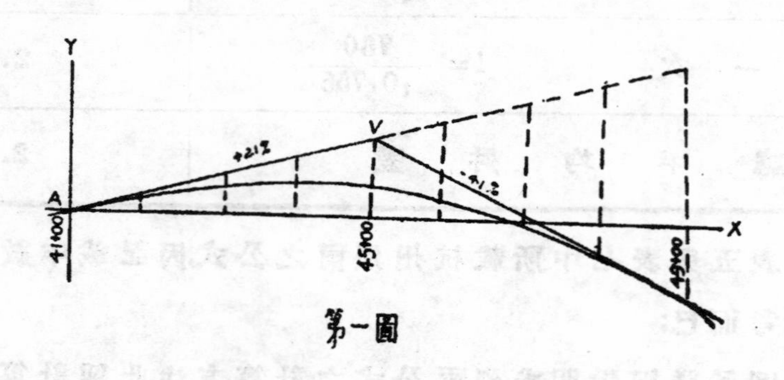

第一圖

設以A爲垂直座標之中心點,過A點所作之水平綫及垂直綫各爲其

X 軸與 Y 軸。因此曲綫係拋物曲線,其自截綫 AV 上任何點至曲線之支距 (Offset) 與該點隔 A 之距離的平方爲正比例。故此曲線之方程式爲:

$$Y = tx^2 + rx \cdots\cdots\cdots (1)$$

式中 t 爲在 AV 上距 A 一單位長度處至曲綫之支距, r 爲 AV 之坡度; r 可爲正數,可爲負數,視其坡度之升降而定。

上式中 AV 之坡度 r 及曲綫端點 B 之座標均爲已知數值, t 之值不難自上式中求得。爲便利計算起見;頂端 V 兩邊所有曲綫上之站數,常使相等。通常只須求出沿曲綫各整站之高度,但亦有求出更多點之高度者。

第一圖中, X 軸上以每站相隔距離爲單位長度;遇必要時任何距離均可作單位長度之用。如此則在 42+00 處 x=1,在 43+00 處, x=2,……。r 乃每單位長度內坡度之變遷數值,此例中 r 應爲 (568.53−560.13)/4= +2.1; B 點之座標應爲 X=8。Y=551.33−560.13=−8.8, 將此數值代入 (1) 式中,得

$$-8.8 = 64t + 2.1 \times 8$$

$$\therefore\ t = -0.4$$

該拋物綫之方程式變爲

$$Y = -0.4x^2 + 2.1x$$

如欲求站序 42+00 之高度,以 x=1 代入上式,得 y= +1.70; 將此數加上 A 點之高度,得 560.13+1.70=501.83, 此卽 40+00 之高度也。其他在曲綫上各站之高度,可同樣一一求得。其計算分列於第一表中。

上式之次生誘導式 (Second Derivative) 爲

$$\frac{d^2y}{dx^2} = 2t \cdots\cdots\cdots (2)$$

此數乃一常數也。

表中求出之各站高度,復可用第二次差驗算。此例中之第二次差爲 2t =−0.80, 其第一第二次差均列記表中。

表 一

站序	x	$-0.4x^2$	$+2.1x$	y	高 度	第一次差	第二次差
41	0	0	0	0	560.13		
42	1	− 0.40	+ 2.10	+1.70	561.83	+1.70	−0.8
43	2	− 1.60	+ 4.20	+2.60	562.73	+0.90	−0.8
44	3	− 3.60	+ 6.30	+2.70	562.83	+0.10	−0.8
45	4	− 6.40	+ 8.40	+2.00	562.13	−0.70	−0.8
46	5	−10.00	+10.50	+0.50	560.63	−1.50	−0.8
47	6	−14.40	+12.60	−1.80	558.33	−2.30	−0.8
48	7	−19.60	+14.70	−4.90	555.23	−3.10	−0.8
49	8	−25.60	+16.80	−8.80	551.33	−3.90	

試將此題加以分析,得知曲綫上各站點之高度,可自第一次差及第二次差而求得。在此例中,t及其他諸常數之數值,早經求出;其第二次差應爲常數,並求得爲2t,或 −0.80。其第一個第一次差卽是式中x=1時之y的數值,此處爲+1.70,將此數加入 41+00 之高度,卽得 42+00 處之高度。第二個第一次差爲 +1.70−0.80=+0.90,將此數加入 42+00 處之高度,卽得 43+00 處之高度。餘此類推,各站點之高度均可求得。

綜合以上所述,得其方法如下:設D_1, D_2……,爲各連續的第一次差,d爲第二次差;在拋物曲綫中,此數應爲常數;又h_1, h_2……,爲連續各站點之高度。則D_1之數值爲曲綫公式中 x=1 時之 y 的數值;且 $D_2=D_1+d$, $D_3=D_2+d$,……;又 $h_2=h_1+D_2$, $h_3=h_2+D_3$,……。

各數之正負號,須加注意,免生錯誤。自上式中計算出之曲綫末端B的高度,須與自截綫坡度直接算出者相符;否則各都須加覆算,以明誤點。

2. 應用計算尺法(Slide Rule Method)

此法中利用計算尺上各種尺度 (Scale), 以計算各站點自截綫至曲綫之支距,再自截線之高度,而求得曲綫上各站點之高度。其手續如下:

A. 以曲綫之長度(每站爲一單位長度)乘以二坡綫坡度的代數差之 1/8, 爲卽得其中點之支距。

B. 設有曲綫上之一點,其隔 A 之距離爲 x, 欲求該點高度之方法如下:

(a) 在計算尺之 A 尺度上,將指綫 (Indicator) 放在與中點支距相等之數字上。

(b) 抽移其滑動尺 (Slider), 使 C 尺度上在指綫下讀出之數爲全曲綫長之半。

(c) 移動指綫,放在 C 尺度上 x 數之處,則此時指綫在 A 尺度上所讀出之數值,卽爲該點之支距。

(d) 自該點在截綫 A V 上之高度減去或加上 (c) 中所得之數,則得該點在曲綫上之高度。如曲綫爲向上彎曲時當相加,曲綫向下彎曲時,當相減。

上例所述之曲綫,依此法計算之結果如第二圖所示,

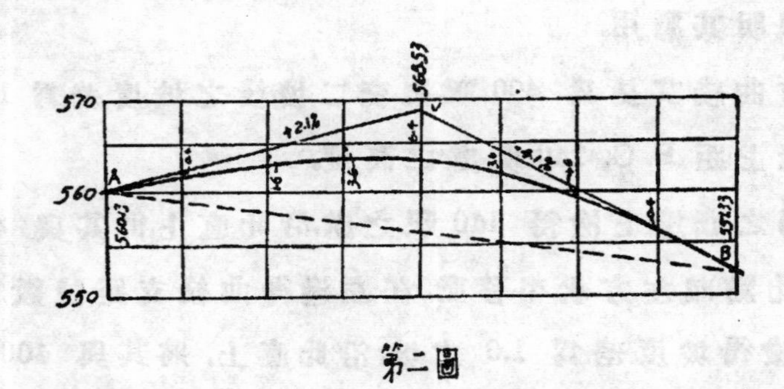

第二圖

3. 圖解法(Chart Method)

此法應用極為簡單,絕少計算之苦。各站點之支距概自下列第三四兩圖中直接讀出,時間既可節省,而所得結果亦準確夠用。

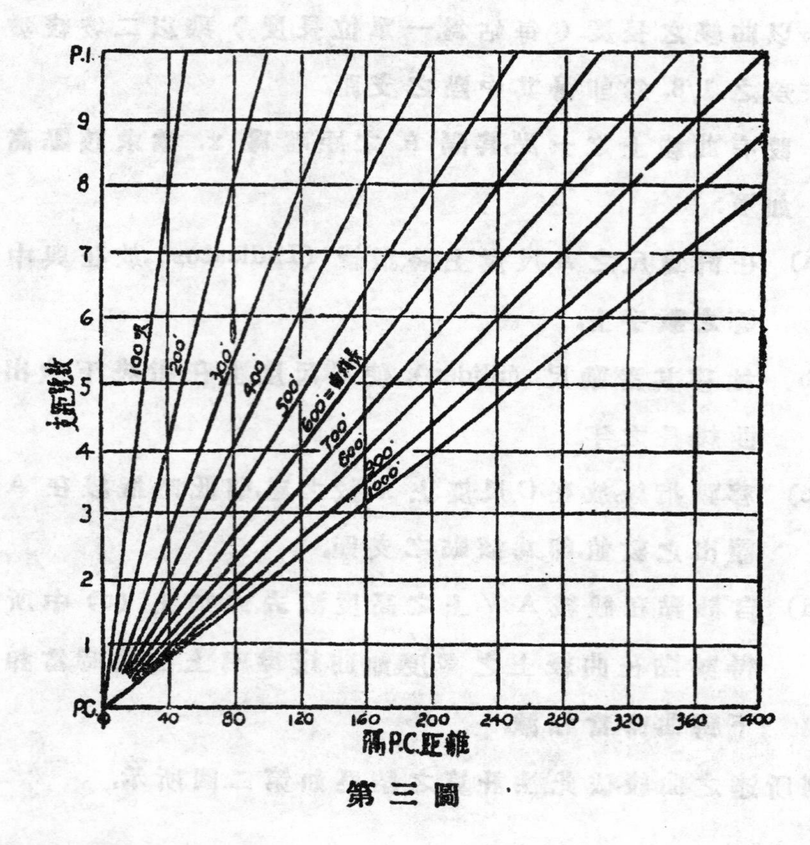

第三圖

今舉例以明其應用。

設一垂直曲綫其長為 400 呎,相交二坡綫之坡度差為 1.0%, 如第五圖。今欲求曲綫上距 P.C. 140 呎處之高度。

自第三圖之底邊上檢得 140 呎之處,沿此直上,得其與 400 呎斜綫相交之點,再依此點向左方水平移動,在左邊得曲綫支距號數為 T. 次於第四圖之底邊,檢得坡度差為 1.0 之坡,沿此直上,將其與 400 呎斜綫相交之點,依此點向右方水平移動,得其與曲綫支距號數為T 之交點,再沿此點

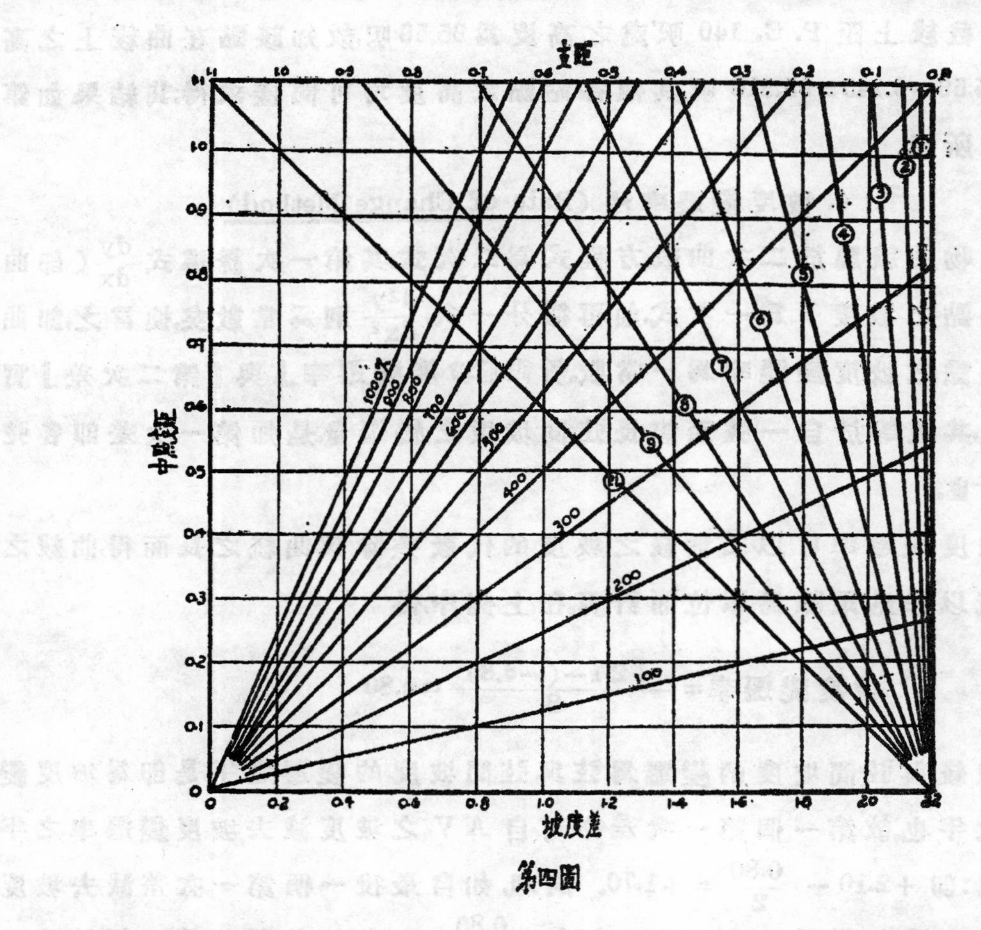

第四圖

直上至圖頂邊,所讀得之數值爲0.245呎,此卽曲綫上距 P.C. 140 呎處之支距也。

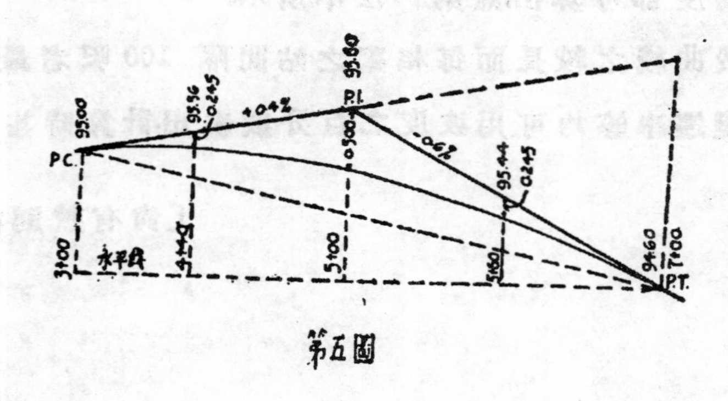

第五圖

沿截綫上距P.C. 140呎處之高度爲95.56呎,故知該點在曲綫上之高度爲 95.56−0.245=95.315 呎,其他各站點之高度均可同樣求得。其結果如第五圖中所示。

4. 坡度變遷率法 (Rate of Change Method)

拋物曲綫屬於二次曲綫,方程式爲二次式,其第一次誘導式$\frac{dy}{dx}$(卽曲綫上各點之坡度)爲一次式。如再微分一次,$\frac{d^2y}{dx^2}$則爲常數矣。換言之,卽曲綫上各點之坡度變遷率爲一常數。所謂『坡度變遷率』與『第二次差』實屬同義,其値等於自一弦至等長弦間坡度之變遷量。是知第一次差卽各弦之坡度也。

坡度變遷率可以二坡綫之坡度的代數差除該曲綫之長而得,曲綫之長度概以每站距離爲單位而計算。在上例中,得

$$坡度變遷率=\frac{+2.1-(-4.3)}{8}=0.80$$

截綫與弦間坡度的變遷爲弦與弦間坡度的變遷之半,是卽爲坡度變遷率之半也。故第一個第一次差亦可自AV之坡度減去坡度變遷率之半而求得:卽 $+2.10-\frac{0.80}{2}=+1.70$。同理,如自最後一個第一次差減去坡度變遷率之半,卽得VB之坡度:$-3.90-\frac{0.80}{2}=-4.30$,此項計算可用於檢驗以前計算有無錯誤。其他各連續第一次差,可由坡度變遷率或卽第二次差誘算,曲綫上高度卽可算出,如第一法中所示。

此法用於曲綫之較長而每相鄰之站間隔 100呎者最爲適宜,因第一次差及坡度變遷率等均可用坡度之百分數表出,計算時甚爲簡便。

〔尙有數則待續〕

複式聯合架之簡解法

(Simplified Analysis of Indeterminate Frames)

駱　騰譯述

普通對於複式聯合架(Indeterminate Frames)之解法有二種,一爲單位力法(The unit load method),一爲最小工作法(The method of least work);此二法各書已述之甚詳;本篇所述者,係一較簡單之法,並可得與上二法相仝之結果,其法係依據威氏圖表(Williot diagram)之原理,故稱爲威氏變形法(Williot strain method),玆分節述之如下:

(1)　威氏變形法所應用公式之證明

設圖1_a係表示某種組合架(Truss)之任一組節(Panel),並假定每一構材(Member)均受拉力(Tension),則各構材之變形(Strain or Deformation)均係伸長(Elongation),而爲正號(Positive sign),然後用各構材之伸長,畫成威氏圖表如圖1_b。

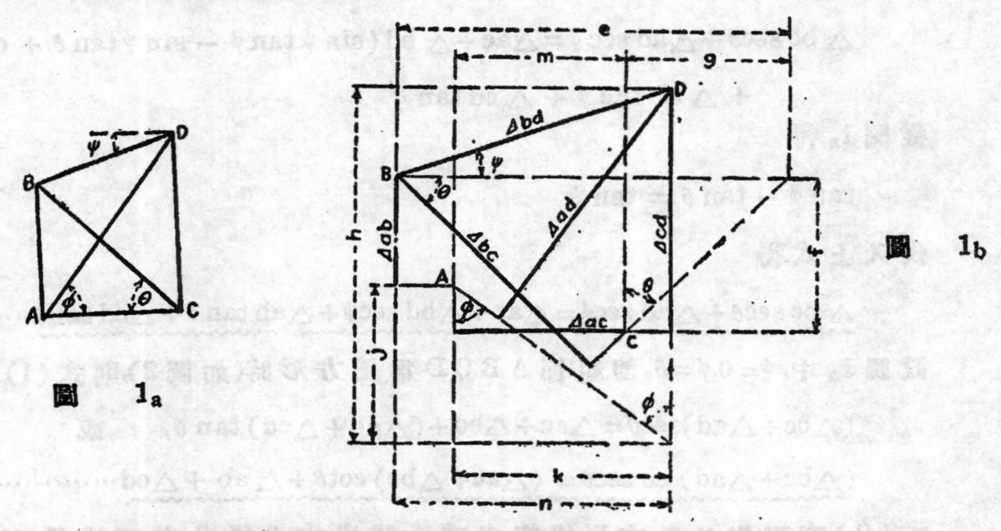

圖 1_b 爲圖 1_a 之威氏圖表;B點爲關係點(Reference point),B D爲關係構材(Reference member)。

從圖 1_b，可得下列之關係:

$$e = \triangle bc \sec\theta$$

$$f = \triangle cd - \triangle bd \sin\psi$$

$$g = f \tan\theta = (\triangle cd - \triangle bd \sin\psi) \tan\theta$$

$$h = \triangle ad \operatorname{cosec}\phi$$

$$j = \triangle ad \operatorname{cosec}\phi - \triangle bd \sin\psi - \triangle ab$$

$$k = j \tan\phi = (\triangle ad \operatorname{cosec}\phi - \triangle bd \sin\psi - \triangle ab) \tan\phi$$

$$n = \triangle bd \cos\psi$$

$$m = \triangle ac$$

同時, $e - g - m = n - k$, 或 $e + k = m + n + g$

用上列之關係代入,得

$$\triangle bc \sec\theta + (\triangle ad \operatorname{cosec}\phi - \triangle bd \sin\psi - \triangle ab)\tan\phi = \triangle ac + \triangle bd \cos\psi + (\triangle cd - \triangle bd \sin\psi)\tan\theta$$

移項整理後,得

$$\triangle bc \sec\theta + \triangle ad \sec\phi = \triangle ac + \triangle bd(\sin\psi\tan\phi - \sin\psi\tan\theta + \cos\psi) + \triangle ab\tan\phi + \triangle cd\tan\theta$$

從圖 1_a 得

$$\tan\phi - \tan\theta = \tan\psi$$

代入上式得

$$\triangle bc \sec\theta + \triangle ad \sec\phi = \triangle ac + \triangle bd \sec\psi + \triangle ab \tan\phi + \triangle cd \tan\theta \quad \cdots\cdots(1)$$

設圖 1_a 中, $\psi = 0, \phi = \theta$, 即組節 A B C D 爲長方形時(如圖2),則式(1)變成

$$(\triangle bc + \triangle ad)\sec\theta = \triangle ac + \triangle bd + (\triangle ab + \triangle cd)\tan\theta, \quad 或$$

$$(\triangle bc + \triangle ad)\operatorname{cosec}\theta = (\triangle ac + \triangle bc)\cot\theta + \triangle ab + \triangle cd \quad \cdots\cdots\cdots\cdots\cdots(2)$$

式(2)亦可以从長方形組節之威氏圖表中求得,此處不述及。(1)(2)兩式原著稱爲威氏變形方程式 (Williot strain equation)；應用上述原

理凡各種不同之組節,可寫成各種不同之威氏變形方程式,故式(2)僅能應用於長方形之組節如圖2;設組節之形狀如圖3,則其威氏變形方程式如下:

$$(\triangle bc+\triangle ad)\sec\theta\cos\psi=(\triangle bd+\triangle ac)\cos\psi+(\triangle bd-\triangle ac)\tan\theta\sin\psi$$
$$+(\triangle ab+\triangle cd)\tan\theta \cdots\cdots\cdots(3)$$

設式(3)中$\psi=0$,則式(3)與式(2)完全相同。上所述之(1),(2),(3)三威氏變形方程式爲普通所最適用者,其各項符號(Sign)之定法,係根據各構材所受之外力如何,如係拉力,則用正號,如係壓力(Compression),則用負號(Minus Sign)。

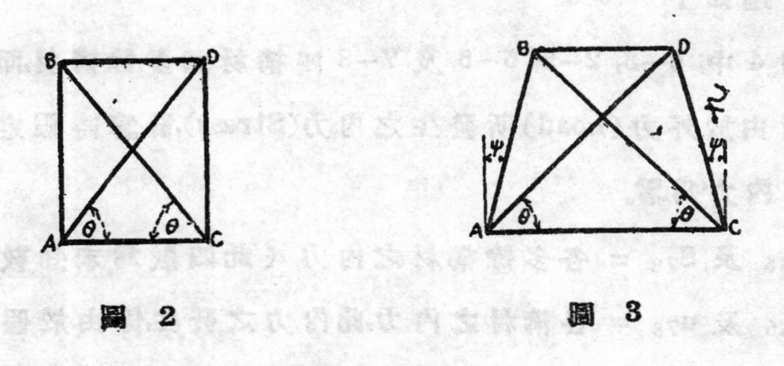

圖 2　　圖 3

(2) 威氏變形法之應用及與他法之比較

威氏變形法之應用,今舉一例以說明之,同時並用單位力法及最小工作法比較其結果。

今設有一複式組合架如圖4,共有四組節,載重(Loading)與配合(Size)如圖,而各構材之長度及斷面爲已知,即下列各表中$\frac{1}{A}$之值爲已知,並假定各構材之彈率(Modulus of elasticity)爲常數(Constant);今用各法解之如下:

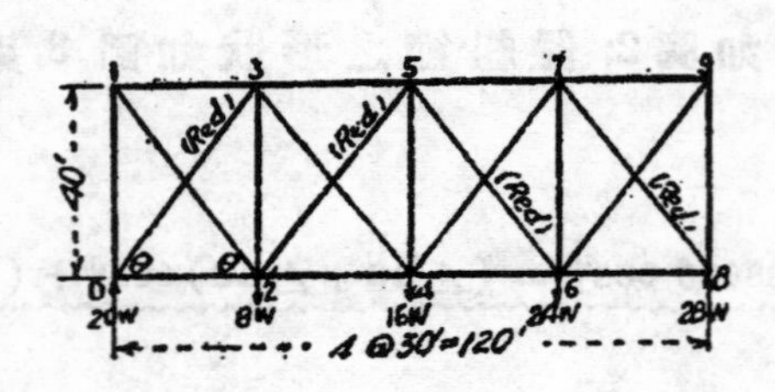

圖 4

A. 單位力法 (Unit load method)

此法之證明及方程式之由來,各書已述之甚詳,本篇不再重寫,茲將其必須步驟,分述如下:

假定圖 4 中, 0—3, 2—5, 5—6 及 7—8 四構材爲多餘構材,而

S' = 各構材由於外力(Load)所發生之內力(Stress),計算時假定多餘構材所受之內力爲零。

S_{03}, S_{25}, S_{56} 及 S_{78} = 各多餘構材之內力 (此四數爲未知數)。

u_{03}, u_{25}, u_{56} 及 u_{78} = 各構材之內力,此內力之發生,係由於假定各多餘構材之內力爲單位內力 (Stress of unity)時, (卽先假定某一多餘構材之內力爲單位內力,而其他各多餘構材之內力爲零,以計算各構材之內力,然後再假定另一多餘構材之內力爲單位內力以計算各構材之內力,以此類推)。

下列四方程定,係依據內工作 (Internal work) 等于外工作 External work) 之原理而得。

$$S_{03}\left(\frac{l_{03}}{EA_{03}}+\Sigma\frac{u^2{}_{03}l}{EA}\right)+S_{25}\Sigma\frac{u_{03}u_{25}l}{EA}+S_{56}\Sigma\frac{u_{03}u_{56}l}{EA}+S_{78}\Sigma\frac{u_{03}u_{78}l}{EA}+$$

$$\Sigma\frac{s'u_{03}l}{EA}=0 \quad\cdots\cdots(4)$$

$$S_{03}\Sigma\frac{u_{25}u_{03}l}{EA}+S_{25}\left(\frac{l_{25}}{EA_{25}}+\Sigma\frac{u^2{}_{25}l}{EA}\right)+S_{56}\Sigma\frac{u_{25}u_{56}l}{EA}+S_{78}\Sigma\frac{u_{25}u_{78}l}{EA}+$$

$$\Sigma\frac{s'u_{25}l}{EA}=0 \quad\cdots\cdots(5)$$

$$S_{03}\Sigma\frac{u_{56}u_{03}l}{EA}+S_{25}\Sigma\frac{u_{36}u_{25}l}{EA}+S_{56}\left(\frac{l_{56}}{EA_{56}}+\Sigma\frac{u^2{}_{56}l}{EA}\right)+S_{78}\Sigma\frac{u_{56}u_{78}l}{EA}+$$

$$\Sigma\frac{s'u_{56}l}{EA}=0 \quad\cdots\cdots(6)$$

$$S_{03}\Sigma\frac{u_{78}u_{03}l}{EA}+S_{25}\Sigma\frac{u_{78}u_{25}l}{EA}+S_{56}\Sigma\frac{u_{78}u_{56}l}{EA}+S_{78}\left(\frac{l_{78}}{EA_{78}}+\Sigma\frac{u^2{}_{78}l}{EA}\right)+$$

$$\Sigma\frac{s'u_{78}l}{EA}=0 \quad\cdots\cdots(7)$$

此四式中各項之值列如表 1。

將表1之各值代入方程式1(3),(4),(5)及(6)中,並除去"E"值,則可得下列之四方程式:

$$(50+128.72)S_{03}+30.72S_{25}+2550.8W=0 \quad\cdots\cdots(8)$$

$$30.72S_{03}+(60+130.72)S_{25}+25.6S_{56}+1468.8W=0 \quad\cdots\cdots(9)$$

$$25.6S_{25}+(100+151.76)S_{56}+15.36S_{78}+603.8W=0 \quad\cdots\cdots(10)$$

$$15.36S_{56}+(30+79.76)S_{78}+1952.8W=0 \quad\cdots\cdots(11)$$

從上四式,卽可求得多餘構材 $S_{03}S_{25}S_{56}$ 及 S_{78} 之內力,然後再用普通力學之方法,以求其餘各構材之內力。

B. 最小工作法(Method of least work)

如圖 4,設 5x, 5y, 5v, 各5z代表構材0-3,2-5,5-6及7-8之內力,並假定各內力均爲拉力;再求出其餘各構材之內力排列如表 2。

從表 2 得

$$U=\frac{1}{E}\sum\frac{s^2l}{2A}=\frac{1}{E}(86246W^2+12754Wx+2234x^2+7344Wy+2384y^2+3019Wv$$

$$+3147v^2+9764Wz+1372z^2+768xy+640yv+384vz)$$

根據最小工作法之原理,使 $\frac{\delta u}{\delta x}$, $\frac{\delta u}{\delta y}$, $\frac{\delta u}{\delta v}$ 及 $\frac{\delta u}{\delta z}$ 各等於零,可得下列四方程式

$$\frac{\delta u}{\delta x}=12754W+4468x+768y=0 \qquad (12)$$

$$\frac{\delta u}{\delta y}=7344W+4768y+768x+640v=0 \qquad (13)$$

$$\frac{\delta u}{\delta v}=3019W+6294v+640y+384z=0 \qquad (14)$$

$$\frac{\delta u}{\delta z}=9764W+2744z+384v=0 \qquad (15)$$

從上四方程式,可求得 x, y, u 及 z 之値,再將所得之値代入表 2 之第三列中(卽S列),卽可得各構材之內力。

在單位力法所得之 (8),(9),(10) 及 (11) 四式中若以 5x, 5y, 5v 及 5z 各代入 S_{03}, S_{25}, S_{56} 及 S_{78} 中,可得與方程式 (12),(13),(14) 及 (15) 相同之四

27506

$u^2_{25}\frac{1}{A}$	$u^2_{56}\frac{1}{A}$	$u^2_{78}\frac{1}{A}$	$u_{03}u_{25}\frac{1}{A}$	$u_{03}u_{56}\frac{1}{A}$	$u_{03}u_{78}\frac{1}{A}$	$u_{25}u_{56}\frac{1}{A}$	$u_{25}n_{78}\frac{1}{A}$	$u_{56}u_{78}\frac{1}{A}$
+7.2								
	+5.4							
		+10.8						
+7.2								
	+5.4							
		+10.8						
+60								
	+100							
		+30						
+30.72			+30.72					
+25.60	+25.60					+25.60		
	+15.36	+15.36						+15.36
		+12.80						
+130.72	+151.76	+79.76	+30.72	0	0	+25.60	0	+15.36

表 1

構材	$\frac{l}{A}$	S'	u_{03}	u_{25}	u_{56}	u_{78}	$S'u_{03}\frac{l}{A}$	$S'u_{25}\frac{l}{A}$	$S'u_{56}\frac{l}{A}$	$S'u_{78}\frac{l}{A}$	$u^2_{03}\frac{l}{A}$
1−3	40	−15W	−.6				+360W				+14.4
3−5	20	−24W		−.6				+288W			
5−7	15	−24W			−.6				+216W		
7−9	30	−21W				−.6				+378W	
0−2	40	0	−.6				0				+14.4
2−4	20	+15W		−.6				−180W			
4−6	15	+21W			−.6				−189W		
6−8	30	0				−.6				0	
1−2	50	+25W	+1				+1250W				+50
3−4	60	+15W		+1				+900W			
4−7	100	+ 5W			+1				+500W		
6−9	30	+35W				+1				+1050W	
0−3	50	0									
2−5	60	0									
5−6	100	0									
7−8	30	0									
0−1	30	−20W	−.8				+480W				+19.20
2−3	48	−12W	−.8	−.8			+460.8W	+4608.W			+30.72
4−5	40	0		−.8	−.8			0	0		
6−7	24	− 4W			−.8	−.8			+76.8W	+76.8W	
8−9	20	−28W				−.8				+448W	
						Σ =		+2550.8W	+1468.8W	+603.8W	+128.72

小 Ⅱ 作 法

	$\frac{S^{21}}{2A}$					
+1080Wv	$+67.5v^2$					
		+1890Wz	$+135z^2$			
−945Wv	$+67.5v^2$					
			$+135z^2$			
+2500Wv	$+1250v^2$					
		+5250Wz	$+375z^2$			
	$+1250v^2$					
			$+375z^2$			
				+768xy		
	$+320v^2$				+640yv	
+384Wv	$+192v^2$	+384Wz	$+192z^2$			+384vz
		+2240Wz	$+160z^2$			

$019Wv+3147v^2+9764Wz+1372z^2+768xy+540yv+384vz$

構材	$\frac{l}{2A}$	S					
1−3	20	$-15W-3x$	$+4500W^2$	$+1800Wx$	$+180x^2$		
3−5	10	$-24W-3y$	$+5760W^2$			$+1440Wy$	$+90y^2$
5−7	7.5	$-24W-3v$	$+4320W^2$				
7−9	15	$-21W-3z$	$+6615W^2$				
0−2	20	$-3x$			$+180x^2$		
2−4	10	$15W-3y$	$+2250W^2$			$-900Wy$	$+90y^2$
4−6	7.5	$21W-3v$	$+3308W^2$				
6−8	15	$-3z$					
1−2	25	$25W+5x$	$+15625W^2$	$+6250Wx$	$+625z^2$		
3−4	30	$15W+5y$	$+6750W^2$			$+4500Wy$	$+750y^2$
4−7	50	$5W+5v$	$+1250W^2$				
6−9	15	$35W+5z$	$+18375W^2$				
0−3	25	$5x$			$+625x^2$		
2−5	30	$5y$					$+750y^2$
5−6	50	$5v$					
7−8	15	$5z$					
0−1	15	$-20W-4x$	$+6000W^2$	$+2400Wx$	$+240x^2$		
2−3	24	$-12W-4x-4y$	$+3456W^2$	$+2304Wx$	$+384x^2$	$+2304Wy$	$+384y^2$
4−5	20	$-4y-4v$					$+320y^2$
6−7	12	$-4W-4v-4z$	$+192W^2$				
8−9	10	$-28W-4z$	$+7840W^2$				

$$\sum\frac{S^2l}{2A}=86246W^2+12754Wx+2234X^2+7344Wy+2384y^2+3$$

式故 A, 及 B 二法所得之結果完全相同.

C. 威氏變形法 (Williot strain method)

同B 法求得各構材之內力,並列表如下:

表 3

威氏變形法

構材	$\frac{l}{A}$	S	$E\triangle=\frac{Sl}{A}$
1—3	40	−15W−3x	−600W−120x
3—5	20	−24W−3y	−480W−60y
5—7	15	−24W−3v	−360W−45v
7—9	30	−21W−3z	−630W−90z
0—2	40	−3x	−120x
2—4	20	15W−3y	300W−60y
4—6	15	21W−3v	315W−45v
6—8	30	−3z	−90z
1—2	50	25W+5x	1250W+250x
3—4	60	15W+5y	900W+300y
4—7	100	5W+5v	500W+500v
6—9	30	35W+5z	1050W+150z
0—3	50	5x	250x
2—5	60	5y	300y
5—6	100	5v	500v
7—8	30	5z	150z
0—1	30	−20W−4x	−600W−120x
2—3	48	−12W−4x−4y	−576W−192x−192y
4—5	40	−4y−4v	−168y−160v
6—7	24	−4W−4v−4z	−96W−96v−96z
8—9	20	−28W−4z	−560W−80z

表中“△”代表構材之變形,而圖中各架構(Panel)之形狀與圖 2 相仿故可直接應用方程式 (2);在圖 4 各架構中 $\mathrm{Cosec}\,\theta=1.25$; $\cot\theta=0.75$, 則可寫成下列四威氏變形方程式:

$$(\Delta_{12}+\Delta_{03})1.25=(\Delta_{02}+\Delta_{13})0.75+\Delta_{01}+\Delta_{23} \quad \cdots\cdots(16)$$

$$(\Delta_{34}+\Delta_{25})1.25=(\Delta_{24}+\Delta_{35})0.75+\Delta_{23}+\Delta_{45} \quad \cdots\cdots(17)$$

$$(\Delta_{47}+\Delta_{56})1.25=(\Delta_{46}+\Delta_{57})0.75+\Delta_{45}+\Delta_{67} \quad \cdots\cdots(18)$$

$$(\Delta_{69}+\Delta_{78})1.25=(\Delta_{68}+\Delta_{79})0.75+\Delta_{67}+\Delta_{89} \quad \cdots\cdots(19)$$

用表 3 中之類代入方程式 (16), 得

$$(1250W+250x+250x)\frac{1.25}{E}=(-120x-600W-120x)\frac{0.75}{E}+\frac{1}{E}(-600W-120x-576W-192x-192y)$$

整理移項後,得

$$1117x+192y+3188.5W=0 \quad \cdots\cdots(20)$$

同法得

$$192x+1192y+160v+1836W=0 \quad \cdots\cdots(21)$$

$$160y+1573.5v+96z+754.75w=0 \quad \cdots\cdots(22)$$

$$96v+686z+2441w=0 \quad \cdots\cdots(23)$$

若用 4 乘以上四式,則得與方程式(12),(13),(14)及(15)相同之四式,故以上所述 A,B 及 C 三法所得之結果完全相同。

27512

鋼殼混凝土柱

Concrete Columns Encased In Steel Shells

Proposed by William S. Lohr

沈沛沅節譯

近世的工程家對於混凝土柱的設計,漸漸感覺到目前通行方法的不滿,主要之點,就是目前通行的設計方法,根據着一種不甚適當的假設。他們認定混凝土是有彈性的固體(Elastic Solid),以爲牠具有固定的彈性係數(Modulus of Elasticity),變形(Deformation)的增減和荷重(Load)成正比,換句話說牠的內力(Stress)和變形的關係,完全循依着呼克定理(Hook's Law)。但就事實的觀察,混凝土的性質可並不如此,牠沒有固定的彈性係數,內力和變形也並不全依呼克定理而變化。有時候在較小的內力之下,經過了相當的長時期,也有被降伏(Yield)的可能。這種的現像,可歸諸於膠性流動作用(Plastic flow)的一類。所以在設計混凝土構造物的時候,應當特別注意牠的黏流作用(Viscous flow),因爲當黏流作用發生的時候,混凝土的降伏價值(Yield value)極低。混凝土的這種特殊性質,雖然早被發現,但在混凝土構造物的設計方面受人注意,却還是最近的事。

因爲舊式的設計忽略了混凝土最重要的特性——黏流作用——,所以有種種的缺點發生。爲求混凝土的構造物更趨完美起見,於是就有一種與前逈異的新式樣的發明。

這種新式樣的設計,發明者就名之曰鋼殼式(Encased concrete),在理論方面和實際方面都具有長處。如用這種的式樣,來設計混凝土構造物內的柱,則更較優於目前通行的鋼筋混凝土柱。鋼殼式混凝土柱的形式,正如圖一所示;荷重全部加之於用薄鋼殼包圍着的混凝土柱心上(Concrete core),外周薄鋼殼的長度,應當造得比中間的柱心略短,這樣,一則可使鋼

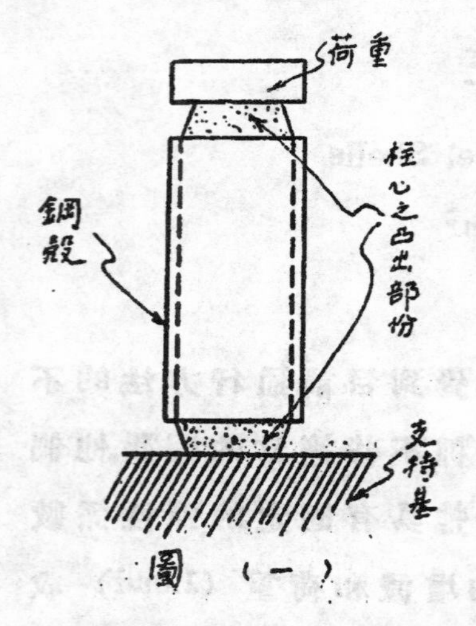

圖（一）

殼本身不直受任何荷重,同時可以減少鋼殼和柱心間的黏附力 (Adhesion or Bond)。不過後者可以另用旁的方法,假如在鋼殼和柱心間加一層極薄而具有低黏度 (Low Viscousity) 的流動物質,或是在混凝土未倒入之前,在鋼殼的內表面包一薄層爲混凝土所不能黏附的物質,也可以得同一的效果。凡此種種都無非想設法減免鋼殼的縱壓內力 (Longitudinal compressive stress),這就是鋼殼式和舊式鋼筋混凝土柱的不同之點。

包在柱心外圍的鋼殼具有兩種作用;第一而最明顯的,就是牠可以作爲柱的模子。第二而也就是最主要的,牠能夠阻止柱的直徑因圓周拉內力 (Circumferential Tensile Stress) 的作用而增長,換句話說,牠能夠消除橫方向的變形。因爲牠有次的作用,所以當柱心受重的時候,鋼殼各點發出輻射壓力 (Radial pressure), 向着柱心的縱軸起作用,使柱的強度增加。

有一點值得注意的,就是目前通行的鋼筋混凝土柱的荷重量 (Load carrying copacity),往往因着黏流作用而遞減。但鋼殼式的混凝土柱却是不同,因爲牠的柱心被鋼殼密密的包圍着,假使混凝土一起黏流作用,鋼殼和柱心間的壓力將隨之增高,這種壓力的增高,將使柱的荷重效能同時增大。

在計劃鋼殼混凝土柱之前,必須先決定鋼管和混凝土的單位內力 (Unit Stress), 其次如鋼殼柱心間橫壓力 (Lateral pressure) 和柱心單位縱壓內力 (Direct Longitudinal compressive stress) 的比率,也需要預爲測定。根據試驗的結果,鋼殼的單位內力通常定爲 18,000 lbs./in.^{2}。混凝土的單位內力定爲 2,000lbs./in.^{2}。鋼殼柱心間橫壓力和柱心單位縱壓內力的比率,則假定爲 0.12, 至於設計上應用的公式可分列如後:

P＝柱的安全荷重 (Safe load on column),

d＝鋼殼的內直徑 (Inside diameter of steel shell),

t＝鋼殼厚 (Shell Thickness),

p＝鋼與混凝土之斷面比率 (Steel Ratio),

R＝鋼殼柱心間之橫壓力 (Lateral pressure between core and shell),

f＝混凝土柱心之可容單位縱壓內力 (Allowable direct compressive unit stress in concrete Core),

S＝鋼殼之可容單位拉內力 (Allowable tensile unit stress of steel shell),

K＝鋼殼柱心間橫壓力與柱心單位可容縱壓力之比 (Ratio of Lateral pressure to the direct stress in concrete).

$$R=\frac{\pi}{4}d^2f=0.7854d^2f \qquad d=\sqrt{\frac{P}{0.7854f}} \cdots\cdots(1)$$

∵ $Rd=2ts$

∴ $$t=\frac{Rd}{2S}=\frac{Kfd}{2S} \cdots\cdots(2)$$

$$P=\frac{\pi dt}{\frac{1}{4}\pi d^2}=\frac{4t}{d}=\frac{2Kf}{S} \cdots\cdots(3)$$

將預知的 f (=2000 lbs./in.^{2}), S (=18,000 lbs/in.^{2}) 和 K (=0.12) 代入上式;

得 $$d=\frac{\sqrt{P}}{40} \cdots\cdots(4)$$

$$t=\frac{d}{150} \cdots\cdots(5)$$

$$P=0.0267 \cdots\cdots(6)$$

以上各式因為包含着K,所以和混凝土的最要特性——黏流性 (Viscous nature)——直接發生關係.至於K的數值的求得需要長時期的荷重

試驗 (Loading Test)。將來如混凝土的流動特性能夠完全知道的話,K的常數也須可以用計算的方法求得。

上面講過,鋼殼式的混凝土柱要較優於普通鋼筋式的,牠的長處,大概有下列幾項:

(1)因爲混凝土的可容單位擠壓內力可以高,所以鋼殼式混凝土柱的柱徑,可以造得比同荷重量的普通鋼筋混凝土柱來得小。柱徑一縮小,(a)混凝土的所需量減少,成本可減低;(b)可以節省地位;(c)柱的本身重量隨之減輕,而基礎工程的工和料可節省不少。

(2)除開兩端的間隙處外,柱的全身並不需要任何裝卸的模子,工作時間和工料可以經濟。

(3)柱外的鋼殼只受拉力的作用,在可能範圍內,得利用牠高度的單位工作內力 (Working unit strsss)。

(4)因爲不用鋼條,所以混凝土的注倒比較容易。

(5)裝滿着混凝土的圓筒鋼殼,具有極大的彎曲抵抗力 (Bending Resistance)。

(6)混凝土柱所需要的條件是堅韌 (Toughness),鋼殼式的混凝土柱要比普通鋼筋式的強韌得多。

(7)欄鋼式混凝土柱的震動抵抗力 (Shock-resisting capacity) 極大,所以用在地震地帶 (Earth-guake zone) 的建築物更顯優點。

(8)鋼殼式混凝土柱,可以比普通鋼筋式的提早承受荷重,所以用之於建築物裏,可以縮短工作時間,節省工資。

(9)混凝土柱一經造成,當然不希望牠的長度有任何更變。普通鋼筋式的柱子混凝土和空氣接觸的機會較多,易於吸收空氣中的潮濕,使長度增加。或是混凝土中的水份被空氣吸收,而使長度縮短。但鋼殼式的混凝土柱却不然,因爲柱心被鋼殼嚴密的包圍着,混凝土和空氣沒有直接接觸的。

機會。

總以上所論,如混凝土的建築物裏,完全採用鋼殼式的柱子,不特建造的成本可以節省百分之四十,同時強度方面更可得滿意的結果。

天下事有利必有弊,自然鋼殼式的混凝土柱也不能出此例外。當鋼殼式的柱子用在多層式平混凝土樓板 (Flat slab) 的建築物裏,爲避免鋼殼直接承受縱壓力起見,鋼殼的兩端並不直接憑靠着混凝土,所以隣層的兩柱間留有空隙,不相連絡(如圖二所示)。因之與地板平面 (Floor level) 接近部份的強度,較用普通鋼筋式混凝土柱爲差。爲補救上述的缺點起見,在隣層的兩柱間,應加入相當數量的鈎釘 (Hooked dowel), 或是連續的鋼條,如圖二所示。牠的數量應當足夠抵抗由桁樑和樓板所發生的不平衡端能率 (Unbalanced End Moment)。

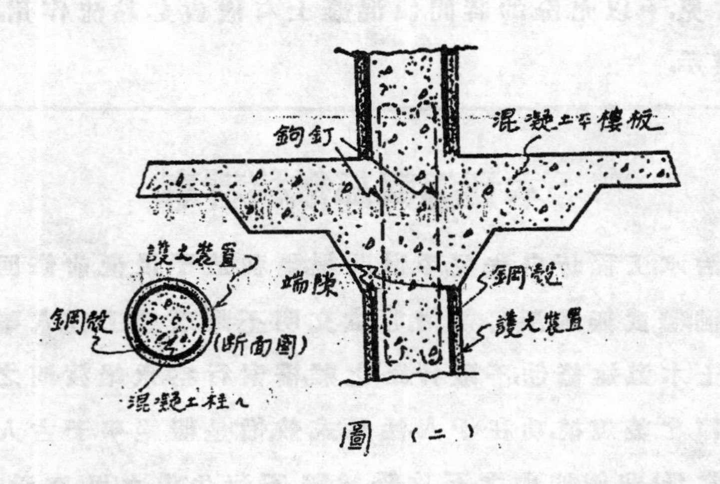

圖(二)

要使鋼殼混凝土柱用處的推廣,必須事前經過種種的試驗來證明牠的效率和節省,使一般人對於牠有相當的認識。同時設計上需要的各個常數,如 (1)圍在鋼殼內的混凝土柱心所具有的最大安全縱壓內力 (f), (Max. safe direct Compressive stress), 和 (2)鋼殼柱心間橫壓力和柱心縱壓內力之比率(K), 必須加以正確而適當的規定。除此以外,還有許多枝節

的問題,需要繼續的研究和推攷,如

(a) 最適當的混凝土成份配合量;

(b) 在實際情形下鋼殼和柱心間磨阻力(Friction)的作用;

(c) 最適當的鋼殼形式;

(d) 各種長短不同的柱端隙(End gap)對於建築物的實在影響;

(e) 鋼殼式混凝土柱和鋼筋式混凝土柱彎曲抵抗力(Bending resistance)的比較;

(f) 鋼殼混凝土柱和鋼筋混凝土柱縱變形(Longitudinal deformation)的比較。

在作上述種種研究的時候,尤應當特別注意到時間的問題,務須在試驗進行的當兒,予以充份的時間,使混凝土有機會起黏流作用,使牠的特性得顯著的露示。

本刊編輯部徵稿啓事

結巢治水,工程肪自先民,平道開渠,福利造于後世。前修回首,不盡低徊;繼武無踪,深可惋惜。近世文明丕曜,著績工程,人事光華,奠基土木。道途修飭,不歌行路之難,橋索行空,永絕渡河之嘆。西歐渠範,北美規模,功在于人,法足式效。惟是繼絕學于古人,騁齊驅于當世;非借他山之石,攻錯爲難,不耤先進之思,突飛豈易?本誌基此精神,藉爲媒介。庶乎聚參攷之資,作印證之用。同人等學殖淺薄,具宏願而怯汲深。諸先生才識豐瞻,抽餘緒咸屬至論。所望不吝金玉,惠錫篇章。名山碩著,固當寶若連城;片羽吉光,亦屬珍同拱璧。爲一步趨之致,約其指歸,幸加提挈之功,不我遐棄!

柱底板設計

Column Base-Plate Design

盛祖同譯著

柱底板之設計,本屬易舉,然因風力作用,則設計方法,亦因之而繁重,其接連處須用錨頭螺栓(Anchor bolt)以供其擔一部份之張力,昔者常用三次方程式計算之,然各人之結果亦殊難一致,今有美教授洛塞氏(J. E. Lothers)以相似鋼筋混凝土樑設計法,求得一最簡之法,今譯載於本刊,以供參考。

柱底板設計之要件有四:(一)為底板之面積須足以維持其混凝土基受安全之應壓力。(二)為底板之厚度須能抵抗基礎之向上撓曲力率。(三)為錨頭螺栓之大小須能担受風力率(Wind moment)所生之張力。(四)為錨頭螺栓與柱之連結須能足以抵抗風率力之作用。以上二三兩項均可以普通鋼結構公式計算之,其餘如計算底板面積及錨頭螺栓之大小,頗難着手,今以相似鋼筋混凝土設計法計算,較為便利。

若在普通矩形鋼筋混凝土樑,壓力之中點,常假定在樑之頂部三角柱體形壓力分佈圖之中心線上,故柱所傳之荷重合力,亦可假定在底板下三角柱體形壓力分佈圖之中心線上,此三角柱體形之高度即其底板之闊度b是也。平形於假定風向之一邊以x表之,即相當於kd數值,其他垂直於底板而背風向(Leeward)之一邊即等於混凝土基適當應壓力(Allowable compressive stress) f_c,其底板之闊度須擇一不致超過之數值。

其面風向之錨頭螺栓(Windward anchorbolts)即相似於樑之拉鋼筋,為使完全相似計,可設d−x/3為撓曲率力距,即相似於矩形樑之jd。然相似法亦有不儘善處，卽背風之錨頭螺栓(Leeward anchorbolts)不能同時計算，因其風壓力將底板傾壓於栓之四週而致減少其初始作用之張力(Initial tension)。

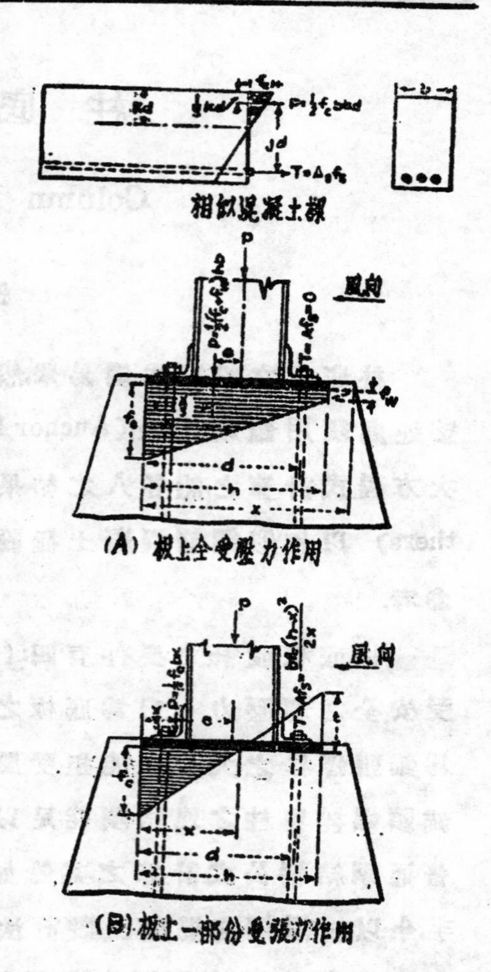

底级詳解圖 表明三角柱體形压力分佈圖在相似混凝土樑設計中之不同處，一在樑之上端，一在板之底下

相似於矩形樑之計算，kd 可先算出，壓力中心點及其樑之有効深度(Effective depth)或拉鋼筋之撓力率力 jd 亦可隨之決定矣。在底板而論，則壓力中心之位置，可先將偏心距 e (= M/P) 算出後而決定之。其合力之位置亦如矩形樑，通過底板下之角柱體形壓力分佈圖之中心。x 之值卽相彷於樑之 kd 是也。

設計時應注意之情形有三：(A) 爲底板上完全受壓力之作用，卽 x 比底板之長度爲大，作用於混凝土之壓力可以梯形表之。如圖所示。(B) 爲一部份底板受拉力作用，卽 e 小於 h/2，此則 x 小於 h，其底板下所作用之壓力成爲一三角形。(C) 若撓曲力率遠大於柱傳之直接荷重，則其合力之位置必出底板之外，而全底板盡爲拉力所作用矣。

底板上完全受壓力作用

設 P 爲施於底板之荷重以磅計，M 爲風之力率以寸磅計，等值偏心距(Equivalent eccentricity)爲 e，等值偏心距者卽柱之中心與發生 M 之 P 之距離是也。(此 M 係偏心荷重而生，非因風力所作用也。)則 Pe = M，

$$\therefore e = M/P \cdots\cdots\cdots\cdots\cdots(1)$$

底板之長度 h 須先假定,遇必要時而繼續假定之,其結果荷重須通過三角柱體形壓力分佈圖之中心,如是則此三角柱體可自向風端 (Windward end)伸出,如圖所示。因 e 之距離量至結果荷重之作用點爲止,則 $e + x/3 = \frac{1}{2}h$, 故得

$$x = 3\left(\frac{1}{2}h - e\right) \cdots\cdots\cdots\cdots\cdots(2)$$

來自柱之荷重P,可以底板下梯形柱體式壓力分佈圖之體積表示之,(見圖中射影所示),命 f_c 爲底板之背風端下之纖維應力, f_w 爲向風端下之纖維應力,因 x 爲已知,則 f_w 可以相似三角法求得之,此梯柱形體積爲 $\frac{1}{2}(f_w+f_c)hb$, 即 P 之值,故得

$$b = \frac{2P}{(f_w+f_c)h} \cdots\cdots\cdots\cdots\cdots(3)$$

此 b 之值即相當於前所假定 h 之值,若此二值並非成爲合理之關係,則 h 可重行假定,而 b 之適當數值可依此程序求得之。

在 (A) 種情形下,其錨頭螺栓並非因風力作用而生力張,除非在建造或略有之,故可採用一適當之大小,以不防測,依最優之經驗,設計時可先假定此面風端錨頭螺栓可抵抗一相當於力距 d 之風力率,在實際上各種高大建築物,均屬(A)種情形之下也。

張力同時作用

(B) 種情形者即風力率M較大,則相當於e之值亦必大,而所得x必小於h, 此表明一部份底板受張力作用,爲面風端之錨頭螺栓所担負也。在(A)種情形中所用求x之公式 (2), 亦可應用於此也。因x小於h, 其荷重P可以底板下三角柱體形壓力分佈圖表之(見射影所示), 故 $P=\frac{1}{2}bf_cx$, 而得

$$b = \frac{2P}{xf_c} \cdots\cdots\cdots\cdots\cdots(4)$$

於是錨頭螺栓之斷面積A即可求得,在 (B) 種情形下,若x小於h, 則面

風端底板下之三角柱體形張力必全為面風端錨頭螺栓所担負,若 P 表三角柱形壓力同,命角柱體張力之體積為T,張力三角形垂直於底板之一邊為 t,則

$$T=\frac{bt(h-x)}{2}\cdots\cdots\cdots\cdots\cdots\cdots(5)$$

依相似三角形法 $t=f_c(h-x)/x$ 故

$$T=\frac{bf_c(h-x^{\ 2}}{2x}\cdots\cdots\cdots\cdots\cdots\cdots(6)$$

結果若 f_s 代表面風端錨頭螺栓之應力,則得

$$A=\frac{T}{f_s}=\frac{bf_c(h-x)^2}{2f_sx}\cdots\cdots\cdots\cdots(7)$$

(4) 及 (7) 二式所得之結或有出入,若 x 之值在大於 0.8h 與等於 h 之間,則其錯誤甚微,可略去也.若 e 近於 $\frac{1}{2}$h 時,則其結果之錯誤甚大,可改用三次方程式法求得之(見 Engineering news record, Oct. 17, 1914),然實際上具此種情形者亦罕有焉.

非常風力率作用

如風力率之大遠較於 P, 使 e 之數值或超過 $\frac{1}{2}$h,而結果荷重必出於底板之外,則此法不能應用,然可以二項三次方程式解答之,然實際上不致成為事實,可無容細論矣.

森林與逝流之關係

楊國華

昔者,一般水利學者咸認爲森林於逝流有莫大之裨益:(一)森林可貯積地面上之水流,使其緩緩流下,如遇暴雨,因有樹枝與樹葉之阻碍,可不致暴注於河道而使流量平均;(二)森林可阻止春間融雪之過速,因林中積雪,不直收日光,故雪融較緩,致河水暴漲之機會亦少;(三)可增加雨量;(四)可防止坡降陡峻之地面上沙泥之衝蝕,以免水道,水庫等有沙泥沉積之虞。

於一九〇八年自美國 H. M. Chittenden 之論文發表後,謂「經研究之結果,森林與逝流之關係,實與曩者之持論大相逕庭,故森林之存否,似與逝流無關」自此以後,對此問題,遂有不少之爭辯與研究焉。

任何工程問題,如有數量上證明,嘗較可信,乃有美國哈氏(Hogt)及特氏(Troxell),從事於此項工作之研究,本文所述,卽二氏研究之經過及結果。

二氏以美國 Colorado 之 Wagonwheel Gap 及 South California 兩地之森林,爲研究之資料,於 Wagonwheel Gap 之各種紀載,係由美國 Forest Service 及 U. S. Weather Bureau 共同施測者,而 South California 因在一九二四年時有森林曾遭火災,且該森林所在之流域,其流量已有七年之紀載,故此二地,實爲本題最適合之研究資料,哈特兩氏卽將此二地之各種水文紀載,加以整理及分析,以證明森林與逝流在數量上之關係,茲將其梗概,分述如下:

在 Wagonwheel Gap(以下簡稱威地)所選擇之面積爲相毗連之兩流域(爲便利計稱爲面積 A 與面積 B),其水位高在 9000 與 11000 呎之間,面積 A 有 222.5 畝,面積 B 有 200.4 畝,因面積太小,其地質與天文之情形,可謂無甚差異。於 1919 年夏季,面積 B 上之森林完全砍去,其樹根以及蕪草於 1921 年亦皆焚去,但茲後七年又莽草叢生,竟有高至三呎至六呎者,此兩面積內每年平均溫度約 34°F,其變化在六,七,八,月之間約爲 80°F,而在十月至三月間,溫度亦有至零度以下者。每年平均雨量有21吋,其中一半爲雪。氣候情形,於森林被砍之前後,均甚相似。

在 South California (以下簡稱加地) 因 1924 年八月間加省 Azusa 之北有一森林被焚,且蔓延區域甚大,在此被災區域內,每一小河,均設有測站以紀錄水位及流量。在諸河流中,以 Fish Creek 之流量紀載最佳,因測站上流,並無築壩等工事之障碍,故選定 Fish Creek 之紀載爲研究之資料。

Fish Creek 大火後,所有峽谷兩壁之樹草,均被焚去,次夏又復滋長,迄至1930 年夏季,已恢復災前之狀況矣。其每年平均溫度,無直接紀錄,然鄰近之 Mount Wilson 約爲 55.7°F,每年溫度變化,在夏季約爲 100°F,在冬季有至 32°F 以下者。

哈特兩氏研究之目標,在決定此兩區域內,森林之存否與(1)逝流總量及其分佈之影響,(2)最大流量及發生日期之影響,(3)夏季流量之影響,(4)最小流量及發生日期之影響,(5)衝蝕作用及沙泥含量之影響。

(1)每年逝流總量及其分佈之影響

(以下簡稱森林被砍前爲第一時期,被砍後爲第二時期)欲知森林之存否對於諸面積之影響,必先須確定在第一時期面積 B 及 Fish Creek 之逝流如何,今以面積 A (森林未伐者) 與面積 B 比較,並以 Santa Anita Creek (未受火災者) 與 Fish creek 比較之。

哈特二氏將此威地之流量紀載分爲三時期,1912,1917 兩年逝流最大時期,1914,1915,1916,1919 四年爲逝流均穩時期,1913,1918 兩年爲逝流最小時期,在此三時期中,分別以面積 A 之日流量爲縱座標,面積 B 之日流量爲橫座標,用一曲綫以表明其互相之關係,則在第二時期,可根據面積 A 之日流量,在諸曲綫上,求得一面積 B 之日流量,此所求得之流量卽面積 B 如森林未砍時所應有之日流量,哈特二氏名之曰尋常日流量。(Normal Daily Discharge) Fish Creek 與 Santa Anita Creek 亦以同法比較之。

根據上法,求得面積B之實測流量與尋常流量之差,以第二時期之第三年爲最大,有2.141吋,以後卽逐年減少,在Fish Creek之最大差,在火災後之第二年有3.12吋。下圖(1)卽表明威地面積B較面積A逕流之累積差,(2)表明加地Fish Creek較Santa Anita Creek逕流之累積差,虛綫代表尋常流量,實綫代表實測流量。

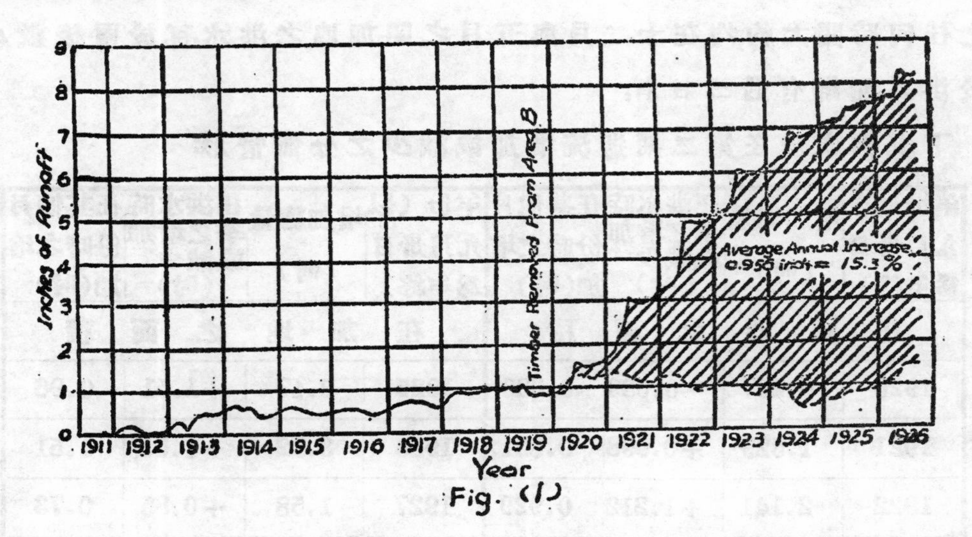

Fig. (1)

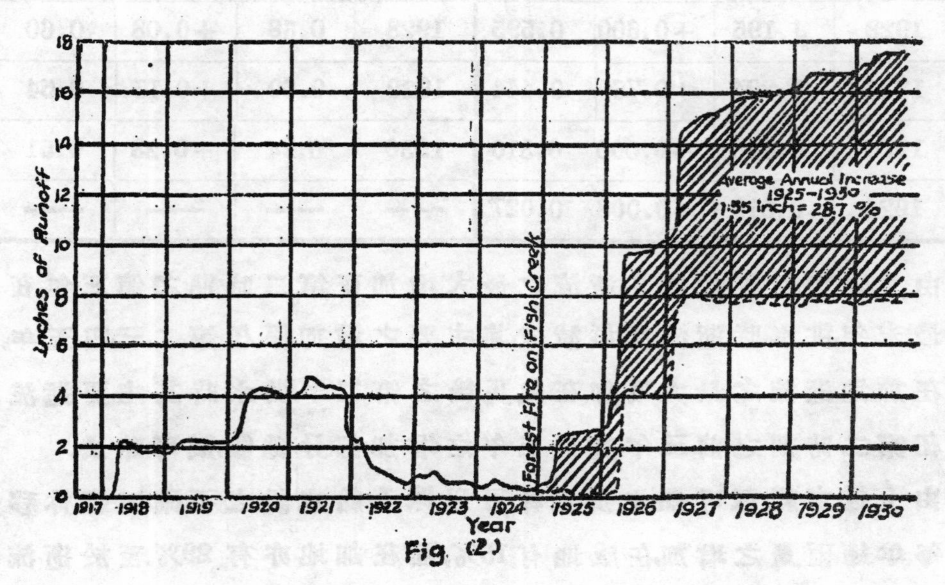

Fig. (2)

至於逝流增加之分佈情形,一般意見以爲森林移去後,在洪水位時,逝流必增加,在低水位時,逝流必減少,此說是否正確須待研究。

在威地及 Fish Creek 洪水所發生之原因則完全不同,前者因受高溫度而使雪融所致,後者則完全由於雨水所致.在威地之逝流約在四月卽逐漸增加,而至五月廿日達於洪峯,以後又漸次降低.在加省洪水可發生於雨後之任何時間,大約均在十二月與五月之間,加地之洪水,可於雨後數小時達於洪峯,而鮮有過三日者。

下表卽表示在第二期逝流增加或減少之分佈情形:

年份(以九月卅日爲年終)	增加總量(吋)	在洪水時季之增加或減少(吋)	在其他月份時之增加(吋)	年份(以九月卅日爲年終)	增加總量(吋)	在洪水時季之增加或減少(吋)	在其他月份時之增加(吋)
在威地之面積				在加地之面積			
1920	0.297	−0.039	0.336	1925	2.47	+1.51	0.96
1921	1.529	+0.698	0.831	1926	3.12	+1.61	1.51
1922	2.141	+1.212	0.929	1927	1.58	+0.85	0.73
1923	1.195	+0.600	0.595	1928	0.68	+0.08	0.60
1924	1.204	+0.760	0.444	1929	0.69	+0.15	0.54
1925	0.310	+0.000	0.310	1930	0.74	+0.23	0.51
1926	0.019	−0.008	0.027	——	——	——	——

由上表可知在威地其逝流之最大增加在第二時期之第三年,在第一年及最末年,洪水時逝流反形減少,其主要之增加,係在第二,三,四,五年。

在加地逝流之最大增加,在火災後之第二年,洪水時其主要逝流之增加,均在第二時期之前三年,其後三年之增加部分殊微,幾可略去。

由上述之紀載可知主張森林可以保全給水說之不確,因森林移去後,平均每年總雨量之增加,在威地有15%,而在加地亦有29%.至於逝流增加之分佈情形,與一般意見適得其反,在威加二地,雖非洪水時季,亦有52%之增加,此逕流之增加部份,乃取源於地下之泉水也。蓋地面上之樹木草原除去後,雨水可多量儲積,因既無樹根沼澤等之截阻,且植物之蒸發量亦可減少,但以後數年逕流之增加逐漸減少,即表明地面上之樹草又復蔓生及植物蒸發量之增加矣。

(2)最大日流量及發生日期之影響

在威地第一時期面積B之逕流與面積A之逕流平均比爲1.19,而至第二時期平均比爲1.65,增加39%.在加地Fish Creek之逕流與Santa Anita Creek逕流之平均比,災前爲1.55,災後則每年之變化甚大,其第一年曾因暴雨而發生四次洪水,其中之最大比有高至47.7者。但至第二年,幾降至災前之比數。最大日流量之發生日期,面積B因森林之移去提早約三日,而在加地,似與森林之存否並無影響。

威地之最大日流量,於森林伐去後,平均有46%之增加,此乃由於泉源流量之增加。在Fish Creek災後第一年之洪水量,較災前之平均洪水量大16.2倍,因此可知,地面上之草樹移去後,可增高尋常洪水位.(Normal Flood Height)但第二年Fish Creek之洪水量減少至巨,係表明地面上已有新植物生長。然面積B上植物之再生,所以無影響於洪水時之逕流,乃因大部份逕流已成泉源而注入河中.威地洪峯之提早三日,乃因融雪較早所致,而加地之洪峯,因受雨量之支配,故森林之存否,與時間無關。

(3)夏季逕流(七月至十月)之影響

威地於第一時期面積B與面積A之夏季逕流之平均比爲0.93,在第二時期,則比爲1.03,森林砍去後七年,面積B之夏季逕流,平均每年有12%之增加。

加地於第一時期Fish Creek與Santa Anita Creek之夏季逕流之平均比爲0.45,第二時期,則比爲1.69.火災後六年,Fish Creek夏季逕流之增加,平均每年有475%。

普通以為地面上有森林或草原之生長,可以增加夏季逝流並縮短低水位時期,蓋雨水之儲蓄,可因此增加之故,但以此迥不相同之二面積言,尚屬疑問,威地之夏季逝量平均每年有12%之增加,在加地則有475%之增加,但二者逝流增加之絕對值則幾相等,因Fish Creek在平常狀態下夏季逝流殊小,故所增加之百分比乃高,此種增加或由於地下泉水蓄量之增加及植物蒸發量之減少所致。

(4)最小日流量及發生日期之影響

在第一時期面積B與面積A最小流量之平均比為0.98;在第二時期比為1.10,此表明逝流有12%之增加。在Fish Creek火災前之七年有七分之四之時間,河水均告乾涸,其與Santa Anita Creek最小流量之比為0.32,第二時期則比為1.67。

自森林砍去後,面積B夏季最小流量之發生日期較前約遲五日。Fish Creek火災後,最小流量之發生日期約遲月餘。

冬季面積B與面積A日流量之比,在第一時期為1.24,在第二時期為1.27,在加地因溫度不低,不可得一相當之低逝流。

此係夏季逝流增加之故,遂有平均最小夏季逝流之增加及低水位時期之縮短。至於冬季之低逝流,以威地情形而言,似無影響。

(5)衝蝕作用之影響

在第一時期之八年中,面積A之每年平均含沙量每畝有3.15磅,而面積B之每年平均含沙量每畝有2.85磅。在第二時期之七年中,面積A之含沙量每畝有2.15磅,而面積B之含沙量則每畝有16.7磅,此雖較第一時期之含沙量增加八倍之多,但仍不可表示即為衝蝕作用所受之影響,因每年每畝所增加之沙泥量,仍極微小,且坡地上之衝蝕現象,均不易見,由小溝壑中所衝蝕之泥沙,常沉積於平坦之道路上,而不注入河流中,故此含沙量之增加,雖比值甚大,仍不可表示卽森林砍去後,衝蝕作用所受之影響,如森林未除,則面積 B 之含沙量未始卽無增加。

在 Fish Creek 火災後之第一年,其峽谷兩壁荒草樹根之類,均被焚去,故所受之衝蝕甚深,鄰近之果園,公路均成澤國,至第二年,地面上之植物又復滋長,是以沙泥含量卽減少甚多,迨至 1930 年,與災前之情形已無二致矣。

查衝蝕作用乃受地面流水所致。在威地之沙泥衝蝕,並無因受森林影響之證據,此或係無直接地面流量之故。加地火災後因地面流量增加,衝蝕作用亦大,如在 Fish Creek 有如威地仍有樹根及草屑等之殘留,則衝蝕現象,必如地面上有樹草時之情形相同。

結論

根據以上分析之結果,可知森林之存在,有減低洪水位及防止沙泥衝蝕等之效用,但此說是否亦能實用其他情形不同之面積,尙屬疑問。威特二氏係主張須培植及保護森林者,此篇論文發表後,諸專家如 Steveus、Mead 等對於問題均曾有討論。有主張森林之生長,消耗極大部分之水量,且阻止雨雪之滲入土中,並因枝葉關係增加蒸發量,若森林除去後,所消耗之水量,皆可化爲逝流,至於提早或延遲最大及最小流量之說均不可靠。又有認爲森林之生長可增加雨量,若森林砍去後,則雨量之減少,必使河流及泉源均告枯涸。又有主張森林於適當之雨量下,必生長榮茂,而森林於雨量則無影響。總之,森林與逝流,若謂二者絕無關係,似不可信,但森林是否有害或有利於逝流,當視各面積之情形而異,蓋逝流之影響,與地形,地質,泥土,及流域之大小及形狀等等均極有關係,非僅森林之存廢問題,卽歸諸於逝流所受影響之原因。故美國有多數之觀察者曾得一結論 "In respect to runoff, each stream is a law unto itself,"

原文見 A. S. C. E. Aug., 1932.

重力式堤岸及複式防水壩

(Gravity Bulkheads and Cellular Cofferdams)

(應用鋼板樁之主要學理)

Raymond P. Pennoyer 著　石家瑚節譯

重力式鋼板樁堤岸,有二行互相連繫而平行之樁壁,壁間充以泥土或碎石.因外面之泥土,水,或其他壓力所生之顛覆,扭歪及滑動等傾向,得以賴壁間泥土或碎石之重量以阻止之.

堤壩之設計步驟有五:

(一)定外面泥土或水之旁壓力;(二)定堤之適當寬度以抗顛覆;(三)求滑動安全率;(四)求樁壁內物質之內剪力;(五)定因壁間物質之旁壓力而生之灣曲權 (Bending Moment).

第一圖爲問題之表率,堤中祗塡以泥土,其中高度以呎爲單位.

記號: P_e=乾土或濕土之相當液體平壓力(Horizontal liquid pressure)之增加量;

P_{einw}=淹沒泥土之相當液體平壓力之增加量;(每平方呎上之磅數爲單位)

P_w=靜水壓力之增加量,(單位以每平方呎上之磅數)=W_w,每立方呎水之磅數;

P_{eomb}=淹沒泥土及水之混合相當液體旁壓力之增加量,(以每平方呎上之磅數)=$P_{einw}+P_w$;

W_e=每立方呎乾土或濕土之磅數;

W_{einw}=每立方呎淹沒泥土之磅數;

ϕ=乾土或濕土之土坡原角 (Angle of repose);

ϕ'=淹沒泥土之土坡原角.

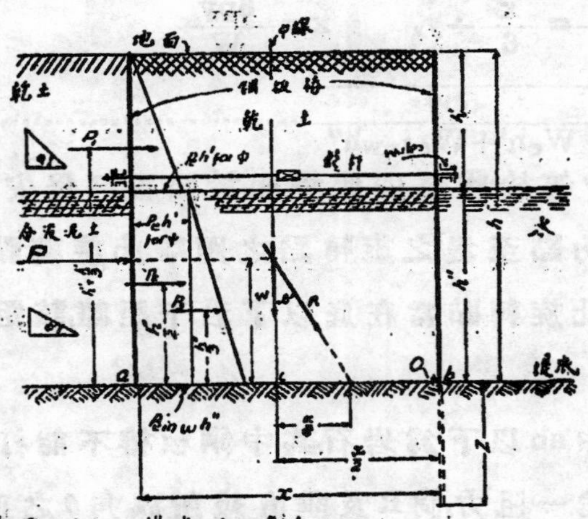

第二圖 重力式堤岸所受之負重及力

庫倫氏(Coulomb)公式內之泥土重量,須先化成相當平壓力才能應用。

$$P_e = W_e \tan^2\left(45^\circ - \frac{1}{2}\phi\right) \qquad (1)$$

$$P_{einw} = W_{einw} \tan^2\left(45^\circ - \frac{1}{2}\phi'\right) \qquad (2)$$

在第一圖中,外面旁壓力之分配以三角形及長方形說明之;其面積則代表旁壓力 P_1, P_2, 及P_3。(以每呎寬所受之磅數爲單位)

於是 $$P_1 = \frac{P_e(h')^2}{2} \qquad (3)$$

$$P_2 = P_e h' h'' \qquad (4)$$

$$P_3 = \frac{P_{einw}(h'')^2}{2} \qquad (5)$$

合力 $$P = P_1 + P_2 + P_3 \qquad (6)$$

$$\because \sum M_a = O, \therefore \bar{y} = \frac{P_1\left(h'' + \frac{h'}{3}\right) + P_2\left(\frac{h''}{2}\right) + P_3\left(\frac{h''}{3}\right)}{P} \qquad (7)$$

因P而生之顛覆傾向,爲二樁壁間之土或碎石之重量所抵禦,其重力經過堤之重心。令 x 爲堤之未知寬度,則其重心在$\frac{x}{2}$處。

若P及W之合力,R,交底邊,ab,在中央三分之一之內,則堤之後跟無引力。於是此堤亦無顛覆之虞。其中W爲一段x呎寬及1呎厚之堤之重量。

$$W = x(W_e h' + W_{einw} h'') \qquad (8)$$

於是 $\tan\theta=\frac{P}{W}=\frac{x}{6}\div y,\quad x=\frac{6py}{W}$

或 $$x=\sqrt{\frac{6py}{W_eh'+W_einwh''}}\quad\cdots\cdots(9)$$

如x之值至少等於此值,則此堤關於顛覆可保安全。y之尺寸(Dimension)爲由P之作力點至堤之旋轉點之距離,此旋轉點在堤底,該堤底須爲岩石如係土壤,則此旋轉點當在底以下若干距離,該距離視土壤之穩度及被動抵抗力而定。

如在第一圖中ab以下爲岩石,其中鋼板樁不能打入,則土壤在石上之摩擦力爲滑動之唯一阻力,倘R及垂直綫所成角θ之正切小于摩擦係數f時,則滑動可保安全。假使堤岸築在土壤上,且因建造關係而無須打板樁至ab面以下,則ab面上下之同樣成分及密度之土壤之內部摩擦係數必超過θ。如上下土壤不同,則摩察係數尙無已知值可用。

尋常重力式堤岸是築在土壤上,板樁打至堤底以下必要深度,如第一圖中O點以下之虛綫卽是,如此才能阻止因土壤之被動力而生之滑動,於是單就滑動之抵抗力而論,土壤之內部摩擦力可以不計。

表一 土壤在各種岩石上之摩擦係數(Brennecks-Lohmeyer氏所定)

土壤之種別		岩石之種類				
		粗花崗岩	平滑砂石	粗砂石	平滑磚石	粗磚石
礫石與沙	乾	0.54	……	……	……	……
	濕	0.48	……	……	……	……
細沙	乾	0.70				
	濕	0.53				
流體膠土(Fluid Slime)			……	……	0.05	0.10
較固定膠土		……	……	……	0.10	0.20
濕黏土與肥土(Clay and loam)			……	……	0.20	0.30

乾沙	…………	…………	0.6	0.70
濕沙	…………	…………	0.3	…………
乾礫石	0.57	0.61	0.40	0.50
濕礫石	0.60	0.62	0.40	0.50

其次定板樁須打下之深度Z,以防因外力P而生之滑動,該滑動爲土壤之被動壓力所抵禦,按庫倫氏定律,此被動壓力爲:

$$P_P = W_e \tan^2(45° + \tfrac{1}{2}\phi) \quad \cdots\cdots (10)$$

其中P_P爲土壤之相當被動液體抵抗力(Equivalent liquid passive resistance)之增加量(單位以每方呎上之磅數),如泥土係淹沒者,則用$W_{e\,1nw}$代替W_e,於是P_P必須大於P或等于P.故$Z \geqq \sqrt{\frac{2p}{P_P}}$ ……(11)

若Z等于或大於此比值,則此堤無滑動之虞。

倘ab係一岩石面,則板樁前趾在此面上之滑動抵抗力,乃一未知安全率,該抵抗力甚大,蓋大石之不爲鋼穿鑿至數吋深者甚少,如與岩石所接觸之土壤係穩定之沙,礫石,黏土或碎石,除特殊之外面沈重旁負重外,其摩擦力足以完全抵禦滑動,且有一大安全率。

如二樁壁間之物質充填不穩固,則該物質之內剪力特別重要,按虎克定律(Hooke's Law),在一彈性固體中,任何一點,其單位縱橫剪力相等。沿堤之外壓力假定相同,則最大縱內剪力在縱中綫與ab平面之交點,C(第一圖)。在經過堤岸之任何水平面上,其總內剪力等於在此平面以上之總旁負重。剪力在平面之中線最大,至樁壁爲零。

應用力學定律,在C點之縱橫內剪力,S,(單位以平方吋上之磅數)爲

$$S = \frac{P\left(\frac{x}{4}\right)\left(\frac{x}{2}\right)}{\frac{x^3}{12}} = \frac{3P}{2x} \quad \cdots\cdots (12)$$

其中P爲C點以上之外界總旁壓力(每呎長之堤所受之磅數爲單位),x

27533

爲堤之寬度(以呎作單位)。

以中線爲軸,畫內剪力。如P爲常數,則此曲綫爲拋物綫形。其値在ab平面上最大,在堤頂爲零。大半P爲變數但其曲綫大致仍保持拋物綫狀。設ϕ爲土壤內抵抗力之角,則眞正在ab平面上之單位剪力抵抗S_e爲

$$S_e=(W_e h'+W_{e\,ln} wh'')\tan\phi' \cdots\cdots\cdots\cdots (13)$$

如將此剪力抵抗之値畫在與眞正內剪力之同一縱軸上,假定剪力抵抗自頂至底相同,則結果此圖爲一三角形,但因大半堤岸含有不同剪力抵抗値之土層,代表剪力抵抗之各綫,將在此土層處中斷,但結果大致仍爲三角形。剪力抵抗當然須大於內部剪力,安全率愈大愈妙。如堤內物質之剪力抵抗不足,則此堤須較顚覆所需之寬度更大。

在繫杆及帮板(Wales)上之灣曲權(Bending moment)及負重(Loads)

在外樁壁內,(因堤內泥土之旁壓力及在帮板與繫杆上之負重而生)之灣曲權其計算法可參考著者在一九三三年十一月在Civil Engineering中所發表之"Details of Steel Sheet-piling Bulkheads"。外壁所受堤內物質之壓力與發生滑動或顚覆之外力並無關係,應分別討論。第一圖爲特殊情形;外負重與內負重適相同。

ab平面爲大石時,須有相當設備以阻止外壁之板樁趾爲內部壓力向外移動;其法或在岩石中鑿一溝,或炸成許多洞以納板樁。

另一奏效方法爲二對面每一間隔之板樁用繫杆互相連結,此項繫杆在未打樁前預先裝在樁上;如此連結之二板樁同時打下至一定深度。

以上所述只限於恃外樁壁之棟樑强力(Beam strength)以抗內壓力之堤岸,並不適用於複式堤岸。

重力式堤岸之代表爲複式防水壩,各種基礎(Foundations)或其他建築如在極深之水中,或築在極深處,或單牆防水壩不合實用時,則須用此項計劃。

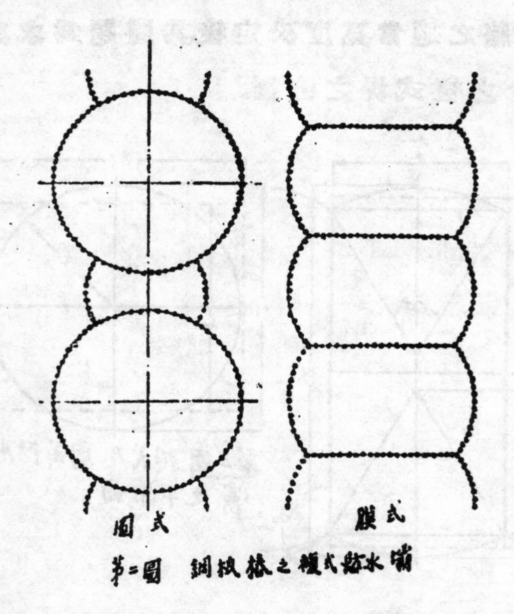

第二圖　鋼板椿之複式防水壩

複式防水壩之板樁打成連接之細胞狀,其中塡以碎石或泥土,使其重量足以抗外力,第二圖中所示之膜式細胞狀堤岸(Diaphragm type)其外壁之樁打成一組弧形,用Y片連接,Y片之幹部用板樁所成之膜牆橫貫堤岸相連結,同圖中尙有圓式之複式防水壩,板樁打成許多短弧連接之全圓。膜式較圓式所需板樁為少;但圓式較穩固,膜式必須分期充塡,使鄰近細胞中之塡土至同樣高度以免膜壁扭歪,然此項膜壁可稍如弓形以勝此困難,但Y接頭中所生之應力為可疑之應力,蓋此時Y為三連接之弧形也。

雖複式堤岸尋常用於防水壩,此乃暫時之建築物,但其原則亦可應用於永久之建築物如碼頭及擋土墻等。

複式堤壩與直墻重力式之異點為前者外墻之樁打成弧形或圓形及其帮板與繫杆代以樁壁,使全部板樁受引力。外墻之旁側移動為內墻所抵禦。二者設計之異同至為重要,玆略述於后:

外力,外力之合力及其作力點,與抵禦顚覆所需之寬度等計算法,一如直墻重力式。因複式之外墻係曲綫形,其寬度必須增加,使塡物足以抗顚覆,一如長方式,長方式牆之適當寬度決定後,其問題爲求與長方形同斷面係數(Section Modulus)之複式堤之直徑。

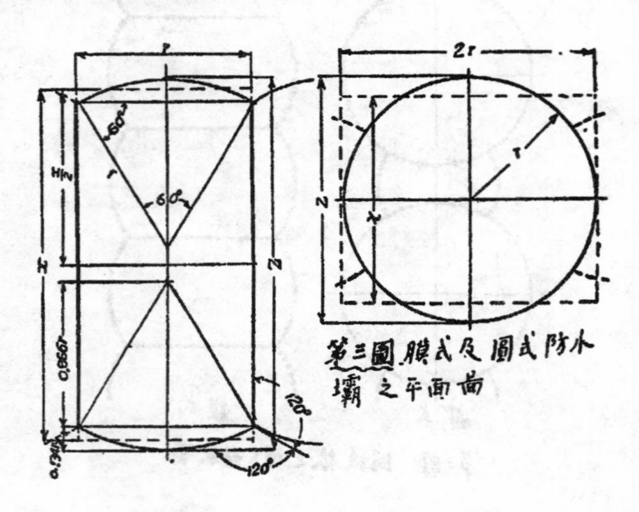

第三圖 膜式及圓式防水壩之平面圖

第三圖中x代表長方形堤之寬度【由(9)得來】r爲具相同斷面係數之圓之未知半徑。長方形之斷面係數爲 $\frac{2rx^2}{6}$,或 $\frac{rx^2}{3}$ 及圓之斷面係數爲

$$\frac{\pi}{4}r^3=0.7854r^3 \text{ 於是 } 0.7854r^3=\frac{x^3}{3}r \quad \text{或 } r=\sqrt{\frac{x^3}{2.3562}} \cdots\cdots\cdots\cdots(14)$$

如各細胞中之各圓有此半徑則在連接圓之短弧中物質之承載值(Supporting Value)可不顧,蓋此項錯誤在安全方面,普通直徑Z作爲0.80除長方形之寬度,x,所得之商,則此堤岸之斷面係數與寬度x及長度2r之長方形之斷面係數大約相等。(如第三圖)

若堤爲膜式,則問題更複雜,除特殊情形外,複式防水壩之Y接頭之各股間角度皆爲120°。所以在各細胞中之弦等于半徑r,且連接弦端之半徑間之角度爲60°。直接求細胞之寬度,Z,(其斷面係數與寬x及長r之長方形相同)頗爲複雜,大概爲: $Z=x+0.16r$,或 $\frac{x}{0.9}$

於是可定兩相對弦中間之長方形之斷面係數與兩頭弓形之係數相併合。

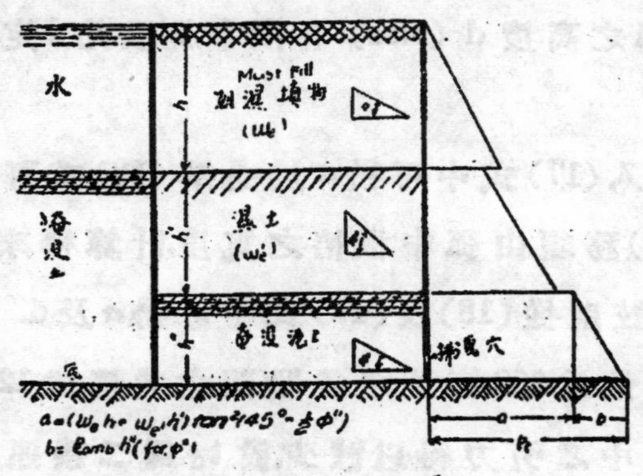

第四圖　複式防水壩之内壓力圖

因複式堤岸之外墻打成弧形或圓形,故其中泥土之旁壓力須持板樁之引力及連鎖(Interlocks)以抵禦之。以下所論僅關於連鎖之板樁之最小强力部分。

如內外泥土壓力不等,則當分別討論。無論複式堤岸築在岩石上或泥土上,其最大之旁壓力總在堤底,如第四圖令 P_t 爲此單位旁壓力(以每平方呎上之磅數爲單位)參考第五圖在連鎖中之引力,t(堤每長一吋之磅數爲單位)。

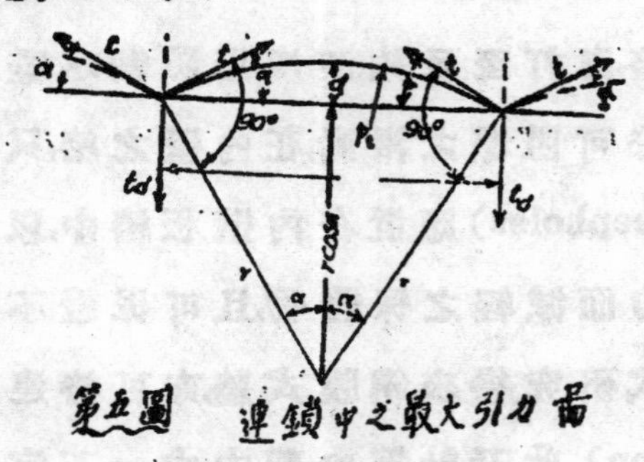
第五圖　連鎖中之最大引力圖

爲 $t=\frac{P_t r}{12}$ ......(15)

用最大安全引力,f(每長一吋之磅數爲單位)代替 t,於是弧之最大半徑(呎作單位)爲

$$r_{max}=\frac{12f}{P_t} \quad (16)$$

再從第五圖可得,$\cos\alpha=1-\frac{d}{r_{max}}$ ......(17)

及　$C=2r_{max}\sin\alpha$ ......(18)

無論圓式或膜式堤壩,其最大半徑不使連鎖之引力超過 f 均可由(16)式得來,除防水壩外,如擋土牆及碼頭等用 r_{max} 亦較爲有益,再者如因各種

27537

關係,此類堤岸之弧之高度d (rise) 有限制,則以此d定弦長C.而不使超過r_{max}.

如已擇定d,代入(17)式中可得α於是解(18)式可得最大弦C,實際弧之度量(Dimensions)務須由弧中板樁之寬度,計算得來（Y片之度量亦算在內）如先擇最大弦則從(18)及(17)式中可得α及d.

實際α之最大值爲30°使Y之各股間之角度成120°然因建築關係不常用此值,結果Y片中之引力得以減少.設t_d爲二接連弧之引力合力,α等于30°時則Y片中各股之引力 $t_d=t=\frac{P_t r}{12}$ ……………………………………(19)

倘α小於30°,則膜式連鎖之引力t_d常小於t,（Y接頭之弧形牆之引力t）在圓式防水壩中之弧應愈短愈妙;（普通5至7塊板樁）蓋在連鎖中之真實應力難斷也.

複式堤岸之滑動及內剪力

複式堤岸之滑動安全率與箱式者同樣求法;在ab平面上之平均剪力可由有同樣顛覆抵抗力之長方式堤（一呎長）上所受之總外旁壓力除以x呎寬得來;此值可稱安全.

若複式防水壩築在泥土上,在外牆之樁,應打至足夠深度,以防禦水壩下漏水,及阻止靜水壓力之顛覆傾向;有時亦可阻壩之滑動,在內壁之樁,只須打至足夠深度,以擋壩中之土.排水穴(Weepholes)應置在內壁板樁中,以排洩積聚在內之水,此乃填土不爲水之浮力而減輕之保證物,且可保證不超過連鎖中之安全引力,內剪力可由(13)式研究得來.鋼膜式牆,亦可持連鎖中之摩擦力以抗禦堤之變形(Deformation).此乃計算內剪力中一不定安全率.

計算尺上解二次或三次方程式

楊　欽

解二三次方程式之方法,雖有數種,然迅速而仍準確者,殊不多見。茲於工程新聞雜誌 (Engirering News Record) (一九三五年一月份)上,見有用計算尺解法一則,以其頗合工程上之應用,爰摘譯之,以供同好。

二次方程式　普通一般之二次方程式,皆得寫作下式:

$$x^2+px+q=o$$

從代數學上知道,此方程式之兩根與x之係數,有一定之關係。(1)二根之積必為q。(2)兩根之和必為−p;再我們如將計算尺之滑尺,倒置於槽內,(C行在上B行在下),且將C1指於D行之某數,則玻指示器 (Cursor) 黑線所切之任何一對數之積,皆為某數,所謂一對數者,即C行上一數,與相對之D行上一數也。從此二點我們可用以解二次或三次之方程式矣。

解法　將滑尺倒置,且使C1指q於D行上,則玻指示器所切之二數一在C行上,一在D行上,皆適合(1)之條件。現在如將玻指示器逐漸移動俟所切一對數之和或差,(即為負時)則(2)之條件又適合矣,以故此二數即欲求之根也。見圖一。

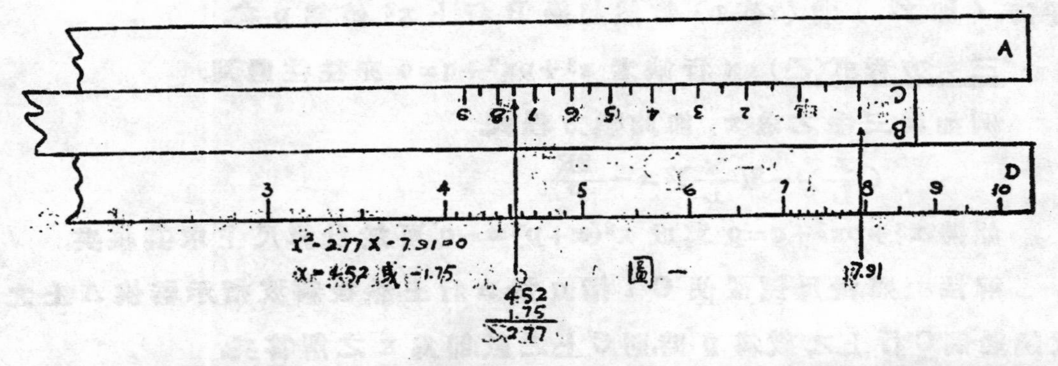

圖一

三次方程式(甲)三次方程式中間二行之任一行缺少者,每常遇到。

27539

普通一般之三次方程式如下式:

$$x^3+ax^2+bx+c=o$$

若將$(x+\frac{1}{3}a)$ w代x,則x^2行卽消去

$$(x+\frac{1}{3}a)^3+\frac{3b-a^2}{3}(x+\frac{1}{3}a)+\frac{2a^3-9ab+27c}{27}=o$$

於是變成下式

$$x^3+px+q=o \quad 或 \quad x(x^2+p)=-q$$

解法　將滑尺倒置,使B行及C行倒讀,再將C1指q於D行上,然後移玻指示器,俟B行之數超出D行上之數爲p時,則x値於C行上讀之卽得。見圖二。

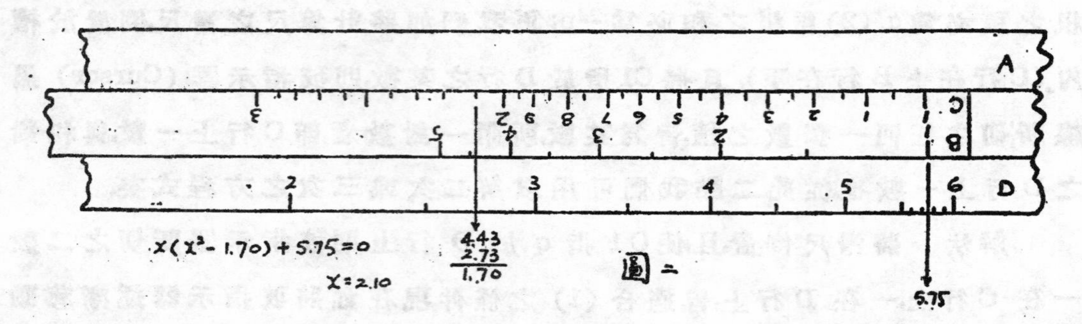

圖二

理由　玻指示器所切之任何二數之積爲q,(二數爲C行及D行上之二數)所以亦卽x與(x^2+p)之積爲q。但B行之數適爲C行之數之平方,(卽x^2)則(x^2+p)當然超過B行上x^2値爲p矣。

<u>三次方程式(乙)</u>　x行缺者$x^3+px^2+q=o$亦往往遇到。

例如圖三中之求x,卽此類方程式。

$$(\frac{x}{L})^3-3(\frac{x}{L})^2=-\frac{2R}{P}$$

如將$x^3+px^2+q=o$寫成$x^2(x+p)=-q$,可於計算尺上求其根矣。

解法　將滑尺倒置使C1指q於A行上,然後移玻指示器俟A上之數超過倒C行上之數爲p時,則C上之數卽爲x之解答矣。

理由與前相仿,蓋在此處A行之數適爲D行之數之平方也。

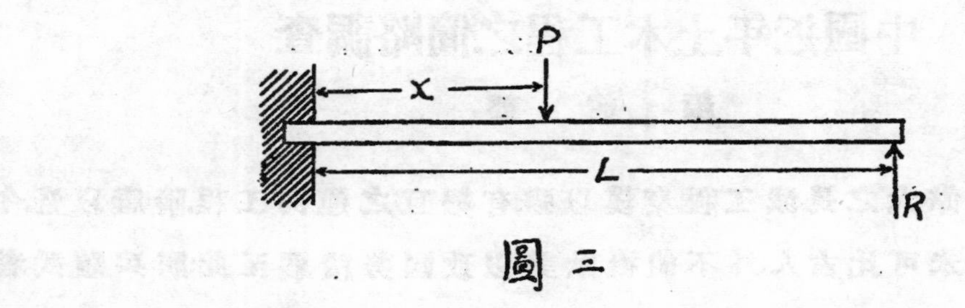

圖三

以上之法雖云簡便,然於未解之前,當略知其近似值,否則亦不能見其便利之處也.所幸工程上之問題,不若數學上之問題之空虛,而難於猜度,如前例, $\frac{x}{L}$ 必在 o 與 1 之間而 R 必小於簡單之樑 (Simple beam) 之 R,因此 $\frac{x}{L}$ 必稍大於 $\frac{R}{p}$ 也.

通訊

接奉　來書,囑錄粵漢鐵路株韶段工程情況,本當早日應命,藉副雅望.奈實以事餘之暇,未克如願,深以為歉.本局各總段工程進行,尚稱順利,現已次第舖軌,預計明年年底可全路工竣通車.偉大工程如淥河洣河耒河三大橋之積極施工,虎口瀾烏鴉山之如限鑿通,皆更非拙筆所能盡述;平日藉悉其大略者,咸賴本局所出版之工程月刊,茲特購奉最近五期,謹備　垂閱.至於唐個人心得,實因閱歷尚淺,經驗未豐,愧無以告.惟敢介紹於　諸同學前者,卽本局出版之「監工須知」一冊,內容尚佳,頗合實用,如欲服務於鐵路上者,更有參看之價值,每冊國幣二元,可向本局總務課定購也.本段工程局設於衡州,為本路全線之中心點,地位重要,故車站站場,均已在積極佈置中矣.此上

編輯部轉諸同學公鑒.　　趙祖唐謹啓　二四,二,八.

27541

中國近年土木工程之簡略調查

編輯部

吾國昔有偉大之長城工程,秦漢以强;有艱巨之運河工程,隋唐以盛。今日凡百建設,前未可比古人,外不能擬歐美,以致國勢積弱至此;窮兵黷武者之隨處摧殘,固當負其全責,任事工程者之不多努力,亦難辭其咎也。

在此民窮財盡之秋,欲謀各項建設之同時進行,勢所不可。惟衡其輕重,權其緩急,以吾國之地大物博而致民生凋疲,災黎遍野,則生產與交通之建設,絕爲刻不容緩之事。因是復興祖國,負責土木工程者更較仔肩重大。

土木工程方面門類衆多,吾國尙未見一有系統之記載,因將十餘項土木工程之已有成績,依重要之次序,作以下簡略之統計,以便參考。

〔一〕灌溉工程

吾國素稱以農立國,農民佔國民百分之八十以上。年來炮火災荒,炊斷流亡者不知幾千萬人,爲狀之慘,莫此更甚。今日而欲濟此燃眉之急者,維灌溉工程之舉辦是也。幾昔渭北有鄭國白公兩渠,溉田 4,450,000 畝,漢中有山河大堰等渠,溉田 650,000 畝,河套有八大渠之建設,溉田 7,800,000 畝,成都有岷沱江之利用,溉田 400,000 畝,甯夏有漢唐渠之興修,溉田 1,500,000 畝,因得歲有豐收,安居樂業;何如後竟湮廢無存。邇來各方注意及此,次第籌築科學方法之灌溉事業,正風起雲湧。惟較大工程之已成者僅下表所列,建築中者則陝西有洛渭兩渠,甯夏有興業諸渠,以及冀省滹沱河畔,蘇省江北方面等處。

渠堰名稱	灌溉區域	幹渠長度	渠水流量	灌溉面積	完成年份
涇惠渠	陝西渭北五縣	117 公里	16 立方公尺/秒	600,000畝	1932
民生八渠	綏遠薩托兩縣	70		1,700,000	1931
蓮柄港灌溉工程	福建長樂縣	29	5	60,000	1929

27542

〔二〕 鐵道工程

一國實業生產之發展,經濟文化之進步,賴於鐵道之貫輸力最大.該項工程爲世界各國最暢盛之一種事業,吾獨瞠乎人後,偌大國境,幹綫寥寥,與國土相等之美國比較,不及其百分之二.路網較密之東三省,今又淪於強鄰,國人對此更當有所警惕,非急謀進展不可.下爲已成之鐵路表.

鐵路名稱		幹線長度	支線長度	最大坡度	鋼軌重量	通車年期
平漢鐵路		1,214.49公里	96.83公里	0.88%	75—85磅/碼	1906
津浦鐵路		1,009.16	96.03	0.67	85	1912
北甯鐵路		834.14	492.08	1.00	85—87◉	1907
平綏鐵路		812.34	57.49	3.33	85	1922
京滬鐵路		311.04	16.09	0.63	85	1908
滬杭甬鐵路	滬杭段	195.83	13.77	0.33	85	1916
	曹甬段	77.90	——			1914
膠濟鐵路		395.20	68.48	0.67	87◉	1904
隴海鐵路	海州西安段	1,025.91	——	1.50	85	1934
正太鐵路		243.00	——	1.84	56	1907
道清鐵路		150.45	15.65	0.87	75	1925
粵漢鐵路	湘鄂段	417.30	90.40	2.10	85	1920
粵漢鐵路	廣韶段	224.15	48.92	0.70	85	1916
吉長鐵路		127.73	——	1.25	80	1912
吉敦鐵路		210.40	11.00	1.50	75	1918
四洮鐵路		314.97	115.06	0.76	64—85	1923
洮昂鐵路		224.28	——	0.70	80	1926

◉ 87磅/碼 爲鐵道部部定標準鋼軌 43公斤/公尺

南潯鐵路	128.35公里	——公里	1.00%	60—76磅碼	1916
廣九鐵路	178.55	——	0.60	85	1911
浙贛鐵路杭玉段	344.49	22.74	1.00	35	1934
新甯鐵路	109.93	28.62	1.60	60	1913
潮汕鐵路	42.07	——	0.66	75	1906
瀋海鐵路	257.44	69.12	1.00	60—90	1927
吉海鐵路	183.40	——	0.80	75	1929
呼海鐵路	216.50	8.00	1.00	65	1928
齊克鐵路	203.50	53.10	0.70	60	1930

〔三〕 公路工程

公路於中國三四年來進展甚速,惟皆在內地興築,邊陲仍稀少如舊,觀下表可知。今者一九三六年危機已迫,若再不加修邊省之公路,恐將無以鞏固國防矣!

省別	已成公路	省別	已成公路	省別	已成公路	省別	已成公路
江蘇	4907公里	浙江	3400公里	福建	2480公里	江西	2760公里
安徽	3136	陝西	2052	綏遠	2410	察哈爾	3898
熱河		遼寧		吉林		黑龍江	
山東	2600	山西	2760	河南	2638	河北	3600
寧夏	1977	甘肅	3399	青海	1584	新疆	4350
廣東	7962	廣西	6530	湖南	1870	湖北	2695
四川	4700	貴州	1752	雲南	1342	西康	554
蒙古	2880	西藏	926				

〔四〕　橋樑工程

鐵道公路發展中,橋樑之急於建築,理所當然,尤以該項工程,吾國自古卽有石拱鐵索等橋之發明,外人極力式效,當今歐美各國已早無渡河之難,而吾國南北交通,反仍多以江流中阻,可不浩嘆?總計國內大橋在四百五十公尺(約卽一千五百呎)以上者僅表列數處,

橋　名	橋　址	橋身長度	橋身質料	載重量	築成期
盧溝橋	平漢路永定河上	468公尺	鋼	E 30	1898
新樂橋	平漢路沙河上	503	鋼	E 20	1900
滹沱河橋	平漢路滹沱河上	553	鋼	E 25	1903
黄河橋	平漢路黄河上	2533	鋼	E 35	1905
淮河橋	津浦路淮河上	549	鋼	E 30	1911
淝河橋	津浦路淝河上曹老集附近	567	鋼	E 35	1911
大汶河橋	津浦路大汶河上	460	鋼	E 20	1911
黄河橋	津浦路黄河上	1255	鋼	E 35	1912
灤河橋	北寧路灤河上	670	鋼	E 35	1898
六股河橋	北寧路六股河上綏中縣附近	506	鋼	E 35	1899
大凌河橋	北寧路大凌河上	792	鋼	E 35	1904
遼河橋	北寧路遼河上	610	鋼	E 35	1908
南嶺橋	北寧路錦票支線大凌河上	488	鋼	E 50	1923
東洋河橋	平綏路東洋河上柴溝堡附近	488	鋼	E 35	1910
桑乾河橋	平綏路桑乾河上	548	鋼	E 35	1913
三江口橋	四洮路遼河上	640	鋼	E 45	1917
西遼河橋	四洮路西遼河上鄭家屯附近	570	洋松	E 50	1921

嫩江橋	洮昂路嫩江上	752公尺	木	E 50	1926
洛陽橋	福建晉江洛陽江上	1200	石		1027
寶界橋	江蘇無錫太湖邊	510	鋼筋混凝土	20噸	1934

〔五〕 給水工程

交通以外,吾國所急於需要者當為自來水工程.每年夏秋之交,因飲水不潔而亡於疫癘者不知凡幾;免此人禍,務須在下列各地外,擇人口較密諸城市次第興辦.

地名	水源	水管總長度	每日給水量	擇常壓力	供水年份
南京	揚子江	335公里	8,800千加侖	164 磅/方吋	1933
上海閘北	黃浦江	70	7,000	45	1910
上海南市	黃浦江	85	15,000	45	1902
上海公共租界	黃浦江	267	45,000	35	1882
上海法界	黃浦江	123	8,800	65	1907
青島	井水	155	2,860	14.7	1905
北平	境孫河	20	2,670	200	1910
天津	西河	41	3,600		1903
天津英工部局	井水	23	1,740		1921
廣州	珠江	49	16,000	80	1905
漢口	襄河	101	14,500	80	1906
廈門	山水爾水	21	500	35	1926
汕頭	梅溪	15	300		1907
鎮江	長江	35	936	45	1926

杭州	貼沙河	70公里	400千加侖	190 磅/方吋	1931
昆明	翠湖九龍池	139	266		1920
吉林	松花江	32	500	100	1929
香港					
大連	馬蘭河	159	2,270		1901
旅順	龍眼寺溝及大孤山	51	309		1879

附註： 南滿鐵路方面已辦有二十餘處,不列在內.

【以下各項待續】

美國胡佛水壩效用預計

雙寅

美國 Nevada 省之胡佛水壩（Boulder Dam, or Hoover Dam），爲世界最高大之水壩,近來西方各大雜誌幾每期有此項工程之研究討論,本刊第二卷第一期亦曾記其槪況.此壩係屬 Arch-gravity 式,高有 726 呎,重約 6,500,000 噸,開工於 1930 年,用工人 9,000 餘日夜趕造,每夜工地裝電燈 24,000 盞,平均每二十四小時建造 7000 立方碼.五年來已完成五分之二工程,再四年可全部告竣,共需混凝土計 3,400,000 立方碼,與世界最大石工埃及金字塔容積 3,450,000 立方碼相差無幾矣.

壩成以後,水力方面可有 2,000,000 h. p. 之應用,（Niagara 祇 557,000 h. p.）以之發電,能年供電力 4,333,000,000 kw. hrs.;節流方面, Spillways 可容 200,000 c. f. s. 之調制防洪方面,卽使 Colorada 河增至 48,000 c.f.s. 亦無危險;給水方面, Boulder City 之自來水,能日給 2,000,000 gal.; 灌溉方面,受其水惠之區域當在 2,000,000 acres 以上; 自 Colorado 至 South California, 並築 All-American Canal 以引水焉.效用如此之廣,宜其爲近世最偉大之工程也.1938 年底,藉拭目以待其成.

PROOF OF MERRIMAN'S GENERAL FORMULA FOR MAXIMUM EARTH THRUST

$$E=\frac{1}{2}wh^2\frac{\text{Sin}(\theta-\delta)\text{Sin}(\theta-x)\text{Sin}(x-\phi)}{\text{Sin}^2\theta\,\text{Sin}(x-\delta)\text{Sin}(\theta+z-x+\phi)}$$

on p.492 Baker's A Treatise on Masonry Coustruction

where E = tne pressure of the earth against the back of the wall;

w = the weight of a cubic unit of the earth;

h = the vertical height of the wall;

θ = the angle between the back of the wall and the horizontal;

ϕ = the angle of repose of earth;

δ = the angle of surcharge;

x = the unknown angle between the plane of rupture and the horizontal;

z = the unknown angle between the resultant earth pressure and the normal to the back of the wall.

Let $\frac{1}{2}wh^2\frac{\text{Sin}(\theta-\delta)}{\text{Sin}^2\theta}=K$ $\quad E=K\frac{\text{Sin}(\theta-x)\text{Sin}(x-\phi)}{\text{Sin}(x-\delta)\text{Sin}(\theta+z-x+\phi)}$

$$\text{Sin}(x-\phi)=\text{Sin}(x-\theta+\theta-\phi)=\text{Sin}(x-\theta)\text{Cos}(\theta-\phi)+\text{Cos}(x-\theta)\text{Sin}(\theta-\phi)$$

$$=-\text{Sin}(\theta-x)\text{Cos}(\theta-\phi)+\text{Cos}(\theta-x)\text{Sin}(\theta-\phi)$$

$$\text{Sin}(x-\delta)=\text{Sin}(x-\theta+\theta-\delta)=-\text{Sin}(\theta-x)\text{Cos}(\theta-\delta)+\text{Cos}(\theta-x)\text{Sin}(\theta-\delta)$$

$$\text{Sin}(\theta+z-x+\phi)=\text{Sin}(\theta-x+z+\phi)=\text{Sin}(\theta-x)\text{Cos}(z+\phi)+\text{Cos}(\theta-x)\text{Sin}(z+\phi)$$

Let $\theta-\delta=A$ $\quad z+\phi=B$ $\quad$ & $\quad \theta-\phi=C$

$$E=K\frac{\text{Sin}(\theta-x)[-\text{Sin}(\theta-x)\text{Cos}C+\text{Cos}(\theta-x)\text{Sin}C]}{[-\text{Sin}(\theta-x)\text{Cos}A+\text{Cos}(\theta-x)\text{Sin}A][\text{Sin}(\theta-x)\text{Cos}B+\text{Cos}(\theta-x)\text{Sin}B]}$$

$$=K\frac{\mathrm{Sin}(\theta-x)[\mathrm{Sin}(\theta-x)\mathrm{Cos}C-\mathrm{Cos}(\theta-x)\mathrm{Sin}C]}{[\mathrm{Sin}(\theta-x)\mathrm{Cos}A-\mathrm{Cos}(\theta-x)\mathrm{Sin}A][\mathrm{Sin}(\theta-x)\mathrm{Cos}B+\mathrm{Cos}(\theta-x)\mathrm{Sin}B]}$$

$$=K\frac{\mathrm{Sin}^2(\theta-x)\mathrm{Cos}C-\mathrm{Sin}(\theta-x)\mathrm{Cos}(\theta-x)\mathrm{Sin}C}{\mathrm{Sin}^2(\theta-x)\mathrm{Cos}A\mathrm{Cos}B+\mathrm{Sin}(\theta-x)\mathrm{Cos}(\theta-x)\mathrm{Cos}A\mathrm{Sin}B-\mathrm{Sin}(\theta-x)\mathrm{Cos}(\theta-x)\mathrm{Sin}A\mathrm{Cos}B-\mathrm{Cos}^2(\theta-x)\mathrm{Sin}A\mathrm{Sin}B}$$

Dividing numerator & denominator by $\mathrm{Sin}^2(\theta-x)$

$$E=K\frac{\mathrm{Cos}C-\mathrm{Cot}(\theta-x)\mathrm{Sin}C}{\mathrm{Cos}A\mathrm{Cos}B+\mathrm{Cot}(\theta-x)\mathrm{Cos}A\mathrm{Sin}B-\mathrm{Cot}(\theta-x)\mathrm{Sin}A\mathrm{Cos}B-\mathrm{Cot}^2(\theta-x)\mathrm{Sin}A\mathrm{Sin}B}\cdots\cdots(A)$$

Call the numerator S & denominator T

$$\frac{dE}{dx}=\frac{K}{T^2}\Big[T\Big\{-\mathrm{Sin}C[-\mathrm{Csc}^2(\theta-x)](-1)\Big\}-S\Big\{\mathrm{Cos}A\mathrm{Cos}B[-\mathrm{Csc}^2(\theta-x)](-1)-\mathrm{Sin}A\mathrm{Cos}B[-\mathrm{Csc}^2(\theta-x)](-1)-\mathrm{Sin}A\mathrm{Sin}B2\mathrm{Cot}(\theta-x)[-\mathrm{Csc}^2(\theta-x)](-1)\Big\}\Big]$$

$$=K\frac{\mathrm{Csc}(\theta-x)\Big\{-T\mathrm{Sin}C-S[\mathrm{Cos}A\mathrm{Sin}B-\mathrm{Sin}A\mathrm{Cos}B-2\mathrm{Cot}(\theta-x)\mathrm{Sin}A\mathrm{Sin}B]\Big\}}{T^2}$$

$$=0$$

$$\therefore\ -T\mathrm{Sin}C=S[\mathrm{Cos}A\mathrm{Sin}B-\mathrm{Sin}A\mathrm{Cos}B-2\mathrm{Cot}(\theta-x)\mathrm{Sin}A\mathrm{Sin}B]$$

or $[\mathrm{Cos}A\mathrm{Cos}B+\mathrm{Cot}(\theta-x)\mathrm{Cos}A\mathrm{Sin}B-\mathrm{Cot}(\theta-x)\mathrm{Sin}A\mathrm{Cos}B-\mathrm{Cot}^2(\theta-x)\mathrm{Sin}A\mathrm{Sin}B][-\mathrm{Sin}C]=[\mathrm{Cos}C-\mathrm{Cot}(\theta-x)\mathrm{Sin}C][\mathrm{Cos}A\mathrm{Sin}B-\mathrm{Sin}A\mathrm{Cos}B-2\mathrm{Cot}(\theta-x)\mathrm{Sin}A\mathrm{Sin}B]$

or $-\mathrm{Cos}A\mathrm{Cos}B\mathrm{Sin}C+\mathrm{Cot}^2(\theta-x)\mathrm{Sin}A\mathrm{Sin}B\mathrm{Sin}C=\mathrm{Cos}A\mathrm{Sin}B\mathrm{Cos}C-\mathrm{Sin}A\mathrm{Cos}B\mathrm{Cos}C-2\mathrm{Cot}(\theta-x)\mathrm{Sin}A\mathrm{Sin}B\mathrm{Cos}C+2\mathrm{Cot}^2(\theta-x)\mathrm{Sin}A\mathrm{Sin}B\mathrm{Sin}C$

$$\therefore\ \mathrm{Sin}A\mathrm{Sin}B\mathrm{Sin}C\mathrm{Cot}^2(\theta-x)-2\mathrm{Sin}A\mathrm{Sin}B\mathrm{Cos}C\mathrm{Cot}(\theta-x)+\mathrm{Cos}A\mathrm{Sin}B\mathrm{Cos}C-\mathrm{Sin}A\mathrm{Cos}B\mathrm{Cos}C+\mathrm{Cos}A\mathrm{Cos}B\mathrm{Sin}C=0$$

Dividing by SinASinBSinC

$$Cot^2(\theta-x)-2CotCCot(\theta-x)+CotACotC-CotBCotC+CotACotB=0$$

$$\therefore\quad Cot(\theta-x)=\frac{2CotC\pm\sqrt{4Cot^2C-4[CotACotC-CotBCotC+CotACotB]}}{2}$$

$$=CotC+\sqrt{Cot^2C-CotACotC+CotBCotC-CotACotB}$$

$$=CotC+\sqrt{CotC(CotC-CotA)+CotB(CotC-CotA)}$$

$$=CotC+\sqrt{(CotC+CotB)(CotC-CotA)}$$

$$=\frac{CosC}{SinC}+\sqrt{\frac{Sin(B+C)}{SinBSinC}\times\frac{Sin(A-C)}{SinASinC}}$$

$$=\frac{CosC+\sqrt{\dfrac{Sin(B+C)Sin(A-C)}{SinASinB}}}{Sin\,C}$$

$$=\frac{1}{Sin\,C}\left[Cos\,C+\sqrt{\frac{Sin(B+C)Sin(A-C)}{SinASinB}}\right]$$

Let $\frac{Sin(B+C)Sin(A-C)}{SinASinB}=G$

$$Cot(\theta-x)=\frac{1}{Sin\,C}\left[CosC+\sqrt{G}\right]$$

$$\therefore\quad Cot^2(\theta-x)=\frac{1}{Sin^2C}[Cos^2C+2\sqrt{G}\;CosC+G]$$

From Eq. (A)

$$E=\tfrac{1}{2}wh^2\frac{SinA}{Sin^2\theta}\times\frac{CosC-SinC\frac{1}{Sin\,C}[CosC+\sqrt{G}]}{CosACosB-[SinACosB-CosASinB]\frac{1}{SinC}[CosC+\sqrt{G}]-SinASinB\frac{1}{Sin^2C}[Cos^2C+2\sqrt{G}\;CosC+G]}$$

$$=\tfrac{1}{2}wh^2\frac{SinA}{Sin^2\theta}\times\frac{Sin^2C[CosC-CosC-\sqrt{G}]}{CosACosBSin^2C-[SinACosB-CosASinB][SinCCosC+SinC\sqrt{G}]-SinASinB[Cos^2C+2\sqrt{G}CosC+G]}$$

$$=\frac{1}{2}wh^2\frac{\mathrm{Sin}^2C}{\mathrm{Sin}^2\theta}\times\frac{-\mathrm{Sin}A\sqrt{G}}{\mathrm{Cos}A\mathrm{Cos}B\mathrm{Sin}^2C-\mathrm{Sin}A\mathrm{Cos}B\mathrm{Sin}C\mathrm{Cos}C+\mathrm{Cos}A\mathrm{Sin}B\mathrm{Sin}C\mathrm{Cos}C-\mathrm{Sin}A\mathrm{Sin}B\mathrm{Cos}^2C-\sqrt{G}\,[\mathrm{Sin}A\mathrm{Cos}B\mathrm{Sin}C-\mathrm{Cos}A\mathrm{Sin}B\mathrm{Sin}C+2\mathrm{Sin}A\mathrm{Sin}B\mathrm{Cos}C]-G\mathrm{Sin}A\mathrm{Sin}B}$$

$$=\frac{1}{2}wh^2\frac{\mathrm{Sin}^2C}{\mathrm{Sin}^2\theta\mathrm{Sin}(B+C)}\times\frac{\sqrt{\mathrm{Sin}^2A\mathrm{Sin}^2(B+C)\frac{\mathrm{Sin}(B+C)\mathrm{Sin}(A-C)}{\mathrm{Sin}A\mathrm{Sin}B}}}{-\mathrm{Cos}A\mathrm{Cos}B\mathrm{Sin}^2C-\mathrm{Cos}A\mathrm{Sin}B\mathrm{Sin}C\mathrm{Cos}C+\mathrm{Sin}A\mathrm{Cos}B\mathrm{Sin}C\mathrm{Cos}C+\mathrm{Sin}A\mathrm{Sin}B\mathrm{Cos}^2C+\sqrt{G}\,[\mathrm{Sin}A\mathrm{Cos}B\mathrm{Sin}C+\mathrm{Sin}A\mathrm{Sin}B\mathrm{Cos}C+\mathrm{Sin}A\mathrm{Sin}B\mathrm{Cos}C-\mathrm{Cos}A\mathrm{Sin}B\mathrm{Sin}C]+G\mathrm{Sin}A\mathrm{Sin}B}$$

$$\text{Call }\ \frac{1}{2}wh^2\frac{\mathrm{Sin}^2C}{\mathrm{Sin}^2\theta\mathrm{Sin}(B+C)}=M$$

$$E=M\frac{\sqrt{\frac{\mathrm{Sin}A\mathrm{Sin}^3(B+C)\mathrm{Sin}(A-C)}{\mathrm{Sin}B}}}{-\mathrm{Cos}A\mathrm{Sin}C[\mathrm{Cos}B\mathrm{Sin}C+\mathrm{Sin}B\mathrm{Cos}C]+\mathrm{Sin}A\mathrm{Cos}C[\mathrm{Cos}B\mathrm{Sin}C+\mathrm{Sin}B\mathrm{Cos}C]+\sqrt{G}[\mathrm{Sin}A(\mathrm{Cos}B\mathrm{Sin}C+\mathrm{Sin}B\mathrm{Cos}C)+\mathrm{Sin}B(\mathrm{Sin}A\mathrm{Cos}C-\mathrm{Cos}A\mathrm{Sin}C)]+G\,\mathrm{Sin}A\mathrm{Sin}B}$$

$$=M\frac{\sqrt{\frac{\mathrm{Sin}A\mathrm{Sin}^3(B+C)\mathrm{Sin}(A-C)}{\mathrm{Sin}B}}}{-\mathrm{Cos}A\mathrm{Sin}C\mathrm{Sin}(B+C)+\mathrm{Sin}A\mathrm{Cos}C\mathrm{Sin}(B+C)+\sqrt{G}[\mathrm{Sin}A\mathrm{Sin}(B+C)+\mathrm{Sin}B\mathrm{Sin}(A-C)]+G\mathrm{Sin}A\mathrm{Sin}B}$$

$$=M\frac{\sqrt{\frac{\mathrm{Sin}A\mathrm{Sin}^3(B+C)\mathrm{Sin}(A-C)}{\mathrm{Sin}B}}}{\mathrm{Sin}(B+C)[\mathrm{Sin}A\mathrm{Cos}C-\mathrm{Cos}A\mathrm{Sin}C]+\sqrt{G}\,[\mathrm{Sin}A\mathrm{Sin}(B+C)]+\sqrt{G}\,[\mathrm{Sin}B\mathrm{Sin}(A-C)]+G\,\mathrm{Sin}A\mathrm{Sin}B}$$

$$=M\frac{\sqrt{\dfrac{\mathrm{Sin}A\,\mathrm{Sin}^3(B+C)\,\mathrm{Sin}(A-C)}{\mathrm{Sin}\,B}}}{\mathrm{Sin}(B+C)\,\mathrm{Sin}(A-C)+\sqrt{G}\,\mathrm{Sin}A\,\mathrm{Sin}(B+C)+\sqrt{G}\,\mathrm{Sin}B\,\mathrm{Sin}(A-C)+G\,\mathrm{Sin}A\,\mathrm{Sin}B}$$

$$=M\frac{1}{\sqrt{\dfrac{\mathrm{Sin}^2(B+C)\,\mathrm{Sin}^2(A-C)\,\mathrm{Sin}B}{\mathrm{Sin}A\,\mathrm{Sin}^3(B+C)\,\mathrm{Sin}(A-C)}}+\sqrt{\dfrac{\mathrm{Sin}(B+C)\,\mathrm{Sin}(A-C)\,\mathrm{Sin}^2A\,\mathrm{Sin}^2(B+C)\,\mathrm{Sin}B}{\mathrm{Sin}A\,\mathrm{Sin}B\,\mathrm{Sin}A\,\mathrm{Sin}^3(B+C)\,\mathrm{Sin}(A-C)}}+\sqrt{\dfrac{\mathrm{Sin}(B+C)\,\mathrm{Sin}(A-C)}{\mathrm{Sin}A\,\mathrm{Sin}B}\times\dfrac{\mathrm{Sin}^2B\,\mathrm{Sin}^2(A-C)\times\mathrm{Sin}\,B}{\mathrm{Sin}A\,\mathrm{Sin}^3(B+C)\,\mathrm{Sin}(A-C)}}+\sqrt{\mathrm{Sin}^2A\,\mathrm{Sin}^2B\times\dfrac{\mathrm{Sin}^2(B+C)\,\mathrm{Sin}^2(A-C)}{\mathrm{Sin}^2A\,\mathrm{Sin}^2B}\times\dfrac{\mathrm{Sin}B}{\mathrm{Sin}A\,\mathrm{Sin}^3(B+C)\,\mathrm{Sin}(A-C)}}}$$

$$=\frac{M}{\sqrt{\dfrac{\mathrm{Sin}(A-C)\,\mathrm{Sin}B}{\mathrm{Sin}A\,\mathrm{Sin}(B+C)}}+\sqrt{1}+\sqrt{\dfrac{\mathrm{Sin}^2(A-C)\,\mathrm{Sin}^2B}{\mathrm{Sin}^2A\,\mathrm{Sin}^2(B+C)}}+\sqrt{\dfrac{\mathrm{Sin}(A-C)\,\mathrm{Sin}B}{\mathrm{Sin}A\,\mathrm{Sin}(B+C)}}}$$

$$=\frac{M}{1+2\sqrt{\dfrac{\mathrm{Sin}(A-C)\,\mathrm{Sin}B}{\mathrm{Sin}A\,\mathrm{Sin}(B+C)}}+\dfrac{\mathrm{Sin}(A-C)\,\mathrm{Sin}B}{\mathrm{Sin}A\,\mathrm{Sin}(B+C)}}$$

$$=\frac{1}{2}wh^2\frac{\mathrm{Sin}^2C}{\mathrm{Sin}^2\theta\,\mathrm{Sin}(B+C)}\times\frac{1}{\left[1+\sqrt{\dfrac{\mathrm{Sin}(A-C)\,\mathrm{Sin}B}{\mathrm{Sin}A\,\mathrm{Sin}(B+C)}}\right]^2}$$

$$=\frac{1}{2}wh^2\frac{\mathrm{Sin}^2(\theta-\phi)}{\mathrm{Sin}^2\theta\,\mathrm{Sin}(\theta+z)\left[1+\sqrt{\dfrac{\mathrm{Sin}(\phi-\delta)\,\mathrm{Sin}(\phi+z)}{\mathrm{Sin}(\theta-\delta)\,\mathrm{Sin}(\theta+z)}}\right]^2}$$

西北雜記

鄧才名

這兒所說的西北,是指陝西省的一部份.照我們地圖上的地位看,陝西是我國的腹心,可是一般人提起西北,總包括着這個地方.自東北三省被倭佔後,開發西北這問題,便逐漸的爲一般人所注意,由口號而至切實研究.許多人組織調查團參觀團前去實地攷察,政府現正努力於道路之興築,因爲交通是各種事業發達之基礎.現在中央政府在那邊主辦的交通事業,在鐵路方面有隴海路的積極展修,公路方面有兩條幹線的興築,一是由西安到蘭州的西蘭公路,一是由西安至漢中的西漢公路;地方政府也有公路網的計劃,預備逐步施行.

去年暑假,學校保送呂壬君馬梓南君和我到全國經濟委員會公路處.呂君往江西做測量工作,馬君到西蘭公路,我被派在西漢公路鳳留段測量隊.現在先將我們的測量工作情形談談,再報告些西北的見聞.

西漢公路的起點是西安,終點是漢中,貫通陝南,緊接四川,爲川陝交通孔道,全長四百餘公里.此路工程分兩期.由西安至寶雞一段現有路基,長一百六十公里,晴天可通汽車,天雨時路途泥濘,車輛不能行駛,且坡度過大,將來尚須改綫及添築路面,這屬于第二期工程.由寶雞至漢中,橫跨秦嶺山脈兩百餘公里,卽昔時棧道所經的路綫,工程極爲艱鉅.興築這段路基的預算是二百二十萬元,其工程之大可想而知,這算第一期工程.我們測量這一段路綫,分三隊,寶雞至鳳縣爲第一隊,鳳縣至留壩爲第二隊,留壩至漢中爲第三隊.每隊分五組.今將我們隊中各種工作略敘于后:

1. 定線組　由隊長選擇路線.我們的路線全是在山裏面穿來穿去,定線非常困難.經濟委員會規定最大坡度爲百分之八,平均坡度不得超過百分之五,Reverse Curve 中間的公共切線(Common tangent)最少要三十公尺,所以在跨越山嶺的地方尤其困難.遇着跨嶺的時候,定線不能由山脚朝嶺頂定去,恐怕無從越過;總是從嶺頂上向嶺的兩邊繞行而下.在嶺頂選定路線必經的一點,將經緯儀安置在這點上,根據决定用的坡度,算出經緯儀上應有的 Vertical Angle, 轉動經緯儀,找得一個適當的交點（Point of Intersection）, 再將經緯儀移到這交點上,仍沿用前法,一點一點的,往下面做去.因山勢複雜,需要延長路線以減少坡度,所以用 Switch-Back 的地方很多.山坡的斜度很大,路線沿山坡而行,路基的寬度不能用填土來滿足,所以大多是開挖.我們隊中有段路線跨越柴關嶺,上嶺下嶺長僅十一公里,定線費時一月餘,足徵地形之複雜.

2. 中線組　在地形少變化的地方,每二十公尺打一個樁子.彎道全用 Simple Curve, 最小半徑規定爲十五公尺,但爲地勢所限,間有用十公尺的,惟爲數絕少.打彎道的時候,大多用 Tangent-Offset Method, 根據中心角和要用的半徑,可由表中檢得切線長度,（Length of Tangent）,曲線長度（Length of Curve), 及 External Distance, 曲線之起點中點及終點亦隨之定出.

3. 縱斷面組　每公里做一個水準基點（Bench Mark）.我們隊裏水平組是用 Double Setting Method 做的.除中線組的樁須挨次做外,尙須審酌地形之變更加樁,使土方計算得以精確.

4. 地形組　經濟委員會的規定,地形須做夠中綫兩邊各三百公尺,以便路綫不好時,可在地形圖上定線(Paper Location).用的儀器是有 Alidade 的平板儀,以減少室內計算工作.在學校做野外測量的地形時,用經緯儀在外面做測量工作,很少用經緯儀測地形的.

5. 橫斷面組　沿山坡的路線,大多是開挖,而且有時因限於地勢,有挖到八九公尺的.山的斜度很陡,多在四十五度左右,所以每個斷面需要做得很遠.山係荒山,遍生荆棘,非砍伐不能上下;且地形複雜,加樁很多,用的儀器又是沒有 Vertical Angle 的手水準儀,因爲這種種困難,每天工作有僅做二三百公尺的。

測量是流動性的，因工作進行關係，幾天便遷居一次，但在山地裏各組工作速度不能相同，我們全隊有時分住在三處。每天的工作很有規則，天明即起，進早餐後，隨即出發測量。在工作地點離住處很遠時，我們便不回去午餐，由小工送到野外來吃；既可節省往返的時間，又不致太多跑路使身體疲乏，對於工作速率是有相當增加的。天晚歸來，飯後略事休息，或閑談，或閱報，或寫信，再開始整理各種圖表，至十一時左右始就寢。天雨不能出外工作，在家整理圖表，可稍資休息，我們是沒有禮拜日或任何假期的。山間氣候，變幻莫測；往往在工作時候，本來皓日當空，忽爾彤雲密佈，大雨傾盆而下，須臾復雨過日出，深以爲苦。測量工作已如上述，今再將西北情況略爲介紹：

交通運輸　西北的棉產及他種產品原極豐富，惟因交通不便，致難大量輸出。他們的運輸工具，不是日行千里的火車汽車，而是每天走八九十里的騾馬或人力。時間上既不經濟，運輸貨物的數量亦甚微，運費更昂貴不堪，往往一種貨物由上海運進去，價格漲至兩倍以上。這並不是商人故意抬高價格，冀獲厚利，實在運費太貴了。去年夏天到西安時，隴海鐵路尚未修到，在西安喝汽水，每瓶大洋伍角。最近隴海車通至西安，客運貨運均極旺盛，西京市面也繁榮得多了。因爲交通不便，消息傳遞亦極迂緩，九一八事變，在陝西許多地方，竟有在一月之後才知道的。一個國家的交通網，恰似一人身上的脈絡，一個部份的不靈活夠影響及於全身的，所以發展西北交通不單是爲繁榮西北，實際上是整個中國的問題。

水利及森林　我把水利及森林放在一處說，因爲牠們是有密切關係的。五年以前，西北荒旱頻仍，草皮樹根俱食盡，現在隨處都看見破瓦頹垣，足證當時災家之慘！釀成這樣大的旱災，一方面固由于水利不修，致不能臨時救濟；然而沒有調劑雨量的森林，也是一個大的原因。在陝西看見的山全是童山，沒有一處大的森林，因爲幾千年來，關中係歷代帝王建都之地，蓋宮殿，建房舍，森林早已伐盡，用後又不知栽種培養。關于水利方面，能夠利用來灌溉田地的河道極少，農業的收獲全賴天時。今後若不多開溝渠以資灌溉，培植森林以調節雨量，則欲使西北富庶，直是夢想。

人民生活　山間的人民百分之九十九還是過着上古時代的生活，日出而作，日入而息，生活非常簡陋，他們絕未夢想到現代一切新奇事物。鄉間的住屋，多係矮小草房，廚房寢室豬牛同在一個屋子裏，睡的是土炕，有的全家人都睡在一張炕上。更有不少的人還住在土窰裏，所謂土窰，就是掘就的土洞。食：食米者少，大都吃麵食及玉蜀黍，更少菜蔬佐餐；山中窮苦人家，有終年不吃鹽的，以致身體發生變態，頸項逐漸脹大。衣：衣服穿得齊整的，除城市中人外，很少看見。材料俱係自織土布。貧人在冬季御寒的棉衣很單薄，而且破濫不堪，全仗燒柴火取暖。

敎育　因一般人民的衣食住尙顧不到，更談不到怎樣去敎育他們的子女，所以文化程度很低，敎育極不普遍。敎育不普遍的結果，使人民徒安於現實，絕沒有想到去改善他們的日常生活。陝西吸鴉片烟的人很多，甚至十二三歲的小孩也有癮，一則因爲政府以稅收關係，沒有嚴厲禁烟；但人民智識過淺，不知道是亡國滅種的禍患，不肯立意戒除。就不能不歸咎于敎育之不普遍及了。陝西的面積并不算小，全省沒有一個大學，最近在籌備創辦一所西北農林專校。高級中學僅西安有一個，初級中學在全省不滿三十，數量既如此少，而他們的設備又極簡單。在偏僻的縣份，每縣的小學也不過二十，由小學畢業的學生，其親友家中都有人送報條來，恰如前清科擧登科，卽此可見受敎育人數之少。

我到陝西，時間上只有短短的半年多，空間上也僅僅一極小的地域，觀感自然不深切普遍，不敢說整個西北都是這樣，但西北需要迫切的開發交通，興修水利，普及敎育，改進人民生活，却是鐵一般不可否認的事實。

二十四年二月。

27556

揚子江水道整理委員會工作報告

戴　顯

人生離合,百感交集,昔日六載同堂,談笑終天,樂何如之,一旦勞燕分飛,天各一方,而獲重叙者,幾鳳毛麟角,若專藉私人書牘,互通消息,終恐難濟於事,本刊之出版,既供專門學術之研究,更可藉此而溝通聲氣,良有以也。今本刊編者,屢囑寫稿,其情之殷,使不文者,亦所難却。因將離校以後,從事工程工作之經過,約略報告,並望諸同學時賜教益,以匡不逮。

一九三三年六月,奉吳主任命,赴浙江公路局服務,派在設計室工作;設計主任係留美康乃爾大學吳必治先生,爲人和藹可親,學有專長,飽具經驗,國家得如斯磐磐大材,其造福人羣,當非淺鮮。最初估計路局標準圖之材料,爲時約一閱月之久,結果甚佳,頗得上峯嘉許,深堪自慰。至於估計材料,原係工程上最簡單之工作,不過務須謹慎從事,不可有數字或小數點之差誤,並須完全明瞭各種面積體積之計算法,有時亦可輔以圖解,然後始可應付裕如,不然則差之毫厘,謬之千里,貽人笑柄。以後即担任設計工作,先後共設計三孔大拱橋一座,木架橋一座,及其他鋼骨混凝土橋等。晚上又應陳局長及葉科長約爲家庭教師,故此數月間,辛苦異常。

一九三四年三月上旬,曾一度由王勁夫先生介紹江蘇建設廳服務,後應南京趙志游先生召,又適母校同學有欲來廳者,余即改就揚子江水道整理委員會所委之新職,派在製圖及設計室服務,最初以求積器量河流斷面之面積,及計算流量。迨後繪製一切水文圖表,及翻譯年報,協助辦理鎮江水道計劃等工作;對水文方面,頗多所得,但因經費關係,未見開工,實爲美中不足。六月初旬,揚子江水整會代測江西公路測量隊帮工程司張元綸同學辭職,會中卽派余赴贛代理,余卽於六月十日晨乘三北公司長興號離京,經蕪湖,大通,安慶,十一日下午四時,安抵九江,翌日晨改乘南潯鐵路,中午抵南昌對岸,乘輪過贛江,抵省已一時許矣。當時留贛同學甚多,由周處長鞏候先生,謝技正治民先生等發起,先後數度聚餐,並攝影以留紀念,實屬難能可貴。

七月間由贛返京,奉命測量揚子江江陰鎮江間之地形,地形圖所用之比例尺,爲一萬分之一,前曾採用二萬分之一,因比例過小,往往堤堰河溝不能辨別清晰,而今華北導淮諸水利機關俱以前者爲取。測量之方法,係先測三角網,同時測量各三角點之水準,然後計算及校正各三角點之座標,繪成圖表;地形隊卽以此三角點爲根據,測量導線及地形。三角測量,分定點及讀角二班,此間因已有海軍部測量之三角點,余等卽選定適用之二點爲將測三角網之基線;不然必須先自行測量基線之長度及方位。至於選點,務使三角形之角,大于 30°, 小於 120°, 每邊不可過長,同時使讀角班易於測讀,能得近似正三角形爲最佳;據測量結果,近似正三角形者,角之合差僅二秒左右,(三角和須等于180°)或有因地形關係,使三角形不能不有極銳角者,則其合差竟有達30秒以上,故三角形之形狀,影響三角網之正確程度極大。每邊不得過長,因每張地形圖上,可有二點以上之三角點。定點時須攜帶之儀器,爲望遠鏡六分儀各一架,(如無六分儀亦可)平板儀一副,小羅盤儀一個,三稜尺一支,插針一枚,及已畫就基線及磁北方向之二萬分之一圖紙一張。

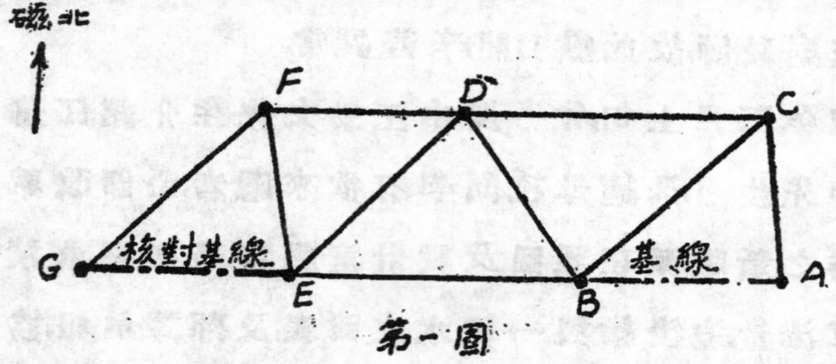

第一圖

上圖AB爲已知之基線,如欲定C點,先將羅盤儀放在畫就之磁北線上,使圖板依方向放妥,以小照準儀瞄準A及B,畫BC及AC二線,如是C點定矣。瞄準時如目力所不能及者,可輔以望遠鏡,C角之大約度數,可用六分儀核對之。然後卽於C點上豎竹竿標旗,最簡單者,竹竿離頂三分之一處,繫以三條長鐵絲,每條末端,繫以 2″×2″×0′-4″ 木樁,以便竹竿豎直時,打入地中;為固定竹竿末端適在三角點上起見,亦用小木樁打入竹竿旁之地中,以鐵絲紮住。如一株竹竿尚覺太短時,可接一株,三條鉛絲不足時,可用六條,分上下各三條。讀角班讀角,經偉儀鏡正反讀內角各三次,外角亦各三次,如三角站周圍障礙物甚多,必須搭架者,最簡單方法,厥惟以三根長木樁其長度視障礙物高低而定,打入地中約十五公分,成正三角形,同時使三樁頂約在一水平面,然後將經偉儀安放樁頂上,讀角者可另壘桿几或其他方法,站立讀之。水平班分主線及副線二班,以資核對。如限于儀器或人員,可用雙桿法,(Double-rod Method) 卽一人利用一架水平儀,四桿大尺,同時讀前視後視各二數,隨時可互相核對,此法極適用於長距離之水平測量。地形班每班二人,一司經緯儀,一司繪圖,測夫二人,分司導線前後點,四人專司跑點,另一測夫立經偉儀旁,以旗語指揮司跑點之測夫,導線,導線點之高度,及地形同時測量,隨讀隨畫,如是有平板儀之長處,更可增測量之速率及精確,國內水利機關故多樂於採用之。

九月間赴揚子江中游設立水尺,及測量江道窄狹處之水面陂降十九處,陂度最小者為 $\frac{1}{1,700,000}$,最大者為 $\frac{1}{91,000}$,施測之路程經江蘇,安徽,江西,湖北四省。十二月中旬,赴鎮江錘測江道,余等卽根據曾測就之三角點,測量導線,並定錘測斷面線之方向(Range)。測量之前須先備曾繪就三角網及江岸之二萬分之一圖一張。測量方法與上述測地形相同,亦二人分司經緯儀及繪圖,如圖二,T. S. 1 為三角點,A_1, A_2, A_3,……為導線點,每點相距約二百公尺,至於定斷面線 A_1B_1, A_2B_2, A_3B_3……等,其大概方向,可先在圖上決定之,然後由司鏡者實測之,如是斷面線之排列必佳,將來畫等高線時,既感便利,而又精確。兩岸每隔一

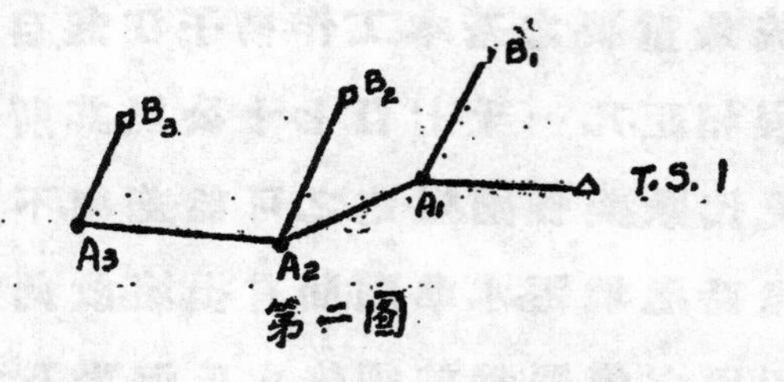

第二圖

公里餘，于導線點上或三角點上，豎立標旗。（如圖三）測夫二人，持二有旗之花桿，放於欲測之斷面線AB樁上，最好B點高于A點，易於觀測，故往往定B點於堤上。測量者即以六分儀開始觀測，揚子江河面遼闊，有時標旗及花桿旗，不能辨別清晰，則於標旗下，加塗白石灰之蘆蓆二領，摺成三角形狀，（藉使與房屋白牆分別）如是，雖天氣陰暗，或測量者目力較差，亦可應付裕如。其搭架之方法，可參考圖三，此種標誌，乃為臨時工作而設，永久者，須用木桿，桿上懸以漆白之木球狀者，一如航道上常見之燈球。

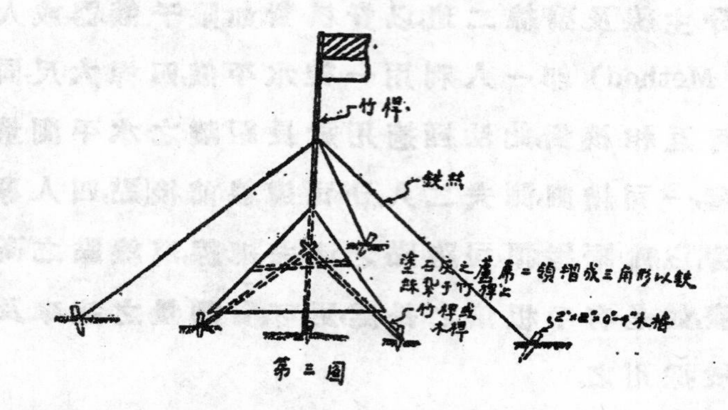

第三圖

最近，沿江查勘堤工，及補測精密水準。至於查勘堤工，只須測量堤之斷面，及記載堤或閘有無損壞，及其他危險之可能性。測量精密水準，乃任何河流最重要之基本工作，揚子江起自吳淞，迄於宜昌，曾於一九二三年測就，流程相距，凡一千七百七十公里，其所測與覆測水平差度，僅三十一公厘，較諸現代歐美各國規定之可能差率，不及七分之一，其工作之造詣，可謂精深。惟恐時過境遷，水準點間有損壞，故此次沿江補測，亦一異常重要之工作，測量所用之儀器，為美國倍求氏海岸及大地測量水準儀，野外工作時每日須校正水準儀一次，其方法及其他應注意之點，詳見大地測量書籍，不再詳述；茲將其野外之記載，及計算之方法，舉例于后，藉供參攷焉。

From Light House to 30′Mark　Forward

No. of Stotion	Thread Reading Back-sight ½mm.	Mean ½mm.	Thread Interval ½mm.	Sum of intervals ½mm.	Rod	Thread Reading Forsight ½mm.	Mean ½mm.	Thread Interval ½mm.	Sum of intervals ½mm.	Remark
I	2681 2605 2530	2605.33	76 75	151	373 372	4128 4011 3894	4011.00	117 117	234	
II	3457 3343 3232	3344.00	114 111	376		4357 4289 4223	4289.67	68 66	268	
III	0976 0873 0772	0873.67	103 101	580		5201 5095 4991	5095.67	106 104	578	
IV	2817 2782 2747	2782.00	35 35	650		2196 2158 2121	2158.33	38 37	653	

B.S. 9605.00　　F.S. 15554.67 (Diff.= −5949.67)

From 30′Mark to Light House　Backward

I	2094 2056 2018	2056.00	38 38	76	373 372	2690 2655 2620	2655.00	35 35	70	
II	5050 4947 4844	4947.00	103 103	282		0851 0747 0644	0747.33	104 103	277	
III	4376 4336 4297	4336.33	40 39	361		3384 3301 3219	3301.33	83 82	442	
IV	2602 2504 2408	2504.67	98 96	555		1352 1297 1242	1297.00	55 55	552	
V	2912 2875 28[illegible]8	2875.00	37 37	629		3018 2982 2947	2982.33	36 35	623	
VI	2967 2929 2892	2929.33	38 37	704		2749 2712 2675	2912.00	37 37	697	

Left Page

Book, Page,	Bench Mark	Forward or Backward	No. of Sta.	Sum of Rod Intervals	Distance		Rod Int.	Ave. Sight	Mean Rod Readings		Approx. Diff. of Elevation			Appox. Elev.
					From B. M. to B. M.	Total	ΣB-ΣF		ΣB	ΣF	Each Line		Mean	
				$\frac{1}{2}$mm.	Km.	Km.	$\frac{1}{2}$mm.	$\frac{1}{2}$mm.	$\frac{1}{2}$mm.	$\frac{1}{2}$mm.	$\frac{1}{2}$mm.	mm.	mm.	m.
	Light House													5.67666
B.1 P.1		F	4	1303	0.231		−3	162.9	9605.00	15554.67	−5949.67	−2974.83	−2975.75	
B.1 P.2	30 Mark	B	6	1401			+7	116.7	19648.33	13695.00	+5953.33	+2976.67		2.70091

Right Page

Rod Used No	Instru. Error	Corrections						Diff. of Elevation		Mean Elevation	Divergence B-F	Date & Hour of Beginning	Sun or Cloudy	Calm or Windy
		Curve& Refr.	Level Error	Index Error	Length of Rod	Temp. of Rod	Total	Each Line	Mean					
		mm.	mm.	mm.	mm.	mm.	mm.	mm.	mm.	m.	mm.			
373,372	−0.0056*		+0.01⊛				+0.01	−2974.82	−2975.73	5.67667	+1.83	Sept. 23 6:52	S	W
”	”		−0.02				−0.02	+2976.65		2.70094		Sept. 23 8:05	”	”

* C(Obtained by adjustment)=−0.0056

⊛ C×(ΣB−ΣF)=(−0.0056)×(−3)=0.0168 in $\frac{1}{2}$ mm. or +0.0084 mm. Say +0.01 mm.

本會歷屆畢業會員一覽

第一屆——民二十級

姓名	字	籍貫	現在通訊處	永久通訊處
吳光漢		浙江杭縣	上海黃浦灘濬浦工程局	杭州豐禾巷西當鋪弄
劉俊傑	震南	江蘇南通	杭州平海路市政府工務科	南通金沙觀音堂
茅紹文	繼香	江蘇海門	武昌全國經濟委員會江漢工程局第二工務所	江蘇海門江家鎮達生號
徐邦甯		浙江上虞	浙江省公路局三門灣國防公路處	上虞永和市恆和號
丁守常	守常	浙江長興	杭州浙江省公路局	長興大東門
羅元謙		江西高安	杭州閘口錢江大橋工程處	江西高安
顏壽曾		浙江平湖	上海市土地局	平湖甘河橋
陳允明	洵甫	浙江平湖	開封黃河水利委員會	平湖大南門
翁天麟	步青	浙江海甯	上海市工務局	王店四十間下
高順德	亞初	浙江杭縣	蕪湖獅子山後江南鐵路公司京蕪線	杭州湖墅老益茂棧轉
葉澤深	友文	浙江孝豐	蕪湖獅子山後江南鐵路公司京蕪線	孝豐三五鎮
湯武鉞		江蘇崇明	鎮江縣政府土地局	崇明城內北街
胡鳴時		江蘇無錫	南京全國經濟委員會水利處	無錫三里橋正豐號轉
孫經楞		浙江瑞安	南京中正路參謀本部技術訓練班	瑞安棋盤坦

第二屆——民二十一級

姓名	字	籍貫	現在通訊處	永久通訊處
王同熙		江蘇無錫	杭州閘口錢江鐵橋工程處	無錫石皮巷
王德光	潤身	浙江麗水	已故	

27563

任開鈞	小松	浙江海鹽	上海陸家浜中華職業學校	硤石轉沈蕩信順烟號
李恆元		江蘇泰興	麗水浙江省公路局第四區公路管理處	江蘇泰興霞幕圩西姚順泰號
金學洪	蔚南	浙江嘉善	福州福建省建設廳	嘉善神仙宮下塘
邵毓涵		浙江金華	陝西漢中漢白路工程處	金華四牌坊庇常巷
陳乙彝	薦常	江蘇鹽城	浙江省公路局屯建壽路第三分段工程處	鹽城湖垛西虹橋樵葭社
曹鳳藻	芹波	浙江麗水	南昌全國經濟委員會公路工程督察處	麗水三坊口
錢元爵		江蘇常熟	陝西漢中漢白路工程處	常熟田莊
蔡建冰	韓慕	江蘇松江	崑山蘇崑工程處	松江松隱
朱立剛	維根	江蘇無錫	上海市工務局	無錫梅村
翁郁文		浙江瑞安	南昌江西公路處	瑞安河口堂鄭嶴轉漁潭地方
宋夢漁	世忠	浙江嵊縣	南京揚子江水道整理委員會	嵊縣西前街三泰莊
吳仁濟	靜川	浙江衢縣	杭州浙江省水利局	衢州坊門街王嘉盛號
童第肅	莊孫	浙江鄞縣	杭州浙江省水利局	寧波韓嶺市轉童家岙
任彭齡		浙江黃岩	南京湯山砲校校舍工程處	黃岩路橋後于
李兆槐		江蘇江都	台州海門東亞建築公司	鎮江仙女廟
李春松		浙江金華	上海浚浦局	金華碼門李乾源號
凌熙賡	百高	浙江紹興	南京兵工署	湖州新倉前五號
陳廷綱		浙江上虞	南京中央軍官學校	杭州武林門外西冷冰廠隔壁
湯辰壽	雅萍	浙江杭縣	浙江省公路局麗水各路工程聯合辦事處	金華大巷六號
董夢鰲		浙江奉化	江蘇句容赤山湖河工賑處	奉化大橋裏連山會館轉
張元綸		江蘇常熟	淮陰導淮入海工程處轉淮安段	南京乾河沿二路
張德錩	曉窗	浙江海鹽	浙江省水利局	海鹽城內邑廟前
潘碧年	默之	江蘇宜興	已故	

第三屆——民二十二級

姓名	字	籍貫	現在通訊處	永久通訊處
戴顗	敬莊	浙江瑞安	南京揚子江水道整理委員會	溫州雙穗場
葉震東		浙江蘭谿	南京皇殿側浙贛鐵路中興工程公司	蘭谿恆茂布莊轉百聚社
李宗綱	道生	浙江松陽	全國經濟委員會公路處	松陽靖居口
邵本惇		浙江衢縣	南昌軍事委員會行營交通處	衢州聚秀堂轉
杜鏡泉	一湞	浙江衢縣	杭州浙江省水利局	衢州杜澤
王文煒	提三	浙江嘉興	杭州浙江大學工學院	嘉興北門大街
吳錦安		江蘇江陰	上海市工務局	無錫顧山
張農祥	石民	浙江海寧	上海市工務局	硤石橫山
劉楷	子模	江蘇南通	南京破布營華中建築公司	南京金沙觀音堂
趙祖唐		江蘇松江	湖南衡陽粵漢鐵路株韶段工程局	松江城內三公街
陳允冲	涵甫	浙江平湖	上海楊樹浦自來水公司	平湖大南門
徐世齊		浙江紹興	開封黃河水利委員會	紹興棲凫
王之炘	景炎	浙江平湖	杭州浙江省公路局	平湖東門大街
沈其湛	文衡	浙江吳興	鎮江江蘇省建設廳	杭州平海路善承里一號
曹秉銓		浙江平湖	南京全國經濟委員會水利處	平湖新埭
洪西青		江蘇宜興	江蘇省建設廳	無錫周鐵橋
惲新安		江蘇武進	南京全國經濟委員會水利處	常州娑羅巷五十九號
許陶培	軼羣	浙江嘉興	湖北金口全國經濟委員會金水建閘辦事處	嘉興北大街許祥和銀樓
沈衍基	建初	浙江嘉興	江蘇宿遷導淮委員會劉老澗船閘工程局	嘉興賢昌街
金培才	養初	浙江嘉興	江蘇淮陰導淮委員會淮陰船閘工程局	嘉興東門東弄
綬	則盤	浙江諸暨	衢州浙江省公路局第三區公路管理處	杭州大學路花園弄三號

27565

許壽崧	潤庠	浙江嘉興	常熟江蘇省建設廳錫滬路工程處	嘉興新塍東柵
徐學嘉		浙江德清	上海極司非而路428弄4號	無錫顧山

第四屆——民二十三級

姓名	字	籍貫	現在通訊處	永久通訊處
李崇增		江蘇如臯	鎮江江蘇省建設廳	南通城內小保家巷十號
姚寶仁	子靜	江蘇六合	蘇州江蘇省建設廳蘇常路工程處	江蘇六合縣
葛洛儒		江蘇宜興	宜興縣政府	宜興丁山白宕
陳德華		浙江紹興	杭州閘口錢塘江橋工程處	紹興東浦陳家溇
吳觀銍	穎嘉	江蘇如臯	蕭山縣政府	南通東馬塘五家院
盛祖同		浙江嘉興	南京導淮委員會	江蘇盛澤公正染坊轉盛家廊下
袁則孟		江蘇崇明	南京導淮委員會	崇明城內西街
夏守正		江蘇泰縣	鎮江江蘇省建設廳	泰縣樓下莊
魏紹禹		江蘇蕭縣	西安陝西省水利局	徐州唐寨
繆炯豫		江蘇江陰	杭州浙贛鐵路理事會	無錫楊舍
馬梓南		江蘇宜興	西安全國經濟委員會西北辦事處	宜興白果巷三十七號
粟宗嵩		湖南寶慶	南京全國經濟委員會	湖南寶慶田家灣三巷十六號
謝繼安		江蘇啓東	上海市工務局	啓東合豐鎮
趙璞		安徽五河	西安陝西省水利局	安徽臨淮關下游順興集
呂任		江蘇武進	浙江省水利局	常州後北岸十六號
徐洽時		江蘇宜興	上海市工務局	無錫周鐵橋
屠達		江蘇武進	常州奔牛文昌閣江蘇省建設廳疏浚鎮武運河工賑處第六段工程事務所	常州關帝廟八號
吳學遜		浙江吳興	上海康腦脫路三星坊八號	杭州橫吉祥巷一號

路榮華		江蘇宜興	金華浙贛鐵路局第四工務段	宜興湖㳇
鄧才名		四川廣安	衢州浙江省水利局三堰工程處	四川廣安觀音閣鎮
張毓佟	景萬	江蘇南通	蕭山浙贛鐵路局杭玉段工務第一分段	南通金沙市
賁樹梅		江蘇丹陽	南京市工務局下水道工程處	丹陽東門賁源恆號
項景煩		浙江瑞安	江蘇省建設廳鄭海幹線宿銅段測量隊	瑞安小東門內
覃家彥		廣西容縣	全國經濟委員會公路處	廣西容縣西横街萬馨號
張允朋		江蘇江都	鎮江江蘇省建設廳	揚州邵伯喬墅
徐仁鏵		江蘇宜興	杭州浙江大學工學院	無錫漕橋
李　珣		四川巴縣	江蘇六合縣政府	重慶浩池街五十二號

英尺化公尺表

十位 ＼ 單位	0	1	2	3	4	5	6	7	8	9
0		0•31	0•61	0•91	1•22	1•52	1•83	2•13	2•44	2•74
1	3•05	3•35	3•66	3•96	4•27	4•57	4•88	5•18	5•49	5•79
2	6•10	6•40	6•71	7•01	7•32	7•62	7•93	8•23	8•53	8•84
3	9•14	9•45	9•75	10•06	10•36	10•67	10•97	11•28	11•58	11•89
4	12•19	12•50	12•80	13•11	13•41	13•72	14•02	14•33	14•63	14•94
5	15•24	15•55	15•85	16•15	16•46	16•76	17•07	17•37	17•68	17•98
6	18•29	18•59	18•90	19•20	19•51	19•81	20•12	2 •42	20•73	21•03
7	21•34	21•64	21•95	22•25	22•56	22•86	23•17	23•47	23•77	24•08
8	24•38	24•69	24•99	25•30	25•60	25•91	26•21	26•52	26•82	27•13
9	27•43	27•74	28•04	28•35	28•65	28•96	29•26	29•57	29•87	30•18

編後

本刊刱始迄今,為期五載。前賴歷屆編輯負責之力,轉輾於風雨飄搖之中,滲淡經營,卒樹深固之基礎。今幸社會人士注意漸加,本會會員人數日多,徵稿籌款,多方提挈,因是鉉等受命以來,戰戰兢兢得未隕越,使本期於西子湖畔羣英會聚之時,尅期問世。此後且已決定年出二期,俾其名實相符。而回溯創刊時工程先進周象賢,杜鎮遠,程文勳,徐世大諸先生期望之殷,更當益自策勵!

本期承羅英,葉家俊,黃述善諸先生寵錫宏論,使本刊增光生色,銘感無已。羅先生文中圖幅甚多,又蒙惠借鋅版,使梓費節省不少,尤須致深切之謝意!羅英先生一文,將錢塘江橋計劃施工,詳盡揭示,使一建築中之偉大工程,已躍然如在眼前;葉家俊,周鎮倫先生兩文,意賅言簡,誠建設進展中所應深資參考者;黃中,余勇兩先生之文,將最新式工程詳示國人,係國內其他雜誌上從未目覩之資料;皆為不可多得之作品。

此次因時間關係,魏紹禹,盛祖同,粟宗嵩三君皆有甚長稿件,不及按日寄到,祗得見於下期。又因篇幅關係,不得已將可以分斷之數文,留待續刊;以及彭申甫君之"閘口梵村測量實習記",與蘇世俊吳沈釔君之"華北水利委員會實習報告",亦皆在下期發表。

是期稿件方面,承胡馥初黃中兩先生苦心之擘劃,廣告方面,承周鎮倫余勇兩先生多量之設法,內容方面,承張雲青徐南騶兩先生週詳之指示,殊深感激。又對彭申甫君之多處徵稿,錢振麐君之獨任繪圖,以及任以永,蘇世俊兩君之屢次奔走接洽,亦均一一表示謝忱。

本卷起改用國貨七十磅道林紙,亦為國貨年中,提倡國貨之一也。

吳沈釔記

勘誤

第19頁"錢塘江橋工程大概"文中〔十〕預算一節應改正如下：

工程費用	正橋鋼梁	$1,310,000
	正橋橋墩	$1,590,000
	引橋工程	$ 640,000
	路面軌道	$ 280,000
	美術建築	$ 70,000
	鋼料檢驗	$ 13,000
	購地改移地面建築道路及堤工等	$ 60,000
	意外及兌換預備費	$ 400,000
	共計	$4,363,000
籌備招標設計鑽探電燈及總務費用（約十分之一）		$ 437,000
總計		$4,800,000

總共約計洋四百八十萬元，外洋進口關稅不在內。

27569

土木工程第一卷第一期要目

◀ 民國十九年三月出版 ▶

土木工程第一卷第二期要目

◀ 民國二十一年三月出版 ▶

土木工程第二卷第一期要目

◀ 民國二十二年三月出版 ▶

土木工程第二卷第二期要目

◀ 民國二十三年六月出版 ▶

27572

27573

協盛營造廠

地址　杭州法院路拾柒號

本廠承造
中西各式建築
一切大小
鋼骨水泥工程
工作迅速　辦事認真
經驗豐富　式樣美觀
造價克己　誠實可靠
如蒙賜顧　竭誠歡迎

請聲明由浙大土木工程學會「土木工程」介紹

商務印書館

上海發行所及各地分館

紀念總廠被燬三周年

廿四年度日出初版新書

對折六折預約辦法

無時間與地域之限制　得廉價選購新書之便利

謹啓者：敝館遭遇國難，至今已屆三週，區區學術救國之忱，正復與時俱進。差幸復業以來，生產設備既已全復舊觀，事務管理又復益趨合理，因之出版能力，較一二八前已增至一倍有餘。單就去年一年而論，初版新書一項已逾二千八百餘册之多。（包括日出新書及大部叢書教科書等）舉凡各科專書，大部叢書，凡有裨於吾國人士之讀物，無不盡量印行，藉供需要。

敝館前爲紀念總廠被燬起見，每屆週年，上海發行所必舉行新書廉價一次，冀於紀念之中，稍寓學術救國之意。惟因此種辦法，期限既不能過長，地域又有限制，好讀書者仍不免有向隅之歎。茲爲便利全國人士購讀新書起見，自一月二十八日起至四月底止，特訂二十四年內日出初版新書預約辦法。上海發行所及各地分館一律舉辦，俾全國讀者及圖書館，先付少數定洋，得就全年內日出新書自由選購，條獲對折或六折廉價之利益。至年終結算，定洋如有餘存，仍可照數收回，可謂一舉數得。茲謹將預約辦法摘要列下，敬希公鑒！

上海商務印書館謹啓

預約辦法摘要

一、本館在廿四年度內，除星期日及放假日外，規定每日至少出版新書一種，多則二三種。預計全年約出新書五百種，總定價約計四百元。

一、凡在廿四年四月底以前，按左列各項預付定洋者，無論選購前條何種新書，均享有左列優待之權利：

甲、圖書館一次預付定洋一百元　選購新書按定價對折計算

乙、圖書館一次預付定洋五十元　選購新書按定價六折計算

丙、個人一次預付定洋三十元　選購新書按定價六折計算

丁、學生（經肄業學校證明）一次付定洋十五元　選購新書按定價六折計算

＊詳細辦法另印「新書預約簡章」備索＊

*D80—2411

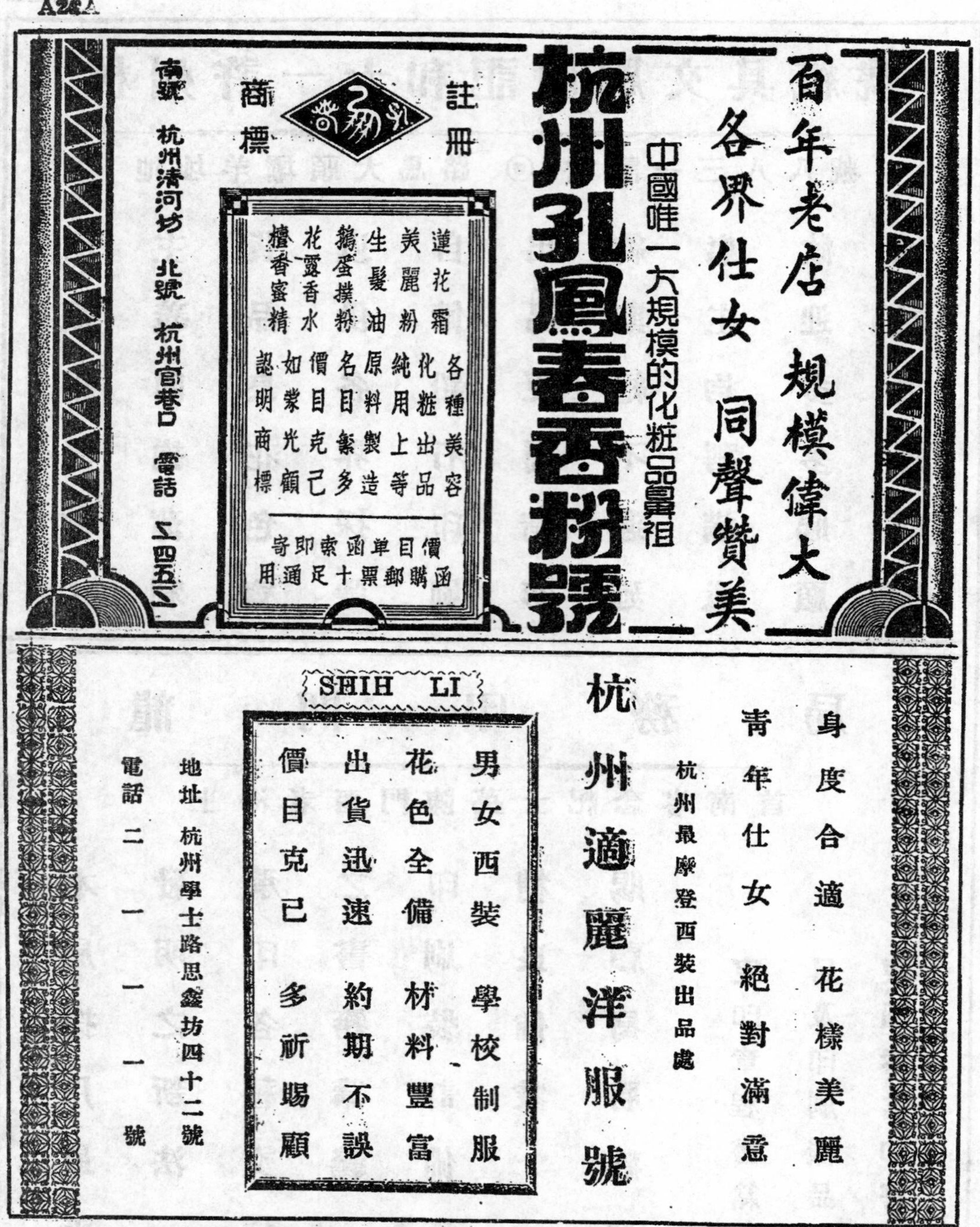
百年老店 規模偉大
各界仕女 同聲贊美
杭州孔鳳春香粉號
中國唯一大規模的化粧品鼻祖
註冊
商標
蓮花霜
美麗粉
生髮油
鵝蛋撲粉
花露香水
檀香蜜精
各種美容
化粧出品
純用上等
原料製造
名目繁多
價目克己
如蒙光顧
認明商標
價目單函索即寄
函購郵票十足通用
南號 杭州清河坊 北號 杭州官巷口 電話 二四五三
身度合適 花樣美麗
青年仕女 絕對滿意
杭州最摩登西裝出品處
杭州適麗洋服號
SHIH LI
男女西裝 學校制服
花色全備 材料豐富
出貨迅速 約期不誤
價目克己 多祈賜顧
地址 杭州學士路思鑫坊四十二號
電話 二一一一號

杭州

瑞和製服公司

地址：新民路大方伯
廣濟醫院斜對面

電話：一四六二號

專辦政警制服被帳各樣
旗幟採辦名廠異樣綫呢
自運各國呢絨嗶嘰聘請
超等技師專製西裝禮服
大衣雨披兼備軍械應用
各色皮件其餘花色繁多
不盡細載早蒙
各界贊許如荷
賜顧一律歡迎

請聲明由浙大土木工程學會「土木工程」介紹

中國建設月刊第十一卷第二期目錄預告

每月一冊　全年十二冊

價目
- 零售
  - 國內大洋二角二分半
  - 國外大洋四角
- 預定
  - 國內全年大洋二元
  - 國內全年大洋四元四角

（郵費在內）

發行所　中國建設協會——南京首都電廠左巷

代售處　國內各大書局

贖聲明由浙大土木工程學會「土木工程」介紹

上海市工業安全協會編輯
天廚味精廠出版部發行
工業安全月刊
本月刊旨在謀工廠之安全，研究災害之防免方法，討論各廠規劃防止工業災害及改善衞生狀況之設施，一面介紹新的知識，一面交換意見，公開商榷，爲研究工業安全之唯一專刊，非特工廠所必備，即工業學校，工科敎員及學生，亦應置備一册，以供參考。
零售每册二角五分全年十二册國內連郵二元七角國外四元八角
本外埠各大書局及派報社均有分售

浙江省立圖書館附設印行所

浙江省立圖書館爲流行舊藏珍本圖書起見，特設印行所（分木印鉛印兩部），以事翻印，於印行本館出版刊物之外，並設營業股，承印各界刊物，以期推廣文化，不重牟利，茲將鉛印部優點列下：

(一)設備：備有新式印機，出品迅速，無論大小印件，定期不誤，至印刷清晰，套色均勻，俱有獨到的創造，藝術的革新；並自製銅模，優美整齊，足能邀顧主愛美和滿意！

(二)技術：聘請精藝技師，悉心研究，精益求精，印成物品，式樣新穎醒目，能博閱者之稱譽。

(三)工價：兼印各界刊物，志在推廣文化，與專爲營利之印刷商店不同，價目格外低廉，絕無營利意義，如 蒙各界惠顧，無不竭誠歡迎！

木印部 地點：杭州新民路六十七號 電話一六一三號

鉛印部 地點：杭州水陸寺巷七號 電話二三八〇號

請聲明由浙大土木工程學會「土木工程」介紹

國立浙江大學土木工程學會會刊

土木工程

THE JOURNAL OF CIVIL ENGINEERING SOCIETY NATIONAL CHEKIAING UNIVERSITY

第三卷　第一期

本期於民國二十四年三月出版

本刊定價	
	零售每冊大洋三角外埠另加郵費五分
	訂閱全年兩期祗收大洋六角郵費在內

編輯部：杭州大學路國立浙江大學土木工程學會

發行部：杭州大學路國立浙江大學土木工程學會

代售處：
杭州西湖小說林書店　杭州迎紫路現代書局
上海四馬路現代書局　上海四馬路雜誌公司
上海四馬路生活書店　上海四馬路新中國書店
南京花牌樓南京書店　南京太平路中央書局
北平文津街北平圖書館　西安南院街陝西圖書館
廣州永漢北路現代書局　漢口湖北街雜誌公司
成都少城祠堂街開明書店　長沙府正街金城圖書公司

廣告價目表	
甲　種（封裏封底）	二十元
乙　種（普通全面）	十五元
丙　種（普通半面）	八元

Advertising Rates Per Issue	
A.　Special	$ 20.00
B.　One page	$ 15.00
C.　Half page	$ 8.00